河出文庫

生物はなぜ誕生したのか

生命の起源と進化の最新科学

P・ウォード
I・カーシュヴィンク
[illegible]山あゆみ 訳

河出書房新社

目次

生物はなぜ誕生したのか——生命の起源と進化の最新科学

生命の歴史を紡ぐハワード・レナード博士とピーター・シャリト博士、
そしてイェール大学の偉大なるロバート・バーナーに捧ぐ。

——ピーター・ウォード

カリフォルニア工科大学のユージン・M・シューメーカー博士、
ハインツ・A・ローエンスタム博士、およびクレア・パターソン博士を偲んで。
彼らをはじめ大勢の人が、私の脳全体に指紋を残してくれた。

——ジョゼフ・カーシュヴィンク

はじめに

歴史というのはどんなものであれ、学校で一番嫌われがちな学科のようである。その理由を綿密に検証したのが、アメリカの歴史学者ジェームズ・ローウェンによる『アメリカの歴史教科書問題——先生が教えた嘘』(富田虎男監訳、明石書店)だ。[1]ローウェンの結論を一言でいうなら、「『今』と切り離されている」ということである。ローウェンはこう記している。「歴史の教科書に出てくる物語は予測可能だ。どんな問題もすでに解決済みか、解決間近である。……過去への理解を深めるために現代が参照されることはまずない。歴史教科書の著者にとって、現在から得るべき情報など何もないのだ」

ローウェンのいわんとすることは明白である。高校で教えられる歴史では過去と現在がつながっていない。そのため歴史は、私たちの日常生活には何の影響も及ぼさず、また何の関連性ももたない存在となっている。だがそれは大間違いだ——とりわけ生命の歴史に関しては。生命の歴史はじつに長く、岩石や分子に刻みつけられ、数々の仮説を通して語られ、人間のすべての細胞内にあるＤＮＡにも書き込まれている。現在とも切り離されてはいない。私たちが今この場所で、こういう状況で生きているのは、すべて生命の歴史がもたらした必然だ。しかも、その歴史に目を向け、それが語る警告に耳を傾ければ、人類に絶滅が迫るのを防いでくれるかもしれない。

一九五〇年代の半ば、偉大なるアメリカの作家ジェームズ・ボールドウィンは次のように書いた。「人は歴史の中に閉じ込められ、歴史は人の中に閉じ込められている」[2]。このときボールドウィンは人種のことを念頭に置いていたのだが、「人」の部分を「過去・現在における地球上のすべての生命」と置き換えてもこの言葉は成り立つ。なぜなら、私たちがもつDNA鎖の一本一本、そして体内の細胞一つ一つは、太古の昔から続く生命の歴史を記録したものにほかならないからだ。その歴史は単純な符号で記され、何世代にもわたって受け継がれてきた。むしろDNAは歴史そのものといえるかもしれない。自然選択というこの上なく無慈悲な現象を通して、気の遠くなるような年月をかけて徐々に混ぜ合わされ、蓄積されてきたもの。それがDNAである。DNAはまさしく私たちの中に閉じ込められた歴史であり、それでいて私たちの運命を支配する力でもある。体をつくる青写真であると同時に、次世代に伝えるものを決める独裁者でもあり、恵みをもたらす贈り物にもなれば、恐ろしい時限爆弾にもなる。歴史を運ぶ存在であるこのDNAは、私たちの中に閉じ込められていながら、私たちを閉じ込めてもいるのだ。

生命の歴史を振り返れば、私たちが直面している複雑な問題にいくつも答えが出る。たとえば、生命全体を巨大な樹木と捉えたとき、人間が端のほうに生えたばかりの細い小枝にすぎないのはどうしてなのか。ヒトという種はどんな闘いをくぐり抜けてきたのか。樹齢四〇億年の生命の木の上で、人類という小枝にはどんな天変地異の痕跡が刻まれているのか。過去を手がかりにすれば、現存する二〇〇〇万種あまりの中で私たちがどんな位置を占めているかが理解しやすくなる。それだけではない。すでに滅びた何十億種もの生物とヒトとの関係も見えてくる。一つの種が絶滅すると、数え切れないほどの種が影響を受け、それぞれがたどり得た進化の未来もまた失われてしまうからである。

　本書ではこれから、私たちが現在へと至った長い道のりと、遠い祖先たちが経験した様々な試練について見ていく。火、氷、宇宙からの強烈な一撃、毒ガス、捕食者の牙、苛酷な生存競争、死を運ぶ放射線、飢餓、生息環境の激変。そして地球上のいたるところにすみつこうと、飽くことなく繰り広げられた数々の闘いと征服。その一つ一つが、今この世に存在するすべてのＤＮＡに爪痕を残している。あらゆる危機が、あらゆる勝利が、様々な遺伝子を足したり引いたりすることでゲノムを変化させてきた。まるで鉄の塊が鍛えられるように、私たちはみな壊滅的な大厄災によって灼かれ、時間によって冷やされてきたのである。

　生命の歴史に目を向けるべきもう一つの（より大きな）理由を、アメリカのジャーナリスト、ノーマン・カズンズが端的にこうまとめている。「歴史は巨大な早期警戒システムだ」[3]。この言葉が記されたのは冷戦が終わりに近づいた頃である。若い世代の人たちには、一九五〇年代から六〇年代にかけて子供時代を過ごすのがどういうものか、実感はできないだろう。週に一回、正午に空襲警報のテストが行なわれた。そのたびに私たち子供は、もう一度恐ろしいサイレンが鳴ったら世界を破滅に導く戦いが始まるのだと怯え、夜中にかすかなジェットエンジンが響くだけで、それが「終わりの始まり」なのだと思ったものである。

戦争はつねに人類に大きな犠牲を強いてきた。肉体の面でも、経済の面でも、精神の面でも。生命の歴史を眺めてみると、そうした人間の戦いと明らかに似ている点がいくつも見つかる。現に、捕食者の武器（鉤爪、歯、ガス攻撃、獲物を仕留める毒トゲ）が強力になれば、捕食される側も素早く対抗策を発達させてきた。そして体を覆う鎧（よろい）や、動く速度、隠れる能力などを向上させ、場合によっては防御のための武器をもつに至る。これらはすべて「生物の軍拡競争」と呼ばれるものだ。進化の過程で起きる重要な出来事は、二度と再現できないものが多い。たとえば現在は、すでに競争力の高く効率のいい生物が長い年月をかけて地球の生物圏を満たしてきたため、動物の基本的な体制（体のつくり）がすべて現われた「カンブリア爆発」がもう一度訪れる見込みは低い。ところが、生きて多様化することとは正反対の現象であれば、実際に何度も繰り返されるおそれがある。一つには種の絶滅。さらにはもっと大規模な、太古の地球をたびたび襲った大量絶滅だ。

私たちは二酸化炭素を大気中に送り込むばかりで、重要な早期警戒サイレンに耳を貸そうとしていない。じつは、過去に一〇回以上起きた大量絶滅のときと現在とでは、二酸化炭素濃度の急速な上昇という共通点がある。ほとんどの大量絶滅は隕石の衝突が原因なのではなく、火山活動による温室効果ガスの急増とそれに伴う地球温暖化によってもたらされた。これが今世紀に登場した恐ろしい「温室効果絶滅」説であり、過去の大量絶滅に巻き込まれた種の圧倒的大多数はそのせいで滅びたとしている[4]。

温室効果による大量絶滅が、いつ、どこで、どのようにして起きたかについては、すでに様々なデータが得られている。サイレンに耳を傾ける者にとって、絶滅の危機は十分に現実味を帯びたものだ。にもかかわらず、過去の教えに目を閉ざし、あるいは気づけずにいる者のなんと多いことか。それが私たちの未来になるかもしれないというのに。生命の歴史からは早期警戒のサイレンが鳴り響き、人為的な温室効果ガスの排出を減らさなければならないと告げている。しかし、人類の歴史からは別の声が聞こえてくるのも事実だ。おそらく人間は、気候が原因で多数の死者が出て選択の余地がないところまで追い込まれない限り、そんな警告など気にも留めず、ダメージを回復する努力もしないだろう、と。

太古の昔から得られる科学的情報は重要であるにもかかわらず、気候変動をめぐる議論ではまったく顧みられていない。哲学者のジョージ・サンタヤーナは、歴史に関する有名な金言を残した。「過去に学ばない者は、過ちを繰り返す定めにある」[5]。大気中の二酸化炭素濃度の上昇による大量絶滅という明白な歴史的事実がみるみる迫りつつある今、私たちにはサンタヤーナの予言で最も重要な部分に目を向ける必要がある。それは、

「定めにある」だ。

本書はどこが「新しい」のか

一冊の本だけで生命の歴史を余すところなく伝えるのは不可能である。本書でも話題を選ばざるを得ず、その選択の際に大きな鍵を握ったのがタイトルの「New（新しい）」という言葉だった〔訳註　本書の原題は *A New History of Life*（新しい生命史）〕。一冊で生命の「全史」を綴った最後の書は、イギリスの古生物学者でサイエンスライターのリチャード・フォーティ著『生命40億年全史』[6]（渡辺政隆訳、草思社文庫）である。一九九〇年代半ばに書かれてベストセラーとなった素晴らしい本だ。フォーティの視点が見事なうえ、読み物としても面白く、著者らなどは刊行から二〇年たった今でも愛読している。しかし科学の歩みは速い。当時はまだ、今と比べて不明な部分が多かった。九〇年代半ばにはほとんど存在すらしていなかった研究分野も二つある。宇宙生物学と地球生物学だ。色々な計器類が進歩したおかげで新たな事実が明らかになると同時に、未知の時代や未知の分類群に属する化石も見つかってきている。研究のやり方も変化した。たとえば、地質学、天文学、古生物学、化学、遺伝学、物理学、動物学、植物学といったなじみ深い確固たる学問分野は、たいていの大学で別個の建物をあてがわれていることからもわかるように、それぞれが独自の規則と対象範囲を備えている。そのうえ、使用される言葉も違えば、研究成果を広める方法についての好みも違う。ところが、今や重要な画期的発見は、そうした学問分野の境界線が交わる場所でなされるケースが多いのだ。

本書では、著者らが選んだ歴史を三つのテーマに基づいて示していきたい。一つは、生命の歴史が最も強い影響を受けてきたのは環境の激変だという立場である。その影響力はほかの様々な力を合わせたより大きく、チャールズ・ダーウィンが初めて気づいた「時間をかけて徐々に起きる進化」をも上回る。ダーウィンが師事した当時主流派の教師たちは「斉一説（せいいつせつ）」〔訳註　過去の地質現象も現在の自然現象と同じ作用の結果として生じたとする考え〕を信奉していた。これは二世紀以上にわたって地質学の基本原理とされてきたものであり、一八世紀末にスコットランドの地質学者ジェームズ・ハットンが初めて唱え、一九世紀前半にやはりスコットランドの地質学者チャールズ・ライエルの著作によって広まった。[7] やがてこの説が、ダーウィンを含む何世代もの若い自然科学者たちの科学的指針となっていく。[8] だが、六五〇〇万年前の隕石の衝突が恐竜を死に追いやったと判明したことは、「新・天変地異説」[9]とも呼ばれる考え方へと大勢（たいせい）が大きく傾くきっかけとなった。これは、斉一説の前に優勢だった「天変地異説」の流れを汲むものである。

これから本書で見ていくように、太古の世界や進化の速さを説明するうえで斉一説は時代遅れであり、その誤りはおおむね証明されている。実際、遠い昔の地球は、徐々にではなく突然に起きる事象に何度も見舞われた。その理由を考えるのに、現代を物差しにしてもあまり役に立たない。そのいい例が「全球凍結（スノーボールアース）」や

「大酸化事変」であり、「キャンフィールドの海」である。硫化水素が充満するこの海は一〇億年以上ものあいだ存在し続け、複雑な動物の誕生を遅らせる原因をつくった。あるいは、恐竜を巻き込んだK－T境界（白亜紀と新生代第三紀の境目）の大量絶滅にしてもそうで、同じような事例は現代には見当たらない（本当は古第三紀との境界ということでK－Pg境界と呼ぶべきなのだが、知名度が高くて響きもいいK－T境界に固執することを同僚諸氏には許してもらいたい）。生命の誕生を可能にした大気や海も、今とは性質が異なっていた。さらには、大気中の二酸化炭素濃度が高すぎて、地球のどこを探しても氷の一片すら見つからない時代もあった。現代を手がかりにしても、過去の大半については読み解くことができない。それどころか現在は、約一万年前に終わったばかりの更新世を知るための鍵にすらほとんどなれないのだ。このことが足かせとなって、私たちは過去を十分に見通して深く理解することができずにいる。

次に、本書を貫く二つ目のテーマだが、私たちは炭素を基本とした生物であり、「長鎖」の炭素分子でできている（炭素原子がつながってタンパク質を構成）。しかし、生命の歴史に最も大きな影響を与えたものは単純な三種類の気体分子である。酸素、二酸化炭素、硫化水素だ。さらに踏み込むなら、地球上の生命の性質と歴史を方向づけてきた何より重要な元素は、硫黄だといっていいかもしれない。

三つ目のテーマは、現存する生物が今のような顔ぶれになったことには、生物自体ではなく生態系の進化が最も大きな要因として働いているということだ。サンゴ礁、熱帯林、深海の「熱水噴出孔」周辺など、数え上げればきりがない。どの生態系も、役者は違えど台本が同じ芝居のようなものであり、それが気の遠くなるような年月をかけて演じられてきた。その一方で、まったく新しい生態系が現われて、それまでとは違った種類の生物がそこに暮らすようになった時代もある。たとえば空を飛べる生物や、泳いだり歩いたりできる生物の登場は、いずれも進化の大きな転換点となる新機軸であり、世界を変える結果となった。またどの場合も、新しい生物が新しい種類の生態系の誕生を促している。

著者らについて

歴史を文章として綴るとき、視点に偏りが生じるのは避けられないことであり、そこには書き手の経歴が影を落としている。著者らの一人であるピーター・ウォードは一九七三年から古生物学の研究を始め、現代および古代の頭足類のほか、脊椎動物と無脊椎動物の大量絶滅に関しても数々の著作を発表している。もう一人のジョゼフ・カーシュヴィンクは地球物理生物学者で、もともとは先カンブリア時代からカンブリア紀への移行を研究していた。しかし、その後はさらに古い時代（大酸化事変）へと目を向けるとともに、スノーボールアースを発見したことでも知られている。今や全球凍結は生命史における重要な要素とみなされるまでになった。私たちは共同で、デボン紀末、ペルム紀末、三畳紀－ジュラ紀境界、および白亜紀－第三紀（最近の呼び方では古第三紀）境界の大量絶滅についても研究している。

一九九〇年代の半ば以降は、二人で実地調査も行なってきた。一九九七年から二〇〇一年にかけては南アフリカでペルム紀末の大量絶滅について調べ、メキシコのバハ・カリフォルニアとカナダのバンクーバー島では白亜紀後期のアンモナイトを研究している。三畳紀－ジュラ紀境界の大量絶滅の手がかりを求めてカナダのクイーンシャーロット諸島に赴き、K－T境界の大量絶滅を探るためにチュニジア、バンクーバー島、カリフォルニア、メキシコ、南極へも飛んだ。デボン紀末の大量絶滅を明らかにしようと、西オーストラリア州も訪れた。

本書を語る声は、二人が一体となった二重唱（デュエット）のつもりであるが、一人だけが書いていることを明確にしている箇所もある。それは、どちらかの興味に近い話題であるためか、いずれかがその研究分野における中心人物であるためだ。

名称と用語

先ほど、現存する種の数を二〇〇〇万種あまりと記した。だが、正式な定義に基づく種（属名と種名をともに要する）の数は、実際に存在する一割にも満たないというのがおおかたの研究者の見解である。[10] では、過去にはどれくらいいたのだろうか。数十億という桁になるのは間違いない。それだけに、その莫大な数の生物についての歴史を書くのは大変な作業だ。古生物学にも生物学にも、もちろん地質学にも、厳密な意味をもつ専門用語がたくさんある。著者らの仕事はそれらをできるだけわかりやすく解説することと、たとえば「ＮＡＳＡ」のような頭字語を読み解くことだ。ただし、地球で生命の歴史を紡いできた（そして今も日々それを続けている）過去と現在のいくつもの生物については、学名のままで紹介せざるを得ないことをお断りしておく。

最後に一つ。ウォードは、とりわけ大きな影響を受けた二人の科学者兼作家の名をここで叫んでおきたい。一人はロバート・バーナー。酸素と二酸化炭素に関する彼の研究は本書の中核をなすものだ。もう一人はニック・レーン。科学者であるとともに多作な作家としても知られ、明晰さと洞察力の極みともいうべき数々の著書を発表している。その研究は、少なくとも著者らの一人に多大な影響を与え、その著作は今なお新しさを失わない。[11]

第1章　時を読む

最近まで、生命の歴史を語る際には難解な時代区分のみが用いられていた。年数で表すのではなく、地殻中に散在する岩石の相対的な位置に基づくものである。いわゆる地質年代だ。本章ではこの地質年代に目を向け、地球上の生命が現われた順序を知るうえでそれがどう用いられているかを見ていく。

地質年代はかなりがたのきた古い仕組みで、一九世紀の規則と現代ヨーロッパの形式主義によってまとめ上げられている。比較的若い世代の地質学者は、地質年代にまつわる古臭くて堅苦しい慣習に辟易しているものの、昔流の訓練を受けた高齢の地質学者たちからはそれがいまだに必要とされているのが現状だ。地質年代を変更しようと思えば、今日でも委員会による承認が必要である。[1] どの時代区分も、一つの「模式層断面」と関連づけられていなくてはならない。模式層断面とは、特定の時代区分を特徴づける最も典型的な堆積岩層のことをいう。模式層断面に選ばれるには様々な条件がある。容易に近づくことができ、地殻変動や加熱作用の影響を受けず、複雑な構造（断層、褶曲（しゅうきょく）〔訳

註　地層が波状に曲げられること〕、本来は水平であるべき堆積層が何らかの不可解な力で潰れているなど）をもたず、断面が上下逆さま（じつは意外に多い）にもなっておらず、おまけに多数の化石（大型化石も微化石も）を含んでいなくてはいけない。しかも、その地層や化石や鉱物が、放射年代測定、古地磁気層序、もしくは何らかの同位体年代測定（炭素同位体層序やストロンチウム同位体層序など）の組み合わせにより「絶対年代」（実際に何年前のものか）が割り出せることも求められる。

地質時代区分は複雑なだけでなく、役に立たない場面も多い。なぜなら、誰かが「この岩石はジュラ紀のものだ」と宣言したとしても、本当にそうなのかはわからないからだ。その岩石が、ジュラ紀のものとして指定されている模式層断面（ヨーロッパのジュラ山脈にある）と同じ年代だといっているにすぎない。とはいえ、著者らのように地球と生命の歴史を研究する者にとって、化石から岩石の古さを突き止めてそれを人々に伝えようと思えば、地質時代区分を使わざるを得ないのが実情だ。確かに、生命史上の重要な出来事（イベント）や生物が生きた時代を特定するのに、もっと近代的な手法があるにはある。[2] たとえば、岩石中の放射性同位体（よく利用されるのは炭素14）に着目し、それが一定の期間ごとに一定の割合で崩壊して減っていく性質を利用して時代を測定することもできる。ところが現実には、地層から化石がごくわずかしか見つからなかったり、絶対年代を調べられるような物質が化石にほとんど含まれていなかったりする。何の化石かという情報が普通は唯一の手がかりであり、それでもそこから岩石の年代を判断しなくてはならないのだ。

地質時代区分は、すべての岩石の年代を特定する手段として今も中心的役割を果たしているだけでなく、生命史の中で起きたイベントの年代を推定するのにも用いられている。区分の名称は込み入っているし、その間隔もばらばらで規則性が見当たらない。どこをとっても一九世紀的な手法であって、邪魔でしかないことが多い。その構造に難があるというよりも、現状のかたちに決定された際の融通の利かない官僚主義に問題がある。新しい「紀」の名称が採用されたのは、ここ一〇年のことにすぎない。その新しい二つの紀は、本書で語る生命史にとって重要なのでここで触れておく。八億五〇〇〇万年前〜六億三五〇〇万年前の「クライオジェニアン紀」と、そのあとに続く六億三五〇〇万年前〜五億四二〇〇万年前の「エディアカラ紀」だ。

地質時代区分の歴史

地質学という研究分野が生まれて、現在のものに似た地質時代区分が使われ始めたのは一九世紀前半のことである。当時は色々な「代」「紀」「世」が定義され、旧体系に取って代わっていった。[3] 一八〇〇年より前、地上で観察される岩石は種類ごとに別々の時代に属していると思われていた。最も古いと見られていたのが、山や火山の中核部を形成する硬い火成岩や変成岩である。堆積岩はそれらより新しく、大規模な洪水の連続から生まれたとされた。これは「水成論」と呼ばれて主流の説となり、やがて堆積岩自体

	代	紀	（100万年前）
顕生代	新生代	新第三紀	0–23
		古第三紀	23–66
	中生代	白亜紀	66–145
		ジュラ紀	145–200
		三畳紀	200–252
	古生代	ペルム紀	252–299
		石炭紀	299–359
		デボン紀	359–416
		シルル紀	416–444
		オルドビス紀	444–488
		カンブリア紀	488–542
	新原生代	エディアカラ紀	542–635

		代	紀	（100万年前）
先カンブリア時代	原生代	新原生代	エディアカラ紀	542–635
			クライオジェニアン紀	635–850
			トニアン紀	850–1000
		中原生代	ステニアン紀	1000–1200
			エクタシアン紀	1200–1400
			カリミアン紀	1400–1600
		古原生代	スタテリアン紀	1600–1800
			オロシリアン紀	1800–2050
			リィアキアン紀	2050–2300
			シデリアン紀	2300–2500
	始生代	新始生代		2500–2800
		中始生代		2800–3200
		古始生代		3200–3600
		原始生代		3600–未定義
	冥王代			未定義–4567

最新版の地質時代区分（Felix M. Gradstein et al., “A New Geologic Time Scale, with Special Reference to Precambrian and Neogene,” *Episodes* 27, no.2 (2004): 83-100 に最新情報を加えたもの）

の種類によって時代も異なると考えられるまでになる。たとえば白亜は、ヨーロッパ亜大陸の北限からアジアにかけて広く分布しているが、すべて同一の時代のものとみなされた。砂岩であるとか、より粒の細かい泥岩や頁岩（けつがん）などはまた別の時代である。ところが一八〇五年、状況を一変させる発見がなされる。「地層男」の異名をとったイギリスの地質学者ウィリアム・スミス[4]が、年代を決めるのは岩石の種類ではなく、岩石に含まれる化石だと初めて気づいたのだ。化石を手がかりにすれば、離れた地域の地層が同時代のものかどうかも判断できる。スミスは、岩石の種類が同じでも時代は異なる場合があり得ることや、遠く離れた地域間で同じ種類の化石が同じ順番で見つかることも明らかにしていった。

この考え方は「化石による地層同定の法則」と呼ばれるようになり、近代的な地質時代区分が誕生するきっかけをつくった[5]。鍵を握っていたのは、化石に保存された生命だったのである。こうして、化石をもとに地層の年代の違いを区別できるようになった。最も大きな地質時代区分は、化石をまったく含まない岩石が属する古い時代であり、化石がよく見つかる岩石の下に位置している。化石のある岩石のうちで最も古いものの時代は、ウェールズ地方の地名を取って「カンブリア紀」と名づけられ、それ以前のすべての岩石は「先カンブリア時代」のものとされた。カンブリア紀以降の時代はまとめて「顕生代」と命名される。これは「目に見える生物が生息した時代」という意味だ。カンブリア紀より前の時代は、古い順に「冥王代」「始生代」「原生代」と呼ばれるようになった。

まもなく、化石を基準にして顕生代の中もいくつかの「紀」に区切られていくことになる。数十年にわたって科学的な手法で化石を収集・管理・記録し、特定の化石群が見つかる最も古い時代と最も新しい時代を突き合わせていった結果、顕生代の地層は大きく三つに分かれることがわかった。最も古い区分に「古生代」、次に「中生代」、最も新しいものには「新生代」という名称が与えられる。

この三つの「代」が正式に加わる前から、現在使われている「紀」の名前はほとんどが出揃っていた。古い順に、まず古生代は「カンブリア紀」「オルドビス紀」「シルル紀」「デボン紀」「石炭紀」（北米では石炭紀の前半を「ミシシッピ紀」、後半を「ペンシルベニア紀」と呼ぶ）、および「ペルム紀」に分かれる。中生代を構成するのは、「三畳紀」「ジュラ紀」「白亜紀」だ。新生代の中の区分は、古第三紀と新第三紀（かつてはこの二つを合わせて「第三紀」と呼んだ）、そして第四紀である。

一八五〇年の時点では様々な「紀」が定着し、新しいものが採用されることはめったになくなっていた（一九世紀後半には大勢の地質学者が、まったく新しい時代を定めるという栄誉を夢見たが、それには既存の区分を共食いするしか手がなかった）。実際に新区分の座を勝ち取ったのは一つだけである。チャールズ・ラップワース[6]というイギリスの地質学者が「オルドビス紀」をつくったのだ。カンブリア紀より上でシルル紀の下にある岩石層には、独自の地質時代区分を与えるにふさわしいとラップワースは主張し、十分な数の地質学者を説き伏せて一八七九年に新区分としての採用を実現した。その頃には、時代命名の草分けともいえる二人のイギリス人地質学者（カンブリア紀を定めたアダム・セジウィックとシルル紀およびペルム紀をつくったロデリック・マーチソン）がすでに亡くなっていたため、ラップワースはいわばその空隙をうまくついたわけである。どの男たちも自尊心の塊であり、「自分の」時代を手に入れるためなら猛然と闘った。

　生命の歴史という観点から見て最も大きな変化は、原生代に「クライオジェニアン紀」と「エディアカラ紀」が加わったことである。これらは、生命が動物を誕生させるための準備を整えていた時代といえる。だが、生命を養えるようになるために、動物の進化どころか生物自体が生まれるよりはるか昔から地球はいくつもの激変を経験しなくてはならなかった。クライオジェニアン紀（ギリシャ語の「寒冷」と「誕生」が合体した語）は八億五〇〇〇万年前〜六億三五〇〇万年前までの時代を指し、地質学関連の名称の決定機関である国際地質科学連合（ＩＵＧＳ）とその下部組織である国際層序委員会によって一九九〇年に承認された。[7] 新原生代の中では二番目の紀であり、そのすぐあとに続くのがやはり比較的新しい「エディアカラ紀」である。この先詳しく見ていくように、どちらの紀も生命の歴史に重大な影響を及ぼした。エディアカラという名前は、オーストラリア南部のエディアカラ丘陵からきている。エディアカラ紀は新原生代最後の区分であり、カンブリア紀の直前にあたる。カンブリア紀は古生代最初の時代区分で

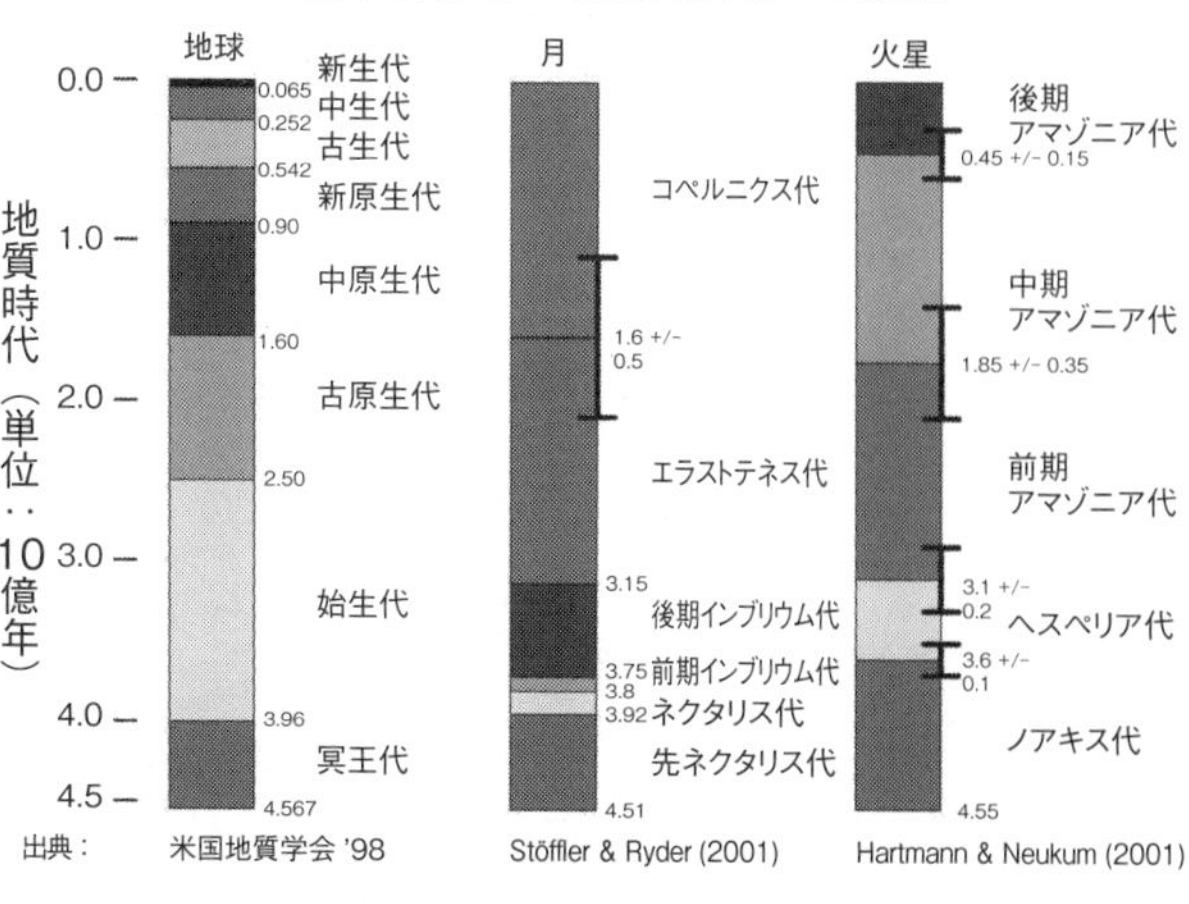

あり、ここから先は顕生代となる。エディアカラ紀が公式な区分としてIUGSから承認されたのは二〇〇四年のことだ。[8]

現在の地質時代区分は、いわば一九世紀から二一世紀にかけての科学の寄せ集めである。そういう意味では、生物の分類に似ているといえるだろう。どちらも、過去になされた様々な主張や観察を踏まえ、先行する数々の用語や定義があるなかで定められてきた。それらは往々にして新しい決定手法とはぶつかり合う。進化に対する私たちの見方をDNA解析が根本から変えたように、岩石の新しい年代測定法も、岩石や化石の重なり方で「相対的」に年代を決める古いやり方と対立してきた。その衝突が非常に大きくなる場面も少なくない。今から一〇〇年後の地質時代区分はいったいどのようになっているだろうか。最近の大学では、化石をもとに地質年代を正確に特定できる高い能力をもった専門家をもはや育成しなくなっているだけに、なおさらそう思わざるを得ない。『スタートレック』に出てくるような装置を使って、どんな岩石もスイッチ一つ、あるいはスキャン一回でたちまち年代が特定できるのならそれでもいいのだろう。しかし悲しいかな、そんなことは未来永劫起こらない。私たちは歴史の中に閉じ込められている。岩石の中だけでなく、旧来の測定手法と定義の中にも。この地質時代区分は、今やほかの惑星や衛星にも拡大されている。区分の基準となるのは、単位面積当たりの衝突クレーターの数だ。そして天体ごとに独自の用語があり、私たちはそれもまた学ばねばならない。

第2章　地球の誕生――四六億年前〜四五億年前

ルネサンス期には、どれほど進んだ思想家であっても次のように信じていた。地球は太陽系と宇宙の中心であり、宇宙で唯一生命を宿していて、偉大なる創造神に似せてつくられた知性ある存在の住む場所である、と。今の私たちは違う。地球が数ある惑星の一つにすぎないことを知っているし、その生命もさして非凡ではなさそうだと思っている。近年、太陽系外で地球型惑星（ＥＬＰ）の探査が行なわれているのも、そうした考えの表われだ。発見されるＥＬＰの数は年々増える一方であり[1]、宇宙にどれくらいの頻度で生命が発生するかについて私たちの見方を変えつつある。とはいえ、「地球型」であれば生命が存在するといえるのだろうか。まずは地球の進化の初期段階に目を向け、生命が居住可能な状態になって実際に生物が現われるまでにどのようなことが起きたのかを見ていきたい。

一九九〇年代以降、地球の生命史に対する認識を根底から覆す大変革が二つ起きている。それより前に地球を研究していた者には、地球がその他大勢の一つにすぎないという視点はほとんどなく、地球の生命が広大な宇宙における生命の一種にほかならないという認識もなかった。ところが、別の恒星を回る惑星が次々に発見されたことは、科学界や社会の見方を大きく変えた。[2]それは大変な衝撃であり、もともと系外惑星に興味をもっていた分野（天文学や地質学の一部）を超えて生物学や宗教の領域にまで大きな一石を投じた。初期の系外惑星発見者として知られるジェフリー・マーシーは、大発見の一報を受けてすぐにかかってきた電話の中にはバチカンからのものもあったと振り返っている。天文学に通じたカトリック教会は、系外惑星が生命を養えるのかどうかを知りたがっていたそうだ。それ如何で、様々な宗教的な意味合いが派生してくるからである。

系外惑星の第一号が発見されたのは一九九二年のこと（パルサー〔訳註　規則的にパルス状の電波やX線を放射する天体〕のまわりを回っていた）[3]。一九九五年に見つかった第二号は「主系列星」（普通の恒星）を中心とする惑星系に属し、生命が進化する環境としてはパルサーよりはるかに適している。パルサーは規則的に強いエネルギーを放射するという厄介な星であるため、周囲の惑星が生命を育むのは不可能だろう。

第二の系外惑星からわずか一年で天文学は別の発見を成し遂げ[4]、それが科学や政治の世界、そして世間にさらなる衝撃をもたらす。火星から飛来した隕石に生命の痕跡（および微生物の化石と見られるもの）を確認したと米航空宇宙局（ＮＡＳＡ）の研究者が発表したのだ。この二つの出来事がきっかけとなって、宇宙生物学という新しい分野が誕生した。

生命史に関連する問題には巨額の資金が流れ込むようになる。以前は、たとえば地球に最初に生まれた生命というテーマは、資金も乏しく研究も十分に進んでいなかった。この大きな変化が始まったのは一九九〇年代後半からであり、新世紀の幕が開く頃にはそれはこよなく刺激的な研究分野へと躍り出ていた。そして科学を変貌させたのみならず、本書の主題である地球上の生命の歴史や、系外惑星における生命の可能性、さらには「よその」生命の歴史に対する私たちの見方を今なお変え続けている。

生命が居住可能な惑星はいくつもあって、地球はその一つにすぎず、また生命誕生につながる化学物質のレシピもたくさんあって、地球に生まれた生命はその一つを土台にしただけである――こうした考えを「既定の事実」として研究の前提にしている宇宙生物学者は多い。しかし、現在の地球にいる動物や高等植物のような複雑な生物が進化するには、様々な条件が必要になるという点はけっして軽視できない。地球のような生命はたぶん唯一無二ではないにせよ（少なくとも複雑さの面で）、非常に「稀」であると著者の一人（ウォード）は考えている。それがウォードの「レアアース（Rare Earth ＝稀な地球）仮説」だ。[5] 仮に宇宙に微生物が溢れているとしても、地球の動物のような生物を生むほどの進化が起きる条件を備え、環境の安定した時代が長く続くような惑星は、間違いなく稀であるとはいえないだろうか。

「地球型惑星」とは何か

ヒトのような生命が生まれ得るのは宇宙でこの惑星だけだと考えるのは、ただの地球至上主義なのかもしれないし、正しいのかもしれない。いずれにしても、系外惑星探査の根幹にあるのは「別の地球」を探すという目標だ。だとすると、「地球型惑星」とは何かという点が問題になってくる。私たちにとって、今現在の地球の姿はおなじみのものだ。緑と青の海が多くの部分を占め、私たちが暮らす陸地もある。ところが、時間を巻き戻したり早送りしたりしてみると、私たちが故郷と呼ぶ惑星とはまったく様子が違うことがわかる。つまり「地球型」とは何かを定めるには、「場所」のみならず「時間」についても考えなくてはならない。

地球がどういう惑星であるかにとりわけ関心をもっているのが天文学と宇宙生物学であり、この二つの研究分野では様々な定義が提案されている。最も広い定義では、表面が岩石で核がそれより高密度であれば地球型惑星だとしている。最も狭い定義では、「私たちが知っているような生命」が必要とする重要な条件を満たすことを求めている。たとえば、地表に液体の水が形成されるような適度な気温や大気などだ。「地球型惑星」という言葉は、現代の地球に似た惑星という意味で用いられることが多いが、地球は誕生してから四五億六七〇〇万年の間に大きく姿を変えてきた。「地球型」でありながら生命をまったく維持できない期間も何度かあったし、動物や高等植物のような複雑な生命が誕生し得なかった時間がその歴史の大半を占める。地球上にはほぼすべての時代を

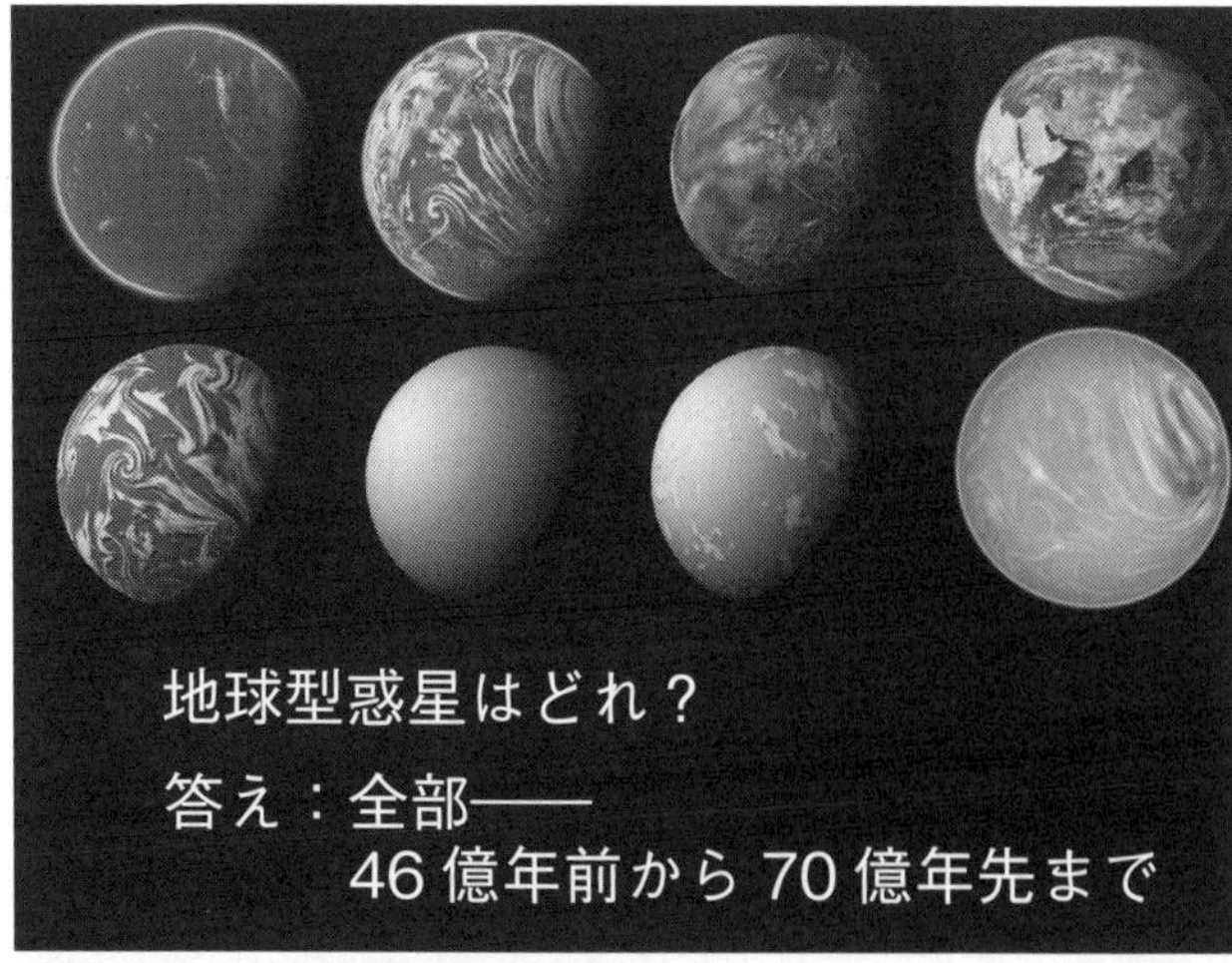
地球型惑星はどれ？
答え：全部——
46億年前から70億年先まで

地球型惑星という言葉は今や広く使われるようになったが、「どの段階の地球」を指しているのかを考える必要がある。水に覆われた初期の地球（左上）なのか、海水がすべて蒸発して宇宙へと消えた数十億年後の地球（右下）なのか。

通して水が存在してきた。まだ形成半ばだった地球に、火星サイズの原始惑星（テイアと呼ばれる）が衝突して月がつくられたが、それから一億年後の地球にはすでに液体の水があった。これはたまたまそうだったというだけだろうか？　それとも、多量の水を含む彗星がいくつも地表にぶつかって、地球外豪雨を降らせた結果だろうか？

　原初の地球に水が存在したことは、ジルコンという砂粒のような鉱物から明らかにされている。[6]このジルコンは、放射年代測定により四四億年前のものであると確認されたものだ。ジルコンに含まれる酸素の同位体を調べたところ、地殻プレートの沈み込みプロセスによって海水がマントルに吸い込まれた形跡が見つかった。当時は太陽の活動が今よりはるかに弱かったとはいえ、大気中には十分な量の温室効果ガスが含まれていたので地球が冷えることはなかった。だが、太陽の熱より重要だったのは火山である。火山活動は現在より一〇倍活発だったと見られており、地球自体からほとばしる大量の熱が海と陸地を温めた。そのため、惑星形成時の高温が冷めて、最初の一〇億年間よりはるかに低い温度になるまで、地球は生命を育める環境になかったと指摘する宇宙生物学者もいる。生命が火星のような別の惑星で最初に誕生したと考えたくなる理由はいくつもあるが、このこともその一つだ。しかし、太陽系ができたばかりの頃には、地球型の惑星がほかにもあった。金星である。

　初期の金星[7]は太陽系のハビタブルゾーン（居住可能領域）に含まれていたはずだ。現在はいわゆる暴走温室効果によって表面温度が五〇〇℃近くに達しているため、よもや生命はいないだろう（大気中に微生物が存在するという説もあるが、可能性は相当に低いと著者らは考える）。対照的に、過去の火星には水が流れていた時期があるのは間違いないうえ、水の作用で石を丸くしたり扇状地をつくったりするほどの大きな川があったこともわかっている[8]。今ではその水は失われているか、凍っているか、きわめて薄い大気中に水蒸気としてかすかに漂うのみだ。質量が小さいためにおそらく火星ではプレートの活動が起きず、地殻の再利用も行なわれない。そのため、金属核の熱勾配が小さくなって対流が生じず、結果的に磁場が発生しないので大気が太陽風から守られない。しかも太陽からの距離が地球より長いことから、永続的な「全球凍結」状態に移行しやすかった。かつて火星に生命が誕生していたのなら、放射性崩壊熱を熱源として今も地表下に存在している可能性はある。

約四六億年前より以前、[9]様々な大きさの「微惑星」が衝突・合体を繰り返して原始地球が形成された。微惑星とは、凍った気体や岩石でできた小天体のことで、黄道面（太陽系の全惑星が軌道を描く平面）に集まっていた。四五億六七〇〇万年前（かなり具体的に特定されており、数字の並びも覚えやすい）、火星サイズの天体が原始地球に衝突したと見られ、鉄とニッケルからなる双方の天体の核が合体した。また、衝突後にケイ素などが蒸発してつかのま「大気」が発生し、それが凝固して月ができる。その後数億年のあいだ、新たに生まれた地球には隕石が激しく降り注いだ。

形成途中の地表温度は溶岩並みに高く、しかも隕石の重爆撃を受けていたのだから、この時期の地球が生命を育める環境になかったことは間違いない。[10]巨大な彗星や小惑星が絶えず降り注ぐことで生じるエネルギーだけでも、表面の岩石を残らず融かすには十分で、約四四億年前になるまで地表はつねに溶融状態にあったはずだ。液体の水が形成される見込みは皆無だっただろう。

合体後の地球は短期間で急速に変化していく。四五億六〇〇〇万年前頃には、内部が何層かに分かれ始めた。一番内側は核で、おもに鉄とニッケルからなり、核より低密度のマントルがその外側を取り巻くようになる。マントルの上には、さらに密度の低い岩石の地殻がつくられて、みるみる硬さを増していく。一方、水蒸気と二酸化炭素が渦巻く非常に濃い大気が空を満たしていった。地表には水がなかったものの、大量の水が地球内部に閉じ込められるとともに、水蒸気として大気中にも存在していたに違いない。比較的軽い元素が地表に浮かび上がり、比較的重い元素は沈む。その過程で、水や揮発性化合物が地球内部から吐き出され、大気に加わっていった。[11]

初期の太陽系では新惑星だけでなく、惑星形成に使われなかった多量のがらくたも一緒に太陽のまわりを回っていた。とはいえ、現在の惑星のように、円に近い安定した楕円軌道を描くものばかりではない。がらくたの多くは軌道面が大きく傾き、惑星と太陽のあいだを横切るものも多数あった。このため、どの惑星も宇宙からの砲撃を浴び、それがとりわけ激しかったのが四二億年前～三八億年前の時期である。降り注ぐ隕石、とくに彗星は、惑星に水を供給するのに一役買った可能性があるものの、この点については激しい議論を呼んでいる。隕石の衝突を通じて初期の地球がどれくらい水を得たのかはまったくわかっていない。近年、月面で採集された鉱物のサンプルに含まれる微量の水が、地球に大量に存在する水と一致することがわかった。このことは、火星サイズの原始惑星が衝突したいわゆる「ジャイアント・インパクト」のあとに全球がマグマの海と化し、そこに地球の水圏も大気圏も融けていたことを示している。

インパクト時に仮に何らかの生命が存在していたとしても、手痛い犠牲を払ったに違いない。NASAの科学者が数学モデルを作製してその種の衝突を再現してみたところ、直径五〇〇キロの隕石が衝突したら、地球は想像を絶する激変を被ることがわかった。地表をつくる岩石の広大な領域が蒸発し、数千度にもなる超高温の「岩石ガス」が生まれる。この岩石の蒸気が大気中に広がり、それが海全体を熱して干上がらせ、融けた塩の層が海底に残るのみとなる。熱は宇宙空間に放射されて冷えてはいくが、雨によって新しい海が誕生するまでには少なくとも数千年を要する。これほどの大きさの、テキサス大の小惑星や彗星が今落ちてくれれば、深さ三〇〇〇メートル級の海洋が蒸発してもおかしくはなく、その過程で地表の生命は根絶やしにされるだろう。[12]

三八億年ほど前になると、隕石が雨あられと降ってくる時期は過ぎていた。それでも、もっとあとの時代と比べればやはりかなりの頻度で激しい衝突があったと思われる。当時は地球の自転速度が今より速かったので、一日の長さも一〇時間に満たなかった。太陽もはるかに暗く見え、地表に届く熱も少なかったはずだ。太陽自体が現代より格段に少ないエネルギーで燃えていたせいもあるが、濁った有毒な大気に遮られていたためでもある。この頃の大気中には二酸化炭素、硫化水素、水蒸気、およびメタンが荒れ狂い、大気にも海にも酸素は存在しなかった。空はおそらくオレンジや赤レンガ色で、地表をほぼ全面的に覆っていたはずの海も泥混じりのような茶色だっただろう。とはいえ、生命が誕生するには、まずたくさんの「部品」をつくり、それを工場で組み立てるという二つの段階が必要とされる。少なくとも地球は、そのための気体と、液体の水と、様々な鉱物や岩石や環境を備えた地殻をもつ惑星だったことは間違いない。

生命を育む仕組みとその歴史

地球上に生命が誕生するうえで欠かせない条件の一つは、大気中の気体が十分に「還元」されて、生命の構成要素となる前駆物質がつくられるようになることだ。酸化と還元という化学的なプロセスには電子がかかわっている。電子を失う反応が「酸化」であり、電子を得る反応が「還元」である。電子は通貨のようなもので、エネルギーと交換することができる。酸化では、電子を失うのと引き換えにエネルギーを得る。還元で電子を得ることは、銀行に金を預けるようなものだ。そしてこの金銭はエネルギーというかたちで蓄えられている。たとえば、石油と石炭は「還元」されている。つまり、多量のエネルギーを蓄えており、これらを燃やして酸化させたときにそのエネルギーが解放されるのだ。酸化させるとエネルギーが生まれる、といい換えてもいい。

初期の地球大気がどういう組成だったかについては様々な見解があり、盛んに研究が行なわれている。窒素の量は現在とあまり変わらなかったと見られるのに対し、酸素がほとんどないしまったく存在しなかったことについては多方面からの豊富なデータで裏づけられている。一方、二酸化炭素の量は今日よりかなり多かったはずだ。それが超温室効果を生み、二酸化炭素圧は今の一万倍に達していたと思われる。[13]

現在の大気は七八パーセントが窒素、二一パーセントが酸素で、残り一パーセント足

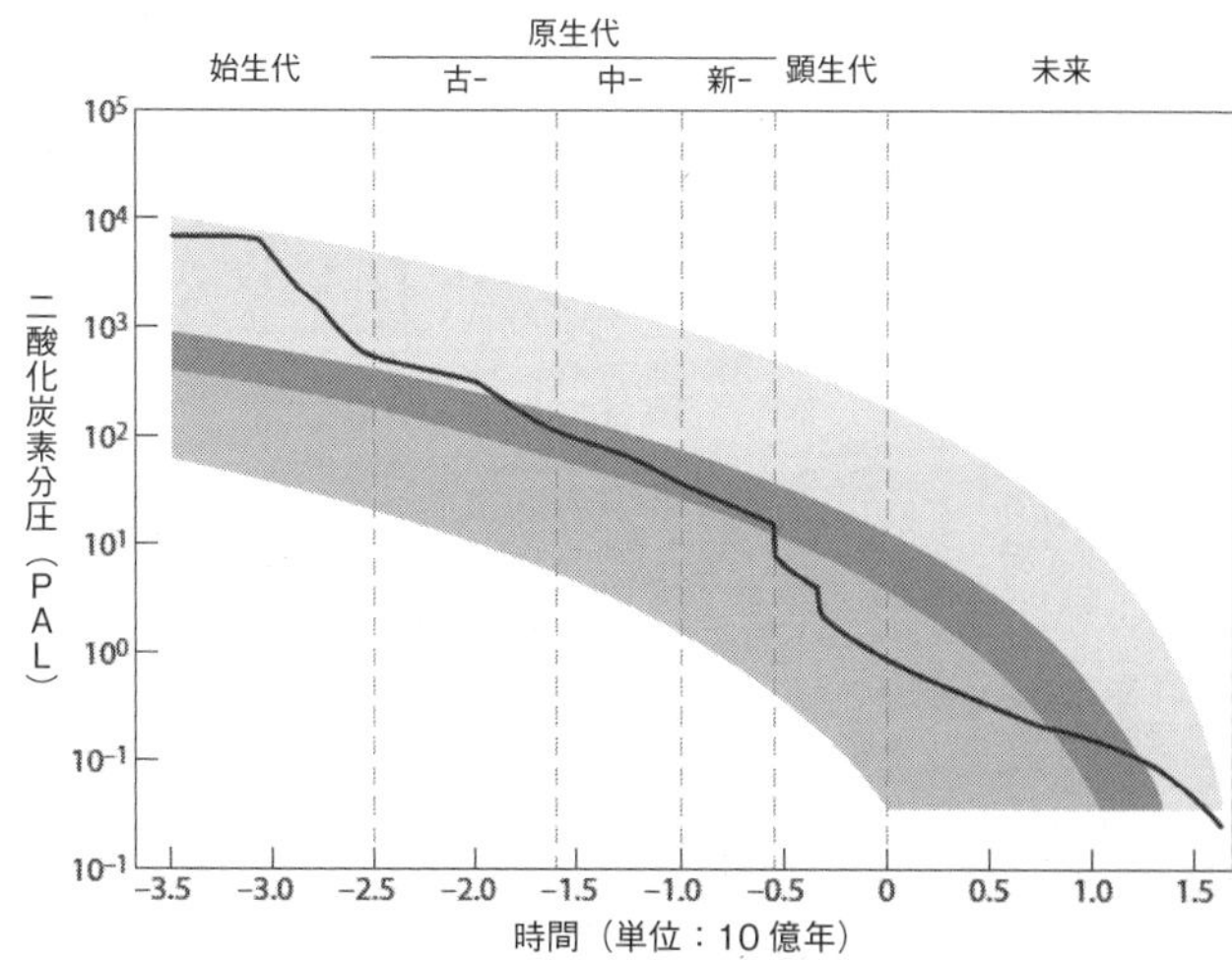

数十億年単位での二酸化炭素濃度の変遷。未来に関する予測値も含む。時間軸のゼロは現在を表わす。PAL＝現在との相対値。

らずが二酸化炭素とメタンだ。この組成になったのは比較的最近のようである。近年の研究から明らかになりつつあるように、地球の大気はかなり短期間でその組成を変える場合があり、一見小さそうな一パーセントの領域についてはとくにそれが顕著だ。この領域に含まれる二酸化炭素とメタンはどちらも（水蒸気と並んで）温室効果ガスと呼ばれ、大気に占める割合とは裏腹に非常に大きな影響力をもつ。

元素の循環と地球の気温

　生命という奇妙な状態を育むうえで、体は無数の複雑なプロセスを必要とする。その多くにかかわっているのが炭素の移動だ。同じように、炭素、酸素、および硫黄がどう動くかによって、生命に適した環境を地球上で維持できるかどうかが決まる。このうち最も重要なのが炭素である。

炭素は、固体・液体・気体の状態を出たり入ったりしながら盛んに循環されている。海、大気、および生物のあいだで炭素がやり取りされることを「炭素循環」という。温室効果ガスの濃度が変化することで惑星の気温が変動するのは、この炭素の動きが大きくかかわっている。一口に炭素循環といっても、実際には短期的循環と長期的循環という二つの異なる（ただし重なる部分もある）サイクルで成り立っている。[14] 短期的な炭素循環を左右するのは植物の生命現象だ。二酸化炭素が光合成の際に取り込まれ、炭素の一部が生きた植物組織として閉じ込められる。これは還元された物質なので、あとでエネルギーとして解放できる。植物が枯れたり葉が落ちたりすると、この炭素は土に移動し、再び炭素化合物となって土壌微生物の体内に入る場合もあれば、動植物の体をつくる場合もある。この還元された炭素化合物がそれぞれの体内で酸化されると、その生物はエネルギーを得ることができる。

同時に生物は、エネルギーとして使うために別の炭素分子も還元状態にしている。この炭素が動物の食物連鎖のはしごを登っていくあいだ、呼吸によって酸化され、気体の二酸化炭素となって呼気とともに動物や微生物の体から出ていき、再び新たなサイクルが始まることがある。しかし、動植物の組織内に閉じ込められたまま、ほかの生物に消費されることなく土に埋もれる場合もある。そうなると、地殻内にある有機炭素の大きな保管庫（リザーバー）の一部となり、短期的な炭素循環からは外れることになる。

もう一つの長期的な炭素循環には、まったく異なる種類の変換がかかわっている。最も重要なのは、岩石から海洋または大気への炭素移動だ。これは通常、数百万年の単位で起きる。炭素が岩石を出入りすることで、短期的な炭素循環では成し遂げられないほど大きな変化が地球の大気にもたらされる。というのも、海洋と生物圏（生きている生物の合計）と大気を合わせたよりも、岩石に閉じ込められている炭素の量のほうが多いからだ。すべての生物を合計するだけでも膨大な量なのだから、これは意外に思えるかもしれない。だが、イェール大学のロバート・バーナーの計算によれば、地球上の植物を一つ残らず一気に燃やし、その体内にあった炭素分子が大気に入り込んだとしても、この短期的な炭素循環によって大気中の二酸化炭素は二五パーセントしか増加しない。それにひきかえ、過去の長期的な炭素循環による二酸化炭素量の増減は一〇〇〇パーセント以上にも達する。

地球の炭素循環にきわめて重要な役割を果たしているのが炭酸カルシウム、つまり石灰岩の主成分だ。炭酸カルシウムは地球ではありふれた物質であり、骨格をもつ無脊椎動物のほとんどは骨格が炭酸カルシウムでできている。円石藻類（えんせきそう）と呼ばれる微小な植物プランクトンにも炭酸カルシウムは含まれ、その骨格が沈殿して蓄積すると白亜と呼ばれる堆積岩を形成する。円石藻類の骨格は、地球をすみやすい環境にするうえで欠かせない。長期的な気温変動を抑えるのに一役買っているからだ。沈み込みと呼ばれるプレート運動により、この白亜の一部は最終的にプレートのコンベヤーベルトに載せられて沈み込み帯に運ばれる。沈み込み帯は地殻にできた長い溝であり、そこで海洋プレートが別のプレートの下に沈んでいく。海底面よりもはるかに下の、地表から何千メートルもの深さになると、高温・高圧により白亜質やケイ質の骨格はケイ酸塩のような新しい鉱物や二酸化炭素ガスへと変わる。この鉱物と高温の二酸化炭素ガスはマグマと一緒に地表へと上昇する。ガスを多量に含んだマグマが地表に出ると、鉱物は溶岩として押し出され、ガスは大気中へと解き放たれる。

これが炭素循環の基本的プロセスだ。二酸化炭素が生体組織に変換され、組織が腐敗したら別の動植物の骨格をつくるのを助け、その骨格がいずれは地球の奥深くで溶岩やガスと一体化し、地表に戻ってきて再びサイクルを始める。長期的な炭素循環は大気組成に甚大な影響を及ぼし、その組成が地球の気温を大きく左右する。炭酸塩やケイ質の生物骨格が海中でつくられる量や速度は、堆積物の埋没プロセスや浸食作用や、化学的風化作用の進み方で決まる。そして、沈み込み帯という飢えた胃袋に落ちていく鉱物の量次第で、どれくらいの二酸化炭素とメタンが火山を通じて大気に戻されるかが違ってくる。このプロセス全体をコントロールしているのは主として生物であると同時に、そのプロセスが生物の生存を可能にしているのだ。炭素循環は大気中の気体濃度に影響するだけに留まらず、「惑星サーモスタット」ともいうべき自動温度調節機能の役目を果たしてもいる。というのも、炭素循環はフィードバックを受けることで地球の長期的気温を調節しているからだ。

このサーモスタットは次のような仕組みで働く。仮に火山から放出される二酸化炭素の量が増えて、大気中の二酸化炭素とメタンの濃度が上昇したとしよう。この二種類の分子が高層大気に達するとその多くは、地表から逃げてくる熱エネルギー（もともとは太陽光として降り注いだもの）を地表に跳ね返す作用をもつ。これが温室効果だ。大気中に閉じ込められる熱エネルギーが増加するにつれて惑星全体の気温は上がり、短期的には液体の水の蒸発を促して大気中の水蒸気が増える。水蒸気も温室効果ガスの一つだ。ところがこの温暖化によって興味深い結果が生じる。気温が上昇すると、化学的風化作用の進み方が速くなるのだ。このことはとくにケイ酸塩鉱物の風化にとって重要な意味をもつ。先にも見たように、化学的風化作用は最終的に炭酸塩や新種のケイ酸塩鉱物の形成につながるだけでなく、大気から二酸化炭素を取り除く結果をもたらすからだ。

雨水に溶けた二酸化炭素が岩石中の成分と結合すると、地球の気温に一次的な影響を及ぼさない化合物をつくる。したがって、風化の速度が上がれば、大気から除去される二酸化炭素の量も増えていく。大気中の二酸化炭素濃度が減少し始めると、温室効果が弱まって地球全体の気温も下がる。それと同時に、気温の低下につれて風化の速度が落ち、重炭酸イオンやシリカ（二酸化ケイ素）イオンが少なくなって、それらを材料とする骨格が沈殿する量も低下する。その結果、骨格の材料物質が地球内部に沈み込む量が少なくなり、火山から吐き出される二酸化炭素も減る。こうなると地球は急速に寒冷化していく。しかし、それとともにプランクトンのすむ海洋表層やサンゴ礁が縮小するので、大気中の二酸化炭素は以前より必要とされなくなる〔訳註　サンゴは細胞内に共生させた植物プランクトンが光合成を行なって二酸化炭素を吸収するだけでなく、サンゴ自体もそれを吸収して自身の骨格をつくっている〕。最終的には、火山が放出する二酸化炭素が生物に利用される量を上回るため、再び炭素循環のサイクルが始まる。

このように化学的風化作用の速度はきわめて重要な役割を果たしているが、これを左右するのは気温だけではない。山系が急速に隆起した場合も、気温にかかわらずケイ酸塩鉱物の浸食される度合いを高める。山の隆起はその種の鉱物の風化を加速し、結果的に大気から除去される二酸化炭素の量が増えて、地球は急激に寒冷化する。多くの地質学者が支持する説によれば、起伏が多く巨大なヒマラヤ山系がかなり短期間に隆起したときには、大気中の二酸化炭素濃度が急落し、それが寒冷化を引き起こして（少なくともその一因となって）二五〇〇万年前からの更新世氷河期をもたらした[15]。

化学的風化作用に影響するもう一つの要因は、どういう種類の植物がどれくらい存在するかだ。「高等」な（多細胞の）植物は、岩石成分を物理的に浸食させる力が非常に強いため、化学的風化作用が働く表面積を広げることにつながる。植物の数が急速に増えたり、一般的な樹木のように深い根をもつ新種の植物が誕生したりすれば、新しい山系の急激な隆起と同じ結果を生じさせる。つまり風化の度合いが増し、地球全体の気温が低下するのだ。逆に、大量絶滅や人間による森林伐採などで植物が失われると、大気は急速に温暖化する。

大陸の移動までもが世界規模での風化作用の速度を左右し、ひいては地球の気候を変化させる。風化は気温が高いほうが速く進むため、大きな大陸が高緯度から赤道付近に移動したら、どれほど気温の低い時期であっても世界はさらに寒冷化する。

化学的風化作用のペースは北極地方と南極地方では非常に遅く、赤道付近では速い。大陸が赤道地方に移動すれば、地球全体の気温に影響が及ぶ。大陸が問題になるケースはもう一つある。大陸同士の相対的な位置だ。どれだけ化学的風化作用が起きても、骨格づくりに欠かせない溶質や鉱物種が海に届かない限り地球の気温が変わることはない。海に運ぶには水の流れが必要だ。ところが、約三億年前にパンゲアができたときのようにすべての大陸が合体したら、超大陸内部の広大な領域で雨が降らなくなり、海へ通じる河川もなくなる。たとえ膨大な量の重炭酸塩や溶解カルシウムや、シリカイオンが巨大大陸の中央部で生み出されていても、その多くは海に達することがない。

雨が少なくなれば、仮に気温が高めであっても風化速度が遅くなり、フィードバックシステムは大陸が分かれていたときほどうまく働かなくなった可能性がある。大陸の合体によって海岸線が短くなることも、世界の気候に大きな打撃を与える。かつては海の影響を受けていたり、湿地帯だったりした地域の多くが、海からも水からも遠く離れてしまうからだ。乾燥地帯では北極地方と同様に風化の進み方が遅いため、風化の副産物として鉱物と大気中の二酸化炭素が結びつくことも少なくなり、地球の温暖化につながる。

顕生代における二酸化炭素と酸素の変動

生命の歴史に大きな影響を与えてきたものはほかにもある。気温以外でおそらく最も重要な物理的要因は、生命の源となる二酸化炭素（植物にとって）と酸素（動物にとって）の量（分圧で表わされる）の変化だろう。地球の大気中で二酸化炭素と酸素の濃度が時間とともにどう移り変わるかは、様々な物理学的・生物学的プロセスによって決まる。地質学的なスケールで見るとかなり最近までどちらの気体も大きく変動してきたのだが、そう聞くとたいていの人は驚く。だがそもそもなぜ量が増減するのだろうか。大きな要因は、たとえば炭素、硫黄、鉄など、地殻上および地殻内に豊富に含まれる元素との化学反応だ。化学反応が起きれば、酸化と還元がともに生じる。どちらの場合も、炭素、硫黄、あるいは鉄を含む分子と遊離酸素（O_2）が結合して新しい化合物をつくるため、酸素は大気から除去されてその化合物の中に蓄えられる。化合物の還元を伴う別の反応が起きると、酸素は解き放たれて大気に戻る。これが植物の光合成で行なわれていることだ。いくつもの複雑な反応を経て二酸化炭素を還元し、その副産物として遊離酸素を解放しているのである。

過去の酸素と二酸化炭素の変動を推定するために、いくつものモデルが開発されてきた。そのうち最も歴史が長く、最も精巧なものがジオカーブ（ＧＥＯＣＡＲＢ）である。このモデルは炭素濃度を計算するもので、イェール大学のロバート・バーナーによって考案された。[16] バーナーはジオカーブ以外にも、酸素濃度を計算するモデルを学生とともに作製している。その二つのモデルを利用すると、時間とともに酸素と二酸化炭素がどう推移してきたかという大きな流れが見える。この研究は、科学的手法によって成し遂げられた偉大なる成果の一つといえるだろう。地球の生命史を理解するうえで、酸素と二酸化炭素の変遷に注目することは最も新しく、最も重要な考え方である。

一説によれば、すでに四〇億年前の時点で地球上の環境と物質は生命を宿してもおかしくない状態にあった。しかし、生物が居住可能な環境にあるからといって、実際に居住するようになるとは限らない。生命をもたない物質からいかにして生命をつくるか。それが次章のテーマであり、その作業は史上最も複雑な化学実験であるかに思える。宇宙物理学者はいつも、地球に生命を誕生させるのがあたかも「簡単」だったかのような口ぶりで語るが、細かく見ていけば、それがとうてい事実ではないことがわかる。

地球にどういう種類の生物が生まれるか（またはそもそも生物が生まれ得るか）は、おおむね大気中の様々な気体の濃度とそれらの相互作用に左右されるといっていい。しかも、その生物がどういう歴史を歩むことになるかもそれで決まってくる。酸素と二酸化炭素の濃度に目を向ければ、地球上の生命がたどってきた道のりの大まかなパターンはもちろんのこと、細かい部分も浮かび上がってくるのだ。この二種類の気体がそれだけ重要な役割を担っているということは、二一世紀に入ってしだいに広く受け入れられてきている。これは、地球史を読み解くうえでのまったく新しい切り口だ。やはり最近になって明らかになってきたのは、生命の歴史には別の二つの気体も重要な役割を果たしてきたということである。硫化水素（H_2S）とメタン（CH_4）だ。これから本書で見ていくように、この二つについての物語は岩石に刻まれているだけでなく、生と、そして死の中にも記されている。

第3章　生と死、そしてその中間に位置するもの

じつに興味深い実験が行なわれていると、科学者のあいだで噂が囁かれ始めたのは二〇〇六年のことだった。実験のテーマは、生と死と、その二つが混じり合った奇妙な状態についてだというから、なにやら心穏やかではない。当初は内輪の話にすぎなかったものが、徐々に発展して方々の科学会議で取り上げられるまでになり、やがて一連の見事な論文として花開いた。論文を書いたのは、それまで無名だった生化学者のマーク・ロスである。だが、ロスが無名のままでいられたのもそう長くはなかった。とくに、二〇〇七年にマッカーサー財団から通称「天才基金」を授与されてからは注目が高まった。ロスは遠い異国に足を踏み入れた開拓者である。その国を探れば「生命」とは何かだけでなく、「生きている」とはどういうことかについても様々な点がわかるかもしれない。さらには、そのどちらかの欠けた状態が存在し得るのか、しかも現在のみならず、地球に生命が誕生した時代でもそれが起こり得たのかを教えてくれる可能性を秘めている。

ロスが発見したのは、ほぼ致死量に近い硫化水素に哺乳動物をさらすと「仮死」とし

かいいようのない状態にできるということだ。[1] 仮死状態というのは、大衆文化（おもにSFの世界）の手垢にまみれた言葉ではあるが、この気体を吸わせた動物に起きることをじつにうまく表現している。まず被験動物は、外から観察できる活動を止める。まったく体を動かさず、呼吸数も心拍数も大幅に下がる。だがそれだけではなく、もっと根本的なレベルでも変化が現われ、体組織や細胞の正常な機能が著しく鈍化した。さらに驚くのは、哺乳類なのに体温調節能力を失ったことだ。内温性を備えた恒温動物であることをやめ、もっと原始的な、外温性をもつ変温動物に先祖返りしたのである。死んでいるとも、本当の意味で生きているともいえず、あたかも死んだようになっている。ただしその死は一時的なものだ。硫化水素にさらすのをやめると、動物の正常な機能はすべて回復した。この発見は医療への応用につながるのはいうまでもなく、生命とは何か、そして何でないかについても色々なことを教えてくれる。

ロスには単純な直観があった。生と死の中間の状態が存在し、それは未開拓の領域であるとともに医学が関心を寄せる可能性を秘めているということだ。この状態は、なぜ生物の一部が大量絶滅を免れたかを考えるうえでも手がかりになる。ひょっとしたら、死は私たちが思うほど最終的な状態ではないのかもしれない。[2] ロスの願いは、生物をこの場所にまで連れてきて、それから元に戻せるようになることだ。あいにく、この場所の本質を的確に捉える言葉は存在しない。映画製作者は「ゾンビランド」などと呼んでいて、融通の利かない科学界はいずれその表現を採用するかもしれない。著者らはそうは思っていないが。

ロスが実施した一連の重要な実験の中には、次のようなものもあった。対象となったのは扁虫（へんちゅう）である。単純な動物ではあるが、動物に変わりはない。もっとも、微生物と比べれば、どんな動物も単純とはいえない。ロスは閉じた容器に水と扁虫を入れ、水中の酸素濃度を下げた。動物の例に漏れず、扁虫ももちろん多量の酸素を必要とする。酸素濃度が低下するにつれ、扁虫の活動はしだいに鈍くなり、やがて動きを止めた。押しても突いても何の反応も示さない。だがロスはそこで実験をやめなかった。水中の酸素濃度をさらに低くしていったのだ。それでも扁虫は最終的に生き返った。[3] 扁虫は生きているのでも死んでいるのでもない「休止状態」に入っていたわけである。生と死は、私たちが考えているよりはるかに複雑な状態であるらしい。

ごく単純な生物の生と死

哺乳類はあらゆる動物の中で最も複雑な部類に入る。それでも、ロスの実験で死ぬことはなかった。鼓動が止まることはなく、血液は静脈と動脈を流れ続け、神経は発火し、生命の維持に必要なイオン輸送も行なわれていた。ただペースが遅くなっただけである。しかし、まだ疑問は残る。細菌やウイルスのような格段に単純で小型の生物が、気体のない場所や低温環境に置かれた場合、生命の機能がどうなるかだ。これは頭の中で考えただけの疑問ではない。微生物は大嵐によって毎日のように大気圏の最上層部に飛ばされ、オゾン層（宇宙からの紫外線を防いでいる）に守ってもらえない高さにまで達することがある。そこは、生と死についての研究における第二のフロンティアだ。地球の最高所に生きる生命の研究である。

この高層大気は最近になって発見された生態系であり、研究者からは「ハイライフ」〔訳註　贅沢な生活を意味する「high life」と高所の暮らしをかけている〕というあまり捻りのない名前をもらっている。微生物はそこで数日ないし数週間を過ごしたあと、地上に戻ってくる。[4]だが、上にいるときの微生物は生きているのだろうか。

航空機で到達できる最も高い高度でも真菌の胞子や細菌が見つかることは、宇宙時代が幕を開けて以来知られてきた。そこは生物の生息環境としては地球最大であり、二番目に大きい海の中（上層から海底まで）でさえ体積ではその足元にも及ばない。一方、その環境に何種類の生物がいるのかはほとんど明らかになっていなかった。ところが二〇一〇年に始まった研究により、数千種もの細菌と真菌、さらには無数の分類群に及ぶウイルスがつねに存在する可能性が示された。また、ワシントン大学の研究チームがオレゴン州カスケード山脈の山頂で空気を採取して分析したところ、中国の砂塵嵐が北米の西海岸まで定期的に真菌や細菌やウイルスを運んでいることが確認されている。[5]

微生物が大気中のそれほどの高度で見つかる（またその気になれば武器化したウイルスを大気経由で別の大陸に輸送できる）というのは、そのこと自体が生物学の研究題材として興味深い。だが、本書にとってはそれだけに留まらない意味をもっている。地球に誕生した最初の生命が様々な場所へと広がっていったのは、大気によって運ばれたせいではないかという新しい仮説がそこから生まれるからだ。空中を飛んで一日足らずで大陸間を移動できるのなら、わざわざ波や潮にもてあそばれながら時間をかけて海を漂っていく必要はない。生命の歴史において高層大気がどうかかわっていたかについてはまたのちの章で取り上げる。今は、大気を介して大陸から大陸へと旅するあいだ、微生物はつねに生きているのか、それとも休眠状態にあるのかを考えてみたい。この問題を見ていくと、ごく単純な生物の場合は「生か死か」という括り方では（不正確とはいわないまでも）不十分であることに気づかされる。

高層大気の生物を集めるには三つの方法がある。現役を退いた米軍の高高度偵察機を使うか、高高度気球で採取するか、アジアを発って太平洋を渡った嵐がうまい具合に北米西海岸の高山をかすめてくれるときを利用するかだ。こうして得られる空気のサンプルには多種多様な微生物がひしめいている。非常に高度の高い大気中で採集したとき、細菌は死んでいる。ところが地上に戻して、それがもともと進化したと見られる高度でしばらく慣れさせると、生き返るのだ。

哺乳類はもちろん、たぶんすべての動物において、死は死であるとほとんどの人が思うだろう。しかし、もっと単純な生物の場合にはそうとはいえない。従来の考え方に基づく生と死のあいだには、探求すべき広大な領域が広がっていることがわかったのだ。新たに見つかったこの領域は、地球上の生命がどう誕生したかを考えるうえで重要な意味をもつ。「死んだ」化学物質であっても、適切に組み合わせてエネルギーを与えれば命を宿せるようになるかどうかがわかるからだ。少なくとも単純な生命は、つねに生きているわけではない。科学は今、生と死の中間を探ろうとしている。地球最初の生命は、一般に死と呼ばれる世界から来たのかもしれないし、もっと生に近い場所から来たのかもしれない。

生命の定義

「生命とは何か」という問いは何冊もの本のタイトルになっている。最も有名なのが、二〇世紀前半に活躍した科学者エルヴィン・シュレーディンガーの著書だ。[6] この薄い本が画期的だと評されるのは、内容だけが理由ではない。著者が物理学者だったせいもある。彼が研究していた時代もそれ以前も、生物など研究に値しないと物理学者は見下していた。シュレーディンガーは物理学者らしく、物理学の言葉で生物について考え始めた。「生物の最重要部分における原子の配列と、その配列同士の相互作用は、物理学者と化学者がこれまで実験研究や理論研究の対象としてきたすべての原子配列とは根本的に異なっている」。この本のかなりの部分は遺伝と突然変異の正体を探ることに割かれているのだが（書かれたのはDNA発見の二〇年前であり、遺伝はまだ謎のベールに包まれていた）、最後のほうでシュレーディンガーは物理学的に見て「生きている」とはどういうことかを考察した。「生きている物質は、崩壊を経て平衡状態に至ることを免れて」おり、生命は「負のエントロピーを摂取している」と書いている。

それをどのようにして行なっているかといえば、代謝を通じてだ。食べたり飲んだり、呼吸をしたり、物質を交換したりすることである（代謝［metabolism］とはもともと「交換」を意味するギリシャ語からきている）。これが生命の鍵を握っているのだろうか？少なくとも生物学者にとってはたぶんそうだ。しかしシュレーディンガーは物理学者なので、もっとはるかに根源的なところに目を向けた。「物質交換が生命の本質だと考えるのは馬鹿げている。窒素であれ酸素であれ硫黄であれ、同じ種類であれば原子はどれも変わらない。それを交換することで何が得られるのか」。だとすれば、食物に含まれ、私たちを生かし続ける「何か」、私たちが「生命」と呼ぶその貴重な何かとはいったい何なのだろう。シュレーディンガーはその疑問に難なく答えを出す。「自然界で起きるすべてのプロセス、すべての事象、すべての出来事は、それが進行している場所のエントロピーを増大させる。したがって、生きている生物もそのエントロピーを絶え間なく増大させている」。シュレーディンガーにとってこれこそが生命の秘密を解く鍵だ。生物とはエントロピーを増大させる物質であり、そう位置づけることで、生物と無生物を新たな切り口から比較することができる。

だが生物のすることはそれだけに留まらないとシュレーディンガーはいう。生物は環境から「秩序」を抽出することで生命を維持していると彼は考え、それを（自ら稚拙な表現と認めながらも）「負のエントロピー」と呼んだ。つまり生命とは、環境から絶えず秩序を吸い取ることで、多数の分子が自らをきわめて秩序ある状態に保てるようにする仕掛けなのである。生物は無秩序から秩序をつくり出すことも、秩序から秩序を生み出すこともできるとシュレーディンガーは考えた。

無秩序と秩序の性質を変える装置——それが生命のすべてなのだろうか。物理学的に見る生物は、いくつもの化学装置が一箇所に詰め込まれて何らかの方法で一体化し、エネルギーを消費することで秩序を維持している存在と捉えられる。生命とは何かという問題に関しては、この見方が何十年にもわたって最も有力とされてきた。しかし、シュレーディンガーの本から半世紀が過ぎると、こうした見解に異を唱え、それを修正しようとする者が現われ始める。ポール・デイヴィスやフリーマン・ダイソンのようにやはり物理学者もいれば、生粋の生物学者もいる。

ポール・デイヴィスは著書『生命の起源——地球と宇宙をめぐる最大の謎に迫る』（木山英明訳、明石書店）[7]の中で、「生命とは何か」という問題に斬り込むために別の問いを投げかけている。「生命とは何をするものか」だ。生命を生命たらしめるものは「活動」であるとデイヴィスは説く。そのおもな活動とは以下の通りである。

生命は代謝する。すべての生物は化学物質を処理し、その過程で自身の体にエネルギーを取り込む。だが、このエネルギーはどんな役に立つのだろうか。生物が物質を処理して、そこに含まれるエネルギーを解放することを代謝と呼ぶ。それが、負のエントロピーを摂取して体内の秩序を維持するための手段だ。このプロセスを化学反応の切り口から考えることもできる。仮に生物が、自力で化学反応をする状態を脱してその反応が止まる状態へと移行したら、それは生物がもはや生きていないことを意味する。生命とは、自分で化学反応を行なうという不自然な状態を維持するだけでなく、その状態であり続けるのに必要なエネルギーを環境から見つけ出して取り入れようともするものだ。地球には生命の化学反応がとくに起こりやすい環境があり（日光が降り注いで温かいサンゴ礁の海面やイエローストーン国立公園の温泉など）、そういう場所は生命に満ち溢れている。

生命は複雑さと組織をもつ。少数の原子だけで（それどころか数百万個の原子だけで）できているような本当に単純な生命は存在しない。すべての生命は膨大な数の原子が精緻に配列されてできている。このように複雑に組織されていることが、生命の大きな特徴の一つだ。複雑さは機械のようなものとは違う。生命に固有の属性である。

生命は複製する。デイヴィスの主張によれば、生命は自分自身を複製するだけでなく、さらなる複製を可能にするメカニズムをもコピーしなければならない。彼の言葉を借りるなら、複製装置のコピーも必要なのである。

生命は発達する。複製がつくられたら、生命は変化し続ける。これを発達と呼ぶ。このプロセスは機械とは大きく異なる。機械は成長しないし、成長とともに形や機能を変えることもない。

生命は進化する。これは生命がもつきわめて基本的な属性の一つであり、生命が存在するうえで欠くことのできない要素である。デイヴィスはこの特徴を、「永続性と変化」という一見相反するものの共存、と表現している。遺伝子は複製をつくらねばならず、正しく複製できなければその生物は死ぬ。その一方で、複製がいっさいエラーを起こさなければ多様性はなくなり、自然選択による進化が起きる余地もなくなる。進化は適応を可能にする手段であり、適応なくして生命は存続し得ない。

生命は自律性をもつ。これは最も説明しにくいが、生きているといえるためには欠かせない条件だ。生物には自律性があり、自主的な決断を下すことができる。ほかの生物からつねに物質を提供してもらわなくても生きていける。ただし、一個の生物はいくつもの部分や機能で成り立っているのに、そこからどうやって「自律性」が生じているのかはまだ謎のままである。

生体にとって活動と構造は同じものだ。一つの個体として適切に機能するには様々なプロセスと構成要素が必要であり、それらすべてを絶えず生成し、また再生することで生体は成り立っている（ほとんどのタンパク質は寿命が二日程度しかない）。こういう視点で捉えると、生体をつねに複製・再生することこそが生命そのものといえる。

今述べたように、生命に不可欠な分子の寿命が短いという事実はあまり注目されていないが、生命が誕生した場所を考えるうえでは大きな手がかりとなる。ＮＡＳＡによる生命の定義はもっと単純で、カール・セーガンが好んだ定義を踏まえている。生命とは、ダーウィン進化が可能な化学的システムである、というものだ。[8] この定義からは三つの重要な視点が浮かび上がる。一つ目は、私たちが相手にしているものは化学物質であって、ただのエネルギーでも電子計算機でもないということだ。二つ目は、単なる化学物質ではなく化学的システムがかかわっているという点である。つまり化学物質のみならず、化学物質同士の相互作用が存在する。三つ目は、その化学的システムはダーウィン進化を経るということだ。一つの環境の中で、利用できるエネルギーの量よりも個体数が多くなればその一部は死ぬ。生き残るものは有利な遺伝形質をもっているからであり、それが子に伝えられることによって、子孫は生存能力をさらに高める。セーガンとＮＡＳＡの定義は、生きていることと生命を混同しないところが優れている。

化学物質自体は生きていないのに、それが組み合わさると生命が宿る。いったいどうすればそんなことが起きるのだろうか。まず初めに代謝システムが存在し、あとでそれが複製能力を獲得することで生命が誕生したのか、それともその逆なのか。前者の場合、当然ながら細胞のような閉じた空間の中に原始的な代謝系があって、それがやがて複製能力を得て何らかの情報伝達分子を細胞内に組み入れたことになる。後者の場合は、複製能力を備えた分子（ＲＮＡなど）が、複製を助けるためにエネルギー系を利用できるようになって、のちにようやく細胞で囲われた。このように、代謝か複製かという問題は、化学分子レベルで見ると違いが際立つ。タンパク質が先だったのか、核酸が先だったのか。どちらも生きているのだろうか。ただの化学反応から、生命を支える化学反応へと移行するのはどの時点なのか。とはいえ、生きた細胞の最も重要な特徴がホメオスタシス（環境が変化しても化学物質のバランスをおおむね一定の状態に保つ能力）であるなら、代謝が先でないとおかしい。今の私たちには、生殖する前に食べるというのは自然なことに思える。だが、生命の起源をめぐる問題にはよくあるように、それでもまだ解けない気がかりな謎は残る。

エネルギーと生命の定義

ここまでですでに、代謝し、複製し、進化するものとして生命を定義してきた。そこにエネルギーの役割を加えることもできる。しかし、生命をエネルギーの流れという視点で眺め、秩序・無秩序の切り口から捉えることはしたくない。エネルギーをもつだけでは、生命の基盤を得るのに十分ではないからだ。そこにはエネルギーとの相互作用が存在しなければならず、非平衡状態の秩序を保持するにはその相互作用が必要なのである。エネルギーがなければ生命は非生命となる。したがって、エネルギーの獲得や廃棄と切り離して生命とは何かを考えることはできない。生命は、エネルギーを取り込むことでしだいに秩序を高められるような状態をもち、それによって自らを維持している。地球の生物は、炭素、酸素、窒素、水素（および少量のその他の元素）を比較的限られた種類に組み合わせることでそれを実現している。やがて一定の複雑さとまとまりを備えた段階に達し、それが保たれ、私たちが生命と呼ぶものになる。取り入れるエネルギーの量が十分でないと、体内の化学反応（すなわち生命）が平衡状態に戻ろうとするのを食い止めることができない。そうなれば非生命となる。

生命の定義として広く受け入れられているものの一つは、生命が代謝をするというものだ。地球の生命にとって主要なエネルギー源は地熱と太陽熱であり、どちらも太陽の核融合反応によって生じている。生物が太陽エネルギーを利用する方法として、圧倒的に多いのは光合成だ。このプロセスでは、太陽光のエネルギーが二酸化炭素と水を複雑な炭素化合物に変え、多数の化学結合を通じてエネルギーを蓄える。その結合を壊すと、エネルギーが放出される。

地球の生命は多種多様な生化学反応を利用しており、そのすべてに電子の移動がかかわっている。ただし、電子の移動が起きるには、電子化学勾配とでも呼ぶべきものが存在していなくてはならない。勾配が急であればあるほど、多量のエネルギーが手に入る。いい換えれば、生み出せるエネルギーの量には代謝の種類によってかなり開きがあるということだ。エネルギーを多く摂取できる環境とそうでない環境があるのと同じである。有機（すなわち炭素を含む）化合物のうちで最も多量のエネルギーを貯蔵できるのは脂質だ。炭素原子が長くつながった構造をもつため、その化学結合中に大量のエネルギーを蓄えられる。

代謝とは、生物の体内で起きる化学反応の合計である。ウイルスはきわめて小さく、直径五〇～一〇〇ナノメートルのものが多い（一ナノメートルは一メートルの一〇億分の一）。ウイルスの構造にはおもに二つのタイプがある。タンパク質の殻に囲まれているものと、タンパク質の殻に加えてエンベロープと呼ばれる膜状の構造ももつものだ。それらに包まれているのが最も重要なゲノムであり、その本体は核酸である。核酸はＤＮＡの場合もあれば、ＲＮＡのみの場合もある。遺伝子の数もウイルスの種類によってかなり差があり、わずか三個しかないものもあれば、二五〇個以上の遺伝子からなるもの（天然痘ウイルスなど）もある。そもそもウイルスの種類自体が膨大な数にのぼるため、ウイルスを生きているとみなすなら、いくつもの分類群に分かれることになる。だが、ウイルスは一般に生物ではないとされている。ＲＮＡしかないウイルスがいるということは、ＤＮＡがなくてもＲＮＡだけで情報を蓄え、ＤＮＡ分子同然の働きができることを示している。[9]この点は、私たちの知るような生命とＤＮＡが誕生する前に「ＲＮＡワールド」があったという説の有力な根拠となっている。[10]また、ＲＮＡウイルスが存在することはさらに重要な意味ももっている。

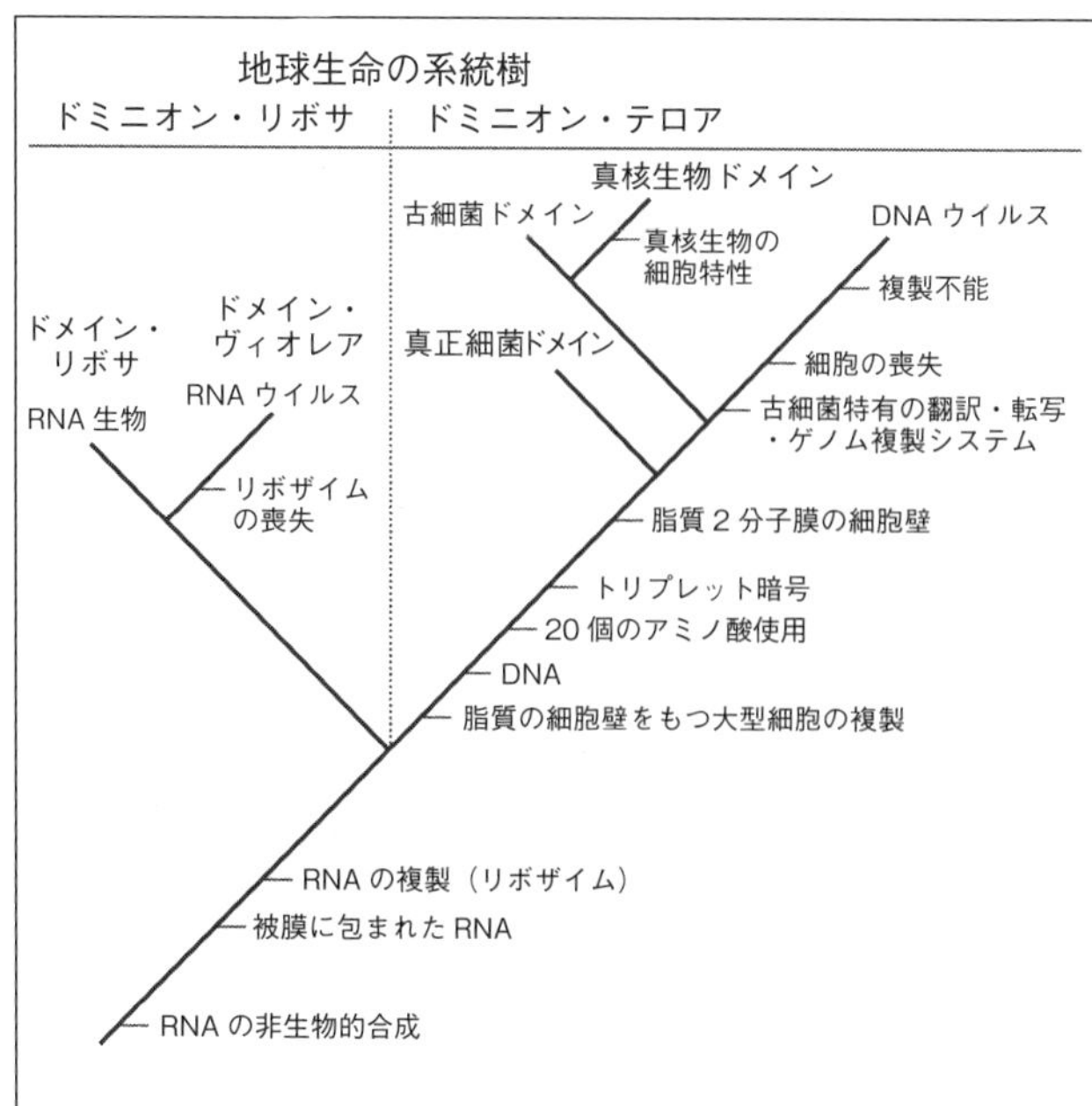

従来の系統樹に、ウイルスと RNA 生物（今は絶滅）を加えて著者らが修正したもの。こうすると「ドメイン」（「界」の上）より上の新しい分類区分が必要になる。現行の系統樹上では RNA 生物を位置づけることができない。
（Peter Ward, *Life As We Do Not Know It*, 2005［邦訳　ピーター・D・ウォード著『生命と非生命のあいだ――NASA の地球外生命研究』（長野敬／野村尚子訳、青土社）］より）

ウイルスは寄生虫のようなものであり、専門的には絶対細胞内寄生生物と呼ばれる。宿主となる細胞なしには自らを複製することができないからだ。通常、ウイルスは生物の細胞内に侵入し、タンパク質を製造する細胞小器官を乗っ取って自分自身の複製を始め、その細胞をウイルス製造工場に変えてしまう。ウイルスは宿主となった生物の機能にきわめて大きな影響を及ぼす。

ウイルスを「生きていない」とみなす最大の根拠は、自力で自分を複製できない点だ。生物ならばクリアすべき条件なのに、ウイルスにはそれができていないように思える。しかし、ウイルスが絶対寄生生物であることを忘れてはいけない。寄生生物というものは、えてして宿主に適応するために形態や遺伝子を大幅に変えるものだ。

それに、ウイルス以外の寄生生物が生きているといえるのかも問う必要がある。寄生とはいわば高度に進化した捕食の一形態であり、長い進化の果てに生み出されたものだ。寄生生物はけっして原始的な生き物ではないが、ウイルスと同様に一〇〇パーセント生きているとはいいがたい段階をもっている。たとえば、ヒトなどの哺乳動物に寄生するクリプトスポリジウム（原虫の一種）とジアルジア（鞭毛虫(べんもうちゅう)の一種）には休眠期があり、その期間中は宿主の外に出たウイルスと同じくらい死んでいる。宿主なしにはどちらも（もちろんほかの何千種もの寄生生物も）生存することはできず、生命をもつという範疇に括ることすら難しいだろう。にもかかわらず宿主の体内にいるときには、私たちが知っている生命の特徴をすべて示すのだ。つまり代謝し、複製し、ダーウィン進化を経る。ただし、ウイルスを生物とみなすなら（最近はそういう考え方が増えてきているが）、現在広く認められている生命の系統樹を根本から見直す必要がある。

地球の生命を研究していると、二つの疑問に突き当たる。一つは、生きているとみなせる原子の最も単純な組み合わせは何か。もう一つは、地球で最も単純な形態の生物とはどのようなもので、それが生き続けるためには何が必要なのか、である。こうした問いに答えるには、本章で定義した生命特有の状態を現生生物がどのように達成し、また保っているかに目を向けなくてはならない。そこで少し寄り道をして、地球の全生物が生命の実現と維持のために使っている物質の化学的性質を考えてみたい。

非生命の材料が生命をつくる

地球の生命を形づくる分子のうち、何より大切なのはたぶん水だろう。しかも液体の水でなくてはならず、氷でも水蒸気（気体）でもいけない。地球の生命は液体に浸った分子でできている。生体内に見つかる分子の数は呆れるほど多いものの、おもなものはわずか四種類しかない。脂質、炭水化物、核酸、そしてタンパク質である。すべて液体（塩類を含んだ水）に浸っているか、壁となってほかの分子と水を囲っているかのどちらかだ。

脂質は普段私たちが「脂肪」と呼ぶもののことであり、地球の生命の細胞膜には欠かせない成分である。水素原子が豊富なために耐水性をもつが、酸素原子や窒素原子はほとんど含まない。細胞と細胞の境界や、液体の満ちた生物の内側と外界とを隔てる壁は、脂質を主成分としている。この種の膜構造は傷つきやすいものの、細胞への物質の出入りを調節している。

地球の生命の二つ目の主要な材料が炭水化物だ。私たちが「糖」と呼ぶものと同じである。糖を鎖状にいくつも結合すると多糖ができる。糖はつながった状態であれ単体であれ、糖自体だけでなくほかの有機分子や無機分子とも結びついてより大きな分子をつくるため、重要な構成要素といえる。

糖は核酸の成分としても重要で、その核酸が生命の三つ目の主材料だ。核酸はすべての細胞内に存在し、遺伝情報を蓄えている。巨大な分子であり、ヌクレオチドという窒素含有化合物と糖が結合したものである。ヌクレオチド自体も、塩基と呼ばれるサブユニットと、リン酸および糖でできている。注目すべきは塩基で、それが遺伝暗号を記す「文字」となる。

DNAとRNAは、生命を形づくる分子の中でもとりわけ重要な二つだ。DNAは二本の背骨（ジェームズ・ワトソンとフランシス・クリックが発見したかの有名な二重らせん）からなり、生命の情報貯蔵システムとして機能する。二本のらせんははしごの段のようなものでつながっていて、その段は四種類の塩基でできている。アデニン、シトシン、グアニン、チミンだ。これらが「塩基対（つい）」とも呼ばれるのは、かならず別の塩基と結合してペアをつくるからだ。つねにシトシンはグアニンと、チミンはアデニンと結びつく。この塩基対の並ぶ順番が、いわば生命の言語である。一個の生物の全情報を記した遺伝子の暗号だ。

ＤＮＡが情報を運ぶ本体だとすれば、一本鎖のＲＮＡはＤＮＡに仕える分子で、情報を読み解いて内容を実行に移す仕事をしている。具体的にはタンパク質をつくることだ。ＲＮＡ分子もＤＮＡと同様、らせんと塩基をもっている。ただし、らせん（鎖ともいう）が通常は（かならずではない）一本であるところがＤＮＡと違う。

なぜＤＮＡとＲＮＡはこれほどに複雑なのだろうか。それは、体をつくるための情報だけでなく、生きるうえで必要な数々の仕事を実行するための情報も記さなければならないからだ。ＤＮＡは設計図であり、取扱説明書であり、修理マニュアルである。さらには自分自身をコピーし、自分に記された暗号の中身をすべて複製するための指示書でもある。コンピュータで喩えるならＤＮＡはソフトウェアといえる。情報を運びはするが、その情報を自らが実行に移すことはない。タンパク質はコンピュータのハードウェアのようなものだ。いつどこで特定の化学反応を起こせばいいかを知り、生命の維持に必要な物質を生成するには、ＤＮＡソフトウェアの情報がいる。ＲＮＡは面白い特徴をもっていてハードウェアにもなれればソフトウェアにもなれ、ときには同時に二役をこなす。

最後の重要な材料であるタンパク質は、地球の生物の体内で四つの役割を担っている。別の大型分子をつくること、ほかの分子を修理すること、物質を運ぶこと、そしてエネルギーの供給を確保することだ。また、色々な目的のために大小様々な分子と結合し、細胞内や細胞間の信号伝達にもかかわっている。タンパク質には膨大な種類があり、その仕組みや働きについては解明が始まったばかりだ。近年になってわかったのは、タンパク質の空間構造、つまりどのように折りたたまれているかが、化学組成と同じくらいその機能に影響を与えているということである。

地球の生命が利用するタンパク質は、どれも二〇種類のアミノ酸を組み合わせてつくられている。二一世紀の新しいタンパク質研究では、昔ながらの疑問に取り組んでいる。同じ二〇種類のアミノ酸を使い回しているのは、手に入るなかで最も優れた材料だからなのか。それとも、生命が初めて誕生したときにその二〇種類が豊富に存在したため、それらを使えという指示が永遠に生命に刻まれたからなのか。どうやら答えは前者のようである。少なくとも二〇一〇年の研究[11]によれば、最良のものが使われているという。この二〇種類は地球に固有のものであり、地球の生命を特徴づけるものといえるかもしれない。

細胞内でタンパク質が合成されるとき、まず様々なアミノ酸が直線状に長くつながっていき、すべてが結合を終えたら折りたたまれて最終的な形になる。つくられているそばから折りたたまれていくこともある。アミノ酸が一個ずつ順番に直線的に並ぶことから、タンパク質は文章に、個々のアミノ酸は単語に喩えられることが多い。細胞壁の内側では、棒状、球状、板状と様々な形をとった分子がひしめき、塩類を含んだゲルの中

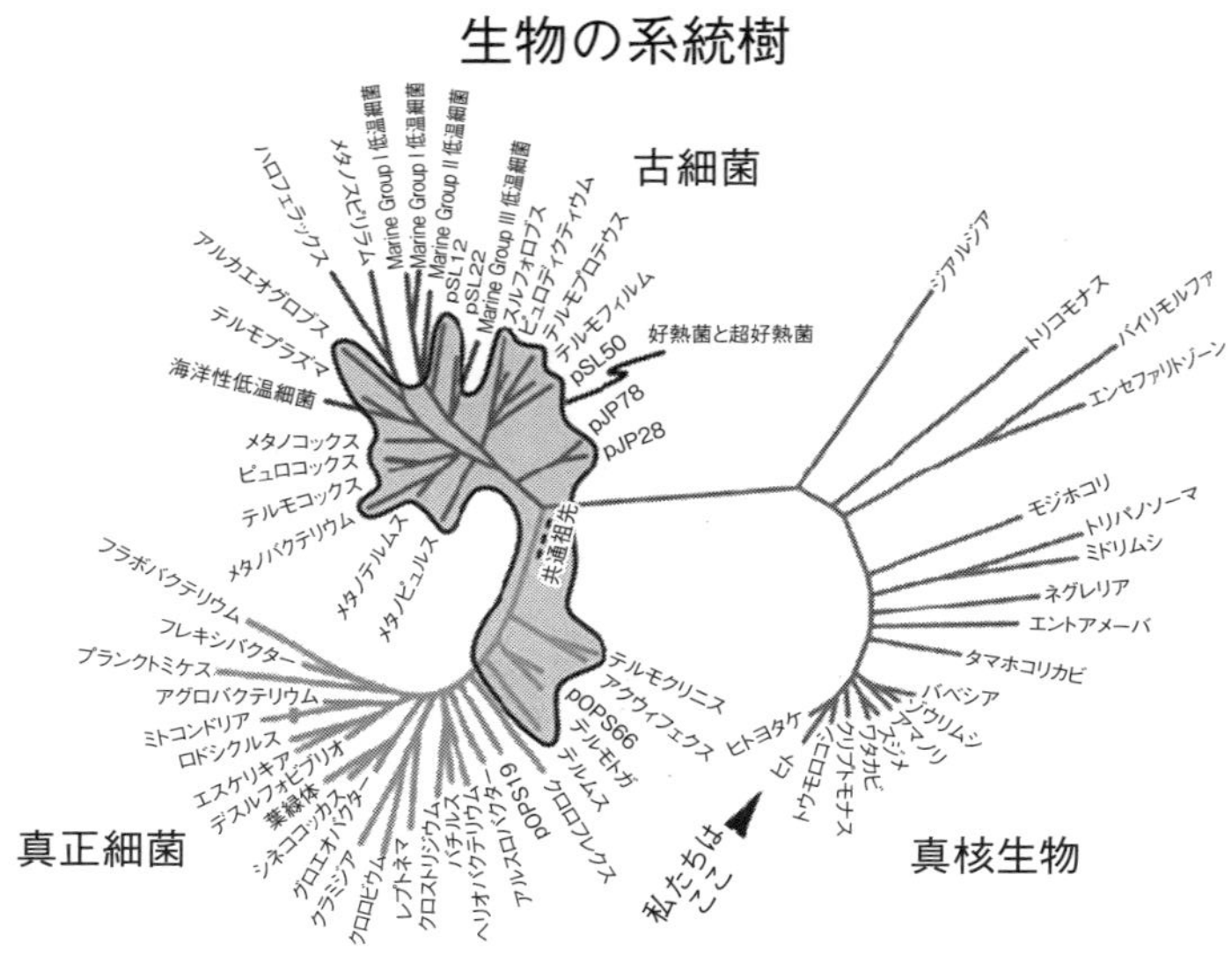

生物の系統樹

現行の系統樹。グレーの部分は、高温で生育する生物を示す。この系統樹には、無機物から進化して徐々に最初の生きた細胞をつくっていった生物と、「前生物」が抜けている。どちらもたくさんの種類があったと思われる。

に漂っている。約一〇〇〇個の核酸と、三万種類を超えるタンパク質も細胞内にはある。そのすべてが何らかの化学反応に勤しみ、それらが合わさって私たちが生命と呼ぶプロセスになる。細胞という、この一部屋しかない家では、いくつもの化学的プロセスが同時に進行することができる。

細胞内にはリボソームという球状の粒子も一万個ほど存在し、かなり均等に散らばっている。リボソームは三種類のRNAと約五〇種類のタンパク質からなる複合体だ。細胞には染色体も収められている。長いDNA鎖が特定のタンパク質と結合したものだ。通常、細菌のDNAは細胞の決まった一箇所に位置しているが、ほかの細胞内物質と膜で隔てられてはいない。一方、真核生物と呼ばれる進化の進んだ生物では、細胞内に核をもつ。こうした多種多様な物質のうち、そのどれが「生きている」といえるだろうか。

細菌の体をつくっているのは無生物の分子だ。DNA分子ももちろん生きてはいない。理性ある人間ならきっとそう認めるだろう。細胞自体は無数の化学作用で成り立っているものの、個別に取り出してみればどれも生命をもたない化学物質の反応にすぎない。生きているものは何一つなくても、細胞全体としては生きているということなのかもしれない。最初の生命がどのように誕生したかを理解したいなら、できるだけ少ない数の分子と反応でその状態を達成できるような、最小の細胞を見つける必要がある。

厄介なのは、細胞は単純に見えて、詳しく調べると単純とは程遠いということだ。フリーマン・ダイソンは明らかにこの点を念頭に置いて、「なぜ生命（少なくとも現在の生命）はかくも複雑なのか？」という問いを投げかけている。[12] ホメオスタシスが生命に欠かせない性質であり、既知の細菌の体内にはかならず数千種類の分子（DNA内の数百万個の塩基対によって符号化されている）が存在するのなら、それが最小サイズのゲノムであるように思える。しかし現在の細菌は、三〇億年（ことによると四〇億年）あまりの進化の果てに今の姿になった。もしかしたら、地球で最も単純な生物は宇宙ではきわめて複雑な部類に入るのかもしれない。[13]

第4章　生命はどこでどのように生まれたのか
——四二億（？）年前～三五億年前

一九七六年七月二八日、重さ一トンの巨大な機械からロボットの鉤爪が伸びた。その機械は地球からの長く静かな旅をほんの数日前に終え、火星への着陸に成功したばかりである。鉤爪は火星の土をすくい取って、ＮＡＳＡの宇宙探査機「バイキング1号」の着陸船に収めた。こうした技術によるサンプル採集が地球以外で成し遂げられたのはこれが初めてである。着陸船は火星の堆積物をその複雑な体内にしまうと、基本的な四つの実験を行なった。いずれも、生物や生命活動の痕跡を示す化学物質を探すために考案されたものである。この宇宙探査機が火星に来た理由はそれがすべて。生命を探すことである。

当初の実験結果[1]は、火星の土壌に確かに生命が存在するという希望を抱かせた。土に予想以上の酸素が含まれていることがすぐにわかったからである。しかも土の化学的性質を調べたところ、表層に微生物がいる可能性を少なくとも「匂わせる」ような手がかりが得られた。こうした一見有望な実験結果を受け、バイキング計画の科学者チームのあいだでは楽観ムードが急速に高まっていった。リーダーの一人であるカール・セーガン博士などは、生命はもちろんのこと、大型の生物が存在してもおかしくないと『ニューヨークタイムズ』紙に語ったほどである。セーガンがいう「大型」とは、言葉通りの本当に大きいものだ。同じインタビューの中で「火星のホッキョクグマ」がいるかもしれないという話までしている。

ところが、探査機に搭載された分光器で土を詳しく分析しても、有機化学物質の痕跡を発見することはできなかった。バイキングの着陸船が初めて写した火星の姿は、生命が存在しないどころか生命には有害であるように見え、仮に生物が誕生しても土中の有毒化学物質のせいですぐに死ぬに違いないという見方が生まれる。つねに明るい見通しを捨てないセーガンも、すでに火星を周回していた「バイキング2号」が生命の明白な証拠を見つけてくれるのを期待するよりほかなくなった。

一九七六年九月三日、バイキング2号の着陸船はパラシュートを用いて無事ユートピア平原に着陸する。1号のときと同様、今回も巨大な機械は何の問題もなく作動した。[2]そしてやはり1号のときと同様、新たに決定的な実験を行なっても生命が存在する証拠は確認できなかった。バイキング計画ではいくつもの実験が構想されており、土や大気を化学的・地質学的に調べることも含まれている。それももちろん重要ではあったが、計画最大の目的は前述の通り地球外生命を探すことであり、狭い探査機に詰め込まれた装置類の大半もそのためだけにつくられたものだった。

バイキングの実験結果から読み取れるのは火星には生命がいないということであり、[3]ＮＡＳＡは火星への興味を失っていく。今も昔もＮＡＳＡを駆り立てているものは、地球の外で生命を見つけたいという思いだからである。火星に対するＮＡＳＡの熱意が冷めたことで、得をする研究分野が現われた。宇宙探査と同じくやはり異質な世界を探し、おそらくは異質な生命をも探るべく取り組んでいる学問——海洋学だ。

　バイキング計画の直後から、深海探査技術の開発に巨額の予算が流れ込むようになる。ほどなく、別の種類の探査機が異世界の表面に首尾よく降り立った。火星と違うのは、今回は生命が見つかったということである。ただしそれはまったく予想だにしない種類のものだった。探査に用いられたのは、小型の「イエロー・サブマリン」ともいうべき潜水調査艇「アルビン」。アルビンは初めは大西洋で、次いでガラパゴス諸島沖の深海で、その後はカリフォルニア湾に潜って何枚もの写真を撮り、太陽光とはまったく異なるエネルギー源を利用する生命の標本を採取した。

　深海の「熱水噴出孔」の周辺にこうして何種類もの動物が発見されたことは、地球の生命がどこでどのように生まれたかについての私たちの見方を大きく変えることになる。ただしそれは、生命が本当に地球で誕生したのなら、の話だ。というのも、生命は別の場所で形づくられて、それから地球に運ばれたとも考えられるからである。微惑星が合体して地球が形成され、やがて生命の居住が可能な大型の惑星になった。もしもそのすぐあとに生命が生じたのなら、生命を生み出すのはそれほど難しくないということになる。では、地球最古の生命は実際どれくらい古いのだろうか。そしてその最初の生命はどこで発生したのだろうか。

歴史学者が「最古の」何かを探そうとするとき、時代を遡りながらどこまでも古い記録を調べていく。地球の歴史を研究する学者も同じようにしてきた。ただこちらの問題は、十分に古い時代の岩石が少ないことと、細菌に似た初期の細胞が化石として残っている見込みがほぼゼロであることだ。

二〇年あまり前から、グリーンランドの凍れる大地で見つかったものが地球上で最も古い生命の痕跡だというのが定説となってきた。イスアという地域である。[4] 化石が産出したわけではないものの、リン灰石（かいせき）という小さな鉱物の中に炭素の二種類の同位体がごく微量ずつ含まれており、その比率が現代の生物とかなり近いことがわかったのだ。イスアの岩石は三七億年前のものとすでに特定されていたが、のちに改めて年代測定を行なったところ、実際にはさらに古く三八億五〇〇〇万年前である可能性が浮上する。以来、この数字が教科書に記されてきた。

三八億年前〜三七億年前というのは、地球最古の生命を探す研究者にとって大きな意味をもつ数字だ。先にも見たように、初期の地球に小惑星が次々に衝突し、太陽系形成に使われなかった残り物の天体も一緒に雨あられと降り注いだのは四二億年前〜三八億年前のことである。先にも指摘した通り、仮にこの時代（もしくはもっと古い時代）に生命が形成されていたとしても、「衝突による悪影響」[5]で根絶やしにされていたはずだ。

だからイスアの岩石の年代は申し分ないのである。隕石の重爆撃期がちょうど終わり、生命が産声を上げられる時期になっていた。それで見事に説明がつきそうだったのだが、あいにく二一世紀に開発された新しい装置により、イスアのサンプルから見つかった微量の炭素は生命がつくったものではないことが明らかになった。[6]

次に古いとされる生命は三五億年前のもので、こちらはただの化学的な痕跡ではなく化石が残っている。アメリカの古生物学者ウィリアム・ショップが、約三五億年前の瑪瑙(めのう)に似た岩石からフィラメント状（細長い糸状）の生物の化石を発見したのだ。[7]その化石が見つかったのは、それまで無名だった古い岩石群からで、現在の地球上ではとりわけ生物が暮らしにくそうな場所にある。西オーストラリア州の「エイペクス・チャート」と呼ばれる、かなり変形した岩石群だ。具体的な地名でいうと、乾燥した広大な西オーストラリア州のノースポール（「北極」の意）という土地である。この名前はその数年前に、ちょっとした遊び心でつけられたものだ。そこは実際には世界でも一、二を争う高温の地であり、地理的にも、何より気候的にも、北極とはかけ離れているからである。

ショップの発見は科学界を興奮の渦に巻き込んだ。地球の歴史のごく早い段階で生命が誕生したことを示していたからである。このオーストラリアの化石はほぼ二〇年のあいだ地球最古の生物化石とみなされてきた。しかし、これにもまた疑惑が投げかけられる。オックスフォード大学の古生物学者マーティン・ブレイジャーが、それらは鉱物の

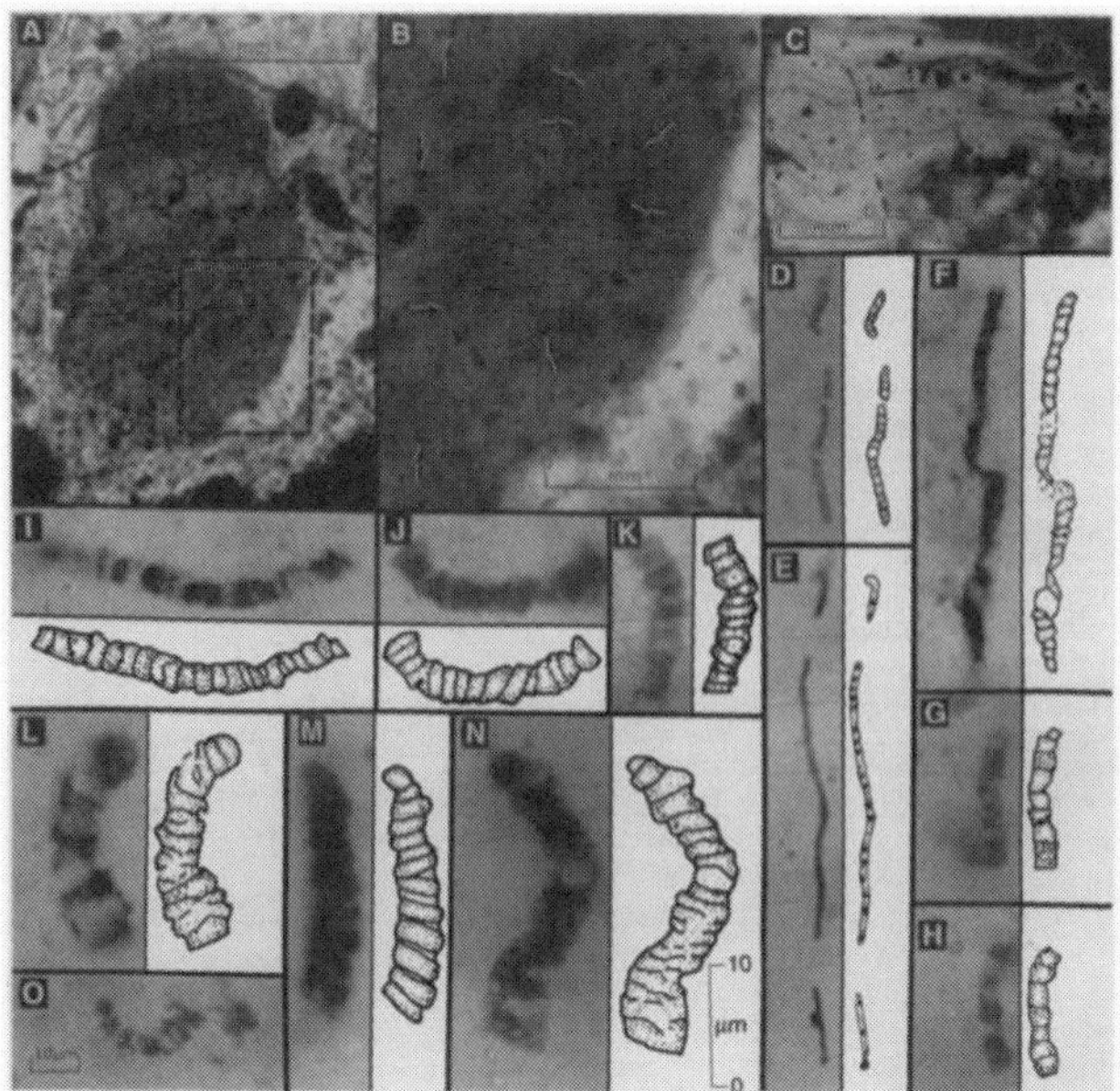

最古の化石生物とされるものの有名な写真。カリフォルニア大学ロサンゼルス校のウィリアム・ショップが1980年代と90年代に発表したもの。その後、これらの化石の年代は35億年以上前と特定された。のちに、その年代（今ではそれより10億年新しいと見られている）はもちろん、その正体までもが疑わしいとして批判されている。

結晶の痕跡であって、生物の死骸でも何でもないと主張したのだ。[8]

それを受けて科学界では一大論争が巻き起こった。どちらの側も相手を攻撃し、反撃を繰り出す。おおむね丁寧な言葉でやり取りされてはいたものの、そうでないケースもあった。議論の応酬は数年続いたが、しだいにショップの形勢が不利になっていく。エイペクス・チャートの生命痕跡をどう解釈するかだけでなく、エイペクス・チャート自体の年代にも疑問が生じたためだ。

二〇〇五年頃にワシントン大学の地球科学者ロジャー・ビュイックが、仮にエイペクス・チャートの微小な物体が本物の化石だとしても、岩石自体はショップがいうよりはるかに新しいと指摘した。ビュイックの分析では一〇億年以上も新しい。それでも古い時代のものに違いはないにせよ（誕生日が「数十億年前」であればどんな化石も古いと胸を張れる）、とうてい地球最古の生命と呼べるものではない。このワンツーパンチにより、エイペクスの化石はリングから叩き落とされた。

その後、この問題にはしばらく動きがなかったが、くだんのマーティン・ブレイジャーが二〇一一年の夏に共同執筆者として論文を発表する。[9] その論文は、少なくとも三四億年前に生命が存在したことを示すものだった。これまでで最も古い化石が見つかったのだという。それだけでもすごいが、この発見の重要性をさらに高めたのはその化石の正体である。どれも顕微鏡でしか見えず、大きさと形は現在の地球に生きているある種の細菌と同じだ。ブレイジャーによれば、地球最古の生命は海にすんでいて、生きるために硫黄を必要とし、ごくわずかな酸素に触れただけでもすぐ死んでしまったと見られている。これもまたいわゆる「炭素系の生命」ではあるものの、この論文をきっかけに、生命の起源を考えるうえで硫黄が大きな位置を占めるようになった。[10]

ブレイジャーの論文に記載されている化石は、現存する微小な細菌との関連性が見られる。硫黄がなければ生きていけず、かすかな酸素にさらされただけでもすぐに命を失う細菌だ。この発見が事実なら、地球の生命は現在の環境とはまったく異なる場所で誕生し、しかも酸素ではなく硫黄に頼っていたことになる。

地球の生物というと、今の地球に見られる森や海や、湖や空と結びつけて考えられがちだ。きれいな空気や、澄んだ青い水や、草に覆われた丘にすむ生き物である。ところが、ブレイジャーの見つけた化石生物が生きていた環境は、現代よりも気温が大幅に高く、空気はメタン、二酸化炭素、アンモニアという有毒ガスでできていて、恐ろしい硫化水素も少なからずそこに含まれていた。[11] その頃はまだ大陸が存在しないのはもちろんのこと、陸地らしい陸地もなく、せいぜい短命な火山島が連なっている程度である。そうした条件下で生命が誕生し（もしくはこの先本書で探っていくように地球に到達し）、その後何十億年も繁栄を続けた。私たちはみな、揺籃（ようらん）期の地球の地獄のような環境に宿ったその生物の末裔であり、多量の硫黄の中で生まれたことを物語る傷痕と遺伝子を抱えもっている。それがおおかたの考え方だ。

こうした見方が登場してまもないころ、ＮＡＳＡの火星探査車「キュリオシティ[12]」が火星表面に着陸した。地球最古の化石を発見したマーティン・ブレイジャーはあるインタビューで、その化石生物が火星にも存在したか、もしくは今も存在する可能性があるかと尋ねられた。少し考えたあとで彼が出した答えは「イエス」である。[13]

三四億年前の生物が地球最古のものだとしたら、生命が生まれた場所として現在有望視されている候補の多くにクエスチョンマークがつくことになる。その時点でも地球はすでに十分に年を経ていた。先にも見たように、天体の衝突によって地球が誕生したのは四五億六七〇〇万年前だからである。三四億年前に最初の生命が生まれることができたのなら、生命を形づくるのは比較的容易だったという考え方もできる。

だがどれくらい簡単だったのか。そしてどういう順番でつくられていったのか。ここで、地球に生命をもたらすには何が必要かを見ておこう。全部で四つの段階がある。

一．アミノ酸やヌクレオチドのような小型の有機分子が生成・集積する。リン酸塩と呼ばれる化学物質（肥料の主成分の一つ）が蓄積することも重要な条件だ。リン酸塩はＤＮＡやＲＮＡの背骨部分をつくるからである。

二．これらの小型分子がつながり、タンパク質や核酸のような大型分子になる。

三．タンパク質と核酸が集まって液滴になり、それが周囲の環境とは異なる化学的性

生命誕生に至る流れ

地球の形成	水圏の安定	前生物学的な化学反応	前RNAワールド	RNAワールド	最初のDNA／タンパク質生命	全生物の最後の共通祖先
45億	44億	42〜40億	〜40億	〜38億	〜36億	36億〜現在

生命誕生までの流れ（N.H. Barton et al., eds., *Evolution* (Huntington, NY: Cold Spring Harbor Laboratory Press, 2007)［邦訳　ニコラス・H・バートン他『進化――分子・個体・生態系』（宮田隆／星山大介監訳、メディカル・サイエンス・インターナショナル）］より。Joyce G.F., “The Antiquity of RNA-based Evolution,” *Nature* 418: 214-21 から改変）。

質を帯びる。これが細胞の形成である。

四．大型で複雑な分子を複製する能力を獲得し、遺伝の仕組みを確立する。

RNAの合成と、それよりさらに難しいDNAの生成に至るステップの中には、実験室で再現できるものもあればできないものもある。生命の最も基本的な構成要素であるアミノ酸なら、試験管の中で難なくつくれる。それは一九五〇年代のユーリー＝ミラーの実験でも示された通りだ。ところが、DNAを人為的に合成するのははるかに困難なことがわかった。DNA（あるいはRNA）のような複雑な分子の場合、ガラス瓶の中で様々な化学物質を結合させるだけでは作製できないのである。この種の有機分子は加熱されると分解しやすい。だとすれば、それが初めて生成されたときには高温の環境ではなく、低温か中程度の温度だったと考えられる。地球上の生命はRNAとDNAをもっている。RNAが誕生しさえすれば、生命への道が開ける。RNAがあればいつかはDNAができるからだ。だが、最初のRNAはどうやってこの世に登場したのか。そのときの地球はどのような環境で、どのような条件下にあったのか。生命の起源を考える者にとって、この問題が最も大きな壁として立ちはだかった。どこで誕生したかについては、仮説に事欠かない。

ダーウィンの池

生命誕生のモデルとして最初に提唱され、最も有名で、最も長く真実とされてきたのがチャールズ・ダーウィンの説である。ダーウィンは友人への手紙に、生命は「日光に温められた浅い池」のようなところで生まれたのではないかと記した。真水であれ、海辺の潮溜りであれ、とにかくその種の環境で生命が発生したとする考え方は、今日でも一部のあいだで唱えられ、教科書にも書かれている。二〇世紀初頭にはジョン・ホールデンやアレクサンドル・オパーリンといった科学者が、ダーウィンの考えを踏襲したうえでさらに発展させた[14]。二人はそれぞれ独自に、初期の地球には「還元的な」大気があったのではないかとの仮説を立てた（酸化とは逆の化学反応を生じさせる大気のことで、そういう環境下では鉄が錆びない）。当時の大気にはメタンとアンモニアが満ちて理想的な「原始スープ」をつくっており、その大気のもと、どこかの浅い水の中で最初の生命が誕生したと彼らは説いた。

このため一九五〇年代〜六〇年代頃までは、メタンとアンモニアの大気に水とエネルギーが加わりさえすれば、生命の材料であるアミノ酸がごく普通に合成できたはずだと信じられていた[15]。色々な化学物質が溜まっていくような場所がありさえすればいい、と。最も好都合に思えたのが、悪臭を放つ浅い池か、遠浅で温かい海の波打ち際にできた潮溜りである。そうすれば原始スープに有機分子が満ち溢れ、あとはフランケンシュタイン博士が現われるのを待つばかり、というわけだ。

現在、初期の地球環境を研究している科学者には、この説を疑問視する向きが多い。生物の形成に必要な有機化合物は複雑であるうえ、溶液が高温になれば簡単に分解する。しかも、この原始スープが平衡状態に陥らないように維持しておかねばならず、そのためには膨大な量のエネルギーがいる。ダーウィンの時代には知りようのなかったことではあるが、地球（およびその他の地球型惑星）を生むに至ったメカニズムを考えると、初期の地球は有害で過酷な環境にあったはずであり、一九世紀や二〇世紀初頭に思い描いたようなのどかな池や潮溜りとはかけ離れた場所だったに違いない。

ところが、一九八〇年代の初めに新たな可能性が開ける。先にも触れた潜水調査艇アルビンによる発見を受けて、海洋学者のジョン・バロス（現在はワシントン大学）が地球の生命は海底の熱水噴出孔で生まれたと主張したのだ[16]。新しい分子技術で噴出孔付近の微生物を分類したところ、その見解を裏づけるデータが得られた。DNA解析から明らかになったのは、その微生物が最初の数十億年を非常に高温の水の中で暮らしたか、または低温の場所で生まれたあとで何らかの高エネルギーなプロセスにより、生命を脅かすほどの熱にさらされたかのどちらかだということである。

熱水噴出孔にすむ微生物のほとんどは、のちの研究で「古細菌（アーキア）」という大分類（これを「ドメイン」という）に括られることがわかった。古細菌は地球の既知の生物の中で最も古い系統に属し、なかでも最も早い時期に誕生したのが好熱菌である。その名の通り高温を好み、沸騰に近い熱湯の中でも問題なく繁殖できる。池の中ではあり得ない環境だ。この発見からは、噴出孔の微生物が太古の昔から存在していたことがうかがえた。[17]

前の章でも見たように、四四億年前〜三八億年前には隕石が次々と地球に降り注いでいた。一個の隕石（直径五〇〇キロもの彗星）が衝突するたびに、海は部分的に、場合によっては全面的に蒸発しただろう。地表面の岩石も広い範囲で蒸発し、数千度にもなる超高温の岩石蒸気と化した。この大気中の岩石蒸気が海全体を蒸発させ、誕生間近の生物がいたとしてもその過程ですべて根絶やしにされたはずだ。熱が宇宙空間に放射されることで地球は少しずつ冷えてはいったが、雨が降って新しい海ができるまでには少なくとも数千年を要したと見られ、その間を地球の表面で生き延びた生命がいたとは想像しにくい。

以前であれば、生命の起源を考察する際に大型隕石の衝突を踏まえる必要などなかった。だが、そのことを知っている今となっては、生命が生まれたとされる時期に隕石衝突の巨大エネルギーから守られていた場所は深海か地殻自体の内部だと考えたくなる。海の深部や岩石の内部だけが、隕石の爆撃から地球最初の生命を守ってくれたのではないか、と。

四〇億年ほど前になっても陸地はほとんどなかった。火山活動は今より激しく、溶岩が噴出する頻度も高い。したがって、一九七〇年代半ばに小さな潜水調査艇が調査した海溝や熱水噴出孔は、はるか昔にはもっと長くてもっと活動が盛んだったはずだ。当時の地球はエネルギーに満ちた火山の世界であり、地球内部の化学物質が海の中に大量に吐き出されていた。海水の化学成分も現在とは大きく異なっていただろう。現代の海には酸化作用があるのに対し、当時の海は遊離酸素が溶けていないので還元的だった。海水温はやけどするほどの高温だったに違いない。

大気中の二酸化炭素量は現在の一〇〇倍から一〇〇〇倍だった可能性がある。また、致死レベルの紫外線も絶えず降り注いでいた。池が存在するためには陸地がなければならないが、生命が誕生した頃の地球には陸地がまったく存在しなかったと見られる。おそらくは極から極まで、有毒で高温の海が広がっていただけだろう。

熱水噴出孔の鉱物の表面

海底の熱水噴出孔とその周辺は、生命誕生の候補地として今なお支持を集めている。ここの環境は、初期の地球の海や大気と同じで還元的な性質がきわめて強い。噴出孔からは、生命進化の地にふさわしい化学物質が熱水とともに噴き出している。たとえば硫化水素、メタン、アンモニアなどだ。噴出孔で起きる化学反応はおおむね大気と切り離されているため、大気の成分にかかわりなく生命は進化できたかもしれない。もしそうなら、当時の地球大気の化学成分が生命に適していなかったという問題は取り除かれる。しかし、熱水噴出孔起源説にも難点はある。RNAはあれだけ不安定な分子なのに、高温・高圧の熱水噴出孔でどのように生成されたのだろう？[18]

初期の生命は硫化鉄鉱物の表面で形成されたのではないか。そう考えているのが、生命起源論で一目置かれるドイツのギュンター・ヴェヒタースホイザーである。彼は自らの仮説を「硫化鉄ワールド説」と呼んでいる。[19]最初の生命を「パイオニア生物」と名づけ、それがつくられたのは海底熱水噴出孔の高温・高圧の環境だというのが仮説の主旨だ。熱水噴出孔は海底火山の活動によってできたものである。何千キロにも及ぶ海溝に沿って岩に囲まれた孔があいており、無機物を豊富に含む高温の液体がそこから噴き出している。その仮説によると、地表であれば水を沸騰させるような高温（一〇〇℃）の環境下で生命は誕生した（もっとも、高圧下の水は一〇〇℃では沸騰しない）。しかも、噴出孔からの水には一群の重要な元素や化合物が含まれている。ただ、有機分子が蓄積するためには、噴出孔からの熱水に十分な量の一酸化炭素と二酸化炭素、さらに硫化水素が溶けている必要がある。それがないと、アミノ酸を組み立てるための炭素と硫黄が得られず、ひいては核酸やタンパク質、脂質もつくれなくなる。

噴出孔から熱水が噴き出すにつれ、しだいに鉄、硫黄、ニッケルを含む鉱物が堆積する。これにより生まれる小さな領域が炭素含有分子を捕らえ、化学反応を生じさせてまず炭素原子を解放し、次いでそれらを結合して、さらに複雑で炭素の豊富な分子に変える。同じ場所に様々な鉱物が誕生し、そこに含まれる鉄原子と有毒な硫化水素ガスが接触すると黄鉄鉱（パイライトともいう）ができる。この反応からはエネルギーをもつ分子が生じるため、生命にとって重要な二つの条件が揃うことになる。つまり、生命につながる正しい元素と、必要な化学反応を起こすためのエネルギーだ。しかし、黄鉄鉱をつくる反応からのエネルギーだけでは、どんな形態の原始生命であれ燃料にするには不十分である。ヴェヒタースホイザーは、別のガスである一酸化炭素がかかわる反応も必要だと気づいた。エネルギーはなくてはならないものである。それが原動力となるからこそ、分子がレゴブロックのように積み重なり、徐々にすべてがまとめ上げられて、個々のブロックの単純な総和とはまったく異なる最終形ができ上がるのだ。

　鉱物の表面で生命が誕生するという考え方は今に始まったものではない。粘土やケイ酸塩鉱物の結晶、あるいは黄鉄鉱のような平たい鉱物の表面に、初期の有機分子が集まったのではないかという説は過去にもあった。化学者で生物学者のA・G・ケアンズ＝スミスは数十年前、最初の生命がもっていたはずの特徴をいくつか挙げている。進化することができ、遺伝子の数や分化の度合いが非常に少ない「ローテク」の生物であり、黄鉄鉱または硫化鉄の表面に地球内部からの化学物質が集積することで誕生した、というものだ。しかし、初期の生命に関する研究者にはこの筋書きに疑いの目を向ける者が多い。その一番大きな理由は、有機物が無機物に取って代わる過程に自然選択がかかわっていないからである。

一酸化炭素と硫化水素は動物を死に至らしめる気体であり、前者の中毒は故意にせよ事故にせよ無数の命を奪ってきた。しかし、ヴェヒタースホイザーの考えが正しいなら、その二種類の猛毒ガスと黄鉄鉱の組み合わせが生命への扉を開いたことになる。ニック・レーンはこの見解を次のようにまとめている。「全生物の共通祖先は……独立した生活を営む一個の細胞ではなく、無機物の小室が迷路のように入り組んだ岩石だったことになる。まわりを囲む鉄、硫黄、ニッケルの壁が触媒として働き、自然に生じたプロトン〔訳註　水素イオン〕濃度勾配を利用してエネルギーを得る。最初の生命は（したがって）、タンパク質とDNAそのものが生成されるまで多孔質の岩石として分子とエネルギーを生み出していたというわけだ[20]」。科学者のウィリアム・マーティンとマイケル・ラッセルは、この仮説を踏まえた新たな説を二〇〇三年と二〇〇七年に発表している[21]。彼らは熱水噴出孔起源説をさらに先に進め、そうした環境なら必要な原材料とエネルギーがすべて揃っているだけでなく、生命に欠かせない重要な特徴も備わると主張した。すなわち細胞である。二人の考えでは、生命は硫化第一鉄と呼ばれる整然とした構造の鉱物中で誕生した。誕生の場所は、地獄（熱すぎる）と青い深海（冷たすぎる）のあいだであり、この場合でいえば、硫化物に富んだ高温の液体が熱水噴出孔または湧出孔から出ている場所と、鉄を豊富に含む太古の海水とのあいだである。これは机上の空論ではない。実際に化石として残っている噴出孔の近くには、立体的な骨組み構造が今でも観察できる。それがのちに細胞壁へと発達したのかもしれない。有機分子の「前生物学的合成」は、噴出孔や湧出孔付近で形成された鉱物内部のごく微細な小室の内壁で起きたに違いない。マーティンとラッセルはそう説いた。その後の「ＲＮＡワールド」へと至る化学反応も、この鉱物内の小室の壁で行なわれたことになる。

二一世紀の幕が開く頃にはすでに多くの手がかりが得られていて、生命がどこで誕生したかについていくつもの候補が提案されていた。最古の生物が熱を愛していたことは間違いない。今も熱水噴出孔で見つかるような生物の一種である。生命を生むための化学物質とエネルギーもすべて噴出孔に存在していた（そこで進化したとは限らないが）。しかも噴出孔は地表の厳しい環境から逃れられる場所であり、何より初期の地球に一〇億年ものあいだ降り注いだ小惑星の破壊から守られていた。ところが、諸手を挙げてこの仮説を受け入れるには一つ大きな障害があった。ＲＮＡと、ＲＮＡほどでないにせよＤＮＡは、熱水噴出孔のような高温のもとでは非常に不安定になることである。いったんＲＮＡが生成されてしまえば、ＲＮＡからＤＮＡの移行はそれほど難しくはない。ＲＮＡを鋳型としてＤＮＡをつくればいいからだ。しかし、小さな分子がどうやってＲＮＡのような複雑な分子になったのかは今もって謎である。なにしろ、最も単純な構造のＲＮＡでさえ、多数の原子が正確に配置されてできているのだ。もっとも、謎ではあっても不可能というわけではない。人為的にＲＮＡを合成する研究は急速に進歩しており、詳細なステップは無理でも大まかな道筋は明らかになりつつある。

生物学者のカール・ウーズは、生命誕生へと至る別の流れを考えた。[22] 地球が今のような層構造(核、マントル、地殻)へと分かれる前の段階で、すでに生命は生まれていたのではないかというものだ。それくらいの初期には、金属としての鉄が地表に大量に存在し、それが水蒸気や少量の液体の水と触れ、二酸化炭素と水素が充満する大気に包まれていたはずだ。注目すべきはその水素であり、非常に化学反応を起こしやすい。ただ軽量なので、地球、火星、金星のような質量の小さい惑星ではすぐに宇宙空間に逃げていってしまう(巨大ガス惑星であれば水素を捕まえておける)。この頃の地球は、大小様々な隕石の砲撃を浴びている最中だったため、惑星全体が塵粒子のもやと水蒸気に取り巻かれていた。水蒸気が大気の上層に雲をつくり、その液滴が細胞の原型となったのではないかとウーズは説く。太陽光というエネルギー源があるうえ、小惑星が衝突するたびに塵が空中に巻き上げられて、その塵は有機分子を初めとして数々の分子や元素を抱えもっていた。つまり、生命をつくる原材料には事欠かなかったわけである。さらには周囲に水素も溢れていたことから、最初の原始生物は炭素源として二酸化炭素を利用したうえで、メタンを生成できた可能性がある。現在において、こうしたメタン生成経路を用いる(水素をエネルギー源にして二酸化炭素を炭素源にする)微生物はメタン菌と呼ばれている。地球の温度が下がって海洋が形成されたとき、雲で誕生した生命が空から降ってきて海にすみついたというのがウーズの説だ。

砂漠の衝突クレーター

最も新しい仮説を唱えているのが、フロリダ大学のスティーヴン・ベナー[23]と、著者らの一人ジョゼフ・カーシュヴィンクである。先にも述べたように、一番難しいのはRNAをつくる段階だ。複雑で大型の分子であるため、非常に壊れやすいからである。水がぶつかれば、核酸のポリマー（小さな分子のつながり）の結合が断たれるほどだ。それだけでなく、じつはRNAを生成するにはいくつものステップを要し、しかもそれぞれのステップに必要な条件が異なるようなのである。つまり、ステップごとに違う化学的環境がなくてはならない。生化学者のアントニオ・ラスカーノがこの問題を次のように表現している。「RNAワールドのモデルにはいくつか深刻な難点がある。一つは、リボース〔訳註　RNAの糖成分〕の生成と蓄積へと至る妥当な非生物的メカニズムを提示できないことだ[24]」。一つの解決策となりそうな仮説がある。現在の気温と同じであれば、砂漠のありふれた鉱物からリボースを合成できるというものだ。

ベナーの指摘によれば、重大な問題は炭水化物（リボースを含む）をどう生成するかではなく、それが無秩序につくられ続けてしまうのをいかにして防ぐかである。さもないと、べとべとした茶色のコールタールのようなものになり果ててしまうからだ。ベナーは生成パターンを詳しく検討し、イオン半径表を眺めたあとで、コールタールへの道を封じるにはカルシウムイオン（Ca^{2+}）とホウ酸塩イオン（BO_3^{3-}）との反応が必要だと気づく。このカルシウムイオンとホウ酸塩イオンの結合でできる鉱物（コールマナイト、ウレキサイトなど）はよく石鹸に用いられ、高温で乾燥した環境で塩水が干上がることによって生じる。あとは、酸化モリブデンを触媒として微妙な再配置をするだけで、生理活性作用をもつリボースが誕生する。

ベナーは手がかりを求めて現存する生物にも目を向けた。様々な細菌を対象にその安定性を調べたところ、最も古い系統の細菌は六五℃の環境で生まれたことがわかる。これはどんな「温かく浅い池」より高温ではあるものの、数百℃にもなる熱水噴出孔よりははるかに温度が低い。さらにいうと、六五℃になるような場所は、今の地球はもちろん三七億年前の地球であってもほとんど見当たらない――砂漠を除いては。

砂漠のような条件のもとでは環境全体がアルカリ性になり、ホウ酸カルシウムが豊富に存在する。ホウ酸鉱物からリボースをつくるのに都合のいい環境は、これ以外にない。こうした場所には各種の粘土鉱物もよく見られる。生命に必要な複雑な有機化合物を誕生させるには、粘土でできた土台の助けが必要らしいという見方が強まりつつある。

ホウ酸鉱物はＲＮＡを安定させる働きをもつ。ただしそれが生成されるためには、一つながりのステップを通して液体が流入と蒸発を繰り返すような環境が必要だ。カーシユヴィンクはマサチューセッツ工科大学（ＭＩＴ）のベン・ワイス教授とともに、ベナーが提案したかたちでホウ酸塩からＲＮＡがつくられるような自然環境を考えた。カリフォルニアにはその好例がある。シエラネバダ山脈の火成岩から滲み出したホウ素は、モノ湖、オーエンズ湖、チャイナ湖、サールズ湖、パナミント湖といった乾湖を次々に通ってデスバレーの底にまで達している。このうち、最後のいくつかの場所には、多量のホウ酸塩を含む堆積岩が形成されている。こうした環境が少なくとも初期の地球で、とくに四二億年前〜三八億年前という生命誕生期と見られる時代にあったとすれば、最も可能性が高いように思えるのは砂漠の中にできた一連の衝突クレーターだろう。そうした場所であれば、高い位置にあるクレーターから低いところのクレーターへと水が伝わり、流入と蒸発の連続が可能になる。しかし、そんな場所が四〇億年ほど前の地球に存在していた見込みは低い。しかも当時の地球環境は還元的な性質が強かったため、リボース合成の最終段階に必要な酸化モリブデンもなかった。

　地球の最も古い岩石は水中で形成されたと見られる。というのも、四六億年の歴史をもつこの惑星で、三〇億年近く前になるまでは地上に広大な大陸が存在した証拠が十分にはないからだ。第2章で触れたように、最古の鉱物ジルコンの分析からも少なくとも四四億年前には海が広がっていたことがうかがえる。今ある証拠をもとに判断するなら、生命が誕生したとされる初期の地球はほぼ全球が海に覆われていて、陸地といえばせいぜい島が連なる程度だった。しかし、地球だけが地球型惑星ではない。金星は地球とほぼ同じ大きさだが、太陽に近すぎるので生命が一度でも誕生した可能性はきわめて低い。だが、SF小説に愛されてきたもう一つの可能性がある。火星だ。

　二一世紀に入って、火星初期の地質についてはずいぶん多くのことがわかってきた。全球を覆うような海が火星にできたことはない。なぜそう確信をもてるかといえば、かなり古い時代の岩石が今も地表に露出しているからだ。もっとも、色々な火星探査車からもたらされた膨大な新データを読み解くと、昔の火星には複数の大きな湖と小さな海があり、北極盆地にはかつて大洋が広がっていたと見られる。また、地球に比べて酸化還元勾配が大きかったことを示す証拠もある。これは、生命がエネルギーを得るうえで重要な要素だ。火星深部のマントルは非常に還元的であるため、メタンや水素（H_2）など、生命に必要な炭素含有化合物を前生物的に合成するためのガスも存在していたはずである。つまり原材料は揃っていた。こうしたことから、四〇億年あまり前の火星には生命が誕生しており、しかもその生命が隕石に載って地球にやって来たと考える研究者がいる。著者ら二人もそうだ。とりわけカーシュヴィンクはこの説を固く信じている。問題は、火星で生まれた初期の生命が地球に到達することがはたして可能だったかどうかだ。

パンスペルミア説と火星のケース

現在、地球の表面は比較的大きな海盆（全体の約七五パーセントを占める）と、平均海面より高い大陸塊に分かれる。大陸を年代測定するだけでも、あるいはそれに代わる地球化学的な手法で調べてみてもわかるように、大陸は時間とともに少しずつ広くなってきた。沈み込み帯で、大陸の縁に新しい花崗岩の基盤岩がつけ足されるからだ。沈み込み帯では、堆積物を満載した湿った岩石が数百キロの深さまで運ばれ、半ば溶かされて花崗岩となる。大陸がしだいに広くなっているとすれば、地質年代を遡るにつれて陸地面積の占める割合は小さくなっていくことが予想される。

だが要因はそれだけではない。地球物理学研究のモデルから、約四六億年前に月を誕生させたジャイアント・インパクト（天体の大衝突）の直後は地球全体が溶けていたことがわかっている。衝突によって猛烈な熱が生み出され、ニッケルと鉄の金属が分離して沈んで中心核をつくった結果、地表には巨大なマグマの海が広がった。衝突後五億年あまりのあいだは、激しい熱流が発生するとともに、地球の最表層部がしだいに地殻として固まっていく時代だった。大陸が海底より高く突き出ているのは、その土台となる物質の密度が低いために上に向かって「浮いて」いるからにすぎない。熱流が大きいと、大陸の土台部分が溶ける。それにより、高い山脈は形成されなくなる。

最後にもう一つ、地球の海の体積が少しずつ減少している可能性が地球化学の研究から指摘されている。地球を形づくったジャイアント・インパクトのあと、幼い地球の表面にはおそらく大量の水蒸気が満ち、それがプレート運動を通じて徐々にマントルに引き込まれていったと見られている。こうしたプロセスがあったことは、先にも述べた四四億年前のジルコンに化学の指紋としてはっきり残っている。最も初期の海がどれくらいの大きさだったのかには諸説あり、現在と同程度というものから三〜四倍広かったというものまで様々だ。以上の条件をすべて考え合わせると、約三五億年前より古い時代に海面から突き出ていたものがあったとすれば、火山の不安定な頂がせいぜいだったと思われる。

水に満ちた世界はリボースの形成にはあまり適さない。タンパク質や核酸といった大型の分子をつくるにもまったく不向きである。どちらも水分子を放出することで新たなサブユニットを結合するからだ。そう考えると、約三五億年前までの地球には、生命の誕生に都合のいい場所はおそらくなかっただろう。デスバレーに見られるような一つながりの湖が存在して、生命に不可欠なリボースなどの炭水化物を安定化できる程度までホウ酸カルシウムを濃縮できるようになるのは、たぶんかなり先でないと無理だったはずである。初期の生命は多数の化学的特性をもたなかったため、未熟な代謝の原動力となるほどのエネルギーを生み出すこともできなかった。

過去一〇年で徹底した実験が行なわれた結果、隕石が火星の表面から地球へと移動しても熱で殺菌されることがなく、したがって生命を運び得ることが明確に示されている。[25] 四五億年前から現在までに、一〇億トンを超える火星の岩石が地球に飛来した。だとすれば、生命がまず火星で生まれ、それから隕石に載って地球にやって来たという可能性は、検討に値する重要なものといえる。

火星の直径は地球の約半分しかなく、質量はおよそ一〇分の一だ。そのせいで重力も小さいため、隕石や気体分子などが完全に重力場から逃げ出すことが起こりやすくなっている。たとえば小型の小惑星が火星の表面に（秒速一五～二〇キロで）衝突すれば、表面の物質が多量に飛び散って太陽を回る軌道に乗ってもおかしくはなく、しかも火星から放り出された岩石は生命が死滅するほどの熱や衝撃に見舞われることがない。地球は火星より重力が大きいため、地上の物質を宇宙空間に吹き飛ばすにはもっと大量のエネルギーを必要とする。このため、そうやって放出された物質はまず間違いなく溶けている。記録を見る限り、自然現象によって地球から打ち出された物質が殺菌されていなかったことはない。

したがって、もしも火星に生命が誕生していたら、やはり簡単に重力場を脱出できたに違いない。逆に地球は重力場が強いので、火星と違ってきわめて長期にわたって水圏や大気圏をそのままの状態で保持することができる。火星の大気圧は非常に低く、液体の水が室温で沸騰して蒸発するほどだ。二〇一二年に着陸した最新の火星探査車キュリオシティのデータからはっきりわかるように、着陸地点になったゲール・クレーターにはかつて大きな湖か、ことによると海が存在し、そこに向かって水が流れていたために扇状地がつくられている。世界が火山岩でできていて、豊富な水の流れと海があって、水の循環が活発であれば、生命が存在したと考えるのが妥当だ。少なくとも、存在し得る環境であったことは間違いない。現時点で地球に見られる生命が最初に誕生した場所は、じつは火星だったのではないかと著者らは考えている。

地球の冥王代まで遡ると、四四億年前にはすでに海が存在していた形跡が残っている。ベナーの説くホウ酸塩がかかわる経路を用い、その後はつながった砂漠のクレーターを通っていけば、火星の環境で生命が誕生したはずだというのが今世紀になってカーシュヴィンクとワイスが唱えた新仮説だ。[26] 複雑な有機分子はもちろん、休眠期にある微生物であっても、惑星間パンスペルミアと呼ばれるプロセスで火星から地球に運べることが今や数々の実験によって裏づけられている。惑星間パンスペルミアとは、たとえば三六億年前に大型の天体が火星に衝突したとして、その衝撃で多量の火星隕石が宇宙空間に放り出されて地球に飛来したということだ。そして、それとともに火星の生命の種子を地球に植えたわけである。

生命の起源が火星にあるという説を裏づけるもう一つの証拠が、カリフォルニア大学サンタクルーズ校のデイヴィッド・ディーマーによる新しい研究からもたらされている。[27] RNAが適切に機能するためにはある程度の長さが必要なのだが、長いRNA鎖を得るのは非常に難しい。一つには、RNAヌクレオチドと呼ばれるサブユニット同士をつなげて「ポリマー」にするのに困難を伴うためだ。ディーマーは実験で、ばらばらのヌクレオチドを含んだ希釈溶液を凍らせたところ、氷の結晶の縁に沿って多数が結合されることを確認した。当時の地球に氷はない。しかし火星なら、現在と同様に極に大量の氷があったはずだ。とくに火星の誕生まもない頃は、太陽光が弱かったのでなおさらである。

生命をつくる――二〇一四年の現状

初期の地球で非生命から生命が生まれたプロセスを解明できるかどうかは、試験管の中で生命をつくれる段階に私たちがどれくらい近づいているかにかかっている部分が少なくない。わずか五年前でも、その答えは「まだまだ遠い」だった。だが、生化学者のジャック・ショスタク（二〇〇九年のノーベル生理学・医学賞受賞者）率いるハーバード大学の研究グループのおかげで、今の私たちは世間が思っている以上に生命の合成に迫っている。[28]ショスタクと研究グループはほぼ二〇年にわたって、RNAがかかわる化学反応の実験を行なってきた。最古の情報伝達分子はRNAだったか、もしくはそれによく似た分子がのちに今のようなRNAに進化したかのどちらかと見られている。ショスタクのグループが今世紀に入って長足の進歩を遂げたのは、このRNAの研究においてである。

秘訣は、まず溶液中のヌクレオチドを結合させて短いRNA鎖をつくることにある。いったんそこまでできてしまえば、それをつなげて長い鎖にするのは複製させるよりも難しくない。ところがヌクレオチドが三〇個程度つながると、RNAは複製を始める。というのも、それくらいかそれ以上の長さになると、RNA分子はまったく新しい性質を獲得し、触媒として機能するようになるからだ。触媒とは化学反応の速度を速める分子のことであり、この場合に加速されるものが、ほかならぬRNA分子の複製なのである。

ヌクレオチド三〇個以上のRNA鎖を初期の地球上（またはその内部）でつくるには、土台になる粘土が必要だったと思われる。とくに適しているのがモンモリロナイトという粘土鉱物の一種だ。この仮説によれば、液体を漂っていた単体のヌクレオチドが粘土にぶつかる。ヌクレオチドは粘土とゆるやかに結合し、その場に固定される。こうして粘土鉱物のどこかの場所にヌクレオチド三〇個以上の鎖ができる。粘土と強く結びついているわけではないので離れやすい。もしも長いRNA鎖が何本も集まったものが存在して、それが脂質に富む液体の小さな泡（石鹼の泡のような）の中に取り込まれたとしたら、最初の原始細胞の誕生となる。

生命に必要な二つのおもな構成要素は、自己複製できる細胞と、情報伝達と触媒の両方の機能を兼ね備えた分子である。触媒が存在すると、その作用によって環境に変化が生じ、本来なら起き得なかった反応が起こるようになる。RNAをつくる部品が細胞内に新たに多数もち込まれれば、RNAの触媒作用によってさらなるRNAがつくられる。従来の考え方では、細胞と情報伝達分子はどこかで別々に誕生し、それから合体したとされてきた。今ではその二つが一緒に生まれたように思える。

「裸」のRNA分子がヌクレオチドのスープの中を漂い、自らを繰り返し複製する。最初の生命とはただそれだけの存在だったと捉える生物学者は多い。しかし、細胞とRNAが一個のユニットとして誕生したという見方のほうがもっと支持を集めている。脂質でできた二重の細胞壁の中に小さなRNAヌクレオチドが入っていて、脂質とヌクレオチドをさらに取り込むことで成長する。個々のヌクレオチドは細胞壁の脂質の隙間を通り抜けられたはずだ。それに対し、細胞内でヌクレオチドがつながると大きすぎて細胞

北大西洋中部の大西洋中央海嶺沿いの海底で、ワシントン大学の海洋学者によって新たに発見された「ロストシティ」熱水域。石灰を多く含む岩石でできているため、太平洋で一般的なブラックスモーカー・タイプの熱水噴出孔より色が白い。熱水噴出孔は、地球で初めて生命が組み立てられた場所の最有力候補と見られている（ワシントン大学の写真を許可を得て掲載）。

壁から出られなくなる。初期の地球に存在して、しかも原始細胞をつくることができる物質として考えられるのは、結合すると脂質分子になる化学物質だ。さらに脂質分子同士はすぐに結びつくので、まずはシート状になり、さらには球状になった。

脂質分子は十分な量が蓄積していれば、攪拌されたときに中空の球体をつくりやすい化学特性をもつ。水が短期間ながら水面に小さな滴をつくるのと同じだ。脂質の球体ができるとき、RNAになり得る分子（ヌクレオチド）が液体中に存在していれば一緒に中に取り込まれる。この場合も重要なのは濃度であり、それが前生物的「スープ」という比喩がよく用いられる理由でもある。原始細胞の球体が急に形成されたときに相当数のヌクレオチドが中に捕らえられなければ、内部でRNAが生成される見込みはない。もちろん、新しく生まれた原始細胞が、外側にあるヌクレオチドを能動的にせよ受動的にせよ細胞壁を通して内部に取り入れることができるなら話は別だ。

細胞壁はヌクレオチドを「摂取する」だけではない。脂質分子をさらに蓄積することで、長く伸びてソーセージ型になったはずだ。やがてそれが二つの球体に分かれ、それぞれがおよそ半分のRNAを抱えもった。RNAだけに留まらないのはいうまでもない。細胞がたとえ短期間であれ正常に機能するにはエネルギーを得なくてはならず、そのためにはエネルギーを生み出す化学装置が必要だ。その材料となるのはタンパク質である。したがって、原始細胞の内部には様々な化学物質が存在しなくてはならないし、欲しい物質を取り込んで不要な物質を外に出す秩序立ったメカニズムも必要になる。しかもたくさんの予備部品（多種多様な分子）があって、すぐに使える状態になっていなくてはだめだ。

進化が始まるのはこの段階である。内部に含まれる分子の性質の違いから、速く複製できる細胞とそうでない細胞が現われる。自然選択が始動し、生命のエンジンがかかる。つまり、自律性をもち、代謝し、複製して進化する細胞の誕生だ。かつて偉大なるフランシス・クリックがいった有名な言葉ではないが、あとの話は知っての通りである。

ダーウィン境界

初期の細胞はモジュラーホームのようなもので、各部分が違う場所で別々の要素として組み立てられ、それから一箇所に運ばれてきたのかもしれない。運んだのは水か空気の流れだった可能性がある。二〇一〇年に始まった研究は、後者だったことを強力に裏づけつつある。これは、高層大気で見つかる生物と生命の材料の量を調べるというものだ。

最古の生命を形づくる細胞には多数の孔があいた細胞壁があり、ゲノム全体を交換することも可能だったかもしれない。これを遺伝子の水平伝播という。しかし、やがて細胞の仕組みが一時的なものから恒久的なものへと変わる段階に達した。生物学者のカール・ウーズが「ダーウィン境界」と呼んだ段階である。これを境に、現代に近い意味での「種」が区別できるようになり、自然選択（つまりは進化）の支配が始まる。前の時代に存在した単純な細胞よりも、より複雑な機能をもつ一体型の細胞を自然選択が好んだため、モジュラーホーム・タイプではなくこちらのほうが繁栄した。

現代的な生命が誕生したのは、遺伝子の極端な変化がなくなったときである。ウーズのように最初の生命の進化を研究している者たちは、この段階にまで生命が組織されたことが進化の歴史の中で最も重要な出来事だったと信じている。とはいえ、それ以前の細胞にも仲間がいたのは間違いない。おそらく生態系は、化学物質がありとあらゆるかたちに複雑に組み合わされたもので溢れ、それらは生命らしい側面を部分的なりとも備えていただろう。生命と呼べるもの、生命に近いもの、生命に向けて進化途上のものが入り交じった、巨大な動物園のようなものが思い浮かぶ。そこには、核酸を含む生物が何種類もいたはずだ。ただ、現存していないために名前もついていない。RNAとタンパク質の生物、RNAとDNAの生物、DNAとRNAとタンパク質の生物、RNAウイルス、DNAウイルス、脂質の原始細胞、タンパク質の原始細胞など、化学物質が複雑に融合した数々の生命が考えられる。こうした種々雑多の生命と、生命に近いものが、すべて一つの混沌とした生態系の中で競いながらひしめいていた。いわば生命が地球上で最も多様化した時代である。これは四〇億年前~三九億年ほど前のこととされるが、最近では著者らはもっと遅かったと見ている。いずれにしても、自然選択が多種多様な生命をふるいにかけ、最終的には一種類が残った。

一九七四年にノーベル生理学・医学賞を受賞したベルギーのクリスチャン・ド・デュ

ーヴはこう述べている。必要な原材料が揃って、初期の地球のコンロに適切な量のエネルギーが存在するようになると、生命は非生命からきわめて短時間で誕生した、と。もしかしたら数分のあいだに。

第5章　酸素の登場——三五億年前〜二〇億年前

西オーストラリア州の北半分は、世界の中でもとりわけ人が訪れることが少ない（また生息する生物もきわめて少ない）土地である。アメリカのロッキー山脈以西とほぼ同じ面積をもち、乾燥した赤土の広がる広大な大地だ。ここには、地球の生命史を理解するうえで欠くことのできない重要な場所がある。なかでも注目すべきは、現時点で地球最古とされる生命が発見された区画だ。ピルバラという荒涼とした地区の古い丘陵地帯に、酸化鉄を豊富に含んだ岩石があり、そこが赤褐色のキャンバスとなって生命の第一章が描かれている——少なくともこの惑星での第一章が。ピルバラの赤い丘は大量の鉄鉱石でできているため、この地区では大規模な露天掘りが行なわれている。そのほとんどは中国向けで、貨物船は引きも切らずに鉄鉱石を積んでは港を離れていく。

だが、ピルバラの丘で見つかるのは鉄鉱石だけではない。樹木のない大地に露出した岩石には、長らく地球最古とみなされてきた化石が含まれている。前章で取り上げた「エイペクス・チャート」がそうだし、そこから三〇キロほどしか離れていない「ストレリー・プール」という岩石も最近になって「地球最古」を競うダービーに加わった。

エイペクス・チャートもストレリー・プールも、化石を抱えもっていることを（エイペクスの場合は「もっていないことを」というべきか）声高に叫んでいるわけではない。しかしその周辺地域には、初期の生命が存在したことを示す紛れもない証拠がある。ストロマトライトが豊富に見つかるのだ。ストロマトライトは小山のような形をした層状の岩石であり、浅い水域で形成され、潮間帯にすむ藍藻類（らんそう）の粘液と堆積物が積み重なってできている。さらにいえば、地球に生命が誕生してしばらくしてから五億年ほど前までのあいだは、このストロマトライトこそが最もありふれた生命だった。西オーストラリア州のシャーク湾と呼ばれる細長い入り江の端では、はるかに古い時代の海の最後の名残りを今も見ることができる。大気にも水中にも酸素がまったく存在しなかった時代だ。

現時点で最古とされる生命の化石と、最古の生命の外観を偲ばせる好例がともに存在しているのは、皮肉でもあり、まったくの偶然でもある。ともあれその両方が見られることで、西オーストラリア州は地球初期の生命を展示した世界で最も重要な「博物館」の様相を呈している。生命が誕生してから、最初のスノーボールアース現象によって実質的に始生代が終わるまでには、一〇億年あまりという長い歳月が経過した。この間については、おもにストロマトライトと、チャートと呼ばれる瑪瑙に似た岩石中の珍しい化石によって生命の存在が確認されている。現存するストロマトライトのうち、地球最古の生命について最も多くの手がかりを与えてくれるのが、西オーストラリア州のノースポール地区と、南アフリカのバーバートン・グリーンストーン帯と呼ばれる地域（有名なクルーガー国立公園の近く）だ。どちらにも、非常に古い形態のストロマトライトがある。

二〇世紀の終わり頃になるまで、私たちはみなこの構造物が藻類マットの副産物だと考えていた。藻類は光合成を通して、炭酸塩の沈殿を促すことができるからである。ところが二〇年ほど前から、そうした細かい層状構造の一部（全部ではない）が塩水からの直接的な化学沈殿作用によってもつくられ得ると、大勢の地球科学者が考えるようになった。実際に生命活動によるものとそうでないものを区別するには、数は少ないが、現存するものを詳しく調べる必要がある。

今も生きているストロマトライトを観察したいなら絶好の場所がある。それが先ほども触れた西オーストラリア州のシャーク湾であり、世界遺産にも登録されている。そこでは、ときに幅一メートルにもなる大きな塚のようなものが点在し、それぞれの塚は堆積物（おもに砂と泥）と、光合成をする藍藻類の群集が交互に何層にも積み重なってできている。縦半分に切ってみれば細かい層がわかり、その層は水平ではなく波形にうねっているのが大きな特徴だ。ストロマトライトは頂部が丸いのが普通だが、全体的な形や構造はじつに多彩である。

シャーク湾のストロマトライトは、始生代を理解するためのまたとない手段であるとして長らく賞賛を浴びてきた。だが、それはまさに斉一説に基づく考え方である。オーストラリアの酷暑の地で今現在生きているストロマトライトの構造や化学的・生物学的性質が、過去を覗き見る窓であるということに何の疑いももたれていない。また、化石のストロマトライトの謎を解明するうえで、現存するストロマトライトが計り知れないほど重要な価値をもっているとされている。しかし、次々に放映されるテレビの特集番組や写真記事ではけっして触れられない事実がある。シャーク湾は始生代の海のモデルには絶対になり得ないということだ。その理由の最たるものが、シャーク湾のとくに重要な地域（湾は広大で約一万平方キロ近い面積をもつ）においてほかの生物の生息が確認されていることである。とはいえ、少なくとも最初の一〇億年のあいだ地球の生命がどんな姿だったかを偲ばせてくれる手がかりではある。

始生代の生命と酸素への道

二五億年ほど前になると、地球と生命史の行く手を左右する大きな出来事が起きる。それはきわめて重大な変化だったため、新たな地質時代区分の始まりを告げることとなった。最も古い時代区分は冥王代で、地球が形成された四五億六七〇〇万年前から、最古の岩石が確認されている約四二億年前までで終わる。続く始生代はおよそ二五億年前までで、激しい隕石衝突に見舞われた「重爆撃期」にあたる。次の時代区分は原生代だ。始生代から原生代への移行は、おおむね酸素濃度の上昇期と一致する。この酸素をつくり出したのが、光合成を行なう生物だ。

光合成とは、不活性な二酸化炭素を変換して、細胞が必要とする物質を生み出す（つまり無機炭素を有機炭素に変える）プロセスである。ある種の光合成生物は、生命が最初に進化を始めた始生代にはすでに存在していた証拠がある。また、光合成は最古の生命の誕生よりあとに始まったことも確実と見られている。おそらく最初の生命は、化合物中の水素を硫黄原子と化学反応させ、（生命の歴史にとって）非常に重要な硫化水素をつくり出してそれをエネルギー源としていた。[1] 水素は高いエネルギーを生む物質である。だからこそ人間は技術を駆使して水素を手なずけ、自動車から発電所にまで利用しようとしているのだ。始生代の生物は、現代の生物にとっても必須の元素をやはり使用していたと思われる。炭素、硫黄、酸素、水素、および窒素だ。

三五億年前の海や大気がどのようなものだったかについてはある程度わかっている。二酸化炭素の濃度はたぶん現代よりもかなり高かっただろう。大気には多量の水蒸気とともにメタンガスも漂っていたと見られる。この種の大気は熱を閉じ込めるので、太陽のエネルギーが今よりはるかに弱かった当時であっても地球を暖かい状態に保つことができた。始生代にこうした温室効果ガス（水蒸気、メタン、二酸化炭素）がなかったら、この惑星に液体の水は存在しなかったに違いない。温室効果ガスがあったからこそ大気は熱を捕らえられ、惑星を温めるメカニズムが生まれた。ただし、この大気には酸素が含まれていなかった。

この長い始生代のあいだに生きた生命はどういうものだったのか。それを知るうえで大きな手がかりとなるのが、現代の似たような環境に生息する生物である。低酸素の環境は今の海洋ではあまり多くないが、比較的小さい湖ではよく見られる。それどころか、現代の湖は層状になっていることが多く、表面に薄い酸素の層（空気中から吸収したもの）があって、その下の水には酸素がまったく含まれていない。こういう環境にすむ微生物を研究することで、太古の生命がどういうものだったかも垣間見えてきた。現在の湖の炭素循環で重要な役割を果たす微生物はメタンとかかわりがあり、この種の生物は始生代の海にも生息していた可能性が高い。先ほども触れたように、メタンガスは地表からの反射熱を捕らえて、宇宙空間に逃がさないようにしている。[2]ある種の細菌はメタンを分解して食糧にしており、初期の生命もそうやってメタンを利用するものが多かった。つまり、地球で生命が誕生してほどなく、エネルギーの獲得方法が様々に多様化したと考えられる。自動車の進化と同じだ。初めは蒸気、次いでディーゼル燃料、それからガソリン（ディーゼルもガソリンもメタンと同様にエネルギーを含む炭素化合物）、そして水素燃料というように、エネルギーをどう得るかが変化してきた。私たちの文明が水素にたどり着いたのは最後だったが、生命はまずそこから手をつけた。

　地球の初期の生命がどういう歴史をたどったかは、堆積岩を調べることでかなりわかる。たとえば、始生代の堆積岩にはしばしば真っ赤な層が現われる。これは縞状鉄鉱床と呼ばれ、過去一八億五〇〇〇万年のあいだは地表中にほとんど存在しない。先カンブリア時代の終わりに一、二度起きたスノーボールアースの最中に、例外的に見られるのみである。これについてはのちに詳しく解説したい。

縞状鉄鉱床をめぐっては積年の謎がある。広範囲に分布しているところを見ると、鉄は水に溶けていたと思われる。だとすれば、それは還元的で緑色がかった「第一鉄」という形態をとっていたはずだ。一方で、沈殿して堆積したということは、鉄が錆びて赤い「第二鉄」になったことを意味する。第二鉄はまったく水に溶けない。角砂糖とは違って、水の中に粒子として漂っているだけである。問題は酸素だ。第一鉄は遊離酸素分子とただちに反応して赤い第二鉄の状態になる。鉄であれ、鉄を含む鉱物であれ、色が鮮やかな赤色であれば鉄はそうした化学変化を確実に経ている。それを私たちは一般に「錆び」と呼び、錆びるためにはほぼ間違いなく酸素分子を必要とする。だとすれば、初めは鉄が緑の第一鉄として水に溶けていられるほど酸素濃度が低かったのに、次の段階ではそれを錆びさせるほどの酸素が存在していたことになる。どうすればそうなるのだろうか。この謎は長らく科学者を悩ませてきた。

五〇年あまり前、先カンブリア時代を研究する重鎮の一人であるカリフォルニア大学サンタバーバラ校のプレストン・クラウドは、その酸素が藍藻類からもたらされたのではないかと考えた。藍藻類は光合成をする原始的な微生物で、現在ではシアノバクテリアともいう。[3] これは酸素発生型光合成と呼ばれるもので、文字通り水分子を切断して酸素原子を解放する。いわば命を与えるプロセスであり、それを行なうことを学んだのは地球の生命の中でこの藍藻類だけである。のちにその子孫の一部がほかの生物に取り込まれ、今や植物や藻類の緑色の細胞小器官として光を集めて私たちすべての役に立っている。現存する植物がもつこの小さな「カプセル」は、どれも最初のシアノバクテリアから進化したものだ。ただし今は独立した生物としてではなく、細胞内に「内共生」して多細胞植物の命に従っている。最初に登場したシアノバクテリアは、「酸素のオアシス」として水中に浮かびながら一個一個がごく少量の酸素を吐き出し、それがやがて何億年もの時をかけて生命のあり方を根本から変えたのみならず、地球の海や大気や、地表を覆う岩石の化学的性質までをも変化させたのではないか。クラウドはそんな筋書きを思い描いた。始生代の海にわずかな酸素が解き放たれるたびに、微量の錆びのかけらが海底に沈み、ゆっくりと、だが止むことなく蓄積していって、あの縞状鉄鉱床をつくったのだと。

酸素分子ほど毒性の強い物質はそうない。ビタミンのサプリメントと一緒に抗酸化剤を飲んでいる人なら知っているように、抗酸化剤はがんと闘う作用があるとされている。複雑な細胞内の化学反応を、好ましからぬ場所とタイミングで酸素が乱してしまい、ゾンビのような凶暴な細胞に変えることでがんが発生するケースが多い。商品が抗酸化作用を謳うのも、酸素が実際に細胞を破壊し、細胞を変化させ、その反応性の高さによって細胞を殺すことさえできるからだ。では、この毒をつくり出す生物が、それが放出されるそばから死んでしまわなかったのはどうしてだろうか。

これは典型的な「卵が先かニワトリが先か」の問題である。初期の生物は、酸素分子を吐き出すシステムを進化させたはいいが、抗酸化作用のある酵素で身を守らない限り自らを滅ぼすことになる。したがって酸素を抑制するメカニズムが最初に発達したはずだ。しかし、大気中の酸素はすべて酸素発生型の光合成によってつくられるわけであるから、抗酸化酵素の誕生を促すような酸素が先に存在したはずはない。だとすれば、何らかの非生物学的なプロセスでごく少量の酸素分子がまず発生し、原始的な細胞はそれに少しずつさらされながら、しだいにその毒から身を守る抗酸化酵素を進化させていったに違いない。たとえるなら、私たちが恐ろしい病気にかからないようにするため、幼い頃にその病原体を少量のみ接種することで、病気を防ぐメカニズムを徐々に体につくらせるようなものだ。

しかし、この最初の「酸素ワクチン」は、光合成からでないとするとどこから来たのか。非生物学的な方法で酸素を生成するのは非常に難しい。だが、考えられる一つの方法として、紫外線がかかわる光化学反応がある。皮膚に日焼けを起こすあの紫外線だ。大気中の二酸化炭素や水が紫外線を受けると、いくつかの化学物質とともに微量の酸素分子が生じる。現在であれば、太陽からの紫外線は高層大気のオゾン層（氷結した水蒸気の層よりはるかに上方）にほぼ遮られている。しかし、初期の地球には酸素がなかったのでオゾンも存在せず、紫外線がブロックされない。このため強烈な紫外線が地球に打ちつけ、わずかながら酸素分子を生み出した。あいにく、紫外線には酸素分子を分解する作用もあるため、酸素が発生しても生物に影響を及ぼせるほど長く存在できる見込みは低い。しかも当時は大量の紫外線が降り注いでいたので、生物がいたとしてもＤＮＡが傷つけられて生命を絶たれやすい環境にあった。何らかのメカニズムによって、壊される前に酸素をほかの生成物（とくに水素と一酸化炭素）から分離する必要がある。

それを可能にするプロセスが二つ知られている。一つは、水が高層大気に存在する場合、紫外線によって分解されて水素と酸素になり、水素は地球の脱出速度よりも速いスピードで宇宙空間に逃げていく。これにより、少量の酸素とオゾンと過酸化水素が残り、大気中を拡散しながら落ちてくる（重すぎて宇宙空間には逃げ出せないため）。もっとも、この酸素は本当に微量だ。生命活動や火山の噴火によって還元的な気体が発生すれば、酸素を含む化合物はその気体と反応し、生物圏に達するはるか手前で消されてしまう。もう一つのプロセスは地表で起きる。ただし氷河の表面でだ。今日の南極では、「オゾンホール」のせいで通常よりも多様な波長の紫外線が氷の表面にまで届き、そこで水分子を粉砕して水素ガスと過酸化水素を生成する。この過酸化水素は、水素ガスとは分離して氷の中に閉じ込められる。カリフォルニア工科大学（カルテック）のマオ・チャン・リャンという大学院生と一緒に著者らが行なった計算によれば、先カンブリア時代の氷河は最大で全体の〇・一パーセントが過酸化水素でできていたと見られる。氷河が融ければ、過酸化水素は酸素分子と水に変換される。[4] 呼吸できるほどの量ではないものの、進化という強力な道具箱が仕事を始めるには十分だ。これから説明するように、酸素を放出した最初のシアノバクテリアは先カンブリア時代の氷期に誕生し、酸素から身を守る方法を発達させたはずだと著者らは考えている。

生命と初期の地球に関するベテラン研究者、ワシントン大学のロジャー・ビュイックは、二〇〇八年の論文の中で酸素が誕生した「時期」についていくつかの選択肢を検討している。一つ目は、酸素発生型光合成（現在の緑色植物が行なうもの）が生まれて何億年もたってから、大気中の酸素濃度がかなり高くなったというもの。還元的な性質をもつ火山ガスや熱水や、地殻の鉱物は生産され続けていたので、それを酸化するには気の遠くなるような年月が必要だったからという理由だ。二つ目は、光合成が二四億年前までに現われ、短期間で環境の変化を引き起こしたというもの。本書ではこれを「大酸化事変」と呼んでいる。三つ目は、光合成などの何らかの方法によって酸素の生成が地球のごく初期に始まったというものだ。地質学的な記録が残っていないほど前の時代のことであり、それが始生代（二五億年前より古い時代）の大気を酸素濃度の高いものにした。どれが妥当なのかを判断するため、現時点で明らかになっていることをここで整理しておきたい。これは生命の歴史を深く理解するうえで鍵を握る問題であるだけでなく、最近になって明らかになった事実が多々あるテーマでもあるからだ。

「大酸化事変」が起きるための地質学的条件

シアノバクテリアの登場が、地球の生命史における最も重要な（真核細胞や多細胞生物の誕生よりも重要な）出来事であるということは広く受け入れられている。だが、その革命的なイベントがいつ起きたかについては意外にも意見の一致を見ていない。五〇年あまり前、地質学者がきわめて古い時代の河川の堆積岩を調べたときに、角の丸くなった黄鉄鉱（ありふれた鉱物）の粒や、微量のウランを含む鉱物（閃ウラン鉱）が見られることに気づいた。どちらも非常に酸化されやすいため（鉄と同じですぐに錆びる）、現代のように酸素濃度が高い環境にあっては、酸素から完全に遮断されていない限り海の中や開けた陸地で見つかることはない。このことから、始生代の終わり頃になるまで大気にはほとんど酸素が含まれていなかったという考え方が生まれた。具体的には、おそらく二五億年前か、ことによるともっとあとの時代までである。その時点になっても、大気中の酸素濃度はまだ非常に低かったため、黄鉄鉱や閃ウラン鉱は錆びることなく陸上や海中に存在できたというのがおおかたの地質学者の見方だ。確かに、二五億年前に生成された岩石からは黄鉄鉱も閃ウラン鉱も豊富に確認される。つまり当時の大気中や海中の酸素濃度はゼロだったはずだ。ところが二四億年前になると、水中や陸上で形成された岩石からどちらの鉱物も姿を消す。だとすれば、シアノバクテリアが出現したのは二五億年前から二四億年前のあいだということになるのだろうか。この疑問が発端となって、生命史の理解を左右する一大論争が巻き起こった。

この問題を解決する方法を見出すには何年もの研究を要した。研究者の見解が分かれていたのは、シアノバクテリアが誕生したのが約二五億年前なのか、それともそれより一〇億年程度早い三四億年前に近い時代だったのか、という点である。後者だとすると、地球に最初の生命が誕生してからほどない頃となる。一九九九年、化学化石（地層中に残存する有機化合物のことでバイオマーカーとも呼ばれる）を手がかりにするという、当時としては新しい手法が答えを導くかに見えた。オーストラリアの地質学者チームが、始生代後期（二五億年前までの時期）に何物かが浅海で酸素をつくり出していたことを示す明確なバイオマーカーを複数種見つけたと発表したのである。彼らが発見した微量のバイオマーカーは、少なくとも現在の生物圏においては酸素分子がないと生合成できない。その最たるものが、ステロールと呼ばれる一群の有機分子だ。

これは注目すべき発見である。研究チームの論文のアブストラクト（概要）をまとめ直すと次のようになる。「オーストラリアのきわめて古い堆積岩から採取されたコア（訳註　円筒状のサンプル）の中に二七億年前の堆積層があり、そこから分子化石（バイオマーカー）が見つかった。このことは、その古い地層が実際に堆積した時代にはシアノバクテリアという光合成細菌が存在していたことを示し、この小さな植物性微生物が酸素をつくっていたと確認されている最古の記録をはるかに古い時代にまで押し下げるものである」。さらに驚くべきは、ステランと呼ばれる別種のバイオマーカーも地層サンプルから検出されたことだ。これが事実なら、当時すでに原核生物だけでなく真核生物が存在していたという強力な証拠になる。それ以前に最古とされていた真核生物の化石は、この研究のサンプルより一〇億年も新しい地層からのものだった。

この論文は一流科学誌『サイエンス』に掲載され、科学界に衝撃を与えた。これが革命的な新発見と称されたのには二つの理由がある。一つ目は、酸素発生型光合成が非常に早い時代に始まっていたと見られること。二つ目は、生命の三大ドメインの一つである真核生物（残り二つはほぼ単細胞の真正細菌と古細菌）も古い岩石に存在していたことであり、これが一つ目の理由をしのぐ驚きをもたらした。これらの証拠はすべて、地中深くで採取したコアサンプルから見つかったものである。光合成細菌も真核生物もそれまでの通説よりはるかに古く、二七億年前にはすでに存在していたというのがこの衝撃的な論文の主旨であり、科学史と生命史はたちまち書き換えられることとなった。

しかし、科学の本分は疑うことである。ほぼ一〇年後の二〇〇八年に飛んで、このテーマに関する別の論文に目を向けてみよう。その論文の著者の一人、オーストラリア国立大学のヨッヒェン・ブロックスは、一九九九年の『サイエンス』誌に載った例の論文の第一著者である。新論文の中で目を引く二つの文章を引用してみたい。「したがって、真核生物とシアノバクテリアの最古の化石証拠の年代は、それぞれ一七億八〇〇〇万年前～一六億八〇〇〇万年前と、二一億五〇〇〇万年前へと戻ることになる。我々の研究結果は、酸素発生型光合成が約二七億年前に始まっていたとされる根拠を排除し、かつてのバイオマーカーの証拠が示唆していたように、酸素をつくる細菌の登場と大気中酸素濃度の上昇（二四億五〇〇〇万年前～二三億二〇〇〇万年前）とのあいだに大きな開き（約三億年）があったと考える余地を与えないものである」

何という違いだろう。これほど急な方向転換をさせるとは、一九九九年と二〇〇八年のあいだに何があったのか。

一九九九年に発表された最初のバイオマーカーの研究は、いくつかの面で批判を受けていた。たとえば、古い時代の実際の生体内反応には酸素が使われていなかったのに、「大酸化事変」以後に酸素を利用する酵素が取り込まれて、酸素を用いる反応であったかに見えるケースが少なくないことがその一つだ。だが本質的な問題点はサンプルの分析結果ではなく、サンプルを得るのに用いられた手法にあった。研究者チームがサンプル中に貴重なバイオマーカーを発見したのは確かだろう。だが、そのバイオマーカーは具体的にいつそのコアサンプルの中に入ったのだろうか。私たちは岩石と聞くと、硬くて丈夫で、何物をも通さない物体のように思うが、それは違う。実際には、化学変化が生じたり、あとで異物が混入したりすることが往々にして起こり得る環境の中にある。したがって、古い時代のサンプルに新しい時代のものが紛れ込んだ可能性を調べ、それを排除することが不可欠なのだが、一九九〇年代末にはまだその重要性が十分に認識されていなかった。バイオマーカーと目される物質の濃度が、周辺の空気に含まれる濃度より低い場合にはなおさら慎重を期す必要があるというのに。

花形研究者として台頭しつつあったヨッヒェン・ブロックスが二〇〇五年に突如見解を変えた（これが最終的に前述の二〇〇八年の論文につながる）ときには、バイオマーカーを研究する主流の科学者たちのあいだに戦慄が走った。なにしろ、学位論文の中で始生代のバイオマーカーの存在を立証した張本人が、異物混入を主張しだしたのだから。これを受けて地球生物学関係の主要な助成機関の一つ（アグーロン協会）は、当初のコアサンプル採掘プロジェクトを再現する研究に助成金を出した。異物混入を調べる新しい手法を用いて、同じ結果が得られるかどうかを批判的な目で確認するためである。現時点（本文章を書いている二〇一四年半ば）での結果は、バイオマーカーはまったく見つからないというものだ。さらにいえば、二〇一三年後半に開かれた会合の場で、入り込んだ異物がステンレス鋼製のノコギリの歯だったことも明らかになっている。その歯は、石油製品（つまり有機化合物）を高圧含浸〔訳註　高圧で液状物質を浸み込ませること〕することで錆びないように（メーカーによって）されていたのだ。始生代の岩石から見つかったバイオマーカーの年代が、実際に堆積物が蓄積した時代と一致することを厳密に証明する手法は、本文章を書いている時点でまだ開発されていない。

地球の大気に酸素分子が現われた時期については、別の筋書きも浮かび上がっている。これは、地球の歴史を探る新しい手法によってもたらされたものだ。複数ある硫黄同位体の濃度を比較するのである。すでに見たように（そして大量絶滅の章でもまた見るように）、生命を研究するうえで炭素の同位体比を調べるのは有効であり、地球最古の生命が誕生した年代の特定にもその方法が使われてきた。というのも、同じ元素（炭素、酸素、硫黄など）であっても、生きた細胞がとくに好む同位体というものがあるからだ。通常の化学反応が起きる場合、軽い同位体のほうが重い同位体よりも反応の進み方が速い。化学結合が弱く、結合が壊れやすいためだ。反応速度が速いので、植物は炭素と酸素の同位体の中では最も軽いものを好む。カリフォルニア大学サンディエゴ校のジェームズ・ファーカーとマーク・シーメンズは、共同研究者とともに二〇〇〇年に新しい手法を考案した。年代が明らかになっている岩石中に含まれる硫黄同位体の数を比べることで、特定の種類の生物がいつ誕生したかを突き止めようというものである。

ファーカーとシーメンズは始生代から古生代までの岩石を調べて、中に含まれる硫黄同位体のパターンを分析した。すると、およそ二四億年前までの時代では数値の変動が非常に大きいのに対し、それより新しい岩石になると変動が消えることがわかった。これは、大気中の二酸化硫黄分子に当たる紫外線の量が減少したためと解釈するのが最も理にかなっている。だとすれば、今も存在するオゾン層が（初めて）形成されたとしか考えられない。酸素がなければオゾン層もなく、しかも二四億年ほど前までにオゾン層は存在しなかったことがこうして確かめられた。この時期よりあとには、大気に酸素が含まれていたと思わせる手がかりが様々な堆積岩から得られている。

ということは、二四億年前までは酸素がまったく存在しなかったか、少なくともオゾン層をつくるほどの量はなかったことになる。では、シアノバクテリアはどこにも生息していなかったのだろうか。おそらくいなかったと見られる。南アフリカで大規模なコアサンプル採掘計画（前述のアグーロン協会が出資）が実施されたとき、初めは大酸化事変の形跡を捉えることができなかった。そこで、やはり南アフリカの少し新しい堆積岩から二つのコアサンプルを追加で採掘したところ、大酸化事変が起きたらしき地層を貫通した。それは二四億年前〜二二億年前までの時代の地層で、古原生代と呼ばれる地質時代区分の最も初期にあたる。その層で研究チームはかなり奇妙なものを見つけた。先ほども触れた通り、黄鉄鉱と閃ウラン鉱、そして硫黄同位体は、酸素が「欠乏」していたことをうかがわせる有力な指標である。一方、マンガンという元素は、通常であれば遊離酸素が「存在」していたことを示す同じくらい強力な手がかりだ。ところが、このコアサンプルからは多量の酸化マンガンが確認されると同時に、同じ岩石から酸素の欠乏を示唆する指標も発見されたのである。

もっと詳しく説明しよう。著者らの研究仲間でカルテックの若き科学者ウッドワード・フィッシャーは、大学院生のジェナ・ジョンソンおよびカルテック卒業生のサミュエル・ウェッブ（スタンフォード線形加速器の微量分析ビームラインの一つの担当者）とともにサンプルを調べてみることにした。[5] すると同じ堆積物から、堆積性の酸化マンガンと同時に、シルト大〔訳註　砂と粘土との中間の細かさ〕の黄鉄鉱と閃ウラン鉱の粒子も発見され、しかも硫黄同位体の特徴からは遊離酸素がほぼゼロ（一ｐｐｍ未満）でなければおかしいことがわかる。これはまったく予期せぬ結果だった。しかも事態はさらに混迷を深める。カルテックの若きトルコ人研究者マイケル・ラム（堆積の過程における無機物輸送の地球物理学的メカニズムの専門家）も加えて、チームはこの「酸素ゼロ」という条件を堆積プロセス全体に拡大して考えてみた。サンプルを採取したのはデルタの端である。そこにシルトが堆積していたとすれば、もともとは大陸のどこかで浸食され、河川系を通じて運ばれ、曲がりくねった流れや河口域や、海岸近くの様々な堆積環境を経て、最終的にデルタの端にたどり着いたはずだ。つまり、こうした場所のすべてにおいて、遊離酸素は一ｐｐｍすら存在しなかったことになる[6]（酸素を若干含んでいた可能性のある氷河の雪融け水の影響も当然ながら受けていない）。酸素を生成するシアノバクテリアにどんな栄養素が必要かはよく知られている。おもに鉄とリンであり[7]、どちらも堆積過程の様々な箇所で得ることができたはずだ。シアノバクテリアが成長するときには、大量の酸素の泡を放出する。こうしたシアノバクテリアが実際に存在していたとしたら、どこにいたのだろう。成長に最も適さないのは沖合の海だ。必要な栄養素を手に入れることができないからである。シアノバクテリアが海にいたというのは前述のプレストン・クラウドが思い描いた光景だが、率直にいって的外れだ。酸素の欠乏を示す様々な指標が堆積物中に存在する以上、それが堆積した環境中にシアノバクテリアや酸素が存在したはずがないのである。

この矛盾はどうすれば解けるのだろうか。シアノバクテリアが酸素を放出する仕組みは当時（二四億年前）はまだ発達していなかったが、そこに到達するための段階はすでにかなり進んでいたのではないか。著者らはそう考えている。酸素発生型の光合成では、エネルギーを集めて水分子を分解し、酸素を解き放つ。そのためには、マンガン原子四個とカルシウム原子一個が五個の酸素原子でつながった「マンガンクラスター」と呼ば

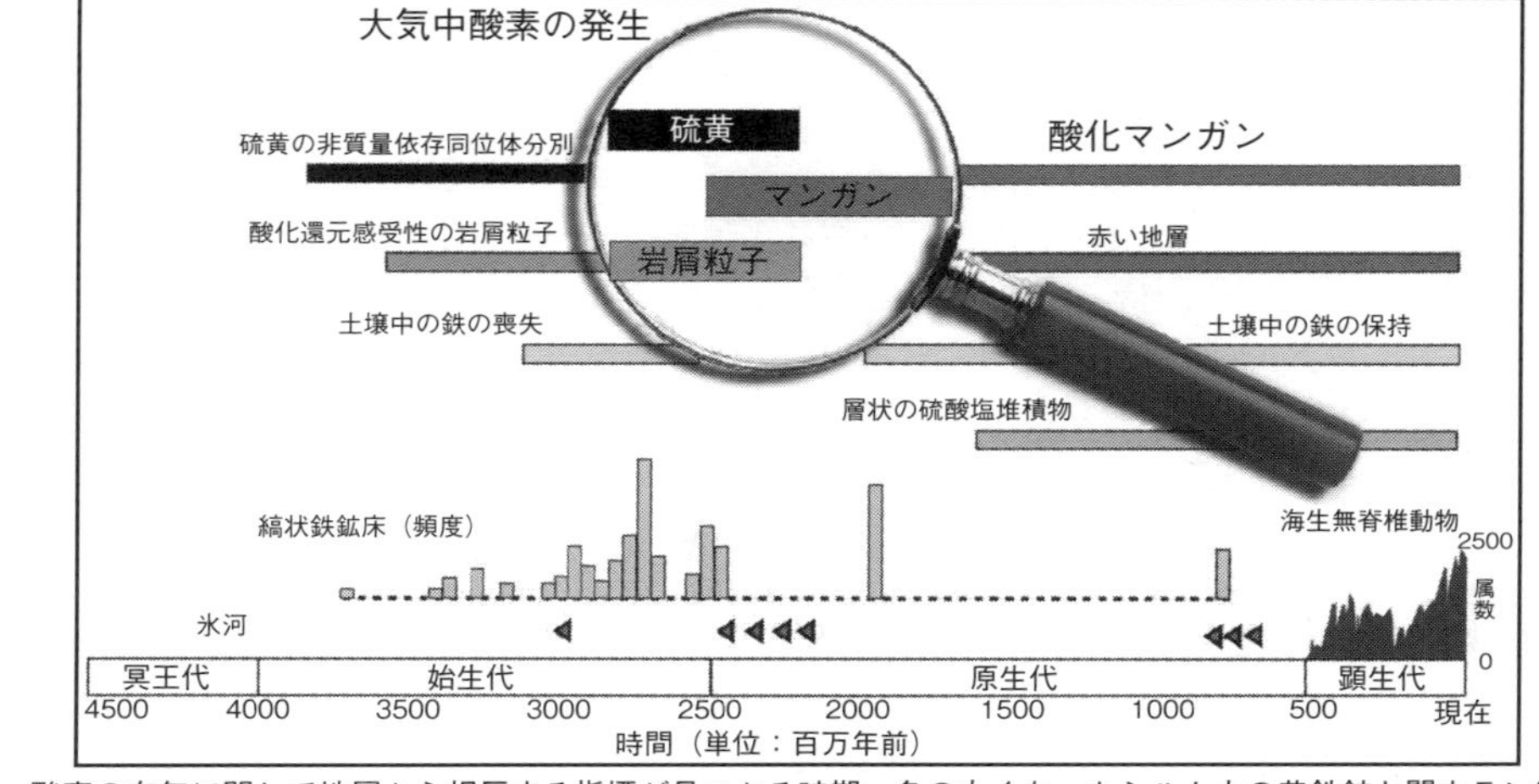

酸素の有無に関して地層から相反する指標が見つかる時期。角の丸くなったシルト大の黄鉄鉱と閃ウラン鉱の粒子は、ごくわずかな酸素に触れただけで錆びて失われてしまう。ところがそのふたつが存在する地層から、通常は酸素分子を必要とする堆積性マンガンの初めての大量堆積が見つかった。両者の重なる期間（虫眼鏡の内側）があるということは、マンガンを沈殿させる作用をもつ光合成細菌が存在していた可能性を示唆しているのかもしれない。もしそうなら、それが進化の過程における重要な踏み台となって、酸素発生型光合成へとつながったことになる（図はカルテックのウッドワード・フィッシャーより提供）。

れる物質の関与が必要であることが近年明らかになった。マンガンクラスターを含むタンパク質の複合体が植物の細胞内でゼロからつくられるとき、マンガン原子は一度に一個ずつ複合体の中に取り込まれ、光子の力を借りて酸化される。堆積物に突如として大量の酸化マンガンが現われるのは、シアノバクテリアの祖先が水中に溶けた還元マンガンを摂取していたからではないかと、著者らのグループは論文の中で説いた。光合成に必要な電子を得るためである。[8]同じことを硫化水素や、有機炭素や、第一鉄で行なう原始的な光合成細菌はいくつも知られているものの、マンガンを利用するものはまだ発見されていない。マンガンを用いて光合成をすれば、排泄物として大量の酸化マンガンが堆積物に吐き出されながらも、酸素分子が放出されることはない。したがって黄鉄鉱や閃ウラン鉱はそのまま残るし、オゾン層がつくられて硫黄の化学的性質が変化することもない。堆積性のマンガンが岩屑（がんせつ）性の黄鉄鉱や閃ウラン鉱の粒子と一緒に見つかることは歴史上ただ一度しかなく、その期間も二四億年前までから二三億五〇〇〇万年前までと短い。[9]光合成に関与するタンパク質の複合体が本当にこの時期に登場したのだとしたら、それ以前に酸素発生型光合成が始まっていたことを示唆する間接的な証拠はすべて間違っていることになる。これは新しい解釈であって議論を呼んでいるが、著者らは正しいと確信している。

マンガンを酸化するこの微生物は、おそらくランダム突然変異によってこの世に誕生したのだろう。著者らのモデルでは、これが数百万年にわたって生態系を支配したのち、マンガンが溶けている表層水を使い果たしてしまったと見ている。そして、何らかの生化学的な再配置を行なうことで、この微生物は水分子からじかに電子を得られるようになり、その過程で大量の酸素を放出し始めた。これが本当の意味でのシアノバクテリアの誕生である。水はほぼいたるところにあるため、環境内に電子を供給する物質があるかないかでその成長が左右されることはもはやなくなった。微量の鉄とリンさえあれば成長できる。この時期、氷河による堆積物が存在したことは地質記録にはっきり残っており、その堆積物には鉄やリンなど、新しいシアノバクテリアが利用できる栄養素がたくさん含まれていた。さらにいえば、氷河によって加速されたシアノバクテリアの繁栄が、わずか一〇〇万年のうちに二つの重要な温室効果ガス、二酸化炭素とメタンを減らすことになる。惑星を温めていたシステムは急速に破壊されて、回復不能となった。その結果、全球が氷河に覆われる。いわゆる「スノーボールアース」だ。

このセクションではややこしい化学の話をせざるを得なかったことを申し訳なく思う。だが、筋書きを正しく理解してもらうには複雑さを避けて通れない。ともあれ、ここまで見てきたように、世界はこれを境に一変したのである。

地獄から来たスノーボール

地球の歴史をすべて眺めても、極地が氷結しているときに海が層状に分かれる（つまり表面は酸素を含む薄い層でその下は酸素を含まない）ことはめったにない。冷たい水が極で沈んで海水の循環を促すからだ。しかも、氷河自体が大陸の岩石を粉砕してそれを海に戻す作用をもっている。このときに海に放出される酸化鉄やリンの粒子は、今の私たちが芝生や庭に使う肥料の主成分と同じだ。氷山が融ける様子を衛星画像で見ると、融けたあとに光合成活動が広がっていくのが確認でき、砕けたわずかな岩石が海の生産性に大きな影響を及ぼすことがわかる。二〇一二年、カナダ西岸沖のハイダ・グワイ（かつてのクイーンシャーロット諸島）付近で多量の硫酸鉄を違法に散布する実験が行なわれ〔訳註　植物プランクトンを増やす「海洋肥沃化」が目的〕、そのわずか二年後にサケの生息数が大幅に増加したが、その影響をめぐっては今なお激しい論争が交わされている。

始生代と原生代初期には、大酸化事変の前に数度の氷期が訪れた。二九億年前〜二七億年前の時期に大規模な氷結が三回、二四億五〇〇〇万年前〜二三億五〇〇〇万年前までの時期にも何回か起きている。簡単な計算をすればわかるように、いずれかの氷期の最中に海に流れ込んだ鉄とリンの量をもってすれば、無酸素だった表層海水をシアノバクテリア（そのときまでに誕生していればの話だが）が支配し、地球の大気と海の表層を現在のように安定して酸素の豊富な状態に変えてもまったくおかしくはなかった。一〇〇〇万年もかからずに達成できたに違いない[11]。だが、実際にはそうはならなかったということが、当時はまだ酸素発生型光合成が登場していなかったと考える強力な理由の一つとなっている。

大酸化事変が遅くともいつまでに起きていたかについては、確実な根拠が南アフリカの広大なマンガン鉱床から得られている。これは「カラハリ・マンガン鉱床」と呼ばれ、例のアグーロン協会後援の採掘プロジェクトが実施されたのと同じ盆地に位置し、その年代は二二億二〇〇〇万年前に遡る。じつに巨大な鉱床で、大陸棚の上に堆積し、厚さ五〇メートル、面積は五〇〇平方キロ近くに及ぶ。鉱床からは、岩屑性の黄鉄鉱や閃ウラン鉱の粒子も、硫黄同位体比の異常もいっさい見つかっていない。酸素を豊富に含む大気のもとで形成されたとしか考えられないため、この時点では間違いなくシアノバクテリアの世界があり、オゾン層もつくられ、海中にも空気中にも酸素が存在したと考えていい。

このマンガン鉱床と、さらに深くにある黄鉄鉱とマンガンが混在している地層とのあいだには、風変わりで厄介なものがもう一つ横たわっている。強烈な寒冷化によって氷河が熱帯地方にまで進出し[12]、おそらくは海面全体が凍りついたと見られる形跡が残っているのだ。最古のスノーボールアース現象である[13]。

「スノーボールアース」という名前をつけたのは、何を隠そう著者らの一人カーシュヴィンクだ。この第一回目は一億年近く続いた可能性がある[14]。ではそもそも「スノーボールアース」とは何なのだろうか。じつは、この現象が最初に発見されたのはもっと新しい時代の岩石からだった。

その氷河堆積物が形成されたのは、七億一七〇〇万年前～六億三五〇〇万年前であることが今ではわかっており、ほぼすべての大陸で確認できる。二〇世紀前半に活躍した二人の地質学者、イギリスのブライアン・ハーランドとオーストラリアのダグラス・モーソンは、カンブリア紀の前に大規模な氷河期があり、しかもその規模が異様なまでに大きく全球に及んだと見られることに早くから気づいていた。その堆積物には紛れもない氷河特有の痕跡（ドロップストーン、漂礫岩、堆積物の底に見られる線状構造など）が認められたが、その一方で不可思議な特徴もいくつかあった。まず、中に含まれる砕屑岩の多くが浅い海で形成された石灰岩であり、まるでバハマにあるような炭酸塩の台地（現在では熱帯でしかつくられない）の上を氷河が進んで、粉々にした岩石を運び去ったかのように見える。さらには、一〇億年近く前にすでに地球から消えていたはずの縞状鉄鉱床に似たものがなぜか現われてもいた。しかも、その氷河堆積物はたいてい石灰岩の層で覆われていた（これもまた堆積が低緯度地方で起きたしるし）。一九六四年、『サイエンティフィック・アメリカン』誌に発表した総説論文の中で、ハーランドはその氷河が赤道にまで達していたに違いないと主張した。地球の自転軸がどこに逸れていようと、堆積物は低緯度で形成されたとしか思えないからである。ただし、海もすべて凍りついたという考えは明確に退けた。気候モデルをつくる研究者から、そこまでの「氷の大厄災」になれば再び温暖な気候に回復するのは不可能なはずだと聞かされていたからである。

地球物理学の中で、過去の大陸の位置を調べる研究分野を古地磁気学といい、研究者は太古の昔の地球磁場を調べている。地磁気の向きは極で垂直方向になるが、赤道では水平方向になる。そのため、岩石が形成された時期に（水平な）層理面に対して地磁気がどの向きにあったかを測定すれば、当時その岩石がどの緯度にあったかが推測できる。難しいのは、測定した地磁気が本当に岩石と同じ古い時代のものであって、最近の風化や何らかの変成作用によって得られたものではないと証明しなくてはならない点だ（意味ある結論を出すためには、間違いなく岩石形成時のものであるかを確かめる必要がある。さもないと、前述した先カンブリア時代のバイオマーカーの二の舞になる）。

最初の「スノーボールアース」のときにできた線状構造をもつ丸石の例。南アフリカ・マクガニン氷河より。この石には何組かの平行線が別々の方向に走っていて、それが表面全体に刻まれている。この種の模様は、激しく動く氷河の下で基盤岩の上を引きずられたときにのみできることが知られている。向きの異なる線は、氷の下で引きずられる方向が変わるたびについたものだ。こうした石は粉々になることがほとんどだが、このサンプルは運よくそうならずに済んだ。

低緯度の氷河というこの仮説を検証しようと、初めは様々な古地磁気学的分析が試みられた。ところが一九六六年、地質学にまったく新しい考え方が提唱される。プレートテクトニクスだ。もしそれが正しく、大陸同士の位置関係が変わることがあるのなら、カンブリア紀前の氷河堆積物は実際にはすべて極で形成されて、その後プレート運動によって現在の低緯度に運ばれたとしてもおかしくないことになる。低緯度地方が氷結したという説は、これを機に研究者たちのレーダー網から外れた。あまりに荒唐無稽に思えたのである。

この状況はしばらく続いたが、一九八七年に事態が進展する。オーストラリアにある氷河由来の岩石からじかに新たなサンプルを取って詳しく調べたところ、その堆積物が泥から岩石へと変わる前の段階ですでに低緯度特有の地磁気方向であったことが確認できたのだ。赤道地方で海面の高さに広く氷河が存在していたことが、これにより初めて確実に証明された。赤道付近ですら凍っていたのなら、極に向かって気温はなおさら低くなっていったはずである。これを境に科学界の見方は変わる。太古の昔に世界を氷が覆い尽くしていたという可能性をひとたび認めると、化石の分布状況や、岩石の種類や、古地磁気データから得られる情報の意味が以前より明確になった。しかし、データが繰り返し指し示していたのは、赤道上に大きな大陸塊が存在したということである。高緯度から赤道まで氷河が大陸に沿って前進する（そして海を覆うことはない）という従来のモデルでは、そのデータを説明できなかった。

赤道地方に氷河堆積物が形成されるとしたらどんなメカニズムが考えられるのか。様々な可能性を再検討した結果、少なくともこの時代を研究している科学者の一部は地球全体が実際に凍りついていたと納得した。そのハードルをクリアしてしまえば、そこから先はおのずと見えてくる。流氷が海面を閉ざし、光合成を減少させ、大気と海とのガス交換を妨げ、海底を無酸素状態にした。海底の熱水噴出孔では鉄とマンガンの海中への溶解が進み、それがのちに金属となって前述の縞状鉄鉱床をつくった。海中に日光が届かないため、熱水噴出孔付近でかろうじて氷が割れた場所でしか光合成が行なわれなくなる（これは現在でも北極とアイスランドで見られる）。光合成生物もそこでなら生き延びることができただろう。カリフォルニア大学ロサンゼルス校は、あるプロジェクトの一環として一九九二年に一四〇〇ページの本を刊行し（執筆の四年後）、その中でカーシュヴィンクはわずか七段落の短い章内でこの現象に新しい名前をつけた。「スノーボールアース」である。さらにカーシュヴィンクはもう一歩進んで、原生代に一度ないし複数回のスノーボールアースが起きたことが生物の急速な進化を可能にする環境をつくったのではないかと説いた。今ではこれが、動物の適応放散〔訳註　同類の生物が、様々な環境条件に適応して進化し、多様に分化すること〕を促す進化の原動力だったと認められている。

では、当初の気候モデルはどこが間違っていたのだろうか。どのモデルも、全球がそこまで凍結したら地球はその状態から二度と回復できないという答えを導き出していた。問題は、長い年月のあいだに二酸化炭素濃度が上昇して温室効果が徐々に増すことを、条件に組み入れていなかったことにある。気候学者（とくにジェームズ・ウォーカーとジェームズ・カスティング）はそれより一〇年も前に、二酸化炭素によって最終的に地球は全球凍結の状態を脱すると指摘していた。圧力を受けると、二酸化炭素の赤外線吸収スペクトルの幅が広がるからである。しかし、彼らの提言は長い論文中のわずか一段落にすぎず、それが実際に起きたとは誰一人思いもしなかったため、地球の気候モデルに組み込まれることがなかった。

スノーボールアースという考え方が発表されてから二〇年のあいだ、大勢の地質学者や地球化学者、そして気候科学者が激しい議論を繰り広げつつ仮説の検証に努め、概念を発展させたり、モデルの予測の精度を向上させたりしてきた。たとえばハーバード大学のポール・ホフマンと共同研究者は、安定同位体に関する膨大なデータを集め、大気中に高濃度で含まれていた二酸化炭素がおそらく石灰岩や炭酸塩に変換されて氷河堆積物を覆っていたことを示している。また、高精度のウラン－鉛年代測定法〔訳註　ウランが放射崩壊して鉛の同位体になる性質を利用して岩石の年代を決定する方法〕を用いた研究からは、新原生代における低緯度地方の大規模氷河期が一斉に終わったことが確認された。これはモデルが予想していた通りである。

ここでも私たちは斉一説の誤りを目の当たりにする。地球が凍りつくと、氷が海を覆って日光を遮るために、海洋における有機物の生産量は著しく減少する。全球が凍結して超温室効果が終われば、その環境を生き延びて進化できる生物は限られてくる。先エディアカラ紀の化石記録からはほとんど手がかりが得られないものの、アクリタークと総称される分類不能の海の微化石（小型でプランクトン様だが間違いなく真核生物）を調べるとその多様性が大きく変動していることがわかる。現存する生物の多くは、環境ストレスにさらされると自らのゲノムを大幅に再構成して対応することが知られている。そのような変化が生物の発達や進化にとってどのような意味をもつかは、分子生物学における注目の研究テーマだ。エディアカラ紀の多種多様な化石群は、全球凍結が終わった直後に初めて現われている。この事実は、スノーボールアースが「引き金」となって唐突な出現を促したという仮説を裏づけている。だが、現生生物の分子配列を比較してみると、後生動物（多細胞動物の総称）の主要な生物群はスノーボールアース現象の一部ないし全部より前に誕生したように思える。もっともこの種の「分子時計」は、遺伝子変異が一定した割合で生じることを前提としている。全球が凍結するような気候の大変動があれば、後生動物のほとんどの系統で遺伝子置換が起きてもおかしくなく、そう考えれば分子のデータと化石記録のずれにも説明がつく。

とはいえ、海が氷結してしまったら、海水の表層を好む生物は生きていけない。そのため、氷が融ける兆候が現われるまでは皮肉にも大酸化事変は起こりようがなかった。スノーボールアースの最中であっても、シアノバクテリアはおそらく熱水噴出孔のある場所で生き延びることができただろう。地球にとって幸運だったのは、太陽から遠すぎないうえに、火山活動からも温室効果ガスが放出されていたことだ。おかげで最終的には全球凍結状態を脱することができたが、そうでなければ地球は今も氷に閉ざされていて、液体の海も存在せず、温度の上昇を続ける太陽がいつの日か氷を融かすのを待つしかなかったかもしれない。太陽からあとほんの少しでも離れていたら、二酸化炭素は極で凍ってドライアイスとなり、地球はスノーボール状態から逃れることができずに火星のような惑星と化していただろう。地表の生命は死に絶えていた可能性がある。

スノーボールアースが終わって大酸化事変が起き、地球は大気中に初めて酸素を獲得した。それは少なくとも生物にとっては奇妙な環境だった。当然ながら酸素呼吸は、酸素が存在するようになったあとにしか発達できない。だとすれば、酸素が現われてから酸素呼吸のできる最初の生物が誕生するまでには時間差があったはずだ。生物が酸素を利用できるようになれば、生き残るうえでそれが大いに有利に働く。なにしろ、生命活動に伴う反応を酸素以上に速く正確に行なえる分子はほかになく、酸素ほど多量のエネルギーを放出できる分子もまたないからだ。

どれくらいの時間差があったかは地層を調べればわかる。氷の世界が終わりを告げると、シアノバクテリアはたちまちすべての海の温かい表層に進出したはずだ。二二億年以上前には陸地の面積が今よりはるかに小さく、しかも海は熱水噴出孔からの栄養素をすでに何百万年ものあいだ蓄積してきた。シアノバクテリアは途方もなく数を増やし、酸素の量を急上昇させていったに違いない。日光の届く海の表層部分に漂うだけでなく、わずかばかりの陸地にすみ着くものもいたかもしれない。この微生物は猛烈な勢いで酸素分子を吐き出しながら、スノーボールアースのあいだに溜まった空気中の二酸化炭素をみるみる消費していった。結果的に、海の中には多量の炭化水素が生み出されていく。光合成によって酸素分子が一個放出されるたびに、生物の体内には炭素原子が一個取り込まれる。現在であれば、この種の炭化水素のうち軽量のものは酸素呼吸をする生物に食べられ、再び二酸化炭素へと変換される。しかし、酸素呼吸する能力がまだ発達していなかったとしたら、海に漂っていた有機物はどこに行ったのかという疑問が生じる。量が非常に多かったはずなので、地球表面の化学的性質や海や大気を大きく変化させたとしてもおかしくない。

油（炭化水素）と酸素が空気中で混ざると爆発を起こしやすい。稲妻の火花が一個散っただけでも反応は止まらなくなる。だが、油が小粒子として水中に分散している場合は、微生物の作用がなければ分解されない。分解されて効率よく再利用されないと、地球の炭素循環のバランスが大きく崩れる。当時は、大量の油が生み出されるとともに、同程度の量の酸素も大気中に送り込まれていた。この二一億年前に酸素濃度の大幅な上昇があったことには裏づけもある。世界最大級の赤鉄鉱床（Fe_2O_3）が形成されたのだ（南アフリカのシシェン鉱山[15]）。地球の大気には酸素が充満していたに違いない。それほどの濃度になったことは以来一度もなく、生物圏の活動が本来のあり方を逸脱しない限りこの先もそこまでに至ることはたぶんないだろう。もしも系外惑星が同じプロセスを経ていれば、大気中の高圧の酸素がそれとわかるスペクトルの光を放つ。「私たちはここにいて、光合成の問題を解決したよ！」と告げているわけだ。

事実、二二億年前〜二〇億年前の期間について炭素同位体比の記録を調べてみると、あまりにバランスが乱れているため、研究者はこの時代に舌を噛みそうな独自の名前をつけた。「ロマグンディ＝ジャトゥリ・エクスカージョン」〔訳註　エクスカージョンは「逸脱」の意〕である。この種の現象としては、地球の歴史を通して最も長く、最も規模の大きいものだった。火山から吐き出される炭素のほとんどは有機物として隔離され、酸素が大気中に放出されていった。これは、地球に酸素は存在したもののそれを呼吸できる生物がいなかったことを示している。シアノバクテリアが多量の炭素化合物を排泄しているのに、それを食べて生きる生物がいなかったため、炭素循環のバランスは大きく崩れた。この炭素化合物の名残りは、シュンガイトと呼ばれる奇妙な岩石としてロシアのカレリア地方で見つかる。現代であれば、酸素呼吸する微生物によってこうした油様の化合物はほとんどがすぐに分解される。二〇一〇年に起きたメキシコ湾原油流出事故のあとも、大半の原油はそういう運命をたどった。シュンガイトは、当時の環境に炭化水素が溢れ返り、それをじかに再利用することができなかった証拠といえる。結果的に酸素濃度は上昇を続け、ついには現在よりはるかに高い分圧で存在するまでになった。その時代に森があったとしたら、稲妻の最初の火花が散るなり地球全体で森林火災が発生し、その熱も規模も未曽有のものとなっていただろう。

酸素が多すぎるこの不思議な時代は、効率よく酸素呼吸できる生物が登場すると唐突に終わりを告げる。酸素呼吸を担うのは、中心に銅イオンをもつ特殊な酵素だ。ただし、銅鉱床自体は酸素が豊富な環境でないと形成されない。まったく新しい種類の小器官が細胞内に誕生し、それは今もミトコンドリアとして存在している。ミトコンドリアは真核細胞のエネルギーを生み出す源だ。真核細胞とは、祖先である原核細胞（細菌など）より大きく、その（以前に比べたら）巨大な細胞の中に壁で囲まれたいくつもの「小部屋」が収まっているものをいう。ミトコンドリアは独自の小さなＤＮＡをもっていて、それは細菌として独立生活を営んでいた時代の名残りだ。この微生物が効率的な酸素呼吸を身につけたために、ほかの生物の細胞に取り込まれて、今日まで二〇億年も隷属生活を送ってきたのである。

興味深いのは、全真核生物の最後の共通祖先が生息していたのがおよそ一九億年前と見られ、それは真核生物が進化の果てについに地球の炭素循環バランスを回復した時期と重なる可能性があるということだ。本来は有毒である酸素にうまく対処できるようになるまでに、生物圏は二億年あまりの歳月を費やしたといえそうである。

第6章　動物出現までの退屈な一〇億年——二〇億年前〜一〇億年前

少なくとも二三億年前までに大酸化事変が最高潮に達してから、多細胞生物の最初の共通祖先が現われるまでの時代は、「退屈な一〇億年」と呼ばれてきた。生物学的に見て大きな変化がほとんど起きていない（と思われる）からである。まるで生命の歴史がうたた寝をしたかのようだ。しかし、ほとんど何も起きないにしては一〇億年は長い。実際、ほかの多くの例に漏れず、この退屈な一〇億年がそれほど退屈ではなかったことが近年に明らかになってきた。新たな発見から見えてくるのは、生命がけっして休んでいたわけではないということである。その一方で、今から一〇億年以上前に動物が存在しなかったのもまた事実だ（そうではないという説も繰り返し提唱されてはいるが）。退屈な一〇億年が始まったのは、史上初めて大気中に高濃度の酸素が存在した時期であり、二〇億年前の時点ではすでに生命の一大革命が起きていた。私たちと同じように核のある大きな細胞をもった、真核生物の登場である。その後の一〇億年で最も多様に進化したのは原生動物（現存するものではアメーバ、ゾウリムシ、ミドリムシなど）だっ

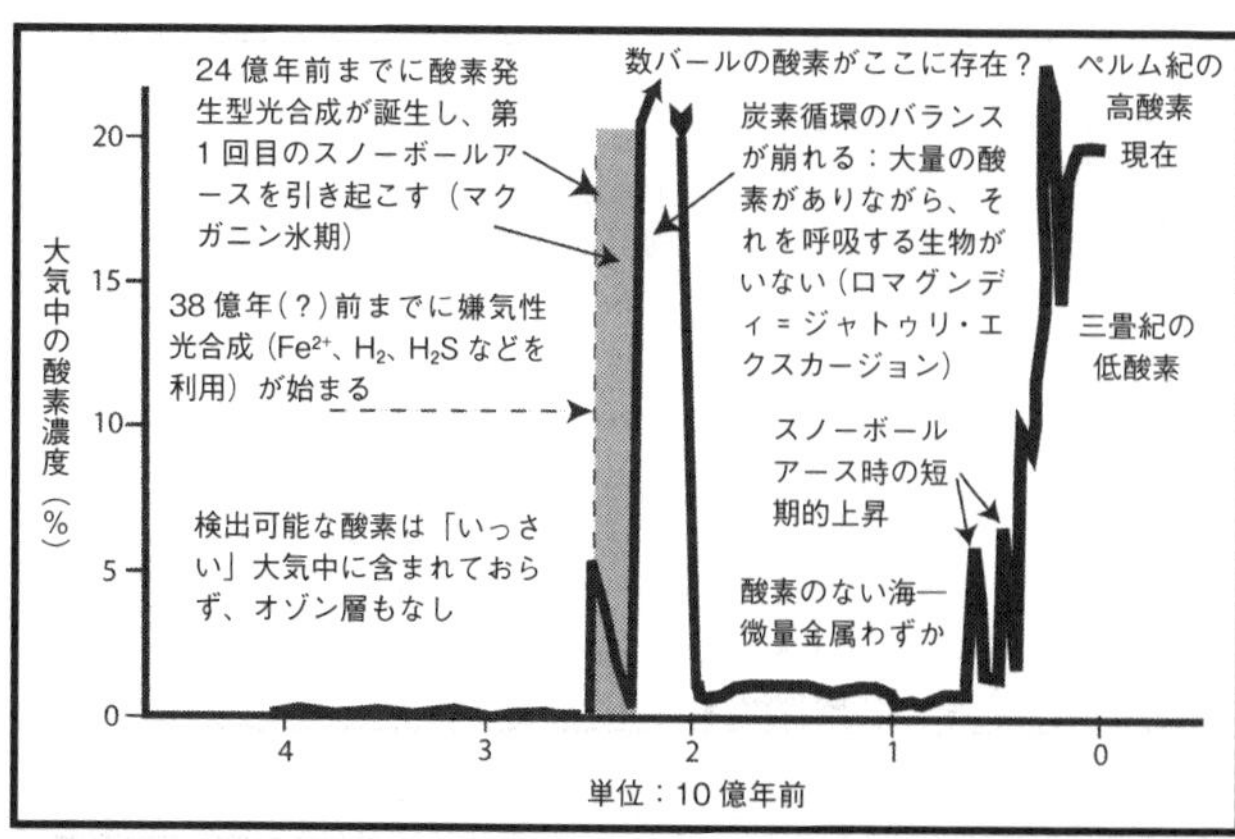

大気中酸素濃度の上昇と関連イベントを示した著者らの新モデル

たものの、もっと大型の奇妙な化石もいくつか残っている。その一つは、過去に産出した中で最も不思議な化石といえる。

二二億年前～一〇億年前までは、動物の生命活動を支えられるほどの酸素はたぶんなかったというのが様々な専門家の一致した見方だ[1]（いい機会なので、ここで動物と後生動物と原生動物の違いを簡単に説明しておこう。三つはいずれも真核生物で大きな細胞をもち、その細胞の中には細胞核のほか、ミトコンドリアのような色々な小器官が含まれている。動物と「後生動物」は同じで、どちらも受精卵のとき以外は複数の細胞で体がつくられている。原生動物の多くは動くことができるうえに比較的複雑なふるまいをするので、動物のように見える。だが、どれもたった一個の細胞でできているところが違う。それでも、細菌に比べれば格段に大きくて複雑である)。もっとも、その点については一致していても、それがなぜかについては意見が分かれている。生命が酸素発生型光合成を行なえるようになっていたのは確かだが、だとすれば様々なデータが示すよりはるかに多くの生物が存在していてもおかしくなかったはずなのだ。動物が生きるためには大気中に少なくとも一〇パーセントの酸素を必要とするのに(現在は二一パーセント)、光合成生物は十分に仕事をしていなかった。なぜか。ようやく明らかになった答えは、生命の歴史に繰り返し現われるあの元素だった。硫黄である。とくに、毒性が強いと同時に生命を与える存在でもある硫化水素だ。生と死をともに司る分子といえる。『米国科学アカデミー紀要』に発表された二〇〇九年の論文[2]で、ハーバード大学の古生物学者アンディ・ノールと共同研究者は、退屈な一〇億年のあいだに酸素濃度はもっと高まってもよかったはずなのにそうならなかったことを示した。何かが邪魔をしていたためである。二三億年前に大酸化事変をもたらした単細胞生物と、長い長い年月を経て現われたもっと大きい多細胞生物とのあいだには、中間的な形態が実際にまったくなかったのだ。

一〇億年もの長いあいだ、複雑と呼べるような生物は存在しなかった(とはいえ、すでにここまで読んだ読者なら、どんなに単純な生物であっても分子や化学物質の視点から見れば信じがたいほど複雑であるのをわかってくれると思う)。理由は、硫黄を利用する単細胞生物が多すぎるほどにいて、酸素を放出する生物と競っていたからである。

つまり空間と栄養分という、生命に欠かせない資源を求めてまったく異なる二種類の生物がしのぎを削っていた。硫黄を必要とする微生物のうち、緑色(りょくしょく)硫黄細菌および紅色(こうしょく)硫黄細菌と呼ばれるものは今日も生息している。ただし、人間にとってはきわめて有毒な場所に限られる。具体的には浅い湖や運河などで、無酸素だが水深が浅いために細菌が暮らす場所まで太陽光が届いて光合成ができる。問題は、この種の光合成が水分子を分解するわけでないため、副産物として酸素を生成することがないという点だ。

基本的に生命は怠惰だと思う。水分子（H_2O）の結合を断ち切るのはじつは非常に難しい仕事であり、しかもありとあらゆる厄介で有毒な化合物を生じさせる。水ではなく硫化水素を使って光合成を行なえば、有害な硫黄化合物は少なくて済む。シアノバクテリアでさえ、選べるなら酸素発生メカニズムを停止させ、水に代わって硫化水素を使うものが多いほどである。

退屈な一〇億年の大半を通して海は層構造となり、最上部の薄い層にのみ酸素が存在した。透明な表層水では単細胞の緑藻類が太陽光を受け、そのエネルギーを使って細胞を成長させながら酸素を吐き出し続ける。だが、そのわずか三～六メートル下からはまったく異なる層が広がり、海底にまで達していた。その層の最も浅い（一番上の）領域は、無数の紅色硫黄細菌で赤紫色に染まっていたに違いない。この細菌がすむ世界は、ほとんどの海洋生物にとって致命的な毒性をもつ。硫化水素が充満しているからであり、まるで煮えたぎる液体硫黄の釜から硫化水素が瘴気(しょうき)のように沸き立っているようなものだ。この硫黄細菌は死滅するときでさえ、世界から酸素を奪うのに手を貸す（もちろんわざとやっているわけではないのだが、微生物の専門家の中には、この種の細菌がいつの時代もずる賢い生き物だったと確信している者もいる）。死んだあとは、微細な体が海底に沈むこともあれば、塩分濃度の高い水域や澱状のものが溜まった水域に留まることもあり、腐敗しながら貴重な酸素分子をさらに奪っていく。その酸素は、薄い表層部にすむ微生物が放出したものだ。透明な海や大気に向かうはずの大切な酸素分子は、腐りゆく赤紫色の悪魔に使い果たされてしまった〔訳註　「はじめに」にある「キャンフィールドの海」（一六ページ）とはこの海のことであり、最初に仮説を提唱した地質学者ドナルド・キャンフィールドの名を冠してそう呼ばれる〕。

こうした層構造は、数は少ないものの現代の地球にもまだ残っている。なかでも有名なのが、ミクロネシアのパラオ諸島にある「クラゲの湖」だ。大きな塩湖に大型のクラゲが無数に溢れ、酸素濃度の高いアクアマリン色の上層を優美に回遊している。ところが、酸素と生命に満ちた透明な水のはるか下には、暗く深い第二の層が広がり、光と酸素を好む私たちのような生き物にはこの上なく邪悪な環境となっている。酸素はほぼゼロで、硫化水素が充満しているからだ。濃い紫色をしているのは、例の紅色硫黄細菌のせいである。遠い昔、豊富な酸素を必要とする生物からすれば、この細菌のおかげで地球が危険で不便な場所と化していたわけだから、たぶん「退屈」どころの話ではなかったに違いない。

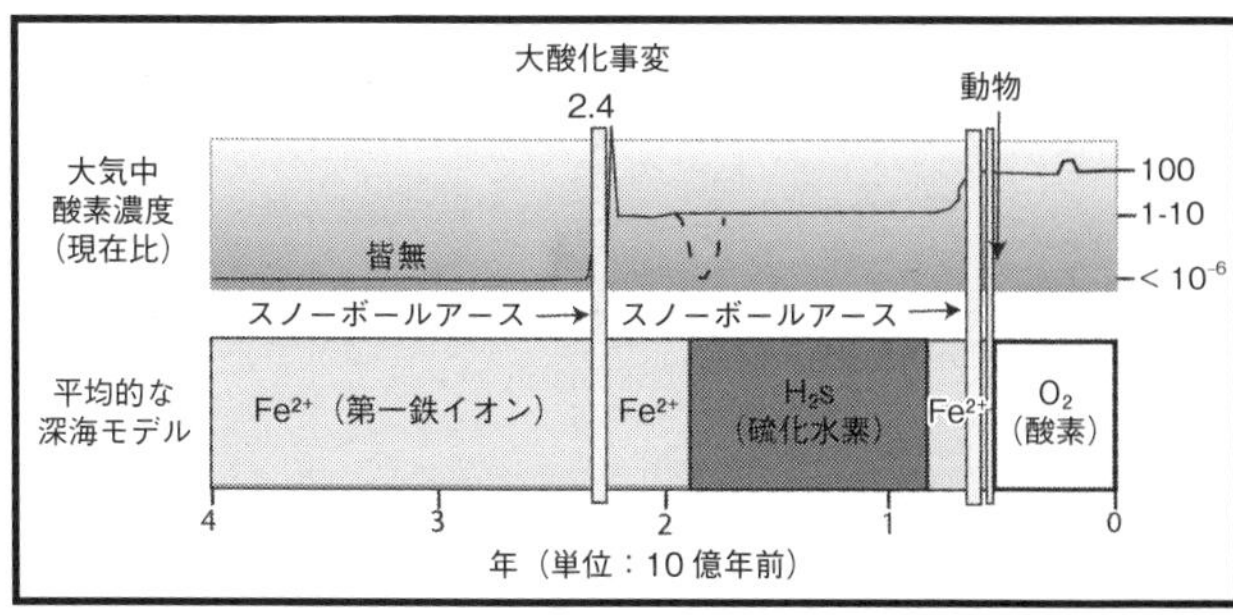

著者らが修正した、大気中および海洋中の酸素濃度モデル

紅色硫黄細菌とその世界は、最終的には有毒で不快な場所として世界の裏側に追いやられた。しかしけっして消え去ることはなく、六億年ほど前につい に酸素が一段高い濃度に達してからも、失った帝国を取り戻そうと虎視眈々と狙っていた。そして、デボン紀、ペルム紀、三畳紀、ジュラ紀、および白亜紀中期に、この悪の帝国は逆襲に打って出ることになる。これについてはのちの章で見ていきたい。

やがて、光合成する硫黄細菌と酸素を吐き出す微生物とのバランスは、後者に有利な方向に傾く。おそらくは、地表に露出した大陸の面積が徐々に広がったことが原因をつくったと見られる。大陸から浸食された鉄が海に流れ込み、それがたちまち硫黄と反応して、重く硬い黄鉄鉱として沈殿して隔離された。必須の元素を一つ失っては硫黄細菌も生きてはいけない。おまけに、大陸の風化と浸食によって粘土鉱物が生成されると、有機分子と強力に結合してそれを堆積物の中に埋没させた。何者かに食べられる前に有機炭素原子が埋もれると、光合成でつくられた酸素は周囲に残り、酸素濃度を上昇させて硫化水素を消滅させる。二度のスノーボールアースは、氷が融けてから藻類の爆発的な増殖を誘発することから、どうやら酸素濃度を押し上げるのに一役買ったようだ。その結果、地球の環境はある種の転換点を迎える。六億三五〇〇万年前に最後のスノーボールアース現象が終わったあと、大きな動物が存在していたらしき初めての痕跡が現われる。ひとたび地上の地獄が追い払われてしまえば、動物を進化させるのにさほど時間はかからなかったわけだ。

奇妙な最古の多細胞生物

さて、それほど退屈でもなかった一〇億年のあいだに生息していたおもな生物はといえば、地球最長のロングラン・ショーともいうべき生命のチャンピオン、ストロマトライトである。微生物も、初めて登場したときと同様にまだ勢力を保っていた。ところが二二億年ほど前になると、新たに奇妙な形態の生物が現われる。黒く細いらせん状の紐のような姿をしていて、確実に肉眼で見える。この生物は「グリパニア」と名づけらた。グリパニアの誕生は、生命が重要な一歩を踏み出したことを示している。複数の細胞が膜組織で結合されて、「コロニー」として生きることができるようになったのだ。つまり最古の多細胞生物である。

グリパニアの存在は以前から知られていた。しかし、二〇一〇年にアフリカのガボンで立て続けに奇妙な化石が発見されたことで、私たちの見方は変わった。[3] グリパニアが原核細胞（おそらくは細菌）のコロニーと思われるのに対し、この新発見の化石（いまだ命名されていない）はあまりに大きく、あまりに複雑に見える。その正体が何であれ、確かなことが一つある。それが断じて最古の動物ではないということだ。

本当の意味で最古の動物といえる生物は、グリパニアや同類よりはるかにあとの時代に現われている。地球上に動物が誕生してから現在まで、まだ一〇億年もたっていないのだ。検出技術の向上につれ、最古の動物の痕跡が見つかる岩石は着実に古い時代のものになってきてはいる。それでも、最後のスノーボールアースよりかなり前の時代からは動物の化石は依然としていっさい見つかっていない。もっとも、地球に生命が生まれてからの長い長い年月を思えば、ここで話題にしているのはずいぶん短い期間といえる。一口に多細胞生物といっても様々な種類があって、原核生物だが多細胞構造をもつものも多数存在する。また、そうした複数の細胞をもつ生命の登場が二〇億年以上前に遡るのも事実だ。だが、多細胞構造の原核生物はほとんどが二個の細胞のみでできているため、動物と混同されるようなものではない。

細胞性粘菌は多細胞であるし、ある種のシアノバクテリアや走磁性細菌の一群もそうだ。しかし、いってみればこれらは進化の袋小路であって、それ以上先には行かない（粘菌からは粘菌以外の生物がほとんど進化しなかった）。これらは数十億年前から存在し、進化の観点から見るとかなり保守的なグループである。もっと複雑なのは多細胞植物で、一〇億年以上前に現われた。植物といっても、たぶん外見は緑藻類や紅藻類に非常に近いものだったろう。どちらも海岸の潮間帯や、日光の届く海中でよく見られるものだ。だが動物はそれよりさらに新しい。

生物の大きさは、大気中の酸素濃度とある程度の関連性があるようだ。酸素が存在すると、存在しなかった時代よりも大きなサイズを発達させることが可能になる。また、高酸素に適応するために生物の酸素獲得能力が高まると、巨大化する傾向が強い。[4] そのいい例が恐竜だろう。後ろの章で見るように、恐竜が巨大化したのは、きわめて効率的に呼吸が行なえるように肺などの呼吸器が進化した結果である。

本物の動物の化石が豊富に見つかるのは約六億年前の地層からだ。この頃の岩石には最初の「生痕化石」が確認できる。これは、大昔の動物が移動したり食べたりした痕跡のことで、体自体が化石として残るのではなく、その活動の様子が化石の中に閉じ込められる。いわば行動の記録だ。この時代になると、すでに酸素濃度は現在のレベルに近づきつつあった（まだ達してはいない）。遊離酸素だけでなくオゾンの濃度もかなり高くなっていて、かつては容赦なく地表に降り注いだ紫外線などの有害な放射線は弱められていた。

アクリタークと呼ばれる不思議な生物

先カンブリア時代の生命について話をするとき、話題のかなりの部分を占めるのがア

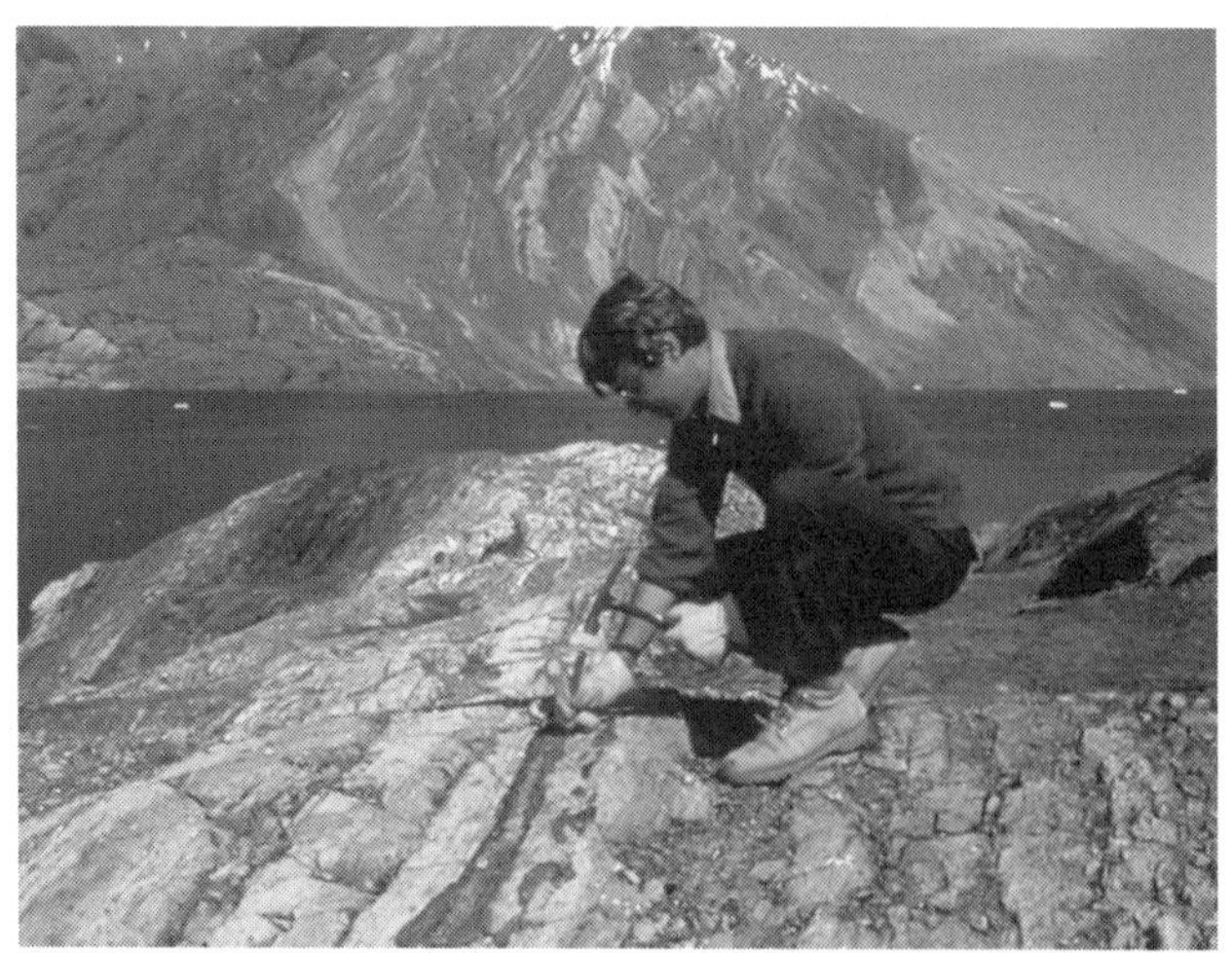

ハーバード大学の地球生物学者アンディ・ノールが、グリーンランド東部の珍しくよく晴れた日に、露出した新原生代の岩石を発掘しているところ。（著作権所有者アンディ・ノール、許可を得て掲載）

クリタークだ。アクリタークは初期の地球に登場し、とくに古いものは三二億年ほど前に現われて、動物の時代に入っても存在し続ける。もっとも、アクリタークというのはいわば「ゴミ箱」のような分類名であって、種の違う生物はもちろん、「界」や「ドメイン」の違う生物までがごた混ぜになってその総称のもとに括られている。このこともまた、動物や高等植物の時代より前に生きた生命の歴史がいかに十分解明されていないかを物語っているといえよう。

現時点で最古とされる多細胞生物の化石が現われるのは、

二〇億年前という気の遠くなるような昔のことだ。アクリタークはこれらの中からも見つかるが、数は比較的少ない。ところが、原生代の半ばを過ぎた一〇億年ほど前になると、種類もサイズも数も増え、形態も複雑になってくる。一般に、複雑さを増したかどうかは、小さな球形の体から突き出た突起の数でわかる。一〇億年前〜八億五〇〇〇万年前の時代からも、やはりこの化石は頻繁に発見される。やがてクライオジェニアン（Cryogenian）紀が始まると、この紀の名前の由来になった地球規模の激変に見舞われる。ギリシャ語の「cryo」が意味するもの、つまり「寒冷」だ。またも全球が凍りついたため、海洋だけでなく（ことによると陸上でも）大量絶滅が起きたに違いない。この間、地表のほぼすべてが氷か雪に覆われ、アクリタークの数は激減する。しかしカンブリア爆発でまた急増し、その種類は古生代最多に達した。

意欲に燃えて古生物学の門を叩く若き研究者は、どんな化石よりも恐竜に惹かれる。プロの古生物学者といっても、元をただせば化石大好きの少年少女だったわけであるから、面白味の少なそうな化石群にほとんど注目が集まらないというのは彼らが専門家になっても変わらない。そのため、微化石を研究したがる若い研究者は非常に少ないのが現状だ。しかし、科学の世界でも一、二を争う重要な問いの答えは、その微化石を調べることで見えてくる。一〇億年前のアクリタークや微化石には情報が詰まっていて、生命史に関するスケールの大きな謎を解き明かす力をもっている。事実、一〇億年前から始まる時期がじつはきわめて重要であったことが、この化石のおかげでようやく最近に

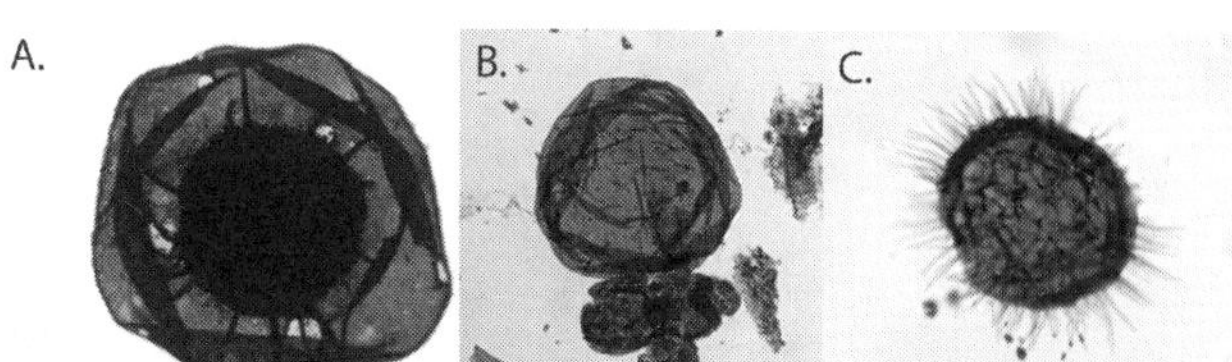

アクリタークの形態の変化。アクリタークは正体不明の微化石で、小型の海洋浮遊生物が何種類も含まれる。原生代（A）では表面が滑らかだったのが、新原生代後期（B）からカンブリア紀（C）になるとトゲが増えている。

なってわかってきた。

二〇億年前から一〇億年前までのあいだ、地球の微化石は単純な形態のままゆっくりと変遷してきた。微化石のもとになった生物は、原核生物と、小さな単細胞の真核生物（現存する原生動物のような）の両方だったはずである。ところが、およそ一〇億年前に奇妙なことが起きる。それまで簡素だった微化石に装飾が現われ始めたのだ。

表面を覆うトゲの数は一〇億年ほど前から増加し始め、カンブリア紀を通してその傾向が続いた。これにはいくつかの理由が考えられる。まず、小さな球体に何本もの突起が生えていれば、体積に比して表面積が大きくなるため、海中で沈むまでに時間がかかる。現存する多くのプランクトンも、この方法を使って水面近くに留まっている。海底には絶え間なく沈殿物が降り積もるのが普通なので、底に落ちてしまえばその下に確実に埋もれることになる。だがそれだけではない。トゲは捕食者に対する防御としても使える。もしかしたら一〇億年前の海に凶暴な肉食生物（厳密にいうと植物食生物かもしれないが）が現われ、しだいに体の大きさを増していったのではないだろうか（肉食であれ植物食であれ、どのみち食われる側が食われることに違いはない）。だが、ハーバード大学のノールらの新しい研究によると、トゲをもつ微化石は約六億三五〇〇万年前の最後のスノーボールアースが終わってすぐにその数と種類をさらに増やしたものの、五億六〇〇〇万年前には完全に姿を消した。これは、動物の進化がかなり進んでいた時期にあたる。このテーマについては次の章で再び取り上げたい。次章では、トゲのある微化石の変遷をたどりながらその消滅の理由を探ることで、「エディアカラ革命」ともいうべき重要なイベントが浮かび上がることを説明していく。

退屈な一〇億年の終焉

一〇億年前の浅い海の底を思い浮かべてみよう。ケルプ（大型の褐藻）のような植物と緑藻が海流に揺れ、日光の届く箇所では、虹色にきらめく微生物のマットがこの上なく柔らかいシフォン生地のように海底を覆い尽くしている。[5] そのマットから突き出して、上に向かって伸びているのが、大小様々なストロマトライトだ。水の中は単細胞から多細胞まで、生命に満ち溢れている。地球のどこを探しても動物の姿は影も形もない。だが、遺伝子と大気の時計は着々と時を刻み、氷に閉ざされる大厄災の時代へと向かいつつあった。

一〇億年前に海の中で革命の種子が育まれていた頃、陸上ではすでに多量の生物が生息していた可能性がある。どんな環境でもつねに臨機応変に対応できる微生物が、最古の池や沼に入りこみ、ついには湿地帯に広がって、日の当たる場所をことごとく覆っていった。少量とはいえ水は手に入る。しかも、風に運ばれてくる塵に十分なリン酸塩や硝酸塩が含まれていれば、プランクトンのようだった小さな単細胞の微生物が緑色のカバーを発達させたかもしれない。生命は精力的に陸地を開拓していき、そうすることで最終的にはあやうく自滅しそうになるのだった。

第7章　凍りついた地球と動物の進化
——八億五〇〇〇万年前～六億三五〇〇万年前

オーストラリアのアデレードは秘密の地である。島大陸として世界のどんな地域からも隔てられているうえ、オーストラリアの他地方からも隔絶した場所にあるため、この海辺の街は芸術の面でも科学の面でも独自の文化を築いてきた。後者の文化に大きな影響を与えたのが、第二次世界大戦後すぐになされた古生物学上の大発見である。アデレードから内陸に入った乾燥した丘陵地帯で、最古とされる比較的大型の動物化石が発掘されたのだ。エディアカラ生物群である。アデレードはこの化石群に色々な形で敬意を表している。たとえば街の建物や機関が、一〇億年前～六億年前の時代に光を当てた二人の偉大なる科学者の名を冠しているのもその一つだ。一人は不屈のオーストラリア人、ダグラス・モーソン。悲惨な南極探検からも、第一次世界大戦下のフランスにおける激戦からも生還した。後年には、先カンブリア時代のオーストラリアに氷河が存在したという、当時は大いに疑問視された説を裏づける証拠を見つけている。もう一人は、エディアカラの化石を発見したレジナルド・スプリッグであり[1]、この発見についてはのちに本章で詳しく説明する。スプリッグのあとにも新世代の研究者たちが続き、動物の起源に関する研究の火が絶えることはない。著者らの一人ウォードが現在所属するアデレード大学で、かつて地質学教授を務めたマーティン・グレースナーもその一人だ。[2] また、アデレード大学の隣に建つ南オーストラリア博物館のジェームズ・ゲーリングも、とりわけ重要な研究を行なっている。改装されたばかりの大きく近代的な部屋で、ゲーリングはエディアカラ化石群の新しい展示を監督してきた。最近の博物館では本物の化石はしまい込んで、石膏模型などのレプリカで代用しているところが非常に多い。ところがゲーリングのエディアカラ展[3]では本物を展示している。それを見ると、とにかく化石の大きさと複雑さに目を見張る。さらに驚くのは、その化石がどう解釈されているかだ。エディアカラ生物群は奇妙な形をしておおむね平たい生き物であり、固着性で動かなかったというのがつい最近までの定説だった。まるで海底に沈んだ枕である（実際に大きな枕くらいのサイズのものもある）。ところが、ゲーリングの展示でアニメーションによる復元図を見ると、固着性どころではない。泳ぐものもいれば、元気盛んに動き回るものもいる。こうした見解は新しいものであり、様々な議論を呼んでいる。本当に正しいのだろうか。

本章で扱う時代はおよそ一〇億年前から始まって、カンブリア爆発が起きる約五億四〇〇〇万年前で終わる。この間には、単なる大変化をはるかに超えたイベントがあった。二五億年前〜二四億年前と同様、七億一七〇〇万年前頃に地球が寒冷化したのである。

あまりにも気温が下がったため、始生代の終わり近くと同じように海が凍りついた。氷結は高緯度地方を皮切りに、徐々に低緯度へと広がっていって、ついに海は極から赤道まで氷に覆われる。地球は再びスノーボール（雪玉）になったのだ。最初のスノーボールアースのあとには、大気中の酸素濃度が高くなるという、生命史における一大革命が起きている。原生代に入ってからのこの二度目のスノーボールアースもまた、方向は違えど甚大な影響を及ぼした。今回は動物の誕生につながったのである。ただし、地球の全生物に対する危険がなかったわけではなく、生命はまたも不安定な状態にあった。何より知りたいのは、この時代に全球が凍結したことが動物の唐突な出現を促すおもな要因だったのかどうかだ。著者らはそうだったと考えている。

生命とスノーボールアース現象

すでに見たように、一度目のスノーボールアース現象（二三億五〇〇〇万年ほど前に開始）の引き金を引いたのは生物だったと見られる。シアノバクテリアが爆発的に増えた結果、大気中のメタンと二酸化炭素が減少して温室効果が弱まったのだ。二度目となる今回のスノーボールアースは、地球の長い歴史において現時点で最後の全球凍結である。この時代に関する近年の研究により、七億一七〇〇万年前〜六億三五〇〇万年前までのあいだに二回にわたって全球が凍結したらしいことがわかってきた。この一連のスノーボールアース現象が起きたのは、第1章でも説明したクライオジェニアン紀である

（八億年より少し前、「真の極移動」に伴って大規模な同位体の変動が二度あったが、クライオジェニアン紀はそれより前に始まっている。真の極移動についてはのちほど詳しく）。

クライオジェニアン紀に二度起きたスノーボールアース現象（どちらも海が凍りついたのちに融けるという流れ）のせいで、海における有機物の生産量は激減した。海面の氷が日光を遮ってしまうからである。このため、地球上に生息する生物の量（これをバイオマスという）は全球凍結の前後と比べてごくわずかになった。二三億五〇〇〇万年前〜二二億二〇〇〇万年前の時期と、七億一七〇〇万年前〜六億三五〇〇万年前までの時期の両方にいえることだが、全球が凍結して超温室効果が終われば、その環境を生き延びて進化できる生物は非常に限定される。化石記録からはほとんど手がかりが得られないものの、前章でも触れたアクリターク（プランクトン様の小型生物）を調べると、その数と多様性が変動していることがわかる。

現生生物の多くは、環境ストレスにさらされると自らのゲノムを大幅に再構成して対応することが知られている。スノーボールアースがストレスを与える現象だったことは、どう控えめに見ても間違いあるまい。そうしたゲノム変化が生物の発達や進化にとってどのような意味をもつかは、分子生物学における注目の研究テーマだ。全球凍結が終わった直後には、凍結前よりも複雑な生物の多種多様な化石が現われる。この事実は、スノーボールアースが「引き金」となって生命の複雑さと多様性が著しく増したという仮説を裏づけている。

スノーボールアース現象をめぐる大きな謎の一つが、その原因は何かだ。すでに見たように、一度目のスノーボールアースは生命自体によって引き起こされた可能性がある。酸素発生型光合成が始まったせいで、温室効果ガスが急速に消費されたのだ。しかし、それから一〇億年以上たって起きた二度目の、二回にわたるスノーボールアース現象では、まったく別の理由があってもおかしくない。その候補として考えられるのが、当時の大陸プレートの動きである。[4]

この二度目の全球凍結が起きたのは、ロディニア超大陸（全大陸が一つに合体したもの）が分裂を始めてから四〇〇〇万年ほどあとのことだ。超大陸では陸地の大部分が海から遠く離れるため、乾燥した気候になりやすい。逆に大陸が、とくに超大陸がばらばらに分かれると、かつての乾燥地域を海洋性気候が取って代わり、化学的風化作用が激しくなる可能性がある。ケイ酸塩鉱物が化学的に風化されると、大気中の二酸化炭素濃度が急激に低下し、それに伴って気温も下がる。つまり、この二度目のスノーボールアース現象（痕跡が発見されたオーストラリアの地名にちなんで「スターティアン氷期」と呼ばれる）は、生命活動というより無機的な化学反応が原因と考えられるのだ。面白いことに、スターティアン氷期の開始は、七億一六五〇万年前にカナダの火山地帯で巨大噴火が起きた時期とほぼ一致する。[5] 大火山帯からの噴火で多少の二酸化炭素が放出されたものの、それをはるかに上回るペースで二酸化炭素は減少し、地球は白い雪玉も同

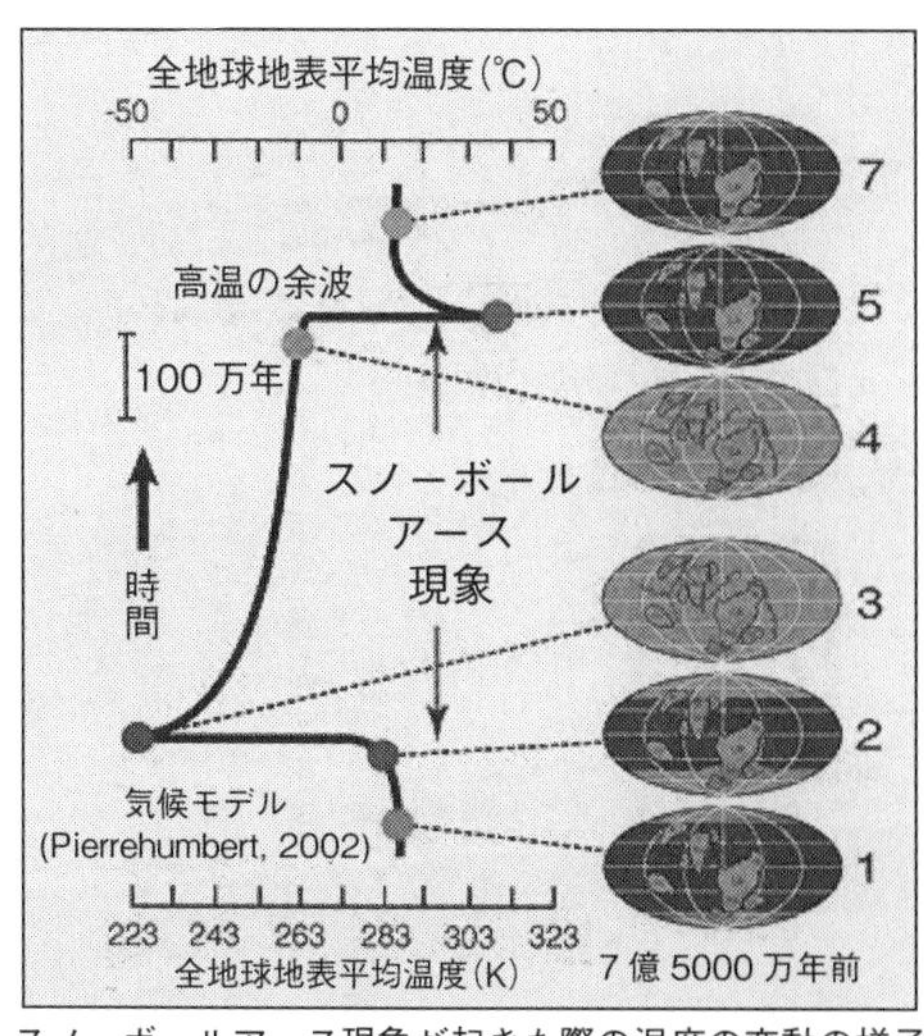

スノーボールアース現象が起きた際の温度の変動の様子

然になって太陽光のほとんどを宇宙に跳ね返した。こうしてさらなる低温状態が生み出されたのである。

　だが、原因はこれだけではなかったかもしれない。仮に新種の植物が短期間で急速に数を増やして地球全体に分布したとしたら、化学的風化作用ではなく今回も光合成によって二酸化炭素が激減した可能性が出てくる。いや、実際にそうだったかもしれない。生命史に関する最新の知見によると、最初の陸上植物はおよそ七億五〇〇〇万年前に現われているのだ。植物といってもまだ単細胞ではあったが、広大な領域に広がったとしてもおかしくない。もしそうなら、氷期を引き起こす十分な理由となったはずだ。

スノーボールアースによる大量絶滅と多様な動物の誕生

海と陸地で覆われていた地球が、雪と氷と剝き出しの岩石の世界と化したら、七億五〇〇〇万年前〜六億年あまり前の生物には何が起きただろうか。少し考えてみただけでも、直前までの生命の数と多様性が減少したに違いないとわかる。当時の海では、現代の海岸に見られるケルプや藻類（緑藻や紅藻）のような多細胞植物もすでにいたはずだ。しかし、大半は単細胞の原生動物（すべて真核生物）か、海岸近くでストロマトライトやシアノバクテリアとして存在する細菌のマットか、さもなければ海にすむ膨大な量の単細胞光合成微生物だった。陸上では、細菌マットのように、単細胞ではあるが海中よりさらに複雑な光合成生物の集合体が淡水に広がり、ことによると湿った地面にまで進出していたのではないかと著者らは考えている。今あるような土壌はまだ生まれていないものの、岩石の表面が化学的風化作用で削られ、死んだ植物や腐敗しつつある植物がそこに取り込まれて、地表の粘土や砂には有機物が加わっていたはずだ。ところがスノーボールアースが始まって海の表面は凍りつき、陸の表面もしばらく氷と寒さに閉ざされた。

バイオマスにしてどれくらいの量が絶滅した可能性があるかは、容易に見当がつく。氷が海面を厚さ一〇〇〇メートルの氷が覆ったら、海中に届く日光は大幅に少なくなる。

の中にも微生物はいるし、実際には多少の日光が氷を通り抜けはするが、植物性微生物のバイオマスが一気に減少したのは間違いない。日光が失われるのと同じくらい深刻なのが、重要な栄養素が摂取できなくなることだ。鉄、硝酸塩、リン酸塩である。陸地の表面が寒冷化して大部分が雪と氷に閉ざされれば、化学的風化作用は緩やかになり、それとともに陸地にいた「植物」はどんな種類であれその生命力と数が減っていく（もちろんこれは茎と葉を備えた本物の複雑な陸上植物が誕生するより何億年も前の話である）。だがもっと大きな問題は、陸地から海に流れ込む栄養分が乏しくなることだ。海の生産性は落ち込み、個体の死のみならず種全体の大量絶滅も当然起きただろう。

このシナリオからは一つの仮説が浮かび上がる。その仮説であれば、なぜこれほど多くの種類の動物が存在するのかという問いに答えが出せるかもしれない。当時、海全体が氷に閉ざされていたとはいえ、地球の火山活動が今よりはるかに活発だったのは確かだ。温泉や間欠泉は数多くあっただろうし、何より活発な火山自体が海に向かって熱を噴き出していただろう。そのせいで部分的に氷が融けて、温かい水の溜まった小領域がいくつかできたに違いない。この小さな水槽は、凍った海と氷山でまわりを囲まれ、孤立した状態で世界中に点在していた。その結果、それぞれがさらされる環境条件は場所によって異なるものとなった。進化が最も強く作用するのは、孤立した小規模な集団に対してである。海水や、場合によっては淡水にこうした小さな隠れ家が何千とできたら、進化を育む恰好の場となり、いわゆる「ボトルネック効果」が働く（個体数の少ない集団が孤立していると、遺伝子の数が少ないために短期間で進化を遂げるということ）。こうして、単細胞の真核生物だった小型の原生動物が、多種多様な後生動物へと進化を遂げたのではないだろうか。後生動物とは、いわゆる動物のことである。火山活動からの温室効果ガスが徐々に蓄積して、最終的にスノーボールアース状態が解除されれば、氷はみるみる消えていき、同時に何千箇所もの進化の実験結果も急速に解き放たれていったはずだ。

地球が最後のスノーボールアースを脱したのは約六億三五〇〇万年前のことである。その頃の地球は、私たちが知っている姿とはまったく違っていた。しかし、進化の力と物理的な力がともに着々と働いて、原生代後期の地球をもっと地球らしい（私たちにとってなじみがあるという意味で）惑星に変えようとしていた。海には生命が満ち溢れている。ほとんどは単細胞だとはいえ、おもにアメーバやゾウリムシのような複雑な原生動物であり、なかには多細胞のボルボックスや単細胞のミドリムシといった、半分植物で半分動物のような生物もいた。海岸や海底には、緑藻や紅藻などの海藻類がごく普通に見られ、それらは今なお地球に広く分布している。最初の動物が誕生する舞台は整った。そして六億三五〇〇万年ほど前にそのプロセスが動き出したと著者らは考えている。エディアカラ紀は、最後のスノーボールアースが終わってから、明らかに動物と呼べる最初の生物が現われるまでの時期にあたる。この時代はまた、古生代が始まる直前でもあった。エディアカラ紀と呼ばれるのは、当時としては最も複雑に進化したエディアカ

ラ生物群が生息した時代だからである。[6]

エディアカラ生物群の化石は、現存する生物とはおよそかけ離れた様々な形をしている。かつては南オーストラリア州のエディアカラ丘陵のものしか知られていなかったが、今やこの謎めいた化石は世界のいくつもの場所から見つかっている。とはいえ、やはり最良のものが産出するのはアデレードの北にある低い丘陵地帯だ。

エディアカラ丘陵は南オーストラリアにあるフリンダーズ山脈の一部である。緑の多い海岸地帯から遠く離れるとオーストラリアではたいていそうだが、フリンダーズ山脈もおおむね砂と岩石の世界であり、半乾燥気候に適応した植物が点在している。シュガーガム（ユーカリの一種）、サイプレスパイン（ヒノキの一種）、ブラックオーク（カシの一種）などの大型の樹木もそこここで風景を彩る。年間を通して水を湛える水場は稀にしかないものの、それが見つかる場所ではオーストラリア特有の豊かな動物相が息づいている。最も恐ろしい捕食者だったディンゴが駆除されたため、アカカンガルーやクロカンガルーが多数生息し、一時は絶滅に瀕していたシマオイワワラビーまでもが頻繁に姿を見せる。だが、この土地を特別なものにしているのはカンガルーや小型有袋類ではない。化石として残った太古の昔の生物群だ。

カナダのバージェス頁岩やドイツのゾルンホーフェン石灰岩、さらにはアメリカのヘルクリーク累層と並び、エディアカラ丘陵は世界で最も有名な化石産地の一つといっていいだろう。この丘陵の地層は五億六〇〇〇万年前〜五億四〇〇〇万年前の時代にまたがり、そこから見つかる化石が現時点での最古の動物の体化石であるというのが、おおかたの古生物学者の一致した見方である。

この化石群が発見されたのは、地質学者のレジナルド・スプリッグが南オーストラリア州のエディアカラ丘陵地帯で古い鉱山を調べていたときのことである。スプリッグは南オーストラリア州政府の地質学者であり、州の仕事として、人里離れた田舎の浸食された丘陵を歩き回っていた。鉱物資源を再評価して、特定の地域で新たに採掘を行なうべきかどうかを判断するのが目的である。ところがスプリッグは、学生時代に熱心なアマチュア化石収集家だった。そのため、緩やかにうねるエディアカラ丘陵にきめの粗い砂岩が点在していて、その中に偶然奇妙な模様を見つけたときには、それが何らかの生物によって生み出されたものに違いないと気づくことができた。だが何の生物だろう？

スプリッグが目にしたものは、クラゲの鋳型のような、クラゲを押し当てた跡のようなものだった。だが、クラゲが化石として残ることはまずないと彼は知っていた。そのとき調べていたのは非常に古い地層である。自分が見つけた奇妙な化石は、動物が存在した記録として世界最古の部類に入るとスプリッグは考え、発見から一年後にそう発表する。また、化石群には様々な系統の動物が入り交じっているとも指摘した。[7]

最初の発表のすぐあとで、スプリッグはさらに奇妙な化石を集める。このときの調査には、アデレード大学のダグラス・モーソン教授とその教え子も一緒だった。一九四九年にスプリッグは発見の顚末をすべてまとめた報告書を発表し、今やかなりの数に膨れ上がった化石コレクションの内容と、それらに関する初めての詳細な記述を行なった。[8]いずれも「パウンド・クォーツァイト」と呼ばれる地層から見つかったもので、そこは

先カンブリア時代後期の蠕虫（ぜんちゅう）に似た動物の断片。南オーストラリア州で見つかったエディアカラ化石群の一つで、スプリッギナと呼ばれる。原始的な環形動物の一種と見られ、三葉虫の祖先である可能性が指摘されている。

納得のいく年代特定がなされたことがなかった。もしカンブリア紀のものであれば、大きな注目を集めることはない。しかし先カンブリア時代と確認されれば、不思議な化石群はそれまで発見された中で間違いなく最古の動物のものということになる。当時、カンブリア紀であるかどうかを定める指標として用いられていたのは、典型的なカンブリア化石（三葉虫）だった（以後は別の指標が使われている）。その後の研究により、エディアカラ化石群のほうがそれより間違いなく古いことが示される。

　詳しく見てみると、エディアカラの化石は現存する動物とは確かに異なる。同じ体制（体のつくり）をもつ動物はすでに存在せず、子孫も知られていないとの説が二〇世紀後半にはあった。その見方を最初に提唱したのが、偉大なる古生物学者の故アドルフ・ザイラッハーである。[9]しかし謎の最たるものは体制ではなかった。その化石が見つかった岩石である。そもそも生物の体に硬い部分がなければ化石として残ることはまずない。稀に化石になるとすれば、非常にきめの細かい泥岩や頁岩が普通だ。つまり流れのない穏やかな水の底に積もった堆積岩である。ところがスプリッグの化石は明らかに骨格をもたないにもかかわらず、そういった岩石ではなく砂岩に保存されていた。

　エディアカラの化石と最もよく似た現生生物は、クラゲやイソギンチャク、あるいはイソギンチャクに似たウミエラである。実際にそれらと関係があるのかを探るため、様々な実験や試験を通して、柔らかい体組織がそもそも化石化するかどうかが調べられた。実験の一つを行なったのが、オーストラリアの地質学者で『動物の夜明け――生命

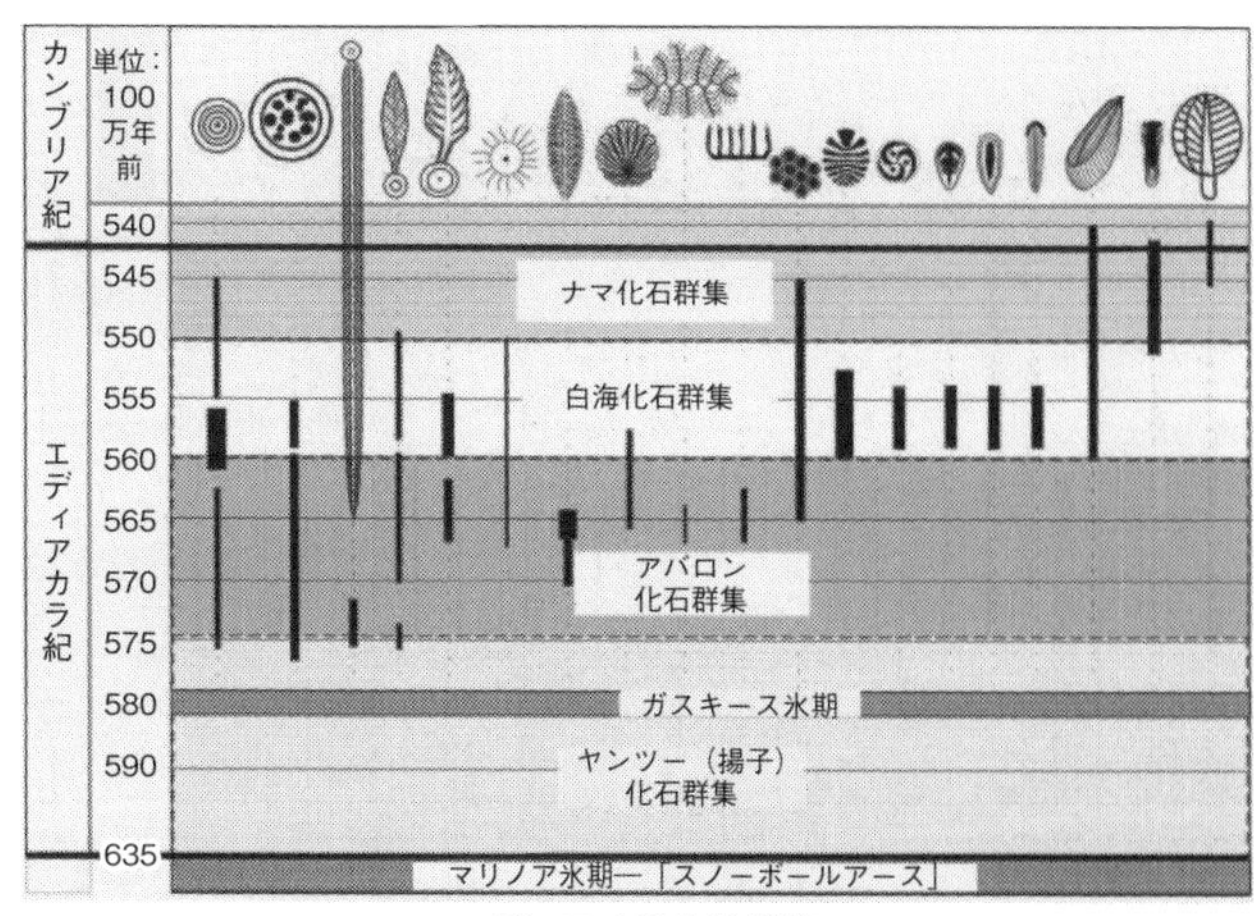

エディアカラ生物群集

史研究（*The Dawn of Animal Life: A Biohistorical Study*）』[10]の著者であるマーティン・グレースナーだ。グレースナーが大型のクラゲを捕獲して砂の上に置くと、確かに砂に跡がついた。それでも砂自体の謎は残ったままであり、これが解決されない限りスプリッグの化石はあるはずがないものということになる。

砂粒が堆積するのは比較的エネルギーの高い場所だ。現代で砂岩が見つかるのは海岸近くや川の中、砂丘の中などであり、いずれも水の流れによってこのかなり重い粒子が運ばれる。こうした環境では、きめの細かい泥や粘土の粒子は軽すぎて、堆積することはない。また、すでに堆積していたとしても流れや波、あるいは風によって別の場所に運ばれてしまう。にもかかわらず、エディアカラの化石は大型で数が多く、しかも砂岩から見つかる。

この矛盾を解き明かそうと、一九八七年の夏に著者らの一人であるピーター・ウォードは、ワシントン州サンファン島のワシントン大学附属フライデーハーバー臨海実験所で古生物学上級講座を開講し、エディアカラ化石群の形成へと至った環境条件の再現を試みた。サンファン諸島周辺の豊かな内海には、刺胞動物が数・種類とも多数生息している。刺胞動物はエディアカラ生物群の体制に外見が最も近い。六億年前の浅い海の底を模すため、粒子サイズの異なる砂をいくつかの大きなバケツに入れ、その上を海水で覆った。これは前にグレースナーが行なった実験に似ているが、より大型のクラゲや、形のつくりがクラゲと異なる生物も使用した。

ウミエラやイソギンチャク、ならびに世界最大級のクラゲの新しい死骸を砂に載せ、上からさらに砂をかぶせる。そのまま数日放置して、上部の砂を取り除いた。すると、どのバケツも砂にはいっさい跡がついていなかった。刺胞動物の死骸も腐って消え失せていた。

やがて一人の生徒が新しいアイデアを思いつく。ナイロン製のストッキングを四角く切り取って、目のつんだ網がわりにし、それを砂岩に置いて、その上にきわめて大型のクラゲを載せる。それから、下の砂岩よりきめの細かい砂をクラゲの体全体にかぶせた。数ウミエラとイソギンチャクも同じようにサンドイッチにし、その上を海水で覆った。数週間後、上の砂とナイロンの網を取りのけてみたところ（網に載せた動物の柔らかい組織はすでに腐って消えていた）、ナイロンストッキングのすぐ下に見事な跡が残っていた。動物の体の下側と一致する形と構造が、じつに細かいところまで写し取られていたのである。

もしかしたらこの実験に意味などないのかもしれない。だが、仮に当時の世界が、ナイロンストッキングと似た厚さと材質のもので覆われていたとしたらどうだろう。そうすれば、わずかな水の流れでも運ばれてしまう砂の粒子がその場に留まることができる。思い浮かぶのは、微生物の薄いシートが浅い海底に広がっている光景だ。嵐が来れば簡単に崩れるとはいえ、そういったシートがあれば堆積物は安定する。そのうえ、動物が死んで海底に沈み、死骸の上から新たな砂が降り積もれば、それが死体を処理してくれ、体の柔らかい部分であっても下の砂に跡が残る。

今の海にそういう環境はもう存在せず、骨格がなくて組織の柔らかい生物の輪郭や跡が残ることはない。動き回る動物が登場したおかげで、資源に富んだ微生物シートが仮にあっても、それを引き裂いたり食べたりしてしまうだろう。植物食動物の誕生とともにストロマトライトが姿を消したように、たぶん世界中の浅水域を覆っていた微生物のマットやシートは、その多くが餌にされて消え失せたのだ。

世界に点在するエディアカラ生物群

今日、エディアカラ生物群は六つの大陸の約三〇箇所で確認されており、七〇種に分類されている。いずれも時代は新原生代末期に限られる[11]（ただしカンブリア紀初期まで生き残った種もわずかにいた可能性は否定できない）。エディアカラ生物群が進化して多様性が最大限に達したのは、およそ五億七五〇〇万年前のことである。このイベントは「アバロン爆発」と呼ばれ、原生代最後のスノーボールアース現象が終わってから五〇〇〇万年ものあいだ続いた。

その後もこの生物群集全体が繁栄したと見られる。ところが、五億五〇〇〇万年前～五億四〇〇〇万年ほど前になり、動物の移動の跡が生痕化石（動物が移動や摂食などの活動を行なった形跡が堆積物に残った化石）として初めて確認される時代になると、エディアカラ生物群はかなり唐突に姿を消す。地球上に最初の動物がいきなり現われたように、多様で数も多かった生物群がいわゆる「カンブリア爆発」の過程でいなくなってしまうのだ[12]。この出来事は、化石記録で確認できる最初の大量絶滅である（もちろん大量絶滅自体は以前にもあった）。当初、エディアカラ生物群はオーストラリア大陸だけに孤立して生息していたと考えられていたが、今では世界中に広がっていたことがわかっている。

エディアカラ紀の生態系でエネルギーがどのように流れていたかについては、これまで様々な仮説が発表されており、それは今なお留まる気配を見せない[13]。現在の生態系では、光合成をする植物が食物連鎖の底辺にいて、それが何段階かの生物に消費されていき、今度はその消費者が何段階かにわたって食べられていく。各段階に存在する生物のバイオマスは、その下の「栄養段階」の一〇パーセントほどにすぎない。ところがエディアカラ生物群の場合は、まったく異なる群集構造をもっていたとする説がある。化石の生物から顎が見つかっておらず、捕食の形跡もいっさい確認できないのだ。それでいて、エディアカラの生物に最も似ているのは刺胞動物門であり、そのどれもが捕食性である。エディアカラ生物群には、現代のサンゴのように、顕微鏡でないと見えない共生藻（渦鞭毛藻類）が多数含まれていたのではないかとの見方もあるが、その存在は証明されていない。表面的には捕食者が見当たらないことから、これをエデンの園になぞらえて「エディアカラの園」と呼ぶ者もいる。比較的大型の生物が、捕食者のいない世界で暮らした最後の時代だ。五億四〇〇〇万年前頃にはすでにこの楽園は消滅し、這ったり泳いだりする多種多様な捕食動物（および植物食動物）がエデンの園のヘビよろしく現われる。

　動き回る動物が誕生するのになぜこれほど時間がかかったのだろうか。大気中の酸素濃度が低かったせいかもしれないし、気温と海水温が非常に高かったためかもしれない。一つ確かなのは、約六億三五〇〇万年前～五億五〇〇〇万年前の時代にはまったく新しい分類の生物が出現していたということである。体腔に水分を溜めて、それを水力学的骨格に利用する生物や、筋肉、神経、特殊化した感覚細胞、生殖細胞、結合組織細胞を備え、硬い骨格になる物質を分泌できる能力をもった生物などだ。動物かそうでないかはさておいて、骨格（石化してはいないが）を発達させたのはエディアカラ生物群が最初である。骨格があればそこに筋肉がつくことができ、筋肉があれば移動が可能になる。移動することによって新たなニーズが生まれ、それが原動力となってさらに複雑な体が進化していく。動くようになった動物は、食糧や交尾相手を見つけたり、捕食者を避けたりするために感覚情報を必要とする。感覚情報を得るには、それを処理する脳がなくてはならない。こうした様々な器官の発達はすべて絡み合っており、真核細胞をもつ後生動物による革命の成果といえる。それこそがまさしく原生代末期に起きていたことなのだ。

現存する複雑な生物すべての共通祖先がどのようにして誕生したのか、今なら次のように考えることができる。それはおそらく小型で、比較的少ない数の細胞で構成されていたに違いない。内部には細胞壁がなかった。外側は上皮で覆われて、外界の物質を通さないようになっており、内側の体腔にはコラーゲンが満たされて生物に硬さを与えている。体の大きさと複雑さを増せるような「遺伝子の道具箱」ももっていたことだろう。大型で、特定の生態系に適応できるように特殊化し、有性生殖を行なう多細胞の真核生物であれば、適応放散が最も起こりやすい。結果的に、這うもの、のたくるもの、泳ぐもの、歩くもの、固着性のものといった具合に、今日の地球に見られる動物の多様性が生み出された。現生動物では、人間のように左右相称のものの数が最も多い。左右相称の動物は、カンブリア紀の初期にはまだ少数派だったものの、いずれ地球を支配すべく態勢を整えつつあった。

大型エディアカラ生物群の古生態学

一般に、興味深い疑問を易々と解き明かすのが科学というものだ。ところがエディアカラ生物群は、どれだけ努力を傾けても解明を拒むように思え、謎のままであり続けている。それでも、ここ数年の新しい研究により、最大級の謎は少しずつ崩れ始めている。とりわけ重要な研究は、この数十年間あまり顧みられていなかった学問を利用したものだ。古生態学である。一九六〇年代以降、古生態学は古生物学研究を鮮やかに牽引していたが、新しい一般法則を生み出すことができず、二〇世紀にスティーヴン・ジェイ・グールドが行なった「古生物学の現状」講演の中で完膚なきまでに否定された。しかし今世紀に入り、カリフォルニア大学リバーサイド校のメアリー・ドローザーと南オーストラリア博物館のジェームズ・ゲーリングがその古臭い謎解き手法を用いて、比較的大型のエディアカラ生物群とその世界について、これまでおそらく最も納得のいく答えにたどり着いた。

エディアカラ生物群について考えるときには、それらが生きていた環境、つまり海底を覆い尽くしていたはずの微生物マットとのかかわりの中で捉える必要がある。それがゲーリングとドローザーの研究で最も重要なポイントだ。おびただしい量の微生物マットが存在していたとすれば、生態系に対してはもちろん、生物群集がどう堆積するかにも圧倒的な影響力を及ぼしただろう。現代の海であれば、海底を掘る生物がいたるところに生息しているものの、当時はごくわずか、ないしはまったくいなかった。だとすれば、エディアカラ生物群の生態系は、私たちが知っているものとはかけ離れていたに違いない。

微生物マットが存在する場合、動物には四通りの生活様式が考えられる。一つ目は、マットの上に固着し、おそらくは消化酵素の分泌によってマットを溶かしてそこから栄養を得る。二つ目は、能動的にマットの表面を摂食する。三つ目は、体の一部をマットに埋め、マットの厚みが増すのにしたがって上に向かって伸びていく（マットはストロマトライトと同様、太陽に向かって成長していったと思われる）。最後は、マットの下を掘ることだ。このうちいくつかの戦略はカンブリア紀の最初期にも残っていたと見られるが、その頃になると世界は急速に変化しつつあった。穴を掘る大型の生物のほか、骨格や硬い顎をもつ肉食動物や植物食動物が多数登場していたからである。

このきわめて奇妙な生物群の生きた世界を理解するには、それらがどのように保存されたかに注目することも一つの手だ。エディアカラの生物を専門に研究している科学者は面白い指摘をしている。その化石がデスマスクと同じだというのだ。デスマスクはかつてヨーロッパなどの文明において行なわれた習慣で、身分の高い人の死が近づいたときや亡くなった直後に石膏で顔の型を取るというものである。私たちが見ているエディアカラの化石もそれと同じものなのかもしれない。つまり生物自体が化石になったのではなく、生物の上側や下側が複写されたというわけだ。デスマスクをつくるには、その材料が短時間で硬くなる必要がある。そのためエディアカラの化石も、死骸の上ですぐに固まる材料でできていると考えられている。

トゲの生えたエディアカラの微化石

前章で、ハーバード大学のアンディ・ノールとそのグループについて触れた。彼らはエディアカラ紀の大型生物ではなく、微化石について研究している。一〇億年にわたって単細胞生物が世界を支配していた時代、その生物の化石はおおむね滑らかな壁に囲まれた小さな球体をしていた。ところが、新原生代最後のスノーボールアースが終わると、現われる化石はトゲに覆われたものとなる。トゲの生えた微化石の時代はけっして長くはないものの、そこからは動物が複雑さを増していく過程について重要なことが見えてくる（この種の微化石生物が登場するのは六億年前よりあとの時代であり、五億六〇〇〇万年前頃には姿を消す。エディアカラ紀の大型化石生物はその後も二〇〇〇万年のあいだ生き続けた）。これ以前の微化石はもっぱら単細胞生物だったが、この「トゲの生えた」微化石はじつは多細胞生物だったかもしれない。私たちが見ているものは、シスト〔訳註　原生動物などが体表に堅固な膜を分泌して休止の状態にあるもの〕のような休眠状態なのである。

この微化石についてはいくつか重要な研究がなされており、古生物学者のニコラス・バターフィールドと発達生物学者のケヴィン・ピーターソンの研究[14]もその一つだ。二人によれば、エディアカラ紀の初めにトゲをたくさん生やした微化石が見られるのは、小型の肉食動物が登場したことへの反応である。たとえば最も初期の線虫や回虫などだ。つまりトゲは防御のための適応構造であり、単細胞生物の骨格を強化するためのものというわけである。ところがノール率いるグループは、複雑なトゲをもつ微化石は初期の動物そのものの休眠段階ではないかという説を唱えている。だとすれば、大型のエディアカラ生物群が現われるかなり前に複雑な動物の進化が始まっていたことになる。また、最古の動物の暮らした環境が、二〇世紀後半の古生物学者が想定したような「エディアカラの園」とは程遠いものだったことにもなる。休眠の段階が必要だったのなら環境は厳しかったはずだ。酸素の濃度が変動し、ときには水中が無酸素状態になったかもしれないし、硫化水素が発生することもあったかもしれない。こういう視点で捉えると、初期の動物が進化した世界は困難に満ち、往々にして有害だったといえる。

トゲの生えた微化石は五億六〇〇〇万年ほど前になると姿を消し、大型で典型的なエディアカラ生物群が爆発的に花開く。それらはしばらくのあいだ地球最大の生物として暮らしたが、五億四〇〇〇万年あまり前にカンブリア紀が始まると、別の動物群に取って代わられることになる。

「左右相称動物」を探す

トゲのある微化石が単細胞の原生生物ではなく小型動物の休眠段階だとしたら、いったいどんな種類の動物だったのだろうか。トゲつきの微化石が地質記録に現われるのとほぼ同じ頃、もう一つの大革命が起きたと見られている。左右相称の動物が初めて登場したのだ。これにより移動能力は格段に向上する。左右相称の体制が生まれたことは、進化の歴史にひときわ輝く重要な出来事だ。左右相称動物は「前」と「後ろ」がはっきりしていて、前後に長い管のような体をもち、その軸に対して体内の器官がおおむね左右対称に配置されている。動物が多様な「門」に枝分かれしていくにふさわしい祖先の姿といえる。ただし、それが誕生した時期については長らく議論の対象となっていた。

遺伝子研究からは、その左右相称の祖先が六億六〇〇〇万年前頃～五億七〇〇〇万年前頃に生息していたことが示唆されている。[15] しかし、きわめて小さく（たぶん長さ一ミリ程度）、骨格のない蠕虫（ぜんちゅう）のような生物だったと見られるため、明瞭な化石が残っていない。ダーウィン以降、化石記録の無能さに対する非難は積もり積もっていて、このケースについても同様の叱責を受けても仕方のないところではあるが、少し大目に見てもらいたい。非常に小さいサイズで、硬い部分のない蠕虫のような生物の場合、化石になる見込みが低いのは事実なのである。

状況を救ったのは中国の化石だった。[16] 最初の左右相称生物が生息していたと見られる時代の岩石が、二一世紀初めに中国南西部で発見されたのである。その後、具体的な時期をできるだけ正確に特定するため、時間をかけて慎重に岩石の年代分析が行なわれた。そのうえで、そこに存在するはずの化石探しが始まった。どれ一つとっても簡単な作業ではない。

一万枚以上の岩石薄片（岩石の塊をごく薄くスライスして磨き、顕微鏡のステージに載せたときに光が透過するようにしたもの）に取り組むこと三年、ついに左右相称動物の化石が見つかる。それはきわめて小さく、人間の髪の毛の太さ程度の大きさしかない。それを詳しく調べたところ、ほぼ六億年前のものであることがわかった。その化石生物には「ベルナニマルキュラ」という名がつけられた。

欠けていた部分がここでもまた埋まったわけである。この初期の左右相称動物は、小さくて目立たないながらも真の意味で革命を起こした生物であり、のちに来るものたちへの道を開いた。ドゥシャンツァオ（陡山沱）累層と呼ばれるこの地層からは、最古の動物の卵と胚も発見されている。それだけではない。六億年前の世界がどのようなものだったか、また動物の登場によって地層の堆積の仕方そのものがいかに変わってしまったかも見えてくる。

動物が誕生する前の時代には「生物擾乱（じょうらん）」がなかった。つまり、新たに積もった堆積層が生物の活動によって乱されることはなかったわけである。今は生物擾乱のあるのが普通なので、それが通例ではなく例外だった時代を想像するのは難しい。現在、動物登場以前のような状態で地層が残っているのは、黒海の底のような特異な環境のみである。

黒海の海底は硬く、底面から一メートルの深さについては堆積物が薄層状に積み重なっていて、しかも水分の含有量が非常に低い。ほかの海はそれとは対照的だ。海底の酸素濃度が高いところでは、底面の数センチ上にどろどろした有機物が溜まっている。粘液、糞便、擬糞〔訳註　消化できないものを二枚貝などが口から吐き出した塊〕、溶解有機物などである。海底の下も薄層状にはなっておらず、動物によって繰り返し掘られたり食われたりしている。動きの遅い無脊椎動物は、移動しながら摂食したり（堆積物を口に入れ、堆積物を豊富に含んだ糞を排出する）、逃げるために穴を掘ったりする。海底堆積物はかなりの厚さに達し、動物がありとあらゆる活動をしたおかげで水分の含有量が高い。

　移動する生物によって海底が乱されるようになったことは、非常に大きな変化だった。二〇世紀後半になって、この現象は「カンブリア紀の農耕革命」と呼ばれるようになる。それこそがまさに、原生代と顕生代の海底と、あとに残った層位記録の大きな特徴といえる。[17] 新たに登場した左右相称生物は動いていた。それも、単に堆積物と水の境界面で分布を広げていただけではない。垂直方向に穴を掘る行為も始まった。そんなことができたとすれば、海中の酸素濃度が高くなければおかしいと著者らは考える。堆積物を掘り進みながら酸素を得るのは控えめにいっても難しく、地球全体の酸素濃度が仮に一〇パーセントを切っていたら間違いなく不可能だっただろう。この新しい動物がしだいにストロマトライトや微生物マットを食べるようになり、ついには原生代とカンブリア紀の境界近くでそれらを滅ぼしてしまったというのが従来の見解だった。新しい見方によれば、左右相称動物は栄養豊富な微生物マットを食べていただけではない。マットが必要とする硬い底質がいたるところに広がっていたのに、それをほぼ存在しないまでに変えてしまったのである。

原生代末期には、世界が動物を迎える準備を終えていた。以前より大きな体や骨格のほか、活動に必要な多種多様な組織もすでにある。唯一足りないものが酸素だ。六億三五〇〇〇万年前に最後のスノーボールアース現象が終わったあと、動物は態勢を整えていたものの酸素濃度が低すぎた。それでも、五億五〇〇〇万年前くらいになるとその状況も変わっていた。酸素濃度が上昇したのである。

酸素濃度を永続的に高めるには、石灰岩として埋もれる有機炭素ではなく、堆積物に埋没する有機炭素の割合を増やす必要がある。有機炭素の大部分は、大陸から浸食された粘土によって隔離される。そのため、海（とくに生産性の最も高い熱帯の海）への粘土の流入量を増やすような要因は、何であれ大気中の酸素濃度を上昇させることにつながる。何らかの陸上生物圏が誕生することにより、風化を通じた粘土の生産量が高まったとする説がある。[18] 確かに、陸上維管束植物が深い根を張るようになってからについてはそういえるだろう。しかし、赤道に対して大陸がどういう位置にあったかも見逃せないポイントだ。寒い極地方より暖かい熱帯地方のほうが、物理的・化学的風化作用ははるかに進行しやすいからである。クライオジェニアン紀の始まりが近づいた時期（ただしスノーボールアースが始まる前の今から約八億年前）には、炭素循環に段階的な変化が生じてそれがおよそ一五〇〇万年続いた。この間、有機炭素が堆積物に埋もれる量は急落した。この現象が発見されたのは中央オーストラリアのビタースプリングスであり、以来、世界の様々な場所で確認されている。この現象のせいで表層水域の酸素濃度もおそらく一時的に低下しただろう。なぜ炭素循環が乱れたのかは謎だったが、プリンストン大学のアダム・マルーフ率いる研究グループにより、その変化の終了した時期が、地球の自転軸が短期間のうちに二回にわたって六〇度移動した時期と重なることが明らかになった（ノルウェー・スバールバル諸島の Akademikerbreen 層群という発音不能の岩石からその痕跡が確認された）。[19] この種の極移動を「真の極移動」と呼ぶ（詳細は後出）。真の極移動が起きると、固体地球全体はもとより、内核とマントルに挟まれた液体金属の層に至るまでが急激に動く。この二回の極移動を通して、ロディニア超大陸の大部分がいったん赤道付近から中緯度地方に移動し、再び元に戻った。それに伴い、炭素の埋没と酸素生成の両方が同時に変化した。古磁気学と地球化学のデータから、地球のじつに様々な地域で同様の変動が同時期に現われたことが明らかになっている。そのことから、惑星の仕組みについて見えてくることがある。この場合は酸素濃度にかかわる仕組みだ。こうした真の極移動は過去三〇億年のあいだに三〇回発生した可能性があると著者らは考えている。[20] しかもその多くは、カンブリア爆発のような興味深いイベントと時期が一致するのだ。

第8章　カンブリア爆発と真の極移動——六億年前～五億年前

チャールズ・ダーウィンが七〇歳になったときの写真は、実年齢以上に風化して見える。少なくとも八〇歳は過ぎているかのようだ。だが、七〇歳にしてダーウィンは晩年を迎えていた。その老いた肉体はストレスの産物かもしれないし、若い頃に「ビーグル号」で世界を一周したときに熱帯でかかった病気のせいかもしれない。数多くの批判に煩わされたことや、生物が形質をどうやって受け継ぐかを自分が理解できないことへの苦悩（二〇世紀の初めにグレゴール・メンデルが「再発見」されるまで遺伝学は認められていなかった）も影響しただろう。なかでも、カンブリア爆発が何を意味しているかを考えることが、精神にも肉体にも代償を強いたに違いない。ダーウィンは化石記録全般が好きではなく、とくにカンブリア紀の化石を嫌った。カンブリア紀の化石は墓に入るまでダーウィンを悩ませた。そのことと、遺伝の仕組みを解明できなかったことは、彼にとって人生最大の心残りだったはずである。

動物の化石が突如出現するように見えることは、ダーウィンより前の時代から知られていた。イギリスの偉大な地質学者アダム・セジウィックは、カンブリア紀そのものを定義した人物であり、最初の三葉虫の化石が見つかる地層から上をカンブリア紀と定めた。私たちは色々な地質年代をまず「時間」として捉えがちだが、実際には複数の地層の連続として存在している。何らかの化石が最初に現われた地層を底部とし、化石の絶滅か、もっといいのは異なる種が新たに登場することをもってその最上部とする。カンブリア紀の場合、イギリスのウェールズ地方にある「カンブリア系」と呼ばれる地層区分がそれにあたる。カンブリア紀とは、そのカンブリア系の地層が積み重なった期間を指しているにすぎない。

地層のうえでは短期間のあいだに、一見すると化石が存在しない堆積岩の上に、非常に目立つ化石を豊富に含む岩石が重なっているのにセジウィックは気づいた。化石で一番多かったのが三葉虫である。三葉虫は節足類なので、高度に進化した複雑な動物である。この発見はダーウィンを悩ませた（そして彼の批判者を大いに喜ばせた）。自らが提唱したばかりの進化論とは、真っ向から食い違うように思えたからである。[1]

こうしてダーウィンは化石記録を呪いながら墓に入った。自分の理論が正しいと確信してはいたものの、晩年には批判の矢面に立つこととなった。地球で「最初」と見られる生命が非常に複雑だったために、ダーウィンが『種の起源』の中で雄弁に語ったような進化のプロセスから三葉虫のような複雑な生物が生まれるとは考えられないと指摘されたのである。ところが皮肉なことに、三葉虫が現われたときにはじつはカンブリア紀は半分以上終わっていたのである。[2]

特定の地質年代を象徴する化石は色々あり、三葉虫もその一つだ。三葉虫は地球の歴史の比較的早い段階から海の生息環境を支配していた。だが、具体的にどれくらい早かったのか。ダーウィンの時代には三葉虫が最古の動物だと考えられていた。にもかかわらず、三つの体節に分かれ、複眼と多数の脚を備えた複雑な構造をもち、しかも大きい。最初期の三葉虫には体長が約六〇センチに達するものもあるほどだ。最古の動物のあるべき姿ではない。分化の進んでいない小型の生物ならまだしも、大型の複雑な動物であるはずがないと思われたのだ。今の私たちは知っているように、三葉虫はとうてい最初の動物と呼べる存在ではない。[3]

最初の動物がどう誕生したかは、生命の歴史の中でも最も興味深いテーマであると同時に、様々な意見が飛び交う領域でもある。過去一〇年間にも新しい情報が多数得られた。動物の「門」が最初に多様化した時期をめぐってはまったく異なる見解があって、それぞれ別々の方面からの証拠によって裏づけられている。一つは岩石の中に動物の化石が現われるパターンであり、もう一つは現存する動物の分子時計に関する研究結果だ。動物がいかにして急速に多様化したのかという、古生物学における最大級の謎を解くうえで、どちらも重要な手がかりを与えてくれる。

カンブリア爆発に関する最初の大きな証拠は化石からもたらされた。動物の化石が岩石中に現われるパターンには四つの波が確認できる。最初の波が始まったのはおよそ五億七五〇〇万年前。前章でも触れたように、これを「アバロン爆発」と呼ぶ。アバロンとは、カナダ東部のニューファンドランド島にある地名であり、そこのエディアカラ紀の地層から最古の化石群が発見された。第二の波が起きるのは、エディアカラ生物群がほぼ完全に姿を消した時期と重なり、実際の化石ではなく動物の活動の痕跡が正確に保存されている。この膨大な数の「生痕化石」は、多細胞生物が盛んに動くことによって生み出されたとしか考えられない。すなわち動物だ。古いものは五億六〇〇〇万年前にまで遡るが、ほとんどは五億五〇〇〇万年前のものである。当時の海底は、活発に動き回る小さな蠕虫のような生命に満ち溢れていたことだろう。[4]

第三の波は骨格の登場だ。五億五〇〇〇万年前より少し新しい地層の中に、おびただしい数の微細な骨格要素が現われる。それらは非常に小さなトゲやウロコで、炭酸カルシウムでできており、動物の体表をタイルのように覆っていたと見られている。最後の第四の波がもっと大型の化石動物であり、三葉虫や、二枚貝のような腕足動物、トゲをもつ棘皮（きょくひ）動物、さらには巻貝に似た多種多様な軟体動物などだ。それらすべてが、五億三〇〇〇万年前より新しい地層に含まれる。ダーウィンの時代には、第一から第三の波についてはまったく知られておらず、カンブリア紀の始まりは堆積層に最初の三葉虫が確認できる時期とされていた。このように波が連続して訪れた理由は、意外なほど単純なものかもしれない。その頃までに酸素濃度が過去最高レベルに上昇していたのである。

四つの波は比較的短期間のうちに化石記録に現われている。最新の年代測定法により、最初の複雑な化石（最古の生痕化石から一〇〇〇万年前〜二〇〇〇万年後に現われた微細な骨格の化石）が登場する時期は五億四〇〇〇万年あまり前と特定され、最初の三葉虫が出現するのはその二〇〇〇万年ほどあとだったことがわかった。

化石記録に動物が登場するのは重要なイベントであり、「カンブリア爆発」と呼ばれている。古生物学者にとってカンブリア爆発は、化石に残るほど大型な動物の主要な門のほとんどが最初に誕生したことを意味する。分子遺伝学者にとっては、生命が進化して初めて動物になったことを示している。その時期については一九九〇年代を通して激しい議論が続いたが、今世紀の初めに高度な分析法を用いた新しい分子研究[5]によって、古生物学者が主張していたより新しい時代に動物が現われたことがほぼ確認された。具体的にいうと、少なくとも六億三五〇〇万年前になるまで地球上に動物が存在したことはなく、[6]実際には五億五〇〇〇万年前に近かった可能性がある。

現在では、カンブリア紀は五億四二〇〇万年前〜四億九五〇〇万年前までと特定されている（終了の時期についてはもう少し早かったかもしれない）。とはいえ、動物門の圧倒的多数が初めて登場するのは、五億三〇〇〇万年前〜五億二〇〇〇万年前という比較的短い期間である。これが生命の歴史全体において三番目か四番目に重要なイベントであるというのが、あらゆる専門家の一致した見方だ。これを超えるものは、地球に初めて生命が誕生したことと、生命が酸素に適応したこと、そして真核細胞が生まれたことしかない。[7]

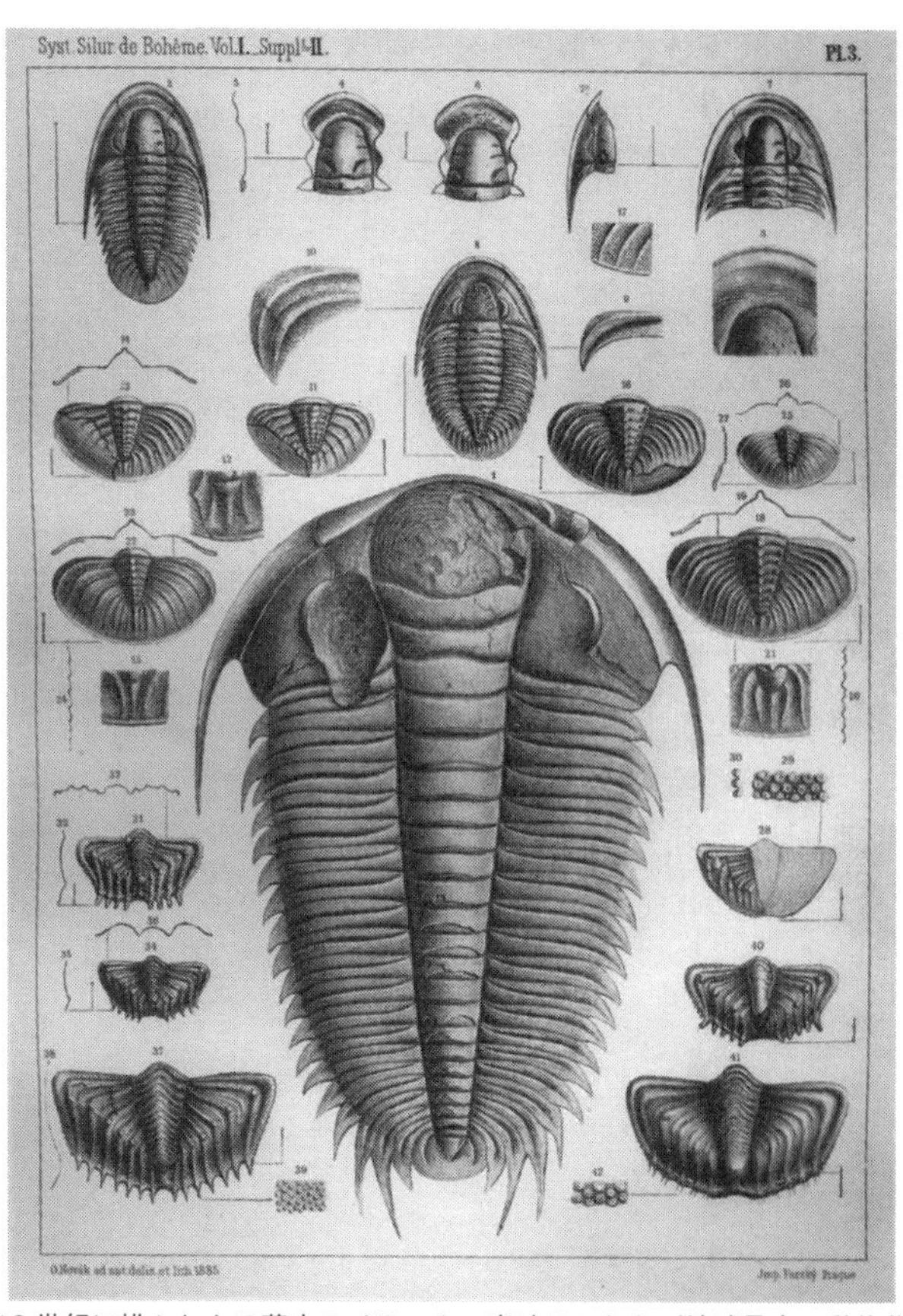

19世紀に描かれた三葉虫のイラスト。当時はこれらが地球最古の動物化石とみなされるとともに、カンブリア紀の開始を示す目印として使用されていた。

信頼性の高い最新の情報によれば、カンブリア爆発が始まってすぐの地球では大気中の酸素濃度が一三パーセントだった（現在は二一パーセント）[8]。ところがそのあとで変動する。この時代、二酸化炭素の濃度は今日の数百倍にも達していた。そこまで高ければ猛烈な温室効果が生じたはずであり、太陽エネルギーが今より五パーセント低かったことを差し引いてもなお余りあるほどの熱が生み出されたに違いない。カンブリア爆発が終わる頃には二酸化炭素濃度が減少したとはいえ、動物が誕生してからのどんな時代と比べても地球の気温は高かっただろう。高温の状態では酸素が海水に溶けにくくなるため、海の酸欠状態はさらに悪化したと思われる。

中国のチェンジャン（澄江）地方で新たに発見された化石埋蔵地には、硬い組織と柔らかい組織をともに備えた多種多様な化石が残されている。この化石群からは、動物の門がどのように誕生したかを垣間見ることができるとともに、カナダの有名なバージェス頁岩より前の時代の生命がどういうものだったのかもうかがい知ることができる。チェンジャンの地層は五億二〇〇〇万年前〜五億一五〇〇万年前に堆積したことがわかっており、一方のバージェス頁岩は五億五〇〇万年前より以前に遡ることはないと今では考えられている。およそ一〇〇〇万年の時を隔てているので、両者を比較すると動物がどう多様化していったかが見えてくる。

チェンジャンもバージェスも、骨格だけでなく軟組織も保存されているため[9]、どんな動物がどれくらい生息していたかがかなり正確に把握できる。柔らかい部分が確認できないと、動物の種類に応じてどれくらいの数がいたのかを確実に摑むことはできない。骨格をもたない蠕虫やクラゲのような動物がおびただしく存在していたかもしれないからだ。そう考えると、どちらの地域についても動物相の全容が明らかになっているというのは驚きでもある。今のところ、バージェス頁岩からは五万点を超える化石が発掘されている（チェンジャンではそれより数が少ない）。バージェス動物群を見事にまとめ上げたデリク・ブリッグズ、ダグラス・アーウィン、フレデリック・コリアーの三人は、一九九四年の著書『バージェス頁岩化石図譜』（大野照文監訳、朝倉書店）[10]の中で一五〇種の動物を記載している。その半数近くが節足動物か、それに似た動物だ。だがそれ以上に興味深いのは個体数である。化石数全体の九割以上が節足動物で、次が海綿動物と腕足動物なのだ。もっと古い時代のチェンジャンと同じように、バージェスの海底でも節足動物が種類でも数でも他を圧倒していたことになる。

　節足動物は無脊椎動物としてはきわめて複雑な構造をもっている。にもかかわらず、最も初期の動物化石の中にもすでに数多く存在し、種類も多い。これは、化石記録に初めて姿を現わすより前に長い進化の歴史があったことを物語っている。おそらく体長がせいぜい一ミリ程度の節足動物が海底にひしめき、海を泳いだり水に浮いたりするものもたくさんいたのではないだろうか。

　バージェス頁岩の動物相や植物相に関する本はたいてい、体が柔らかく繊細で美しい生物の紹介に多くのページを割いている。ところが、実際にバージェスの地を訪ねてみて驚くのは（幸いにも著者らは二人ともその経験をしたことがある）、一番ありふれた化石がそうした風変わりな分類群のものではなく、三葉虫だということだ。三葉虫と、それより数は少ないもののじつに多様な節足動物が、バージェス化石群の圧倒的多数を占めている。[11] 個体数においても種の数においても、また体制の種類の数においてもそうだ。体制の種類は「異質性」という尺度で表わされる（それに対して多様性は分類群の数を指す）。節足動物はカンブリア紀の動物の中で最も繁栄したといえそうだ。その成功には、節足動物の主要な体制である「体節制」がどれくらい貢献したのだろうか。

地球上の動物の中で最も多様化が進んでいるのは体節をもつものであり、そのほとんどが節足動物である。多種多様な昆虫も含め、どんな節足動物にも複数の体節がつながった繰り返し構造が見られ、個々の体節はそれぞれ固有の機能を果たしている。節足動物に共通する特徴は、体全体が外骨格に包まれていることだ。外骨格は消化管の中にまで入り込んでいる。外骨格は成長しないので、定期的に脱皮して、少し大きいものと取り替えなければならない。分化の進んだ頭部、胴体、後端部がどういう比率になっているかは、種によって異なる。一般に付属肢は特殊化している。陸生節足動物の場合は個々の付属肢が一本ずつ（非常に大きい）なのが普通だが、海生のものでは個々の付属肢が二つの枝でできている。内側は歩脚の枝で、外側は鰓（えら）の枝であり、二枝型付属肢と呼ばれている。外骨格は柔らかい部分を鎧兜（よろいかぶと）のように覆っており、それがおもな役割だと考えられている。つまり保護することだ。しかし、その結果として重大な影響が生じ

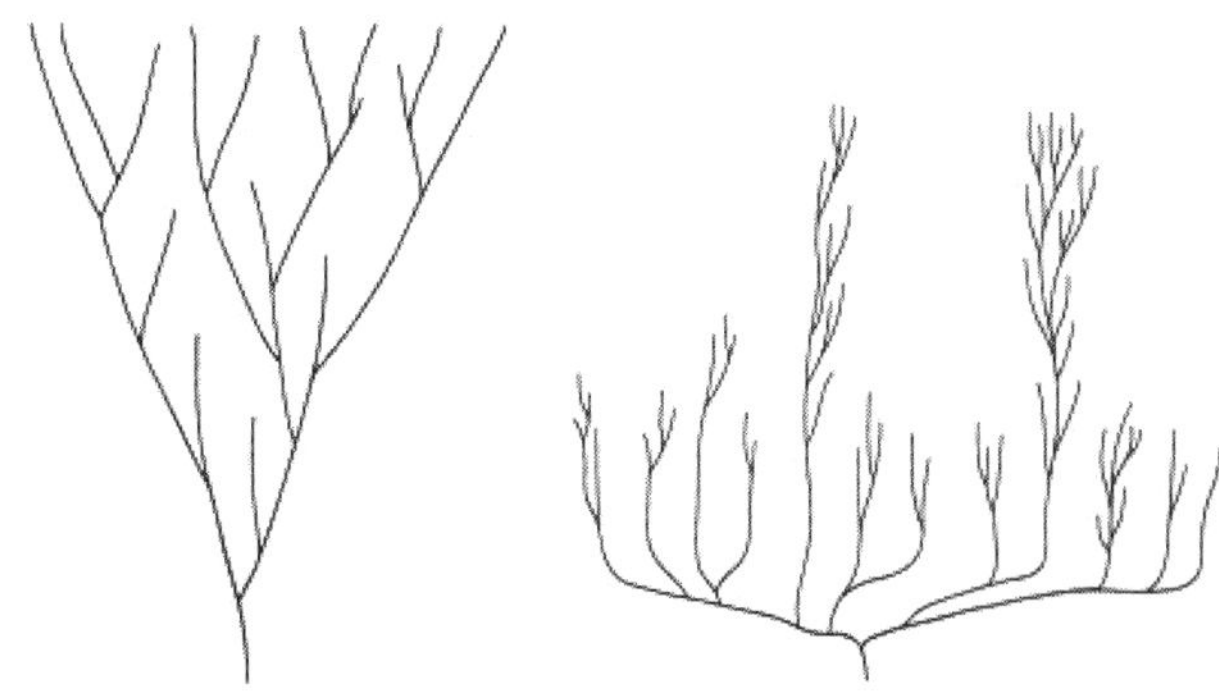

左側の逆三角形型の図は、異質性の増加を示す従来型のモデル。右側の図は多様化と死滅を表わしている。

る。体のどの部分からも、酸素を受動的拡散によって取り込むことができないのだ。酸素を摂取するために、最初の節足動物（すべて海生）は呼吸に特化した構造か鰓を発達させるしかなかった。こうした特徴を備えているのは節足動物だけではない。環形動物にはすべて体節があるし、軟体動物の単板綱などにもある程度の体節が確認できる。体節は動物の歴史の早い時期に現われ、それが初期の動物化石の最も一般的な特徴であることがカンブリア紀の三葉虫の化石からわかる。

生物学者のジェームズ・ヴァレンタインは二〇〇四年の著書[12]『門の起源について（*On the Origin of Phyla*）』の中で、進化をめぐる大きな謎の一つについて考察している。その謎とは、カンブリア紀にはなぜこれほど節足動物の数と種類が多かったのか、である。これに関するヴァレンタインの見解を見ておいて損はない。

初期の節足動物は、石化されないクチクラをもつものが多かったとはいえ、その体制に驚くほどの多様性があったことが明らかになっている。種類が非常に多く、他とは明確に区別できる特徴を備えているため、系統分類学の原理が当てはまらない。節足動物にこれほどの異質性が見られるのは、系統発生的に考えてじつに不思議だ。……節足動物的な体制が突如として爆発的に登場したことは、カンブリア爆発の中にあっても際立っている。

一口に節足動物といっても体のつくりは多種多様だ。系統の異なる複数の生物群が、収斂進化〔訳註　異なった系統の生物が、互いによく似た形態的特徴を進化させること〕を通して似通った姿になったにすぎないからである。だが一つ共通点がある。体節ごとに二枝型の付属肢をもち、それぞれが歩脚と長い鰓を備えていることだ。

なぜ底生生物は体節制を選んだのかと思いたくなるが、そもそも体節に分かれていると捉えること自体が間違っているのかもしれない。ヴァレンタインらによれば、少なくとも環形動物は体節ごとに体腔もおおむね区切られているのに対し、節足動物の場合はそこまでではなく、むしろ体節が「繰り返されている」といったほうがいい。この興味深い体制が誕生したのは、移動するためのニーズに応えるためだったとヴァレンタインは考えている。「節足動物の体節制が、体を動かすメカニズム、とくに移動と関連しているのは間違いなく、それを神経と血液が助けている」。この種の体制が、移動を容易にするためのものであることは疑いようがない。しかし、そういう体のつくりになった結果、体節ごとに鰓が繰り返される構造になった。個々の鰓は小さいので、体節の下で最適な方向に向けることができる。その位置であれば、羽根のような形をした鰓に能動的に水を通すことによって、鰓に当たる酸素分子の数を増やすことができる。これは著者らの一人ウォードが二〇〇六年に発表した仮説だ[13]。

カンブリア紀の最も古い堆積物からたくさん見つかる動物はもう一種類ある。海綿動物だ。刺胞動物と同じく海綿動物にも呼吸のための器官がない。それもそのはず、内側の空洞に面していくつもの袋が並んだ構造になっているのである（刺胞動物に似ているがそこまで整然としておらず、実質的な体組織をもたない）。どの袋も体積に比して表面積が非常に大きい。なにしろ、無数の単細胞生物が集合したようなものであり、そのすべてが海水と接しているといっていい。ところが、これだけの利点があるのを割り引いたとしても、海綿動物の酸素の取り込み方はじつに効率的だ。食物摂取の役割をおもに担う襟細胞が、大量の海水を体の中に通す。ある専門家によれば、海綿動物が一日に取り込む海水の量は自分の体積の一万倍にも及ぶという。そのため、海綿動物は極端な低酸素の環境でも生きていける。水中の酸素濃度がきわめて低くても、それを補うだけの大量の水を体に通すことができるからだ。

カンブリア紀の動物で硬い部分をもつおもなグループは、膨大な族（科と属の中間）の節足動物と、（カンブリア紀のほとんどの海成層で）それに次ぐ数を示す腕足動物、そしてそれよりは少ないが棘皮動物と軟体動物だ。腕足動物は今も存在するグループであり、外肛動物に近く、よく軟体動物の二枚貝に間違えられる。確かに二枚貝と腕足類は表面的に似てはいるが、体内の構造はまったく異なる。腕足類の最も大きな特徴は、触手冠（しょくしゅかん）と呼ばれる摂食器官だ。触手冠とは、輪状の触手に細長い繊毛が生えたもので、殻の中で繊細な扇のような形をつくっている。この器官が海水から食物を濾（こ）し取る。触手冠は内側に体液が満ちているうえに非常に細いため、精緻な呼吸器の役割も果たす。研究者の中には腕足動物を気の毒に思う者もいる。おそらくは古生代の海底にすむ生物の中で一番数が多かったと見られるのに、二億五〇〇〇万年前までに起きたペルム紀の大量絶滅でほぼ根絶やしにされ、多数派に返り咲くことが二度となかったからだ。

カンブリア紀の棘皮動物は、箱のような形をした奇妙な小型生物の集まりである。最も初期の棘皮動物としては、松ぼっくりに似た形の風変わりなヘリオプラコイド類や、茎部をもつ原始的なエオクリノイド類（始棘皮類ともいう）のほか、座ヒトデ類なども堆積物から見つかる。棘皮動物より多くの化石が残っているのが軟体動物だ。ほとんどが小型で、主要な「綱（こう）」（腹足類、二枚貝類、頭足類）がすべてカンブリア紀の地層から発見されている。ただし、軟体動物で数が一番多いのは単板綱の化石だ。単板綱は今でこそ少数派のグループだが、カンブリア紀には多数生息していた。カサガイのような殻をもち、巻貝のような体をして、幅の広い筋肉質の足で這って移動する。とりわけ注目すべきは、当時の軟体動物の中で単板綱のみが体節を思わせる構造を備えていたことだ。化石の殻の内側についた筋肉の跡と、現生種の構造との比較から、カンブリア紀の単板綱には複数の鰓があったと著者らは考えている。現代の腹足類には一対の鰓か、わずか一個の鰓しかない。だが、同じく巻貝に似た生活様式だったと見られるカンブリア紀の単板綱には、複数の鰓をもつ必要性があった。単板綱は軟体動物の祖先であり、続くすべての生みの親になったとみなされている。つまり腹足類、頭足類、二枚貝類、多板綱のほか、もっと少数派の綱に属する軟体動物もである。

単板綱は長らくペルム紀末に絶滅したと考えられていたが、一九五〇年代に深海で現生種が発見されたことで、初期の軟体動物がどういう暮らしを送っていたかが以前よりずいぶんわかってきた。最も初期の単板綱の化石に残っていた筋肉の跡が物語るように、二対以上の鰓が存在していたことが現生種によって裏づけられている。詳しくいうと、殻の内周全体に沿って複数対の筋肉が並んでいることが確認されたため、初期の単板綱には明白な体節制があったか、少なくとも鰓呼吸型循環系の繰り返し構造が備わっていたと結論づけられたのだ。繰り返しパターンを示しているのが鰓（およびそれを助ける血液とフィルター）だけであることから、節足動物の場合と同様、これが鰓の呼吸表面積を増加させるための適応であると推測できる。これに近い繰り返しが殻にまで及んでいるのが多板綱だ。現代でも海辺の潮間帯でよく見かける生物である。

棘皮動物の体もそうだが、腕足動物の殻の内部もほぼすべてが水といっていい。肉質はごくわずかしかなく、そのわずかな部分もつねに水の流れと接している。腕足動物は触手冠を使って複数の海水の流れを生み出している。それが殻の側面から内部に入って触手冠の上を通っていき、最終的には殻の前部から外に送り出される。このように絶えず新鮮な水が体内を通ると、海綿動物の場合と同じ効果が生じる。肉質部分が少なくて触手冠の表面積が非常に大きく、しかも殻の内側の体積より何倍も多い水が間断なく体内を通り抜けていることを考えると、腕足類は低酸素世界に見事に適応した例といえるだろう。

カンブリア爆発を引き起こした物理的・化学的原因

本書の初めのほうでも触れたように、以前は存在しなかった研究分野が大きく前進してきている。とくに宇宙生物学や、その仲間ともいうべき地球生物学だ。しかし、古くからある生物学の柱の一つも近年になって復活を遂げ、新しい学問といっていいような重要な成果を生み出している。進化発生学、通称「エボデボ」だ。この分野は過去一〇年で目覚ましく発展し、カンブリア爆発についても数々の研究を発表してきた。エボデボ界を代表する研究者の一人ショーン・キャロルは、二〇〇五年の著書『シマウマの縞蝶の模様――エボデボ革命が解き明かす生物デザインの起源』（渡辺政隆／経塚淳子訳、光文社）の中で、新たな活気を取り戻したこの分野を魅力たっぷりに紹介している。[14]この本のテーマを一言でいうなら、かつては手に負えないとされていた進化生物学上の問題が、今でははるかに理解できるようになっているということだ。その問題とは、新奇性はどのようにして生まれるかである。進化においては、それまでまったく見られなかった形質が比較的短期間で獲得されることがあり、その現象は従来のダーウィン進化論では説明がつかなかった。翼や脚の登場、節足動物の体節制、あるいはカンブリア爆発の特徴である体の大型化といった飛躍的な進化を考えるのに、「いくつもの突然変異が一斉に起きてどういうわけか生物を根本的に変えた」というような筋書きでは無理があるのだ。今やエボデボはこの問題を解決したようである。キャロルは著書の中で、進化における劇的な変化を新たな切り口からうまく説き明かす四つのポイントを挙げている。

キャロルが「革新のための秘訣」と呼ぶものの一つ目は、「すでにあるものを利用する」である。これは「自然はよろず修繕屋だ」という考えに基づいている。新しいものを生み出すのに、かならずしも新品の装置や道具でつくる必要はない。既存のものを使うのが一番手っ取り早い。二つ目と三つ目はダーウィンその人も理解していた事柄だ。多機能性と反復性である。

多機能性とは、すでに存在する形態や構造、または生理機能を使って、本来のものに加えて新たな機能をもたせることをいう。一方の反復性とは、何かの構造が複数の部分で構成されていて、それによって完全な機能を果たしている場合を指す。その一つの部分に新しい仕事を与え、残りの部分が従来通りに働き続けられるなら、まったく新しい構造を一からつくり出すよりもはるかに簡単に革新への道が開ける。そのいい例が頭足類の泳ぎと呼吸だ。頭足類はつねに大量の水を吸い込んで鰓に通しており、多くの無脊椎動物と同様、水を入れるのと吐き出すのとでは別々の「管」を用いている。酸素を多く含む水を吐き出してしまうことのないようにするためだ。だが、この管の構造をわずかに「いじって」みるだけで、新しい移動手段が手に入る。呼吸と移動にかかるエネルギーは以前と変わらぬまま、同じ量の水を利用して呼吸と移動の両方を実行できるようになったのである。

四つ目の「秘訣」はモジュール性だ。節足動物はもちろん、程度の差はあれ私たち脊椎動物も、体が体節に分かれているという意味ではすでにモジュール性をもっているといえる。節足動物の体節からは付属肢が伸びており、それぞれが信じがたいほどに改造されて、摂食、交尾、移動など色々な機能に適した構造になっている。節足動物はまるでアーミーナイフのようであり、特定の機能に特化した付属肢を個々の体節が備えているのだ。私たち脊椎動物にもそれは当てはまる。当初は原始的だった手足の指が、陸を歩いたり、水中を泳いだり、空を飛んだりといったじつに多彩な作業ができるまでに変化してきた。では、エボデボはどうかかわってくるのだろうか。じつは、こうした構造は柔らかいパテのように形を変えられることが明らかになっている。その根底に遺伝子「スイッチ」のシステムがあるからだ。そのスイッチが位置しているのは発達中の胚の中で、のちに節足動物や脊椎動物の様々な付属肢になる部分と同じ場所である。

スイッチは重要な役割を担っており、いつどこで成長すればいいかを体の各所に指示している。節足動物の体が頭部、胸部、腹部という順番になっているのは、それぞれがまずは染色体上で、次いで胚自体の中で、すでにまったく同じ順番で並んでいたからである。これはじつに素晴らしい発見だ。この仕事の大部分をこなしているのが、エボデボ界の王者ともいうべきホメオティック遺伝子である。この遺伝子をもつのは節足動物だけではない。名前は違うが同等の遺伝子がほかの分類群の生物にも存在する。

エボデボが生み出した数々の新発見は、カンブリア爆発の謎を解くうえでも利用されてきた。中でも最も重要な謎が、現存する多種多様な動物の門と体制がいつ、どのようにして始まったかである。

これについては長らく二つの説がある。一つは、動物の爆発的な多様化が起きたのは化石記録に現われている通りの時期だというものだ。だとすると、動物門が分岐したのはおよそ五億五〇〇〇万～六億年ほど前までの時代のどこかということになる。もう一つは、古い門に属する現生動物の遺伝子を比較し、先にも触れた「分子時計」に証拠を求めようとするものだ。焦点になるのは、旧口動物と新口動物という、最も基本的な二分類に分かれたのがいつかという問題である。この二つのグループには、胚の構造と発達過程に根本的な違いがある。

旧口動物の仲間に入るのは、節足動物、軟体動物、環形動物などだ。いずれも初期胚に原口(げんこう)と呼ばれる開口部ができ、そこが成体の口へと発達していく。一方の新口動物

(棘皮動物、脊椎動物、その他少数派の門を多数含む)の場合、口と原口は別々のまま成長する。ただし、旧口動物と新口動物に大別される前の時代に、非常に原始的な第三のグループが主系統から枝分かれしていた。刺胞動物と海綿動物、そしてクラゲに似たその他の生物が属する少数派の門である。

最初に登場するのは最も単純な形態である刺胞動物と海綿動物で、すでに見たようにエディアカラ生物群に含まれていたようだ。時代は五億七〇〇〇万年前にまで遡り、カンブリア紀(五億四二〇〇万年前に始まった)よりも前である。だが、旧口動物と新口動物が明確に区別できるのは、カンブリア紀に入って少したってからになる。

動物が旧口動物と新口動物とに分かれたのだとしたら、分かれる直前の動物はどんな姿をしていたのだろうか。様々な方面からの証拠により、この生物は左右相称で移動能力をもっていたと見られている。おそらくはとりたてて特徴のない小型の蠕虫で、現代でいえばプラナリアか微小な線虫に似ていたのではないだろうか。ところが、新発見によって明らかになったのは、分岐前の最後の祖先種には大幅な改造を可能にする遺伝子の道具箱がすでに備わっていて、それを五〇〇〇万年以上たってから実際に使ったということである。この蠕虫は前方に口を、後方に肛門をもち、それを管のような長い消化管がつないでいた。体の側面からは、感覚情報(触覚と化学物質の感知か?)を得るための短い突起がついていたかもしれない。いずれにしても重要なポイントは、のちに急速な変容を起こせるようなかたちでそのすべてが組み立てられていたということである。

そして実際にその変化は起きた。これは新しい見解である。カンブリア爆発に必要な道具と特徴が、表に出ないまま五〇〇〇万年も存在していたわけだ。

前述の通り、カンブリア紀の始まりは今では五億四二〇〇万年前と特定されている。地層の中でその起点となるのは、岩石の中に移動の痕跡が初めて確認される場所である。具体的には、ある種の生痕化石により、動く動物が泥を縦に掘った跡が発見される箇所だ。ところが、続く一五〇〇万年のあいだには新しい体制が誕生した様子がほとんど見られない。少なくとも化石記録にその形跡が残っていないのである。動物の爆発的な多様化を確実に物語る最初の手がかりは、つい最近になって中国のチェンジャン（澄江）からもたらされた。[15]先ほども触れたが、ここの五億二五〇〇万年前〜五億二〇〇〇万年前までの時代の地層からは見事な化石群が見つかっている。体の柔らかい部分も保存されているという意味で、時代は古いもののバージェス頁岩に似ている。

チェンジャンでもバージェス頁岩でも、動物群を数で圧倒しているのが節足動物だ。種類もじつに多い。ほどなく節足動物は地球で最も多様な動物となり、以後その地位を保ち続けることになる。今では甲虫だけでも三〇〇〇万種が存在すると推定されている。

エボデボはその理由を教えてくれる。様々な体制の中で、節足動物のものほど容易かつ短期間に、しかも劇的に変化できるものはない。キャロルが挙げた特徴をまさしく備えているからだ。モジュラー構造の部分からなり、形態の繰り返しがあるので新しい機能を担わせやすく、体節の中の特定領域をすぐに変容させられる一連のホメオティック遺伝子をもっている。

かつては、新種の動物が誕生するからには新しい遺伝子が必要だと考えられていた。そう思うのも無理はない。原始的な海綿動物やクラゲは、もっと複雑な節足動物に比べたら遺伝子の数が少ないに決まっている。だから、全節足動物の共通祖先は新しい遺伝子、つまり新しいホメオティック遺伝子をどうにかして追加したに違いない。そういう理屈である。なにしろ、いつ、どのように発達するかを体の各所に指示するのはホメオティック遺伝子の「スイッチ」なのだ。だがそうではなかった。キャロルらが解明したのは、節足動物の最後の共通祖先は新しい遺伝子を進化させたわけではないということだ。遺伝子はすでにあった。節足動物がのちに驚くべき多様化を遂げるのは、既存の遺伝子を利用してのことだったのである。キャロルはこう表現している。「形態が進化するうえで問題になるのは、どんな遺伝子をもっているかではなく、それをどう使うかだ」

一〇種類のホメオティック遺伝子さえあれば、節足動物をすっかり変貌させて多様化させることができる。そのからくりが明らかになったのは、個々のホメオティック遺伝子からつくられる特有のタンパク質を比較するとともに、それらが初期胚のどこに見つかるかを調べる研究からだった。以前は、節足動物の何らかの遺伝子が脚をつくる指令を携えていると考えられていたが、それは誤りである。ホメオティック遺伝子の仕事はタンパク質を合成することだ。そしてそのタンパク質が、初期胚の特定領域の成長を促したり止めたりする手段となる。この種のタンパク質の中には、特殊化した付属肢をつくることにかかわるものもある。そのタンパク質を何らかの方法で胚の別の位置に動かしたとしたら、そこから生じる産物も移動する。その結果、本来なら体の特定の場所から生えるはずの脚が、いきなりまったく新しい場所から現われることもあり得る。ただしその場合、実際に脚が形成されるよりかなり前にそのタンパク質が移動している必要がある。ともあれこのように、ホメオティック遺伝子が生成するタンパク質の位置を胚の中で変えることが革新を生むというわけだ。

節足動物の胚の中でそれが起きたために、私たちが今見るような多種多様な種類へと進化を遂げた。節足動物の形態には数千種類、いや、数百万種類もが存在するのではないだろうか。そのすべてが、一〇個の遺伝子という道具を使うことで生み出された。体節の繰り返し構造こそが節足動物の特徴であり、各体節が適切に特殊化するためにはそれぞれが別個のホメオティック遺伝子からの指令を受ける必要がある。

スティーヴン・ジェイ・グールドvs.サイモン・コンウェイ・モリス――異質性の形

そもそもどうしてカンブリア爆発が起きたかについては、これまでに数々の仮説が提唱されてきた。過去に起きた出来事を振り返ったとき、それが必然だったように思えるケースは少なくない。だがこの場合に関しては、多数の動物門をつくり出すのに長い時間をかけるのではなく、一見すると短期間のあいだに完了したのはなぜなのかという疑問が湧く。また、カンブリア爆発で誕生したおもな動物はどの程度多様だったのかも謎だ。現存する動物門（資料によって異なるが約三二個）はすべてカンブリア爆発のときに現われた。驚くべきことに、この時代よりあとに新たに加わった動物門は皆無だと見られている。二億五二〇〇万年前のペルム紀大量絶滅のあとですら、新しい門が生まれることはなかった。では、カンブリア紀には現在より門の数が多かったのだろうか。カンブリア紀の動物は、現生動物とは根本的に異なる奇妙な生物だったのか。こうした問題は白熱した議論を呼び、それが最高潮に達したのが一九九〇年代後半のこと。偉大な進化生物学者である故スティーヴン・ジェイ・グールドと、ケンブリッジ大学のサイモン・コンウェイ・モリスとのあいだで、じつに激しい批判合戦[16]が繰り広げられたのだ。コンウェイは、現在のイギリス古生物学界における権威といっていい人物である。

グールドは著書『ワンダフル・ライフ――バージェス頁岩と生物進化の物語』（渡辺政隆訳、ハヤカワ文庫ＮＦ）の中で、現存しない体制をもつものを「奇妙奇天烈動物」と呼び、それらがカンブリア紀にはひしめいていたと主張した。グールドにとってカンブリア爆発とは、新しい体形、新しい体制、無数の種が爆発的に誕生した時期にほかならない。しかし、たいていの「爆発」は命にかかわるものだ。事実、新しい種類の体制（グールドはそれを新しい種類の門と考えた）の多くはカンブリア紀を生き延びることができなかった。比喩的な意味で、爆発によって殺されたのである。動物の種類が大幅に増えた結果、生存競争が生まれ、それに生き残れなかったものがいたわけだ。数々の新たな体制が登場したにもかかわらず、自然選択という試練に耐えたのはその一部にすぎなかった。体制の多様化はピラミッド型のモデルで表現できるというのがグールドの見方だ。まず、短期間のあいだに体制が大幅に多様化して体制の種類の数が増え、それらがピラミッドの広い底部を構成する。種ではなく体制の多様性は「異質性」とも呼ばれる。ところが時とともにその底部は消え、カンブリア紀が終わる頃には当初よりも門の数がはるかに少なくなった。

一方、グールドとは正反対に、異質性はむしろカンブリア紀以降に増加したと考える者も大勢いる。その代表格がサイモン・コンウェイ・モリスだ。モリスにいわせれば、奇妙奇天烈動物は新しい門に属するわけではなく、現存する既知の門の初期の構成員にすぎない。二〇世紀末に起きたこの論争は、両陣営とも見苦しいほどのレベルにまで加熱した。以後は、グールドが間違っていたというのがおおかたの見方であり、これに関して著者らがつけ加えることはほとんどない。ただし、この問題に関しては論争が下火になったにせよ、カンブリア爆発の別の側面は今なお最前線の研究テーマであり、大きな議論を呼んでいる。

カンブリア爆発はいつ起きたのか

生命の歴史の中で、カンブリア爆発は間違いなく特筆に値する重要なイベントである。にもかかわらず、最近になるまであまり理解が進んでいなかった。その大きな理由は、年代が正確に特定されていなかったことにある。対象となる岩石が古ければ古いほど、不確かさは高まるものだ。地質学者のアダム・セジウィックが、最初の三葉虫の化石が見つかる地層から上をカンブリア紀と定めたのは、まだ一九世紀前半のこと。化石が現われる順番などで判断するのでなく、具体的な年代が特定される日が来ようとは、セジウィックには思いも及ばないことだった（きっとそれを夢見たには違いないが）。それからほぼ二〇〇年にわたって、カンブリア爆発がいつ起きたのかという問題が決着することはなかった。解明を困難にしていたのは、カンブリア爆発自体が生物学的にも、実際の岩石記録の面からも明確に定義されていなかったことである。しかも、年代がすでに判明している基準点がほとんどないため、それを参考にすることもできない。大量絶滅や、その他の生物学的な新機軸の登場とは異なり、カンブリア爆発については何をもって開始とするかがあやふやだったわけである。結局、正式な定義を選んだのは、地質科学国際研究計画の賛助のもとにユネスコが組織した国際的な特別委員会だった（著者らの一人カーシュヴィンクは、同委員会で投票権をもつ委員である）。

争点となったのは、前の時代との境界をどこに定めるかと、その年代をどうやって特定するかだ。一九六〇〜七〇年代まで、カンブリア爆発が起きた時期については六億年あまり前から五億年前までと、様々な推測がなされていた。だが、それはほぼ当て推量の域を出ず、そこから脱するには高感度で正確な放射年代特定法の開発を待たねばならなかった。放射年代特定法で時期を定めるには、堆積層の中に火山灰が存在している必要がある。鉱物のジルコンを含むのは火山灰（しかもその一部）だけだからだ（ジルコンの結晶中に見られるウランと鉛の比率を測定することで、年代を見事に測定できる）。ところがカンブリア紀の岩石の場合、世界のどこを見ても地層中に火山灰層を含むものがほとんどなかった。

別の方法を試そうと、二〇世紀半ばにオーストラリアの著名な地質年代学者ウィリアム・コンプストン（首都キャンベラのオーストラリア国立大学所属）が、ルビジウム－ストロンチウム年代測定法を開発する。その技法で頁岩（堆積性だが火山岩ではない）を測定したところ、中国では最初の三葉虫の登場がおよそ六億一〇〇〇万年前であるとの結果が出た。この手法が完全に間違っており、取るべき道はウラン－鉛年代測定法だったことが今ではわかっている。しかし、一九八〇年代まではカンブリア紀開始の「公式」な年代が五億七〇〇〇万年前とされ、その数字は今なおネット上や書籍内の地質年代表で見かけることがある。

「いつ」以上に手強い難問が、もう一つの争点、つまり「何」をもって（どの化石の登場もしくは消滅をもって）カンブリア紀の始まりと定めるかだった。前述の通り、一九六〇年代に入る頃には化石の収集方法や装置類が進歩していたため、硬い組織をもっていて化石が残る動物は三葉虫よりかなり前に誕生していたことが明らかになりつつあった。三葉虫よりも下の地層にあって、最も古い化石硬組織は、微小ではあるが識別可能な殻の一部である（いわゆる「微小硬骨格化石群」）。小さなトゲのように見えるものもあれば、小型のカタツムリの殻のような形状のもの、さらには原始的な軟体動物か棘皮動物の甲が塊になっただけのようなものまで様々だ。それらが形成されて存在していた時期はいつかが焦点となった。

ようやく国際的な合意が得られたのは一九九〇年代初めのことである。[17] 前述の通り、化石記録からは動物の登場に四つの波があることが確認でき、そのうちの第一番目をカンブリア紀から完全に外すことが決まった。その時代は、原生代の中で「エディアカラ紀」という独自の名前を与えられることになる。そしてカンブリア紀の始まりは、垂直に穴を掘った生痕化石が初めて現われる時期、と定義された。これは微小硬骨格化石群よりも古く、当然ながら三葉虫の時代よりはるかに前となる。堆積物を縦に掘り進むことができるとすれば、その動物は水力学的骨格を備えているうえ、その骨格をコントロールするために神経と筋肉が接合していたはずだ。とはいえ、その生痕化石を含む地層は、実際のカンブリア爆発（化石記録から確認できるもの）よりも二〇〇〇万年近く古いところに位置していた。ただし、その地層が具体的にいつ堆積したのかは依然として不明のままだった。

確実な放射年代測定法がなかったため、発掘可能な最古の動物化石と最初の三葉虫の登場との時間的な隔たりを、地層同士の位置的な隔たりとして測定してみると、数万メートル離れていることがわかった。そう聞くと、時間的には数千万年離れているように思えるが、一九八〇年代の質量分析計（岩石から年代を特定する装置）では多数のジルコン粒子がないと正確な分析ができなかった。しかし技術の進歩により、一九八〇年代後半には性能の向上した新しい計器類が利用できるようになる。それを用いれば、カンブリア紀とされる地層の中に火山灰層が見られるかどうかを確かめられる。火山灰層はきわめて稀だが、重要な鍵を握るものだ。やがて、セジウィックらの時代から長い年月を経て、そのような地層がモロッコのアンティアトラス山脈で発見された。それがロゼッタストーンとなって、カンブリア爆発を構成する四つの段階がいつ起きたかを解き明かしてくれる可能性を秘めていた。

驚きの結果

一九八〇年代の終わり、著者らの一人カーシュヴィンクはモロッコのアンティアトラス山脈で火山灰のサンプルを集めた。その火山灰層は巨大な堆積層の中にあり、カンブリア紀の三葉虫が初めて登場する場所より五〇メートルほど下に位置している。だが、水中でその五〇メートル分が堆積するにはどれくらいの時間がかかったのか。あいにく火山灰層からはジルコン粒子がわずかしか得られず、当時の主流だった技法を用いるには数が足りなかった。その代わり、コンプストンが開発した素晴らしい装置がすでに利用できるようになっていた。高感度・高分解能イオンマイクロプローブ（SHRIMP）である。この装置は、セシウムイオンのビームを鉱物粒子の一点に集中させて照射することができる。それにより発生するプラズマを質量分析計にかけ、さらにいくつかの複雑な操作を行なうことで、ウランと鉛の比率に基づき非常に高い精度で年代を決定できるのだ。

結果は思いがけないものだった。モロッコのサンプルから浮かび上がった答えは「約五億二〇〇〇万年前」であり、六億年前より古いという予想を覆したのである。[18] コンプストンはあの手この手で時代をもっと引き下げようと試みるも、うまくいかなかった。八〇〇〇万年あまりもの開きがあったわけである。だとすれば、カンブリア爆発（少なくとも最初の微小硬骨格化石群が現われたことによる動物門の大幅な多様化）は核爆発に近かったといっていい。想定のゆうに二五倍は速かったことになる。以後、（サミュエル・バウリング率いる）ＭＩＴのグループをはじめ複数の研究チームが同じ結果を再現している。使用された火山灰は、モロッコのみならずナミビアや、シベリア・アナバール隆起の北部といった辺境の地から集めたものも含まれる。[19] 三葉虫が登場した時代もついに特定され、それが予想よりかなり新しいことがわかった。時代の開始時期を決める仕事をしていた古生物学者は、カンブリア紀全体の長さがわずか一〇〇〇万年になってしまうことを思って狼狽し、三葉虫の登場を目安にするのをやめ、もっと古いイベント、つまり縦に穴が掘られた生痕化石を基準にすることにした。最終的にはその時期がおよそ五億四二〇〇万年前と判明する。

カンブリア紀はほかに類を見ない時代であり、劇的な進化が起きて新機軸が登場した。しかし、それ以外にも珍しい特徴をもっていたことがその後の研究で明らかになった。

原生代とカンブリア紀の地層の境界で炭素の同位体を調べたところ、じつに奇妙なことが確認されたのである。数十万年から数百万年にわたって大幅な変動が起きていた（これを「カンブリア紀の炭素循環変動」と呼ぶ）[20]。その変動幅は尋常ではなく、地球上に存在するバイオマスのすべてを二〇〇万〜三〇〇万年おきに粉々にして燃やし尽くすのに相当する。何らかの原因で、非常に軽量の炭素（メタンに含まれる）が大気中に大量に噴出し、それに伴ってありとあらゆる温室効果が現われた。地球は短期的な過熱化に連続して見舞われたのだろうか。軽度な過熱化であればむしろ世代時間を短くするので、生物多様性が増す可能性がある。現代の生物相に見られるのと同じ効果だ。だが、度が過ぎれば死を招くことはいうまでもない。

奇妙な特徴はまだある。カンブリア紀にきわめて大規模なプレート運動が起きたことは以前から知られている（プレートとは、地表を形づくる巨大な地殻の薄板のようなもので、移動したり、分離したり、ほかのプレートと衝突したりする）。こうした運動は古地磁気を調べれば追跡が可能で、特定の岩石がかつて位置していた緯度や、プレート運動の方向も割り出せる。第5章で見たように、著者らの一人カーシュヴィンクが初めてスノーボールアース現象を証明したのもこの手法によるものだった。当時、古地磁気に関する複数の新たな分析から、一見すると考えられないような結果が得られていた。すべての大陸が地球表面を高速で移動したか、自転軸はそのままに地球全体が急激にずれたかのどちらかだというのである。北極と南極は従来通りの位置にありながら、その下にある地球自体が動いたのだ。

この事実は、オーストラリアなどで採集したサンプルからもたらされた。オーストラリアは赤道にまたがっていたのに、カンブリア紀の初期から後期のあいだに反時計回りにほぼ七〇度もその位置がずれた。その間わずか一〇〇〇万年足らずのことであり、実際にはそれよりかなり短かったかもしれない。その頃のオーストラリアはゴンドワナ超大陸の一部であり、南極大陸やインド亜大陸、マダガスカル、アフリカ大陸や南米大陸もそこに含まれていた。したがって、当時の大陸塊の半分以上がかかわる移動だったことになる。今では、旧ゴンドワナ大陸だったほぼすべての地域から同様のデータが確認できる。五億三〇〇〇万年前〜五億二〇〇〇万年前のカンブリア爆発のまさにその最中に、ゴンドワナは反時計回りに回転していたのだ。広大な北米大陸を含むローラシア大陸についても似たような結果が示されており、ほぼ同じ時期に南極からはるばる赤道まで北上したことを告げていた。

このとき、単純という名の神が舞い降りる。ことによると個々のプレート移動が多発したのではなく、地球上のすべてが一緒に動き、自転軸に対する相対的な位置を変えたのではないか。しかし、そのためには当時のローラシア大陸とオーストラリアがほぼ九〇度離れていないとうまくいかない（だがオーストラリアが赤道上にあってローラシアが南極にあったのなら、きっとそうだったに違いない）。このようにただ一度の回転で移動したと仮定すると、すべての大陸塊の相対的な位置と配置がきわめて正確に予測でき、太古の地理が読み解ける。固体地球全体がたった一回回転したと考えることで、それまではばらばらに見えた古地磁気のデータの意味が九割がた明確になる。

何もかもが一度に起きていた。なにしろ、種の数の面でも体制の面でも進化の大きなうねりが訪れ、生体がつくり出す鉱物の量が途方もなく増加し（様々な動物門で外骨格の数と種類が増えたため）、動物のあいだに捕食者と獲物の関係が初めて現われ、有機炭素の蓄えが大幅に変動し、複数の大陸の位置が劇的に変化したのである。カーシュヴィンクとその教え子をはじめとする研究者たちは、それが偶然の一致だったのか、それとも因果関係があったのかと頭を悩ませた。

裏づけとなる古地磁気のデータがさらに集まるにつれ、太古のプレートの動きがただ単に意外なのではなく、まったく不可能に思えるものだったことが浮かび上がってきた。現代を参考にして過去を理解せよというのが斉一説の教えであり、今の私たちは現状のプレートがどれくらい速く動いているのかを測定することができる。大西洋では大西洋中央海嶺に沿って新しい海洋地殻がつくられていて、北米プレートとユーラシアプレートは年間わずか一インチ（約二・五センチ）程度の割合で互いから遠ざかっている。こうした巨大プレートは海洋拡大中心で形成され、上に大陸を載せているので、プレートが向かうところへ大陸も移動する。移動の速度は場所によって異なる。たとえば、太平洋域でプレートが形成されつつある場所では、年間三〜五インチ（約七・五〜一〇センチ）というスピードだ。考え得る最高速度は年間一〇インチ（約二五センチ）近くに達するものの、この数値も仮説の域を出ず、異論も多い。ところが、古地磁気のデータから割り出した速度は年間数フィート（一フィートは約三〇センチ）というものだった。プレートテクトニクスだけがかかわっていたとしたら、この速さは不可能だ。だが同様のデータは繰り返し得られていて、疑問の余地がない。何か革命的なことが起きていたに違いない。少なくとも、科学界をあっといわせるような、現代とはまったく異なるプロセスが。所詮、斉一説などその程度のものである。

地表がそこまで高速で動いたというデータに接して、科学界はまずデータの信憑性を疑った。無理もない。かつてカール・セーガンが述べたように、尋常でない（科学的）主張をする以上は尋常でない証明が求められる。データが示す大陸移動は速すぎて、せいぜい年間数インチのプレート運動では説明がつかない。しかし、カーシュヴィンクら少数の研究者たちは、従来の理論では追いつかない速度でプレートの位置がずれたという厳然たるデータをゆっくりではあるが発表していった。しかも、この高速の移動が起きた時期の大半は、動物門の多様性が爆発的に増加したときと見事に一致する。プレートテクトニクスでないならいったい何だったのか。それが動物の進化にどう影響したのか。

答えは驚くべきものだった。もっとも、驚いてはいけなかったのかもしれない。なぜなら、同様のプロセスは火星や月をはじめ、いくつもの衛星や小惑星で何十億年も前から起きているからである。これらの天体は自転軸の位置を大幅に変えることがあるのだ。

地球で同じことが起きたら、生命に計り知れないほど大きな影響が及んだのではないか。この可能性については取り組みが始まったばかりではあるが、生命の歴史に対する私たちの理解に一大革命を起こそうとしている。

地球物理学者は一世紀以上前から、惑星の固体部分がかなり速いスピードで自転軸に対する相対的位置を変えることに気づいていた。回転している物体は、最大の慣性モーメント〔訳註　回転運動に対する抵抗の大小を表す量〕をもつ軸を中心にして回りたがる。フリスビーで考えるとわかりやすい。正しい投げ方をすれば中央が回転軸となり、円盤の端にある質量の大半が安定した回転を維持してくれる。ところが、中央ではない場所に小さな鉛片を一個置いたらどうなるか。質量の状態が変化したことを受けてフリスビーは回転軸の位置を変え、新たに加わった重い部分からできるだけ離れた場所を軸にして回ろうとする。いわば鉛を赤道の位置にもっていこうとするのだ。自転する惑星の場合でも、異常な質量があれば同じように遠心力と引力が綱引きを繰り広げる。ただし、惑星は円盤ではなく球体なので、そのときにはフリスビーよりもはるかに整然とした変化が起きる。仮に「重り」が赤道から極に向かって三分の二のところにあったとすると、自転軸は「重り」が赤道に来るように位置を動かす。奇妙な重さが加わったことで、球体は新たな軸で回転するようになるのだ。

かつて月でも火星でもこうした変化が起きたことはよく知られている。どちらにも、もともとは赤道ではない位置に新たな質量が加わったのに、最終的にはそれが赤道の位置に落ち着いた。具体的にいうと、火星にある広大なタルシス地域は、途方もない量の重い溶岩でできている。いわばその溶岩は、フリスビーや回転するボールに置かれた鉛片のようなもので、天体が形成されたあとにつけ足された。さらにいえば、タルシス地域は太陽系で最大の正の重力異常を示す場所であり、まさしく火星の赤道上に位置している。つまり「今は」ということである。月の場合はすでにアポロ以前の調査から、平原に玄武岩が存在することによる質量の集中がやはり赤道上に見られることが確認されていた。火星と月での現象は理解しやすい。どちらの天体にもプレートテクトニクスがないからである。自転軸の位置が変わるこのプロセスは「真の極移動」と呼ばれる。一九六六年にプレートテクトニクスが発見されるまでは、地質年代の初期に極の位置が変動していた証拠が見つかったら、すべて真の極移動が原因だと考えられていた。

地質学的に見て、惑星上の質量が急激に変化するような出来事は色々と考えられる。たとえば大型の小惑星や彗星が衝突することもあるだろうし、地球内部のマグマが表面に噴き出すこともある。同様に、プレート運動にかかわる構造（拡大中心や沈み込み帯）が現われたり消えたりすることによっても大幅な質量の変動は起こり得る。増えた質量が何かに浮かんで漂っているのではなく能動的に維持されている限り、地球上で真の極移動を誘発するには十分だ。その構造が失われる場合にも影響が生じる。沈み込み帯や拡大中心が消滅するとすれば、一個の大陸が移動して別の大陸にぶつかるときだ。合体する二個の大陸間の海底に拡大中心や沈み込み帯が存在すれば、衝突によって破壊される。すると地表の質量が減少することによって（増加によってではなく）自転軸の位置が変わるわけだ。

カンブリア爆発に伴う生物学的な変化が大陸を移動させたとは考えにくい。逆に、急激な移動が何らかの理由で進化のペースを加速させたと見るほうが納得がいく。それを起こし得るメカニズムはいくつか発見されていて、カンブリア紀についてわかっている断片をうまくつなげて説明してくれるように思える。一つには、大陸が高緯度に位置していると、海底や永久凍土の中に凍ったメタンを溜め込みやすい。いわゆるメタンハイドレートだ。その地域が赤道に向かって移動すれば、気温が徐々に上昇するにつれてときおり温室効果ガスを大気中に放出することになり、それが環境の温暖化につながる。温暖なほうが生物の代謝が促進されるので、進化や種の多様化は速く進む傾向にある。

カーシュヴィンクらが科学雑誌にこのメカニズムを発表したとき、論文に「カンブリア爆発を引き起こしたメタンの導火線」というタイトルをつけ、種の数が急増する大きな要因の一つは熱循環だったかもしれないと論じた。炭素同位体が異常に変動したのも、これが一因となった可能性がある。また、赤道地方では自然に生物多様性が高くなることも明らかになっている。著者らの研究仲間でイェール大学のロス・ミッチェルが、真の極移動が起きている最中の大陸の動きを調べたところ、この時代に新たに登場した動物群のほぼすべてが赤道へ向かう大陸の先端部分で生まれたらしきことがわかった。一方、高緯度地方へ移動した地域では新たに誕生したものがまったくいないか、ごくわずかしかいなかった。緯度が関係しているというのは呆れるほど単純な理論でありながら、多様性の増加をうまく説明してくれる。自然がホメオティック遺伝子を介して様々な体制を実験しているときにそれが起きれば、なおさら多様化が促されただろう。さらにこの仮説から見えてくるのは、カンブリア爆発の化石記録すべてを額面通りに受け取ってはいけないかもしれないということだ。というのも、真の極移動の副次的な影響として、赤道に向かう地域では海進が、またそこから遠ざかる地域では海退が起きる。堆積物は海進のあいだに最もよく保存され、海退時には失われる。したがって、真の極移動の時期には、多様性の増加を記録した岩石だけが後世に残った可能性があるのだ。

生命史上のイベントの原因を真の極移動に求めるというのは、まったく新しい研究分野であり、二〇世紀においては前代未聞のことだった。真の極移動はカンブリア爆発にのみ当てはまるのではなく、大量絶滅が起きるメカニズムの説明にもなる。そうした絶滅の一つがカンブリア紀とカンブリア爆発を終わらせ、グールドとモリスが紹介したバージェス頁岩の奇妙奇天烈動物をほぼすべて消し去ってしまった。このときの大量絶滅には「SPICE」という不思議な名前がついている。

カンブリア紀の終焉——顕生代初の大量絶滅「SPICE」

カンブリア爆発の歴史を詳細に語ってみると、動物体制の進化というものがいかに重要で、どれだけの影響力をもっていたかを思い知らされる。先カンブリア時代末期に生

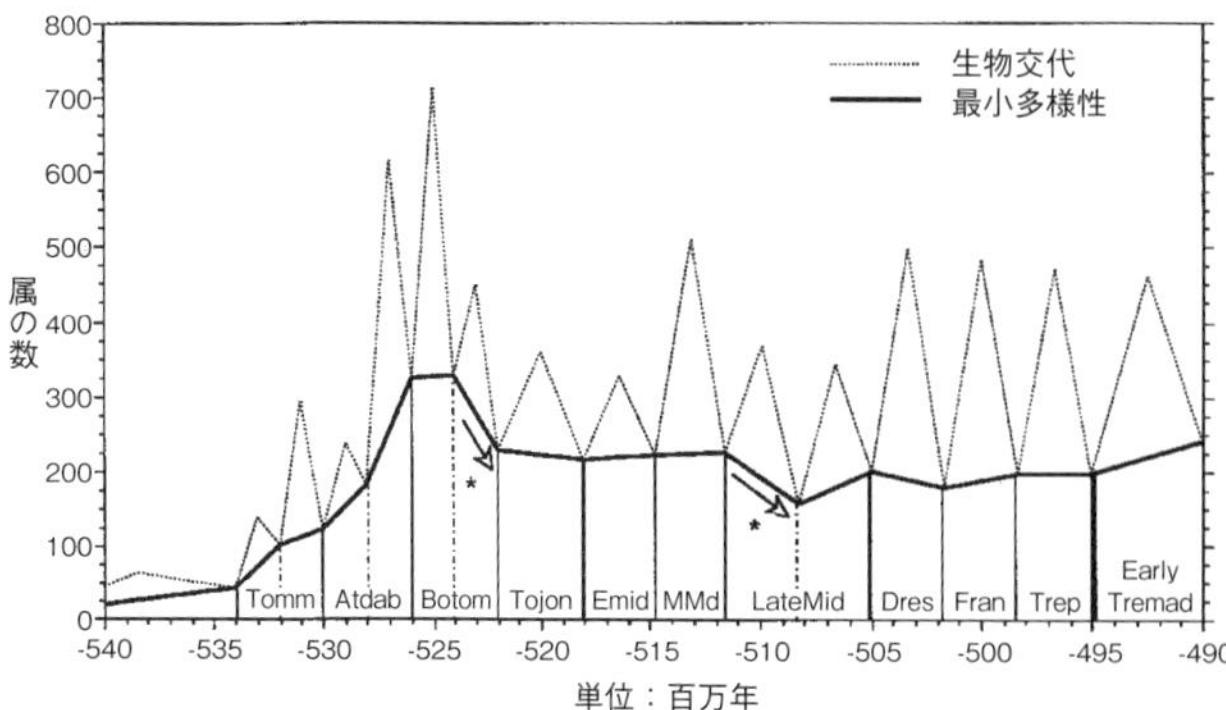

カンブリア紀における生物交代と遺伝的多様性。従来の定義によるカンブリア爆発は、シベリア台地のトモティアン期、アトダバニアン期、およびボトミアン期にまたがる。生物交代は、特定の時期における属の数の上昇・消滅を示す。（出典：Bambach et al., “Origination, Extinction, and Mass Depletions of Marine Diversity,” *Paleobiology* 30 (2004): 522-42）

息していた生物はといえば、動けなかったり、ただ漂っていたり、比較的大型であっても単純なつくりの動物にすぎなかったりした。それが、カンブリア紀の終わりには世界中の海で、数も種類も豊富な動物がひしめくまでになったのである。だが、そもそもなぜカンブリア紀に「終わり」が訪れたのだろうか。このテーマについては、長年の定説を覆す研究結果が得られている。

　大量絶滅とは、短いあいだに個体と種の両方が多数死滅することであり、規模の大きさはそのときによって異なる。とくに大規模だったのは「ビッグファイブ」と呼ばれる五度の大量絶滅で、いずれの場合も種の五〇パーセント以上が失われた。しかし、そこまで壊滅的ではないにせよ（滅びた当の生物にとっては十分に壊滅的だったわけだが）絶滅はほかにも何度かあった。なかでも有名なのが、カンブリア紀を終わらせた大量絶滅である。

カンブリア紀末期の場合、実際にはたった一回ではなく比較的小規模な絶滅が三〜四回起きており、おもに三葉虫や腕足類などの海洋無脊椎動物が打撃を受けた。従来の定説によれば、温かい低酸素水塊の増加がその原因である。三葉虫の中でも初期に現われたオレネルスなどは、このときに完全に死に絶えた。それだけでなく、三葉虫全体の特徴が変わった。カンブリア紀の三葉虫は数多くの体節に分かれ、目は原始的で、明らかに防御のためと見られる構造（捕食者から身を守るためのトゲなど）は体に付属していない。また、現代のダンゴムシが身の危険を感じたときにするように、丸まって硬い玉になることもできなかった。ところが、続くオルドビス紀に入ると新たな進化の波が訪れ、三葉虫は体制そのものを変化させる。ほぼすべての種が体節の数を減らし（体節の数を減らして厚くしたほうが捕食者の攻撃によって割られにくい）、目の機能も向上し、身を守る構造を発達させ、何よりダンゴムシのように丸くなれるようになった。

高温と低酸素、そして動物相の変化。それがカンブリア紀末の絶滅に関する従来の見方だった。ところが、その正反対を示唆する新たなデータが次々に見つかった。水が温かいどころか冷たかったことと、海底への有機物の大規模な埋没が起きていたことを示す証拠である。このプロセスにより酸素濃度は急上昇した。現在、この変化はＳＰＩＣ

E（「後期カンブリア紀の正の炭素同位体変動」の略）と呼ばれている。だが、この新発見には大きな矛盾がある。証拠が最初に岩石から確認されたのは、急激に種の絶滅が起きたからだけでなく、炭素同位体の記録（したがって炭素・栄養循環）に大幅な変動が認められたからでもあるのだ。カンブリア紀末に短期的な絶滅が連続したことにより、三葉虫のかなりの割合が死滅したことについては十分な証拠がある。

ほかの時期の大量絶滅は、たいてい酸素濃度の低下に付随して起きている。ところがSPICEの場合、逆に短期的な上昇に伴うものだったところが面白い。これは、同じ頃に火山が噴火して、急激な大陸移動、つまり真の極移動を引き起こしたせいではないだろうか。数百万年をかけて熱帯に多くの陸地が移動した結果、炭素の埋没量が増え、かつてないレベルにまで大気中の酸素濃度を押し上げた。こうしたイベントによって、カンブリア爆発のあとの大規模な適応放散へのお膳立てが整ったのかもしれない。大量の酸素を必要とする生態系が一つある。サンゴ礁だ。サンゴ礁はSPICEのすぐあとに現われ、次なる地質年代であるオルドビス紀の扉を開いていく。

第9章　オルドビス紀とデボン紀における動物の発展

――五億年前〜三億六〇〇〇万年前

現代のサンゴ礁は「海の熱帯雨林」とも呼ばれる。狭い範囲内に多様な種が多数生息している点が同じだからだ。どちらも生命に満ち溢れているというのが、共通する第一印象である。だが、よく似ているのはそこまで。熱帯雨林に限らずどんな森林であっても、そこに見つかる生命の大部分は植物であるのに対し、サンゴ礁はほぼ動物のみで成り立っている。確かにサンゴ礁には植物に見える生物が多数付着してはいるが、ほとんどは実際には動物であり、ウミトサカ類や海綿類、あるいはレースのような外肛動物などだ。宇宙から眺めたときに、地球が生命の惑星であることを如実に物語る証拠は、大陸を広々と覆う光合成植物の緑だという声もあるだろう。しかし、それとはまったく異なる種類ではあるが、やはり宇宙に向けて生命の存在を告げているものがある。熱帯の海に広がるサンゴ礁だ。代表的なものがグレート・バリア・リーフであり、オーストラリアの東海岸に二〇〇〇キロ以上にもわたって伸びている。とはいえ、そこまでの壮観でなくてもサンゴ礁はほかにいくつもある。赤道付近の海には、おびただしい数の環礁や裾礁（きよしよう）〔訳註　大洋島または大陸の周縁に発達するサンゴ礁〕が点在しているし、環礁に囲まれた礁湖もある。いずれも非常に古い生態系の一部であって、その誕生は森林よりも、それどころかあらゆる陸上生物よりも昔に遡る。今なお全生態系の中で突出した生物多様性を誇り、過去五億四〇〇〇万年のあいだに起きた数度の大量絶滅をその都度くぐり抜けてきた。いわば長命な超個体〔訳註　生物群集が集団としてあたかも一個の個体であるかのようになるもの〕である。

サンゴ礁環境の最も大きな特徴は、いたるところで何かが動いていることである。魚が群れをなして軽快に泳ぎ、礁を打つ波は止むことがなく、絶え間ない水の流れを受けてウミトサカが揺らめきうねる。どのサンゴ礁にも魚がすみついている。大きさも形もふるまいも様々な、多数の魚だ。群れで行動するものや、物陰に潜むもの。堂々と一匹で水を行くものもいれば、サメのようにただあたりを巡回しているものもいる。動きに満ちたこの多様な生物群は、脊椎動物だけで構成されているのではない。つぶさに眺めてみると無脊椎動物の種類も驚くほど多岐にわたり、魚ほどのスピードはないにせよやはり片時も静止することがないように思える。小型のエビはサンゴからサンゴへと踊るように移動し、大小様々なカニが休むことなく餌を探している。巻貝はことのほかゆっくりではあるが、ほかの誰にもわからない目的のために歩き回る。腹足類の種類も多く、大きさはどのサンゴ礁でも姿を見かける。美しいホラガイのような肉食動物もいれば、大きさは同程度なのに植物食のコンクガイもいる。日中はサンゴの破片の下に目にも鮮やかなタカラガイがおびただしく群がり、わずかな藻のかけらを時間をかけて食べる。そのあいだを縫って獰猛なイモガイが進み、いつもの獲物である小さな蠕虫を見つけ出す。イモガイの一種でも、タガヤサンミナシなどは魚を捕食する。この貝は歯舌(しぜつ)が特殊化した毒銛(もり)をもっていて、それを魚に突き刺してから丸ごと消化するのだ。膨らんだナマコは海底の堆積物の上か、そのわずかに下を這いながら、体の一方の端から絶えず大量の砂を取り込んでもう一方の端から大きな砂の塊を排出する。そのナマコと白いサンゴ砂を分け合っているのがブンブクウニだ。もちろんほかの棘皮動物もいる。色々な種類の捕食性のヒトデや、おとなしく固着しているが遊泳もできるウミシダの姿もある。多種多様な一大生物群が生み出す色彩と動き。現代のサンゴ礁生態系はその二つに溢れており、今も昔もそうだったと考えるに足る十分な理由もある。

　サンゴ礁は、進化がつくり出したものとしては非常に古い歴史をもち、[1]それが存在感を増すのに呼応してカンブリア爆発に続く生物の多様化が起きた。ある意味では水素爆弾のようなものかもしれない。熱核融合が起きて巨大な爆発を得るためには、先に核分裂爆発によって超高温の状態を生み出す必要がある。水素爆弾の仕組みはこうだ。まずプルトニウムを用いた核分裂爆弾を破裂させて温度と圧力を十分に高め、核融合反応を起こして水素爆弾を爆発させる。生物が多様化したカンブリア爆発はいわばその熱と圧力に相当し、それよりはるかに大規模なオルドビス紀の多様化を導いた。種の数が急増するうえで、きわめて重要なものがサンゴ礁だったわけである。

最初の礁の登場はカンブリア紀の最初期にまで遡る（ここでいう礁とは、生物がつくる三次元の構造で、波によって流されないものを指す）。初めはサンゴの礁ではなく、とうの昔に絶滅してしまった古代の海綿動物「古杯類」によるものだった。[2] サンゴ礁の誕生はそれより少し遅く、オルドビス紀に入ってからである。そして、デボン紀が始まる頃にはその大きさや多様性、分布域を大幅に広げていた。その後も特徴的な生態系としてつねに存在し続けるが、ペルム紀末になってほかの数々の生物とともにその多くが滅びることになる。

　時間を遡って四億年前の海に潜ることができるとしたら、古生代のサンゴ礁はどのような姿をしていただろうか。一見すると意外なほど現代のものに似ている。礁の主役はやはりサンゴだ。礁という三次元構造のレンガにあたるのがサンゴであり、レンガ造りの家と同様、色々な種類のモルタルで接合されている。おもに被覆状サンゴがセメント代わりとなり、サンゴの頭や枝をつなげて巨大で複雑な石灰岩の土台を築いている。ところがもっと近づいてみると、四億年前のサンゴは外見も種類も違うことがわかる。サンゴの大きな頭の形は現代と近いようでいて、細部の形態が大きく異なるのだ。現代のサンゴ礁で最も一般的なのは石サンゴだが、四億年前にそれと同じ地位を占めるのは床板サンゴだった。床板サンゴは半球状で枝分かれしており、そのあいだには「造礁性」をもつ別のレンガもあった。その多くは層孔虫類と呼ばれる奇妙な海綿状の生物で、炭酸塩を分泌する。今も存在しているが、大きさも多様性も古生代には遠く及ばない。この二種類の大型造礁生物のほかにも、別種のサンゴが点在していた。四放サンゴと呼ばれるもので、群生はせず、牛の角のような形をしている。ただし、角の尖ったほう、つまり四放サンゴの炭酸カルシウムの骨格が土台とつながっている。太い端は上に向いており、そこに幅の広いイソギンチャクに似た動物が一匹固着している。

　現代の石サンゴは、どれだけ大型で、どれだけ多数のポリプ（触手をもつサンゴの構成単位）でできていようと、全体で一個の「個体」である（少なくとも遺伝子の上では）。それは四億年前の床板サンゴも同じだ。時代を問わずどんな種類のサンゴも、イソギンチャクに似た微小なポリプが集まった一大「コロニー」である。ポリプは、中央の小さな口を囲むようにして毒のある触手を生やしている。とはいえ、単に小型のイソギンチャク（単独生活をするポリプ）が海岸の岩を覆い尽くしているのとは違って、サンゴの個々のポリプは共肉と呼ばれる薄い組織でつながっている。ポリプのコロニーはときに非常に大規模なものになるが、その遺伝子はすべて同一だ。それでいて、サンゴは一匹の動物ではないのである。造礁サンゴはすべて、その体内に多種多様な植物を共生させているからだ。その植物は単細胞で渦鞭毛藻類と呼ばれ、ポリプ同士をつなぐ共肉の中にも、ポリプ自体の体内にも無数に存在する。この共生は互いにきわめて大きな利益をもたらす。微小な藻類の側は、生命の維持に欠かせない四つのものを受けとることができる。つまり、光、二酸化炭素、栄養分（リン酸塩と硝酸塩）を得られるうえ、美味しい植物を食おうと手ぐすね引いている様々な生物から守ってもらえるのだ。

オルドビス紀の多様化――カンブリア爆発を土台に

カンブリア紀を終わらせた大量絶滅により、それまで大きな成功を収めていた動物たちが多数影響を受けた。生命の歴史の早い時期に登場した三葉虫や腕足動物のほか、バージェス頁岩に残るアノマロカリスのような風変わりな節足動物もそうだ（ただし、オルドビス紀の地層から、アノマロカリスとしては最も新しい化石が二〇一〇年に発見されているので、カンブリア紀末の大量絶滅はバージェス動物群の一部に対してはかつて考えられていたほど苛酷なものではなかったのかもしれない）。この絶滅が起きたことは以前から知られていたものの、「大規模な」絶滅、つまり海洋生物種の半数以上が失われるほどではなかったと見られている。おそらくはこの絶滅がガソリンの役目を果たして、さらなる多様化への火蓋が切られたのではないだろうか。適応性の低い動物は死に絶え、新機軸と新種が登場する道が開かれた。庭の除草をすると、そこから植物が勢いよく生えてくるのに似ている。

また、生物はまったく新しい暮らし方と生活の場を見つけることになる。カンブリア紀にはあまり利用されていなかった汽水域や淡水域のほか、同じ海でももっと深い海域、あるいは波打ち際に近い浅い海域に動物がすむようになる機が熟したのだ。動物とはいえその多くは依然として固着性で、一生のあいだ一箇所から動くことなく、ますます栄養豊富になっていく海洋プランクトンを濾し取って食べていた。それでも、種の数もバイオマスも増加していった。[3]

オルドビス紀になると、カンブリア紀にはまだ存在しなかった多種多様な動物が登場する。その多くはカンブリア紀末の大量絶滅の直後に現われた。動物相はカンブリア紀とはかなり異なった顔ぶれとなる。三葉虫はまだ生息していた。しかし、カンブリア紀の海ではたいていの水深で三葉虫が最もありふれた生物だったのに対し、オルドビス紀では殻をもつ別の動物に個体数でも種の数でも圧倒されるようになる。具体的には、腕足動物や相当数の軟体動物だ。最大の勝者となったのは、まったく新しい生活様式を進化させたものたち、群体性の動物である。もちろんコロニーをつくること自体は、すでにもっと単純な体制の動物が行なっていた。様々な植物、微生物、原生動物などである。では、オルドビス紀の群体性動物は何が違うかといえば、止むことのない多様化を推し進める原動力となったことであり、それこそがこの時代最大の特徴といっていい。とくに注目すべき存在が、サンゴ、外肛動物、そして新種の海綿動物である。

この大規模な多様化の理由を探ると、酸素へと戻る。[4]海水の酸素濃度上昇がもたらす真の影響は、この観点から捉えることで明らかになると著者らは考えている。著者らの解釈は歴史家的なアプローチによるものであり、科学の世界ではまだ新しい視点であるために確固たる真実とはみなされていない。それでも、なるほどと思わせる大きな力をもっている。また、そう解釈することで動物の多様化という問題の全体像が見えてくる。何かといえば、時間とともに動物の多様性が変動した（このこと自体は科学的事実として受け入れられている）一番の要因は酸素濃度だということだ。

地球上の動物の多様化が二部構成で進んだとすれば、オルドビス紀はその第二部にあたる。第一部はカンブリア爆発であり、[5]どちらのケースも原動力となったのは酸素濃度の上昇だ。オルドビス紀にもカンブリア紀と同様、のちの時代より速いペースで新しい種と新しい体制が登場した。進化と革新がこれだけ速く進んだのは、生命史上初めて世界全体に動物が満ち溢れた結果の一つといえる。カンブリア紀を一言でいえば、海を実験的生物で満たした時代であった。カンブリア紀よりあとの歴史を一言でいえば、生物間の生存競争によって適応度の低いものが容赦なく淘汰され、初期の原始的で非効率的なデザインが駆逐されて、結果的に生物多様性が急増していく過程といえる。進化は、優れた体制を模索してつくり出す手段となった。

多様性の歴史をめぐる研究史

多様性とは、生物（なかでも最も多くの明瞭な化石を残す動物）のカテゴリーの数と集合と捉えることができる。多様性の歴史を初めて物語ったのは、一九世紀イギリスの地質学者ジョン・フィリップスである。フィリップスは、地質時代を古生代・中生代・新生代に分ける概念を提唱したことでも知られる。彼がきわめて重要な著作を発表したのは一八六〇年のこと。その三つの時代を定義するとともに、化石記録から非常に大きなスケールでの進化のパターンを読み取って、過去に起きた大規模な大量絶滅を指標にすれば地質時代を区分できることを示した。大量絶滅が起きるたびに新しい動物相が出現し、それが化石記録に現われているからである。しかしフィリップスの功績はそれだけに留まらない。過去の多様性は現在より大幅に低く、大量絶滅の直後を除けば種の数は増え続けてきたと指摘したのである。大量絶滅は多様性の増加を鈍らせはするものの、それが一時的であることにフィリップスは気づいた。これはまったく新しい視点であったが、科学界が再びこのテーマに目を向けるのは一世紀後のことだった。

一九六〇年代後半、古生物学者のノーマン・ニューウェルとジェームズ・ヴァレンタインが、動植物がいつ、どれくらいのペースで世界にすみついたのかという問題を再び検討する。[6]二人ともが考えたのは、五億三〇〇〇万年前〜五億二〇〇〇万年前のカンブリア爆発（六〇年代に主流だった数字ではなく改定されたものを用いた）のあとに種の数が急速に増え、その後はおおむね安定した状態が続いたのではないかということだ。彼らは、古い時代の岩石では化石の保存に偏りがある点を重視した。フィリップスは時とともに多様性が増すという傾向を指摘したが、それは進化に伴う本物の多様化のパターンなどではなく、じつは保存状況のパターンにすぎないのではないか。古い岩石ほど種の変化が小さいのはサンプリングのバイアスが原因であって、それこそがフィリップスのいう多様化をもたらしたというのが二人の見解である。ほどなくして古生物学者のデイヴィッド・ラウプも、一連の論文を通して同様の仮説を唱えた。[7]古い時代になればなるほど、発見・命名される生物には偏りがあるとラウプは力強く説いた。古い時代の岩石のほうが再結晶や埋没、変成などの作用を受けて変質をきたしていることが多いうえ、長い歳月が経過するあいだには一つの地方が丸ごと失われてしまう場合もある（必然的に古い時代を記録した岩石も減る）。新しい岩石に対する調査の数が単純に多いというのもある。

　はたして多様性は時とともに急速な増加を続けてきたのか、それともすでに古い時代に高いレベルを達成して、以後はほぼ同じ状態を維持してきたのか。この問題は、二〇世紀後半における古生物学研究の大きなテーマとなった。一九七〇年代には、ラウプと故ジャック・セプコスキー[8]をはじめとするシカゴ大学の研究者が、図書館の記録を調べて大規模なデータベースを構築した。このデータは、海洋無脊椎動物の記録に陸上植物と脊椎動物のデータも加えたもので、その結果はかつてのフィリップスの見解を支持しているように思えた。とりわけ注目すべきは、セプコスキーが発見した曲線パターンから、異なる動物群によって多様化の大きな波が三回もたらされたことが確認できた点である。

　最初の波が現われるのはカンブリア紀（三葉虫や腕足動物などの原始的な無脊椎動物からなるカンブリア動物群）。続いてオルドビス紀に第二の波が訪れ、それはほぼ一定した状態のまま古生代の終わりを迎える（造礁サンゴ、有関節類の腕足動物、頭足類、原始的な棘皮動物からなる古生代動物群）。最後の波は中生代における急速な増加であり、新生代に入るとペースがさらに加速して、現代の世界に見られるような高いレベルの多様性が実現した。腹足類、二枚貝、ほぼすべての脊椎動物、ウニ類などからなる現生動物群である。

したがって、過去五億年における多様性の傾向については、一八六〇年のジョン・フィリップスの結論とほぼ同じだったわけである。つまり、地球上の種の数は現在が最も多いということだ。さらに心強いのは、生物多様性の推移を見てみると、多様化を進めるエンジン（新種を生み出すプロセス）がフル回転していて、この先も種の数は増え続けるように思えることである。当時は宇宙生物学的な視点で捉えられることはなかったものの、地球がけっして惑星として老いているわけではないことをこの研究結果は示唆している。ジョン・フィリップスからジョン・セプコスキーまで一三〇年間の長きにわたって、種の数は今が一番多いという心休まる見解が信じられてきた。その通りだとすれば、生物にとっては現代こそが最良の時代であり（少なくとも地球規模の生物多様性の面で）、しかも不自然なバイオテクノロジーの力を借りなくても多様性と生産力のさらに高い未来が待ち受けていると考えていいことになる。

セプコスキーの研究結果を見る限り、中生代後期から現代までの期間は急激な多様化が最大の特徴であるように思える。その一方で、色々な研究者が指摘してきたサンプリングの偏りについての疑念が払拭されたわけではない。何より気がかりだったのは、「現世への引き寄せ」と呼ばれる現象が起きているのではないかという点である。セプコスキーが用いた手法では、太古の昔における多様性を数え漏らしていて、結果的に時

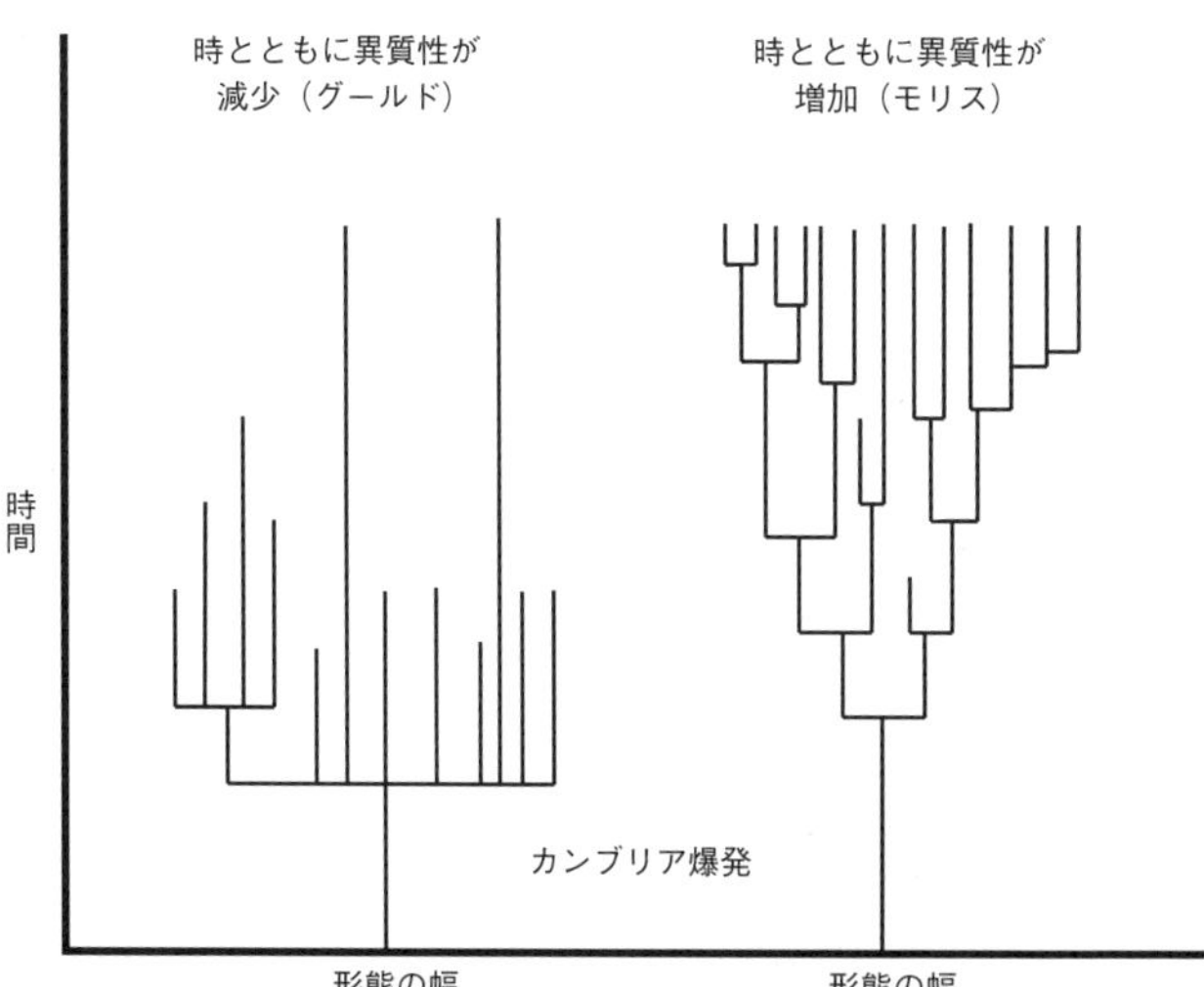

異質性とカンブリア爆発をめぐって対立する二つの仮説。「多様性」が種の数を指すのに対し、「異質性」とは体制の種類の数をいう。スティーヴン・ジェイ・グールドは、カンブリア爆発のときのほうが現在より体制の種類が多かった（つまり異質性が高かった）と考えた。バージェス頁岩から見つかった不思議な化石を「奇妙奇天烈動物」と呼び、それらはすでに絶滅した動物門だとみなした。まったく逆の見方をしたのがサイモン・コンウェイ・モリスであり、異質性は時とともに徐々に高まってきたと主張した。

代が新しくなるほど種の数が増えているように見えているだけかもしれないのだ。これはけっして根拠のない懸念ではないため、生物多様性の変遷を検証する新たな研究が始まる。今世紀初めにこの問題に取り組んだのが、ハーバード大学（現在はカリフォルニア大学バークレー校）のチャールズ・マーシャルと、当時カリフォルニア大学サンタバーバラ校のジョン・アルロイが率いる大規模なチームである。[9] セプコスキーのやり方が、単に科学文献に記載された過去の地質年代の種の数をまとめるというものだったのに対し、このチームは実際の博物館コレクションをもとにしてもっと包括的なデータベースを構築した。するとほとんどの人にとって意外だったことに、長年の通説を覆す結果が得られたのである。

マーシャルとアルロイのチームの分析によれば、古生代の多様性も中生代中期の多様性もほぼ同じで、長らく考えられていたような多様性の一貫した増加傾向は明確には見出せなかった。この結論の意味するところは大きい。私たちはすでに何億年も前の時点で、多様性の安定した段階に入っている可能性があるのだ。もしかしたら、動物の歴史の初期に多様性はピークを迎え、あとはフィリップス以後の見方に反してほぼ同程度を維持しているだけなのかもしれないし、ことによるとすでに減少が始まっているのかもしれない。もちろん、数々の新機軸（動植物の上陸を可能にした適応構造など）も登場して、地球の生物に新しい種をいくつもつけ加えたのは間違いない。それでも、古生代後期に入る頃には種の数はほぼ頭打ちになっていたおそれがある。

要するに、カンブリア紀前期に生物が爆発的に多様化したあと、種の数は急速に増えていき、やがて平衡に達して古生代のあいだその状態を保ったのちに、ペルム紀末で激減した。その後は、全体としては多様性が増加する傾向を示しながらも、種を減少させる短期的なイベントにたびたび阻まれる。つまり大量絶滅であり、とくに規模の大きかった五つが非常に重要な役割を果たした。大量絶滅が起きるたびに分類群は著しく失われるものの、その都度、種が形成されるペースが上がるため、絶滅以前のレベルどころか当初の多様性を上回る。

この歴史から見えてくるのは、顕生代を通して観察される多様性のパターンが、多様化と絶滅の両方を引き起こす数々の複雑な要因に左右されているということだ。多様性の増加につながる要因はいくつもあって、たとえば進化上の新機軸、まったく新しい生息域への進出、新たな資源の登場などが考えられる。多様性の低下をもたらすおもな要因には気候変動、資源や生息域の減少、ほかの生物との新たな生存競争や捕食、小惑星の衝突のような外因的イベントがある。

二酸化炭素濃度と大気中の酸素濃度が反比例の関係にあることは、地球化学の分野で以前から注目されてきた。酸素濃度が上昇すると、普通は二酸化炭素濃度が低下するのである。大気中の二酸化炭素濃度は、個々の生物に対してじかに生物学的な作用を及ぼすことがほとんどないレベルだ。にもかかわらず、それが変動することでなぜ多様化が促されたり阻まれたりするのかは理解が難しい。しかし、重要なのは二酸化炭素自体ではなく、それが酸素濃度の変動と組み合わされることだ。その変化は地球規模の気温に左右される。

冷たい水は温かい水より酸素を多量に含む。気温が低く、初めから酸素濃度が高い地域では、海水の低酸素のせいで生物が支障をきたすことはまずない。一方、温暖で、初めから酸素濃度が低いところでは、流れのない水はすぐに淀んで汚れてしまう。これは池や湖だけに限ることではない。温暖な地域では大洋であっても被害を被り、それは二酸化炭素濃度が高い場合も同じである。

現在までの様々なデータを総合すると、分類学上の多様性は（少なくとも海洋動物については）酸素濃度と関連しているように思える。これは予想の範囲内だ。どんな動物も、無酸素状態への耐性は低いからである。予想外だったのは、新たな分類の誕生率（種または属の数で表わす）が酸素濃度と反比例しているように見える点だ。たとえば五億四五〇〇万年前〜約五億年前の時代（カンブリア爆発）には新しい種類の生物が多数生まれたが、それが起きたのは酸素濃度が一四〜一六パーセントで推移した時期だった（現代は二一パーセント）。シルル紀と石炭紀に酸素濃度が著しく上昇したときは、新しい属の誕生率が最も低かった時期と重なる。ペルム紀に酸素濃度が低下したときには誕生率は上がったものの、種全体の数は減少した。どうやらデータは明確な信号を発しているようである。

酸素濃度が高い時期は、国が好景気に沸いているときに似ている。失業率は低く、商売は繁盛して倒産が少ない。反面、新興企業の誕生はあまり多くない。新興企業は不景気のほうと縁があるように思える。切羽詰まっているときには新しいアイデアが受け入れられるし、新たなリスクも厭わないものだ。ただし、何社もの新興企業が生まれたとしても成功するのはほんの一握りである。しかも、景気の良いときにはうまくいっていた企業も、不景気になれば経営が傾き始めるものがいくつも現われる。

ここから一つのパターンが見えてくる。多数の新興企業が誕生しても、そのほとんどは早々に倒産して、かつて羽振りの良かった多くの企業とともに消えていく。貨幣の流通も減り、企業の総数は落ち込む。同じことが生物にもいえそうだ。高酸素は好景気に相当する。種の数は多く、新たに現われるものは少ない。ところが低酸素状態になると、高酸素期より新興の種の数が増えるものの、それを上回る率で既存の種が滅びていく。

例はいくつもあるが、一番わかりやすいのはジュラ紀から現代まで続く長期的な酸素濃度の上昇だろう。この間、新種の生物の誕生率は長期にわたって低下し、一方で多様性は急増した。だが、どれほど斬新なデザインが登場しただろうか。鳥類、哺乳類、爬虫類、両生類といった新生代の生物はどれも、古生代や中生代の低酸素期に誕生した体制をわずかに変えただけのものだ。新生代には、恐竜（低酸素が生んだ過激な新機軸の好例）に相当する生物は登場していない。

低酸素と高二酸化炭素が組み合わさると、斬新な新機軸が登場することで種の形成が促される反面、絶滅率は大幅に上昇する。この認識は、確たる生物学的な根拠に基づいている。結果的に、低酸素期には種の数が減少する。酸素濃度の低下と同時に気温が上昇するのは最悪のワンツーパンチだ。高温で低酸素の環境に適応するのは一筋縄ではいかないからである。寒さが増したのであれば、体毛や羽毛を増やし、多量の体脂肪を蓄えることで対処できる。しかし、高温の中で体温を低く保つのははるかに難しく、進化を通じて体を根本的に変化させることが必要になる。この点は、酸素濃度が低下し続ける環境で生きていこうとする場合にはなおさら当てはまる。低酸素に適応するのは並大抵のことではなく、血色素から始まって循環器や呼吸器の改良など、複数の器官にまたがる改造を伴うからだ。

酸素がいかに多様性と関係しているかを如実に示すデータが、二〇〇九年にロバート・バーナー（イェール大学）によって発表されている。顕生代を通して酸素濃度がどう変動したかの最新データと、ジョン・アルロイのチームによる多様性の推移（当時としては最新のデータ）とのあいだに重要な類似点をバーナーは見出した。その二種類の曲線は次ページに掲載してある。一〇〇〇万年単位で見た場合、酸素濃度と多様性のあいだに直接の相関関係が多少は認められるものの、何より驚くべき相関関係が現われるのは、その一〇〇〇万年ごとの区分内で大気中酸素濃度の増減を多様性の変遷と照らし合わせたときだ。たとえば、二億三〇〇〇万年前〜二億二〇〇〇万年前の大気中酸素濃度と、同じ期間の属の多様性の移り変わりを比べてみると、相関関係が存在することは明白である。つまり偶然ではない。統計学的に見て非常に信頼性の高い相関といえる。

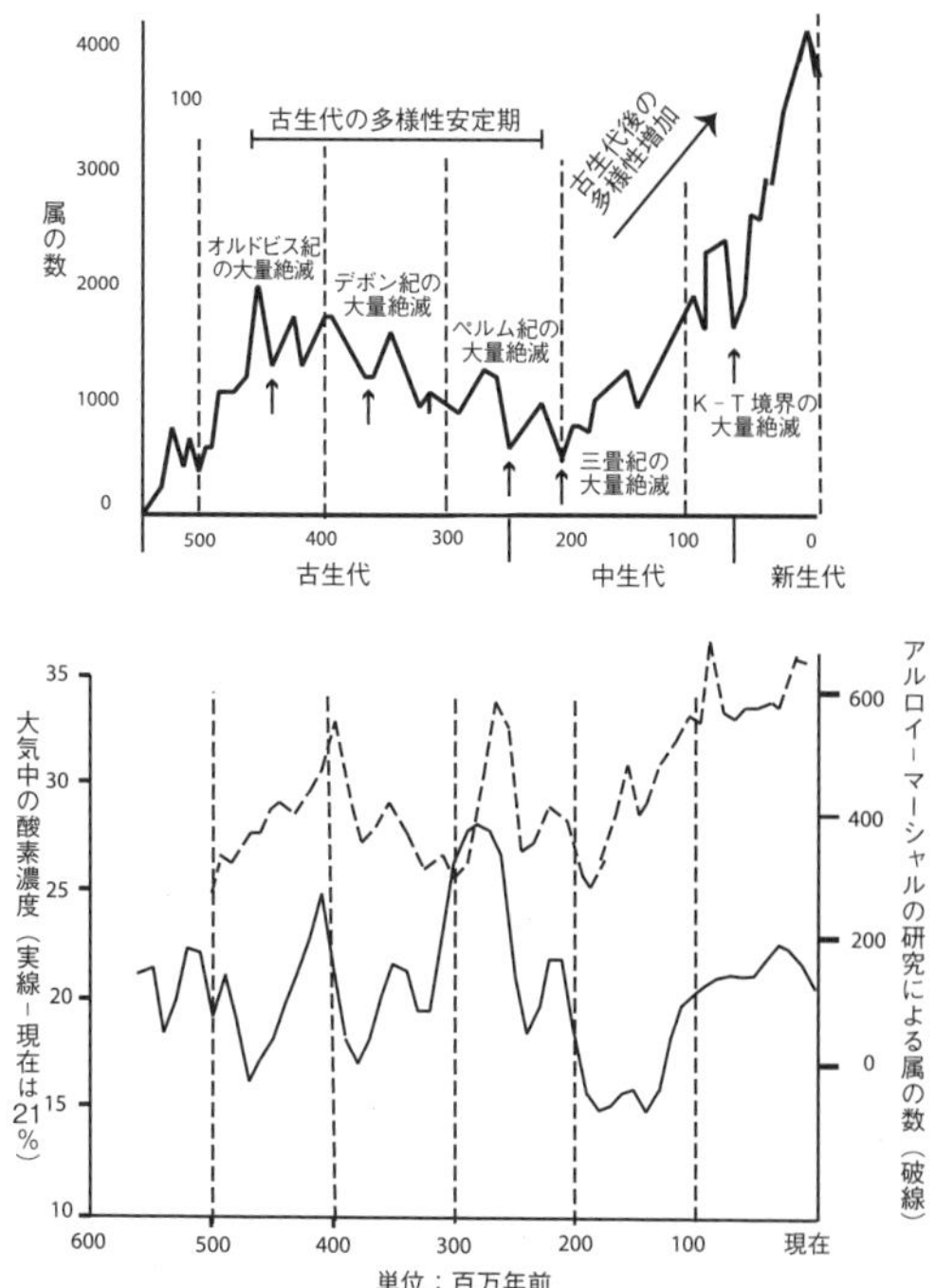

上のグラフ：カンブリア紀以降の海生無脊椎動物の多様性の推移。ジャック・セプコスキーが発見したもの。この曲線は、長期にわたる膨大な数の図書館文献調査に基づくもので、古生代に属の数が急増してから安定状態になり、ペルム紀の大量絶滅で減少することを示している。以後は、現在に至るまで属数が大幅に増加したというのが彼の見解だ。下のグラフ：酸素濃度（ロバート・バーナーのモデルによる）と、ジョン・アルロイらが発表した（セプコスキーよりも）新しい属数の推定値を表したもの。酸素濃度の増減と属数の増減に強い相関関係が見られることに注目してほしい（ピーター・ウォードの未発表資料より）。

面白いことに、発表以来、酸素と二酸化炭素の推移をモデル化したバーナーらのデータは議論を呼んでいる。アルロイの様々な曲線についても同様だ。どちらも、まったく異なる情報源をもとにしたモデルから得た結果である。バーナーがジオカーブ（GEOCARB）やジオカーブサルフ（GEOCARBSULF）モデルに入力した数値は、特定時期に存在した種の数とはまったく関係がない。アルロイのモデルのほうも、酸素や二酸化炭素の濃度の推定とは何の関連もないものだ。にもかかわらず、両者は信じがたいほど連動している。理屈のうえでは偶然に一致することもないではないが、それだけでは説明がつかない。ここに偶然は介在していないのだ。動物の多様性を左右するうえで最も重要な要因は、酸素と二酸化炭素（とくに酸素）の濃度であるように思える。別々に得られた二種類の曲線が相関を示すことにより、科学にとって最も重要な価値観である信頼性が高まっている。

昆虫と植物

多様性と異質性は、生物が陸上へと進出したことをきっかけに堰を切ったように増加したのは間違いない。多様性の変遷については、種の数は現在が最も多いというのが著者らの理解だ。だがそれは本当に正しいのだろうか。バイアスがあるとすれば何が考えられるのか。

すぐれた研究には帰無仮説〔訳註　研究に基づいて立てた仮説に反する仮説のことで、これが否定されれば元の仮説の信頼性が高まる」が存在する。この場合の帰無仮説は、海洋生物の多様性はカンブリア紀末期にすでに現代のレベルに達していた、というものだ。これは一九七〇年代におけるスティーヴン・ジェイ・グールドの見解と同じである。彼がどこまでそれを信じていたかはさておいて、そういう見方をしたことにより、結果として研究が堅固なものとなった。

多様性は急激に増したのか、それともゆっくりと増加して今日に至るのか。その答えと関係するのが、生物が化石として保存される確率に現代とカンブリア紀とでどんな違いがあるかだ。現在では海洋動物の約三分の一が硬い組織をもっていて、その部分は化石になりやすい。殻、骨、甲殻などだ。ところが、カンブリア紀にはその数字が一〇分の一だったとしたらどうだろう。その場合、カンブリア紀には現代とほぼ同数の動物がいた可能性がある。それを裏づけるデータが、やはりマーシャルとアルロイの研究から得られている。彼らのモデルによれば、カンブリア紀のあとに多様性は確かに高まっているものの、セプコスキーが見出したような動物分類群の爆発的な急増[10]は確認できなかった。アルロイの研究結果はその後も何度か新しいデータを使って反復されている。[11]

時とともに多様性が増加してきたように見せるバイアスや前提はほかにもある。たとえば、研究対象となるサンプル数の違いだ。新生代後期や更新世のほうが、岩石のサンプル数がカンブリア紀よりはるかに多いと反対派は指摘する。しかも、カンブリア紀の岩石と化石を調べている研究者は、新生代や更新世の研究者より圧倒的に少ない。この問題に関しては、英自然史博物館のアンドリュー・スミス[12]をはじめ、ブリストル大学のマイケル・ベントン[13]やウィスコンシン大学のシャナン・ピーターズ[14]も、それぞれ独自に素晴らしい研究を行なっている。

結論をいうと、海洋動物の分類群（種、属、科など）がカンブリア爆発以来増加していることは、じつに単純な検証で確かめることができた。生痕化石の数の推移を調べたのである。カンブリア爆発についての章でも見たように、動物が何らかの活動を行なった結果として生まれるのが生痕化石だ。生痕化石の種類が異なれば、それを残した動物の体制も若干異なる。つまり生痕化石の多様性は体化石の多様性の裏返しということになる。古い無脊椎動物を研究する古生物学者は、生痕化石に様々なパターンがあることに以前から気づいていた。今やそれが、地球上で生命がどう多様化してきたかを正確に映し出しているというのがこの分野での共通認識である。

デボン紀が終わる頃には、すでに海は浅瀬から深海に至るまでおおむね生物がすみつくまでになっていた。しかし、海におけるこの生物の多様化でさえ影が薄くなる出来事がまもなく起きようとしていた。海よりはるかに大規模で、動植物の種を最も多量に蓄積することになるもの——陸上における生命の多様化である。

オルドビス紀の大量絶滅

オルドビス紀は、いわゆる「ビッグファイブ」の第一回目となるとりわけ大規模な大量絶滅が起きた時代でもあった。五度とも動物と植物の両方がかかわっている。オルドビス紀より前にも、大酸化事変やスノーボールアースの最中などにもちろん大量絶滅はあった。だが、オルドビス紀は動物種が急速に分化していた時期であり、そこに何かが起きて多様性の増加に待ったをかけた。おそらくは地球が「小氷期」に入り、急激な温度低下によってサンゴ礁が死滅したのだろう。とはいえ、まだ全容は解明されていない。この大絶滅は二段階に分かれ、オルドビス紀最後の時代区分であるヒルナント期の初めと終わりに起きた。

オルドビス紀の大量絶滅をめぐっては、もっと奇抜な原因も提案されている。なかでも興味深いのは、オルドビス紀に星間空間でガンマ線バーストが起き、そのせいで地球が容赦なく膨大な量の放射線を浴びたというものだ。[15]原因としては非常にドラマチックではあるが、メディアによる宣伝とは裏腹に、これを裏づける証拠はまったく存在しない。二〇一一年より前、この大量絶滅の原因として広く認められているものはなかった。[16]仮説の大半は、何らかの理由で地球が寒冷化したとしていて、火山の噴火により硫黄エアロゾルが日光を遮ったためと見る向きが多い。[17]ちょうど、一九世紀のクラカタウ噴火のあとでヨーロッパが「夏のない年」[18]を経験したのに似ている。ところが近年になって、カルテックの地質学者と地球化学者がこの問題に取り組んだ。研究対象としたのは、カナダのセントローレンス湾に浮かぶアンティコスティ島にある岩石層で、保存状態が素晴らしい。かつてそこは熱帯に位置していた。研究チームが最新の機器を用いたところ、氷床量と気温の推移をかつてない精度で測定することができた。その結果、ヒルナント期の前後では氷床量がゆっくりとしか変化しておらず、熱帯地方の気温も高いながらあり得るレベル（三二～三七℃）を維持していたのに対し、大量絶滅が二段階で起きたヒルナント期の初めと終わりにはどちらも大きく変動していたことがわかる。熱帯地方の気温は五～一〇℃も下がり、地球全体の氷床量は更新世最後の氷期の最大値に並ぶか、それを上回るものだった。また、炭素の同位体にも急激な正の変動が見られ、地球規模の炭素循環が大幅に乱れていたことをうかがわせる。この場合は、有機炭素の埋没量が増えたためではないかと思われる。

こうした新データにより、実際にどういうメカニズムで生物が絶滅したかが二つの可能性に絞られてきた。気候が急速に変化したのか、海水面が世界中で急速に低下したかのどちらかだ。この研究チームのメンバーは補足論文[19]の中で、北米に関する二種類の大規模なデジタルデータベースの解析を行なっている。一つは化石の分布を示したものであり、もう一つは化石を蓄え得る岩石の量についてのものである。その結果、二つの可能性どちらが絶滅の原因であってもおかしくないことが明らかになった。海水面の低下によって生息環境が失われ、温度も急激に下がれば、絶滅へとつながる大きな要因となり得る。しかし、話は本当にそれだけなのかという疑問は残る。気候変動が起きたタイミングや、炭素同位体の正の変動が見られる点が、前章で説明した「真の極移動」に伴うイベントに驚くほどよく似ているのだ。急激な真の極移動が短期間のうちに起きていたとしたら、一時的に地球が寒冷化することも十分に考えられ、短い氷期が訪れた可能性はある。原因はいまだ謎に包まれており、さらなる研究が必要だ。真の極移動に理由を求めるのは、従来にはない新しい見方であり、新しい見方をすることこそが本書の意図するところでもある。

第10章　生物の陸上進出――四億七五〇〇万年前～三億年前

　進化論を信じる者とそれに反対する者（特殊創造説の信奉者）とのあいだで長年の争点となっている問題の一つに、最初の両生類と最後の魚の祖先とが似ていないというものがある。最後の魚の化石があまりに「魚らしく」、最初の両生類があまりに「魚らしくない」ことが懐疑派に恰好の材料を提供しているのだ。論争が起きるのも無理はない面もあった。最近まで最古の両生類の化石とされていたのはデボン紀のイクチオステガ（「鎧に覆われた魚」の意）であり、[1]魚のような体（普通の魚のような尾びれもある）と四本の脚をもつ。イクチオステガの直接の祖先は体こそ同様でありながら、四本の脚は見当たらない。この祖先とされた生物をはじめ、初期の陸生脊椎動物（少なくとも生活の一部を陸上で過ごすもの）は肉鰭（にくき）類というグループに属し、肉質のひれを特徴とする。[2]このひれがのちに四肢へと進化した。生きた化石と呼ばれるラティメリア（シーラカンス類唯一の現生種）は、イクチオステガを含む最初の両生類の直接の祖先と少なくとも部分的には似ていると考えられている。進化論に否定的な陣営は決まって「失われた環（ミッシングリンク）

が存在しないではないか」と指摘してきた。だが、二一世紀の新発見がすべてを変えた。厳寒のカナダ北極圏地方にあるデボン紀の地層から、化石が見つかったのである。それは「ティクターリク」と命名され、まさしく魚類から両生類への過渡期を示す姿であることから、発見者たち[3]は「足をもつ魚」と呼んだ。かつて、水生脊椎動物から陸生脊椎動物への移行については大きな穴があいていて理解を阻んでいたが、この発見はその穴を埋めただけでなく、進化論自体を堅固なものにするのに一役買ったのである。

この大型化石は、特殊創造説信奉者に対するまたとない反撃の一打となった。化石はシカゴ大学のニール・シュービン率いる国際的な研究チームによって、カナダ北極圏地方で発掘されたものである。苦心の末にようやく石棺のような堆積岩の覆いが取り除かれたとき、初めはただの魚かと思われた。鱗も鰓もついているうえ、頭は平たく、ひれには細い鰭条骨があって、ありふれた魚のひれにしか見えない。ところが、この新種の魚は内部に頑丈な骨格をもっていた。それがあれば、これだけ大きな動物（おそらくは体長九〇センチ近く）であっても、四肢に似たひれを支えにして浅瀬から身を起こすことができる。ちょうど、四本脚の動物がするように。この奇妙なひれと、両生類的な（ワニにすら似た）頭を兼ね備えたティクターリクは、魚の体制から四肢動物の体制へと段階を追って進化していったことを示す絶好の例といえる。[4]

海洋動物と植物は次々と陸地への上陸を果たしていった。脊椎動物の初上陸は最も劇的な出来事であり、人間にも直接関係するものではあるが、実際に陸へ上がったのは私たち脊椎動物が一番最後だった。それ以前にも様々な動物が水から陸への移行を成し遂げている。順番に物語っていくために、まずは最初に水から出た生物から始めよう。植物である。

植物の上陸

生命そのものの誕生を除き、生命史の中で最も重要な出来事を一つ挙げるとすれば、生物が酸素発生型光合成を発明したことだといっていい。太陽系最大のエネルギー源である太陽を利用できたからこそ、生命は暗く湿った場所にすむ取るに足りないバイオマスから抜け出し、浅瀬を満たして淡水にもすみつくようになった。その過程で、予期せぬ副産物も生じた。地球の大気が大幅に変化して、酸素濃度が高くなったのである。その結果、さらなる思いがけない帰結として、植物を食べる動物が現われ、生きている植物にとってこの上ない脅威となった。このように、水生植物が生命にもたらした影響はじつに大きなものではあったが、植物そのものにさらなる激変が訪れることになる。水の足かせを振り払って、乾いた大地で暮らすすべを身につけたのだ。地球の歴史の長さを思えばほんの一瞬のうち（全体の一パーセントにも満たない期間）に、植物の上陸はすべてのルールを変え、生命の歴史を新たな方向へと向かわせた。

本書でも見てきたように、最初の動物が上陸する何億年も前に、すでに原始的な光合成生物が陸地で成長する手段を見出していた。これについては、裏づけとなる証拠が多数ある。また、七億年前〜六億年前に最後のスノーボールアースが起きた大きな原因の一つは、植物の上陸だった可能性がある。最初の陸上植物がどういうものだったかはわからない。ただのシアノバクテリアだったかもしれないし、陸上の暮らしに適応するための構造を備えていたかもしれない。たとえば一箇所に留まり、栄養を取り入れ、生殖し、水を獲得・維持できるような能力だ。今も存在する単細胞の緑藻類が有力な候補と見られている。

だが、七億年前のこうした植物でさえ、海から出た最初の生物ではなかったかもしれない。陸上にはそのはるか以前から生物が進出していたと考える地球生物学者が増えているのだ。光合成を行なう単細胞の細菌が、水から陸への移行を二六億年も前に成し遂げた可能性がある。もしそうなら、「高等な」植物や動物がついに上陸を果たしたときには、すでに陸上に生物のコロニーが長期にわたって定着していたことになる。

現時点でわかっていることをまとめると次のようになる。海に動物が登場してから一億年もたたないうちに、ある種の緑藻類（たぶん淡水にすんでいたと見られる）が水中のみの暮らしを捨てて陸地に移動した。当初は葉をもたない小枝のような形態で、今日のコケ類にも似た姿だったのが、急速な進化を遂げて巨大な植物へと変わった。それもこれも進化が生んだ偉大なる新機軸「葉」のおかげである。

約四億七五〇〇万年前からは、水生だった緑藻類が数々の構造を発達させ始め、水からだけでなく空気と土の組み合わせからも養分を得られるようになった。何より重要なのは、そうした環境で生殖もできるようになったことである。四億二五〇〇万年ほど前には、紛れもない維管束植物（根と茎をもつ）の美しい化石が初めて登場する。その間のことは化石記録にほとんど残っていないものの、必要な変化を遂げるべくゆっくりと一歩一歩進化していたのである。そこから、本物の葉を備えた植物が生まれるまでにはさらに四〇〇〇万年を要した。しかし、ひとたび最初の葉が現われると、爆発的な変革の波が押し寄せる。三億七〇〇〇万年前～三億六〇〇〇万年前頃には、木々がすでに高さ八メートル近くにまで達していた。

上陸した多細胞植物は、ほぼ一億年をかけて小型の海洋植物の形態から樹木へと姿を変え、デボン紀末には森林が世界を覆うまでになっていた。すでに長いあいだ陸地を支配していた微生物に比べ、植物が陸地に及ぼした影響のほうがある面でははるかに大きかったといえる。陸生の多細胞植物によって、地形と土壌の性質がすっかり様変わりしたからだ。大気の透明度もまた変わった。それまでの地球では、絶えず砂丘が動き回って砂塵が飛び交っていたのに、陸上に広がる植物の数が増えていくとそれは一変した。細菌と比べ、根は砂や塵をはるかにしっかりとその場に留めておくことができる。それは単細胞の細菌はもちろん、たとえ細菌のマットであっても力の遠く及ばぬことである。それ原始的な植物が枯れ、その場で腐敗していくにつれ、土壌が形成されて厚さを増していき、岩石だらけの荒涼たる風景は和らいでいった。宇宙から眺めたら、空気そのものが澄みわたっているのがわかっただろう。大陸や海をはじめ、大きな湖や川の輪郭が、初めて近くからも遠くからもはっきり見えるようになったのである。

デボン紀後期に入る頃には森林が陸地をほぼ覆い尽くし、川の流れ方そのものを変えるまでになっていた。この間、植物は大気中の酸素濃度を押し上げ、現代の二一パーセントを大幅に上回る三〇〜三五パーセントというレベルにした。これだけの高濃度なら、四肢をもった魚であれば肺がなくても海から這い出し、効率よく空気呼吸できる肺が進化するまでその後の数十万年を生き延びることができただろう。陸上植物がもたらしたこうした成果も変化も、すべてはたった一つの革新的構造が誕生したことに起因する。葉だ。

陸 vs. 海

動物は一斉に海から上がったわけではなく、何度かに分けて上陸を遂げた。それはちょうど、統制も装備も不十分な寄せ集めの軍隊が上陸を試みるようなものである。一度に少数ずつの兵士が挑み、その過程でほとんどが死んだ。そもそもなぜ動物が水を離れたのだろうか。よくある説明は、陸には未開の資源が存在し、競争が少なく、捕食者も（当面は）少なく、動物自身もようやく上陸できる段階にまで進化したから、というものである。いい換えれば、節足動物、軟体動物、環形動物、そして最終的には脊椎動物（上陸を果たしたおもな動物門）が、水を出て陸を征服できるレベルにまで偶然に達したということだ。だが著者らの見解は異なり、最初の動物の上陸を可能にしたのは大気中の酸素濃度が上昇したからだと見ている。

まず、動物と植物がともに陸で暮らすためには何が必要かを考えてみよう。最初は植物からだ。植物という食糧源がなければ、どんな動物も陸に足掛かりを築くことはできないからである。

六億年前の時点で、植物は様々な系統の多細胞生物へと多様化を遂げていた。現代でも海岸に行けば見られる緑藻類や褐藻類、紅藻類などもその一つである。[5] とはいえ、これらは海水の中で進化した植物だ。生きるうえで必要なもの（二酸化炭素と養分）は周囲の水から難なく手に入れることができた。生殖も、液体の環境を介して行なわれていた。陸上に移動するには、二酸化炭素や養分獲得の面でも、体の支持の面でも、生殖の面でも、進化を通じて体の構造を大きく変えなければ無理である。完全に水生の生物にとっては、どれ一つをとっても既存の体制の大幅な改造を要する。最初の植物の上陸については、まだ明らかになっていないことが多い。とくに原生代において、スノーボールアースが起きる前にどれくらいの植物がどの程度多様に存在していたのかは謎に包まれている。[6] マスコミは「最古」や「最大」といった言葉に飛びつくが、太古の陸上植物が次々に発見されていることと、それらの生物学的系統と、その年代を正確に定める必要があることはまったく別々の問題だ。たとえば二〇一〇年にアルゼンチンで新しい化石が見つかり、「最古の」陸上植物だと喧伝された。[7] その化石はゼニゴケに近いように見え、四億七二〇〇万年前のものだった。しかし、それほど古い岩石になると、年代測定の誤差もまた相当に大きい。しかも、確かにその化石はかなり古い「維管束」植物であり、内部に複雑な輸送システムを備えてはいるが、そもそも植物とは何なのかという定義の問題が話をややこしくしている。植物と呼べるような体制と多様性をもつ光合成生物は、四億七二〇〇万年前よりはるか以前からたくさんいた。多種多様な真菌類や、光合成をする緑色の微生物、さらには多細胞の植物まで、定説より早く上陸していたのではないかと考える古生物学者は多い。また、地衣類や真菌類、あるいは湿地や沼地を覆う緑色の微生物マットを植物の範囲に含めるなら、すでに一〇億年前には植物と総称できるような生物の集まりが多数つくられていて、驚くほど繁栄していた可能性がある。[8]

　誰もが「本物の植物」と認め、たいていの生命史で最古の植物と呼ばれているようなものは、最終的に緑藻類の一種である車軸藻類（しゃじくそう）から生まれた。そこへ至るには、いくつもの障害を乗り越えねばならなかった。なかでも真っ先に解決する必要があったのが乾燥をどう防ぐかである。緑藻類は水中で暮らしているので、浜辺に打ち上げられたらすぐに変質して死ぬ。体を守るコーティングがないために、たちまち脱水してしまうのだ。ところが車軸藻類の接合子は、防水性のあるクチクラに覆われていた。この同じクチクラが、上陸に際して植物全体を覆うのに使われた可能性がある。ただし、クチクラが発達したことは新たな問題につながった。二酸化炭素が手に入れにくくなったのである。海中の二酸化炭素は水に溶けていて、細胞壁ごしに吸収するだけでよかった。進化したばかりの陸上植物はそれを成し遂げるため、気孔と呼ばれる小さな孔を多数つくって、そこから気体の二酸化炭素を体内に取り込めるようにした。

体を一箇所に固定する際、初期の陸上植物は共生する真菌類を利用していたと思われる。固定のための器官が見当たらないからだ。この共生関係は、土から水を得るうえでも役立ったに違いない。

陸に上がると、体をどうやって支えるかという問題も生じる。植物は日光に当たる表面積をできるだけ広くする必要がある。そのためには、ただ地面に平たく貼りつくというのも一つの手であり、たぶん最初の陸上植物はまさしくそうしていたはずだ。今でもコケ類はこの方法を用いていて、土をカーペットのように覆いながら成長する。オルドビス紀の陸地を訪ねれば、コケの世界のような光景を目にするだろう。どんなに大きな「木」であっても、高さはせいぜい五〜六ミリ程度だ。だが、このやり方では限界がある。垂直方向に伸びていけば、さらに多量の日光を獲得できる。地面に広がるタイプの植物同士で競争が起きているような生態系では、なおさらこれは重要だ。そこで、初期の植物は様々な硬い物質を体内に組み込んで最初の茎を生やし、ついには木の幹へと発達させていった。それに伴い、新たに生まれた根から葉への輸送システムも誕生したはずである。最後に、乾燥に耐える生殖体をつくりだして、陸の環境でも確実に生殖できるようにした。

こうした新機軸によって植物は陸にすみつく。それとともに、大量の有機炭素が初めて陸上に形成されたため、動物もすぐあとに続いた。新しい資源は新しい進化を促す。

おおかたの見解の通りに、最初の陸上植物がおもに淡水性の緑藻類の一種から進化したのだとしても、これ見よがしに化石記録に証拠を留めることはなかった。残っているのはきわめて断片的な化石のみである。この化石を発掘する作業は（文字通りの意味でも比喩的な意味でも）、探偵のような第一級の推理を必要とした。

最も初期の複雑な陸上植物の化石を発掘する試みは、一九三七年の画期的な論文とともに始まった。またこれから説明する話は、シェフィールド大学のデイヴィッド・ビアリングに負うところが大きい。ビアリングは辛辣だが才気溢れる研究仲間にして友人であり、革新的な書『植物が出現し、気候を変えた』（西田佐知子訳、みすず書房）の著者でもある。この著書の中で彼は、自分の研究分野である古植物学が滑稽なほどに「顧みられていない」と嘆いている。それは正しい。科学界の注目や栄光を一手に集めるのは恐竜や恐竜ハンターだが、生命の歴史に及ぼした影響という意味で圧倒的に重要なのはじつは植物である。生命によって地球がどう変化したかを本に書くとしたら、一章は動物に充てるにしても、残りすべては植物に割いてもいいくらいだ。ともあれ、植物の役割に関する著者らの見解は、ビアリングの研究、とくにその著書から多くを得ていることをここにはっきりと記しておく。

陸上植物は陸上の生態系を支配する過程で、地球の気温や海洋の化学的性質、そして大気の組成を変え、それによって地球上の生命の性質を変化させた。その歴史を振り返るには、まず古植物学者のウィリアム・ランダーから始めるのがいいだろう。ランダーは、ウェールズ地方で当時最古とされた陸上植物の化石を発見した科学者である。化石が見つかった岩石は四億一七〇〇万年前のものだった（ただしこの年代はかなり最近になって判明したもので、当時はまったく知られていなかった）。ほどなくしてやはりウェールズ地方の岩石から、さらに古い時代の化石（四億二五〇〇万年前のもの）が確認される。

この最古の陸上植物は「クックソニア」と名づけられた。以後の植物は、不思議なほどに長い時間をかけてその分布を広げていく。四億二五〇〇万年前～三億六〇〇〇万年前の時代には植物版のカンブリア爆発が起きた。ただし最新の見解によれば、陸上植物が最初に登場してから少なくとも三〇〇〇万年のあいだは葉は存在しなかった。どうやら、葉をもつ植物が定着するのは三億六〇〇〇万年前よりあとだったと見られる。

葉の誕生までになぜそれほど時間がかかったのかは謎に包まれている。葉のある植物が登場してからも、それが地球全体に広がって数と多様性を増すまでにはさらに一〇〇〇〇万年を要した。これは、六五〇〇万年前の恐竜の絶滅後に大型で多様な動物が急速に出現したのと好対照である。後者の場合、一〇〇〇万年足らずのうちに陸上動物の主だった祖先種がすべて現われた。しかも多様化しただけでなく、数を増やして体も大きくなったのだ。

陸上植物の進化を理解するには、やはりエボデボと遺伝子の役割に目を向ける必要がある。植物はまず、葉を組み立てるための遺伝子の道具箱を進化させる必要があった。

それからその道具箱を使いこなさなければならなかったわけだが、どうもその段階に時間がかかったようである。現時点で最も信頼できるデータによれば、葉をもつようになる植物には葉をつくる遺伝子が存在してはいたが、周囲の環境が好ましいものではなかった。動物の場合は酸素濃度の上昇を待つ必要があったが、この場合はそれとはまったく違う。植物は大気中の二酸化炭素濃度が低下するのを待っていた。少なくともそれが、二一世紀の古植物学における最新の解釈である。

その理由は現代の例を通しても理解できる。生きている植物を使って実験をすると、植物が周囲の二酸化炭素濃度にきわめて敏感であることがわかる。光合成を行なうために二酸化炭素は必要だが、それには周囲の二酸化炭素を吸収しなくてはならない。葉が生えていたら、本来なら何も通さないはずの葉の外壁を通って二酸化炭素が入ってくることになる。気孔と呼ばれる小さな孔からだ。だがこの孔は一方通行ではない。二酸化炭素が取り込まれるだけでなく、孔からは体内の水分が逃げてもいく。陸上動物にとっても陸上植物にとっても、生存を妨げる大きな障害の一つが乾燥だ。それをいかにして克服するかは、進化の過程で繰り返し現われるテーマでもある。環境中の二酸化炭素濃度が高いと、気孔の数は非常に少なくなる。逆に二酸化炭素濃度が下がると、気孔の数は増える。

二酸化炭素濃度が高い環境のほうが、陸上植物には適していると思うかもしれない。生理機能だけを考えるなら確かにその通りだ。ところが、二酸化炭素は温室効果のきわめて高いガスである。二酸化炭素濃度が高ければ、それは地表の温度が非常に高いことを意味している。

植物にはじつに精妙な信号伝達システムが備わっていて、すでに成長を終えた葉が発達途上の葉に情報を伝えることができる。たとえば、周囲の環境条件に合うようにするにはどれくらいの気孔をつくればいいか、といった情報もだ。陸上植物が進化を始めたばかりの四億年あまり前に私たちが戻ったとしたら、二酸化炭素濃度が著しく高く、したがって非常に高温の惑星を目にすることだろう。気温が高すぎて、それ自体が植物の進化と生態系の繁栄に大きな歯止めをかけていた。気孔は二酸化炭素を取り込み、植物体内の水分を逃がす。それには植物を冷やす効果があるのだ。

多少の乾燥は植物を冷やすものの、程度がひどすぎれば命取りになる。何事もそうだが、成功を手にするにはバランスが肝心だ。気温があまりに高ければ、体温を相当程度下げなければならない。しかし大気中の二酸化炭素が多いとき、植物は気孔の数が少なくても二酸化炭素のニーズに対処できる。ところが気孔が少なすぎると、体を冷却するには足りない。葉のように、面積が大きくて表面が平らな場所に気孔がある場合はなおさらそうだ。大きな葉にわずかな気孔しか開いていないと、過熱を起こして葉は死滅する。葉の誕生までに時間がかかったのは、まさにそれが理由だったというのが最新の見方だ。葉をつくるための遺伝子の道具箱はすでに存在していたものの、大気中の二酸化炭素濃度が高すぎたために、植物はわざわざ葉を生やそうとはしなかったのである。

二一世紀初頭に発表されたビアリングらの新しい研究では、葉が死滅せずにすむようにするには二酸化炭素濃度の低下を待つしかなかったと指摘している。それまでのあいだ、植物にとって葉をもつことは死刑宣告に等しい。だからこそ、最初のクックソニアが現われてから四〇〇〇万年もたってようやく、葉と優れた配管システム（および地面を深く掘る根）が誕生したのである。根を深く張ることができると、植物には二つのメリットがある。一つは体が安定すること。もう一つは、根を伸ばせば伸ばすほど土の養分と水をより多く手に入れられることだ。最初の陸上植物の根はごく浅いものだった。しかし、ひとたび葉が登場すると根も変化を始め、土のさらに深部まで届くように進化したのである。

デボン紀が始まる頃には、すでに一メートル近くまで根を伸ばせる植物が存在した証拠が残っている。また、土の上で暮らす植物の数が多くなれば、それだけ枯れる数も増えるので、土に有機物質が加わった。同時に、根がますます深くなるにつれて、その下にある岩石は物理的・化学的風化の作用を大きく受けるようになる。このことは、大気の組成や地球の気温に重大な影響を及ぼした。

すでに見たように、大気中から二酸化炭素を取り除く作用としてたぶん最も重要なのは、ケイ酸塩岩石の風化である。具体的には花崗岩や、花崗岩に似た化学組成をもつケイ素の豊富な堆積岩や変成岩だ。陸上のケイ酸塩岩石が化学的風化作用を受けると、化学反応を通して大気中から二酸化炭素分子が除去される。このように、生物が原因となって風化がさらに促される現象は、樹木豊かな森林が大地を覆い始めるとすぐに起きたに違いない。およそ三億八〇〇〇万年前~三億六〇〇〇万年前のことだ。根がケイ酸塩岩石の奥深くにまで伸びるにつれ、大陸をつくる花崗岩や花崗岩に似た岩石は、森林が登場する前の時代より格段に早いペースで風化するようになる。その結果、大気中の二酸化炭素濃度は急激に低下した。

二酸化炭素濃度が下がると、大陸に氷が現われる。初めは高緯度地方だけだが、しだいに低緯度の地域にも広がっていく。だが、進化の巨大な力はより大きな木を好んだ。木が高くなれば根も深くなる。植物の丈はますます伸び、根はさらに長くなって、地球はどんどん寒冷化していった。陸上植物が登場してその根が深さを増していったことが、地球史の中でも最長規模となる石炭紀の氷河期をもたらした。しかし、この氷河期が来るまで世界は温暖で樹木が生い茂り、二酸化炭素の濃度も植物に優しいレベルだったはずである。維管束植物の緑に覆われるようになった大陸は、いわば豊富な在庫を誇りながら客が存在しない巨大食料品店のようなものだ。店に入りさえすれば、食べ放題である。いや、この場合は、海から陸に上がって留まることができさえすれば、というべきか。

最初の陸上動物

陸に上がろうとする動物にとって、大きな問題はいかに水分を失わないようにするかだ。生きている細胞はすべて内側に液体を必要とし、水の中で暮らしている分には脱水の心配などいっさいない。ところが陸で生活するには、水を体内に閉じ込めておく頑丈な覆いが必要になる。難しいのは、体表の乾燥を減らそうと思うと、表面の膜を通した呼吸ができなくなることだ。厄介な難題に挑むか、深く青い海を選ぶかの板挟みである。外側をコーティングすれば乾燥を防ぐメリットはあるものの、同時に窒息のおそれにも直面する。体表面に呼吸器官を発達させて、酸素が体内に浸透するようにする手もないではないが、それもやはり脱水のリスクを高めることになる。陸を征服したければこのハードルを乗り越えねばならず、それがあまりに困難であるために、動物にせよ植物にせよ原生動物にせよ、うまく水から陸への移行を果たしたグループは非常に少なかった。現存する海洋動物の中でも最大級でとりわけ重要な門は、とうとう最後までそれを成し遂げられなかったわけである。たとえば海綿動物、刺胞動物、腕足動物、外肛動物、棘皮動物には陸生のものがまったく存在しない。

最古の陸上動物の化石はどれも小型の節足動物のようであり、現代のクモ、サソリ、ダニ、ワラジムシや非常に原始的な昆虫に姿が似ている。このうちどのグループが先陣を切ったのかはわからない。もっとも、これらすべての化石が古い堆積物から見つかることを思うと、第一号の称号もさして長くは続かなかったはずだ。最初の陸上動物を突き止めるには必然的に化石記録に頼らざるを得ないが、こと小型の陸生節足動物に関して化石はあてにならないことで有名である。いずれのグループも外骨格がきわめて石化しにくいため、化石として残ることがめったにないのだ。それでも、シルル紀後期かデボン紀初期（約四億年前）には、陸上植物の誕生がこうした第一陣の動物群の上陸を促していた。複数系統の節足動物が、それぞれ独自に空気呼吸のシステムを発達させたのは間違いない。

現代のサソリやクモの呼吸器系を調べてみると、海洋動物から陸上動物へと見事に移行できた理由の一端が見えてくる。この重大な飛躍を成し遂げるうえで何より大切だったのが、呼吸のための器官だ。また、最初の陸生節足動物の肺は過渡的な構造で、のちの種の肺のような効率の良さとは程遠かったことも明らかに思える。しかし、大気中の酸素濃度がかなり高い場合、非常に小型の陸上動物であれば体壁を通って酸素が浸透してきてもおかしくないし、原始的な構造の肺であっても酸素を取り込めた可能性はある。そして実際に、最古の陸上動物はどれも小型だったようなのだ。

陸上に進出した動物門は節足動物だけでなく、軟体動物、環形動物、脊索動物（そのほかきわめて小さい線虫のような動物）もいた。このうち、成功のための進化を終えていたのが節足動物である。体全体を覆う外骨格はすでに乾燥から守る役目を果たしていた。それでも、呼吸の問題は克服しなければならない。節足動物の高次分類群が初めて化石記録に登場するのは、酸素濃度の低かったカンブリア紀である。すでに見た通り、その中で確実に生き延びるために、節足動物は外骨格のほぼすべての体節に大きな鰓を発達させる必要があった。ところが、そうした外鰓（がいさい）は空気中では役に立たない。そこで、初めて陸に上がった節足動物やクモ・サソリは「書肺（しょはい）」と呼ばれる呼吸器を新たに生み出した。この肺の内側にある多数の折れ込み構造が、書物のように見えることからその名がついた。

そのページのあいだには血液が流れていて、甲皮にあいたいくつもの孔を通って空気が書肺に入ってくる。能動的に「吸い込む」わけではないので、受動的な肺といえる。そうした性質をもつことから、書肺がうまく機能するにはある程度の酸素濃度が必要だ。

よく知られているように、きわめて小型のクモになると、風で高いところまで飛ばされるために「空中プランクトン」と呼ばれるものがいる。それを考えると、低酸素の環境でもクモは十分な量の酸素を取り込めるかに思える。だが、この種のクモは決まって非常に小さいので、体壁を通してわずかな酸素が受動的に浸透してくるだけでも呼吸にはあまり支障を来さないのかもしれない。もっと大型のクモはやはり書肺に依存して呼吸している。

一方、昆虫の呼吸器官は管のような気管で構成されていて、書肺に比べると酸素を取り込む効率が悪いと見られる。クモやサソリと同様、昆虫の呼吸器系もポンプ機能をもたないので受動的である。最近の研究からは、若干のポンプ機能が存在する可能性が指摘されているものの、その圧力はきわめて低い。クモ形類の書肺は昆虫の呼吸器官より表面積が圧倒的に大きいため、昆虫の場合より低い酸素濃度でもきちんと働くはずである。

動物の初上陸が「いつ」起きたかについては明らかになっていない。最古のサソリやクモは小型だったうえ、化石になりにくかったからである。現代のサソリはクモよりも石化しやすいので、当然ながら化石にも残りやすい。陸上動物の断片が確認できる最も古い岩石は、ウェールズ地方にある約四億二〇〇〇万年前のシルル紀末期近くのものだ。その時代には酸素がすでに非常に高い濃度に達していて、当時としては過去最高レベルとなっていた。こうした初期の化石は数がきわめて少なく、多様性も少ない。それでも正体はわかっていて、ほとんどの断片はヤスデ類のものと見られている。

有名なスコットランドのライニー・チャート（四億一〇〇〇万年前）からは、格段に多様な生物群が見つかっている。この堆積層にはごく初期の植物のほか、小型の節足動物の化石も含まれている。ほとんどの節足動物は現代のダニやトビムシに似ている。どちらも植物の破片やくずを食べることから考えて、丈の低い原始的な植物を中心とする新しい陸上生物群の暮らしにうまく適応していたに違いない。ダニはクモなどの仲間だが、トビムシは昆虫だ。今や昆虫は地球最大の動物群であり、その中でもおそらく最も古いのがトビムシだといわれている。進化の歴史に昆虫が登場したからには、現代のように最も数が多く最も多様な陸上動物へとすぐに拡大していったと思うかもしれない。だが実際はそうではなく、むしろその正反対だった可能性がある。

古昆虫学者によれば、およそ三億三〇〇〇万年前の石炭紀前期の終わり近くになるまで昆虫はまだ数が少なく、陸上動物の中では取るに足りない存在にすぎなかった。当時は酸素濃度が現代並みになっていて、さらに記録的レベルへと上昇しつつあるところだった。それがピークに達したのが、約三億一〇〇〇万年前の石炭紀後期の後半である。昆虫が飛行能力を獲得するのにもまた時間がかかった。紛れもなく飛んでいたと見られる昆虫が化石記録に広く現われるのは、三億三〇〇〇万年ほど前の地層からである。この新たな段階に入るとまもなく、途方もない進化の波が昆虫に押し寄せ、おもに飛行するタイプの新種が続々と誕生した。これは適応放散の典型例といえる。新しい画期的な形態を獲得したことで、新たなニッチ（生態的地位）を占めることができるようになったのだ。だがそれだけではなく、大気中の酸素濃度が高かったことがその放散を少なからず促し、また後押ししたことは間違いない。

最初に上陸した動物は昆虫ではない。その栄誉を受けるべきはサソリではないかと見られている。約四億三〇〇〇万年前のシルル紀中期、鰓をもった原始的なサソリが、それまですんでいた淡水の湖沼から陸に上がった。たぶん岸に打ち上げられた魚の死骸などをあさっていただろう。鰓の部分は湿ったままで、しかも表面積が非常に大きいために、ある種の呼吸ができたと思われる。きちんと機能する肺はなく、間に合わせに鰓が使えただけだったに違いない。

現時点でわかっていることを時系列に沿って振り返るとこうなる。サソリの上陸は約四億三〇〇〇万年前。ただし生殖の際や、もしかしたら呼吸の際にも、水から完全には離れられなかった可能性がある。四億二〇〇〇万年前にはヤスデが、四億一〇〇〇万年前には昆虫が続く。だが、三億三〇〇〇万年前になるまで多様な昆虫は登場しなかった。この流れと、大気中酸素濃度の推移に何か関連はあるのだろうか。

当時の酸素濃度に関する最新の推定値によると、高酸素の一つのピークが訪れたのはおよそ四億一〇〇〇万年前。その後急落してきわめて低いレベル（一二パーセント）となり、デボン紀末に再び上昇に転じて、ペルム紀のどこかで史上最高クラスの三〇パーセントに達した。ライニー・チャートは、ちょうどデボン紀としては酸素濃度が最大となった時期に堆積しており、昆虫とクモ形類からなる最初の生物群集の化石を産出している。昆虫の多様性を研究する古昆虫学者によれば、当時の化石記録には昆虫の数がきわめて少なく、石炭紀前期から後期にかけて（三億三〇〇〇万年前～三億一〇〇〇万年前）酸素濃度が二〇パーセント近くになった頃に飛行昆虫が多様化した。

様々な脊椎動物が上陸できたのも、オルドビス紀からシルル紀にかけて大気中の酸素濃度が上昇したおかげのように思える。その上昇がなければ、上陸を果たす経緯や動物の種類はかなり異なっていたかもしれない。それどころか、動物はついぞ水から出なかったかもしれないのだ。陸に上がったとはいっても、陸上動物の数は非常に少なかったと見られている。今度は低酸素の時代が始まったからだ。

化石の数と多様性にこのようなパターンが現われていることには、三通りの説明が考えられる。一つは、上陸は「中断」を挟んでいるように見えるだけで実際はそうでなかったというもの。ただ単に、四億年前～三億七〇〇〇万年前の時代については化石が十分に見つかっていないだけだという捉え方である。二つ目は、中断が実際に起きたとする見方だ。酸素濃度が低かったために、節足動物、とりわけ昆虫の数は確かに少なく、三〇〇〇万年ほどたって酸素濃度が再び上昇したときに、生き残った少数のものたちが次々に新たな形態へと多様化したとする立場である。三つめは、上陸に挑んだ第一陣の動物たちは酸素濃度の急落によって一掃されたという見解だ。もちこたえたものも多少はいただろうが、新たな動物が群れをなして陸に上がるのは、酸素のカーテンに覆われてからだったとする。つまり、動物（節足動物だけでなく後述のように脊椎動物も）の陸上移住は二つの別個の波となって行なわれた。一度目は四億三〇〇〇万年前～四億一〇〇〇万年前のあいだ、二度目は三億七〇〇〇万年前以降である。

陸地で新たな暮らしを始めたのはもちろん節足動物だけではない。軟体動物である腹足類も、進化の大きな飛躍を遂げて陸に上がった。しかし、この移行がなされたのは石炭紀後期に入ってからである（したがって第二の波に相当する）。当時は、第一の波が起きた時代よりもさらに酸素濃度が高かった。軟体動物とほぼ時を同じくして、カブトガニも上陸している。もっともこれらは生命史にとっては些細な存在であり、最も重要な動物群はほかにいた。私たちが属する脊椎動物である。とはいえ、両生類は簡単に海から飛び出してきたわけではなく、長い進化の歴史の果てに誕生した。両生類の上陸を物語る前に、長らく「魚の時代」と呼ばれてきたデボン紀に目を向けてみよう。舞台となるのは、著者らが大好きな西オーストラリア州キャニング盆地にあるデボン紀の地層だ。そこで著者らは何シーズンもかけて発掘を行なったことがあり、地球上でも群を抜いて美しい（ただし暑い！）土地である。キャニング盆地には、堡礁（海岸に並行したサンゴ礁）の化石が世界で最も良好な状態で保存されている。それはまるで、グレート・バリア・リーフがいきなり石と化し、水分が抜けたような姿をしている。これまでの研究はそのデボン紀の巨大な堡礁が中心ではあるが、近くのもっと深い海に堆積した同じ時代の岩石からは、他に類を見ない素晴らしい化石が見つかっている。「新しい」見方で生命の歴史を語ろうとする以上、その話をしないわけにはいかない。

ジョン・ロングとゴーゴー累層の魚

海水はもちろん淡水でも、あるいはその中間のどんな塩分の水の中でも、魚はおなじみの存在である。ところが化石になることはめったにない。魚の体全体が化石化するには、死骸が低酸素の海底に短時間で埋もれる必要があるのだが、そうなる前に清掃動物〔訳註　動物の死骸を食物にする動物〕がじつに効率よく死骸をばらばらにしてしまうのだ。それでも見事な魚の化石が残ることはある。たとえば、コロラド州にある始新世のグリーンリバー頁岩では、魚が二次元の姿で保存されている。ここの頁岩ほど魚の化石が多数見つかる場所はたぶんほかにないだろう。だが、魚の一部、とくに大型魚の頭骨などは、団塊と呼ばれる丸い大きな岩石の内部に埋まっていることがある。団塊は砲弾のような形をしていて、堆積岩の中によく含まれており、うまくすると中に素晴らしい保存状態の化石を抱えもっているのだ。その好例がオハイオ州北部のデボン紀地層である。ここでは一世紀ほど前から非常に大きな魚の頭骨が発掘されていて、デボン紀を代表する「ダンクルオステウス」という巨大古代魚の頭骨もここで産出した。この魚については近年、普段は低級なディスカバリーチャンネルも太古の捕食者に関する特集番組で取り上げている。だが、状態のいい化石が現われるのはオハイオだけではない。オーストラリアのゴーゴー累層という面白い名前の地層もその一つで、ここは著者ら自身がデボン紀の研究調査を行なっている場所だ。岩石の時代はオハイオと同じだが、より深い海の地層となっている。ここの団塊の内部には、今までに見つかった中でもとりわけ重要な化石が眠っていた。その化石からは、私たちの祖先である両生類がどのような基盤の上に誕生したかが垣間見える。両生類の上陸について理解するには、まずデボン紀にどれだけ多様で複雑な魚の世界が広がっていたかを知らなくてはならない。近年、オーストラリア・アデレードにあるフリンダーズ大学の古生物学教授ジョン・ロング（ロサンゼルス郡立自然史博物館でも長年仕事をしている）が、新しい高解像度のスキャン技術を用いて画期的な発見をした。その発見からは、現存する魚すべての祖先についてや、人間のＤＮＡに刻まれた太古の血統が見えてくる。

ロングはオーストラリアの学者には珍しく、科学を一般の人々に広める活動でその名を知られ、本も多数執筆している。だがロングの本業からわかるのは、デボン紀における魚類の進化、形態、多様性、および生態系が、教科書に書かれているよりはるかに複雑だったということだ。ロングはCTスキャンのような画像技術を他に先駆けて使用し、化石の三次元構造を映し出すことによって、様々な魚の頭の中を文字通り覗き込んできた。

　これまで魚類は伝統的に四つのグループに分けられてきた。無顎類（現存するのはホソヌタウナギとヤツメウナギ）、軟骨魚類（サメなど）、最も種類の多い硬骨魚類、そして今は完全に絶滅した板皮類（初めて顎をもった魚）である。どれも長らく考えられていたほど単純なものではなかったことが、様々な点について判明してきた。ゴーゴー累層の発掘調査でロングは数々の発見を成し遂げている。最古の硬骨魚である「ゴゴナスス」の完全な頭骨もその一つだ。骨を調べたところ、頭頂部に大きな噴気孔をもつことがわかった。それまでは魚類にも存在することが知られていなかったものである。さらにはほかの種類の魚も予想以上に多様だったことや、新種の肺魚（最終的に陸に上がったものときわめて近縁）や節頚類と呼ばれる奇妙な魚がいたことも突き止めた。だが最も驚くべきは、体内に胎児を宿した魚の発見である。体内受精による生殖が実証されたのはこれが初めてであり、脊椎動物の胎生を示す最古の証拠でもある。ロングの標本の一つでは、胎児とつながったへその緒のような構造も石化して残っており、その種の化石はほかには確認されていない。ロングはハイテクの新手法を用いて、筋肉組織や神経細胞、微小毛細血管を三次元で見事に捉えた。どれも化石の魚からは初めて得られた情報ばかりである。しかし、動物の上陸を理解するうえで何より重要なのは、ロングが軟組織を明らかにしたことだ。これにより、魚がどのように進化すれば子孫が歩行できる（しかも最終的には二本足で直立して歩ける）ようになるかが、まったく新しい切り口から考えられるようになった。

陸生脊椎動物の進化

私たちの属する脊椎動物が、完全な水生生物から真の陸上生物へと移行する過程は、最初の両生類が誕生するところから始まる。化石記録により、移行にかかわった生物種とその時期はかなり特定されている。最初の両生類の直接の祖先は、デボン紀の硬骨魚の一種である扇鰭（せんき）類と見られている。この魚は当時支配的な地位にあった捕食者で、ほぼすべてが淡水で暮らしていたようだ。これは注目すべきポイントであり、陸への最初の架け橋が海水ではなく淡水だったことをうかがわせる。節足動物が上陸したときも同じだったかもしれない。

扇鰭類には前適応が見られ、陸上で移動するための四肢をのちに発達させられるようになっていた。葉状で肉質のひれをもっていたのである。現存する「生きた化石」であるシーラカンスは、どんな動物が両生類を生んだのかをイメージするうえで絶好のサンプルとなる。だが、肉鰭類の別のグループである肺魚もやはり参考になる。この場合は移動能力に関してではなく、鰓から肺へというきわめて重要な移行を考えるうえでだ。未来の両生類にどれほど優れた四肢があったとしても、空気呼吸ができなければ何の役にも立たない。つまり肉鰭類には二つの系統がある。一つは総鰭類の系統で（シーラカンスはここに入る）、もう一つは肺魚の系統である。

扇鰭類（総鰭類の一種）から両生類の祖先種が枝分かれするのは四億五〇〇〇万年前のことであり、おおむねオルドビス紀からシルル紀への移行期と重なる。ただしこれは、両生類自体が誕生した時期ではなく、最終的に両生類へとつながる魚類の祖先種が生まれた時期だった可能性もある。魚類から両生類への移行を専門とする古生物学者のロバート・キャロルによれば、最初の両生類へと至る最後の魚として最も有力なのはオステオレピス属である。この属の魚は、デボン紀初期から中期にかけての約四億年前になるまで現われなかった。

アイルランドのバレンシア島では興味深い足跡が見つかっていて、そこから考えると、最初に陸にすんだ両生類はこの頃に登場した可能性がある。この足跡は、四肢をもつ動物による最古のものとされ、年代はおよそ四億年前と推定されている。一匹の動物が太い尾を引きずりながら太古の泥の上を歩いた跡が、一五〇個ほど確認されているのだが、これに関連する骨格の化石はまったく残っていない。足跡の発見は議論を呼んだ。最初の四肢動物とされている骨より三二〇〇万年も前のものだったからである。だが注目すべきは、この足跡がつけられた時代には酸素濃度が現代のレベルに近いか、それを上回っていたということだ。先にも説明した通り、陸生昆虫と陸生クモ形類の最初の化石が現われるのも同じ時代である。高い酸素濃度は昆虫の上陸を助けただけでなく、最初の陸生脊椎動物の誕生をも促したのかもしれない。

この足跡の時期をめぐる疑念を、少し和らげるような化石が二〇一〇年に発見された。別の場所で見つかった足跡の年代が三億九五〇〇万年前と特定されたのである。この足跡は（現在の）ポーランド南部の海洋性堆積物の中に保存されており、デボン紀中期のものである。いくつかの足跡には足指も確認できた。推定通りの年代だったとすれば、現時点で最古とされる四肢動物の体化石より一八〇〇万年古いことになる。しかも、その動物の腕と脚の動かし方が、魚に近い四肢動物では不可能だったことが足跡からうかがえた。つまり、前述のティクターリクや、その子孫と見られるアカントステガとは違ったということである。

足跡をつけた動物は当時としては大型だった。体長二四〇センチを超えるとの推定もある。たぶん干潟にすむ清掃動物で、岸に打ち上げられた海洋動物や様々な陸生節足動物（クモやサソリを含む）を食べていたのではないだろうか。

今のところ、四肢動物の骨の化石で最も古いものは三億六〇〇〇万年前の岩石から見つかっている。したがって、魚類から両生類への移行は四億年前から三億六〇〇〇万年前までのあいだに起きたことになる。この間の特徴は酸素濃度が急激に下がったことであり、ロバート・バーナーの曲線で見てもごくわずかな酸素しかなかったようだ。しかし、実際の移行はもっと早くに起きたと思われる。酸素濃度の低下は始まっていたにしても、デボン紀における高酸素のピークに近い時期だったに違いない。

両生類の誕生はきわめて重要な出来事であるにもかかわらず、それを解き明かす手がかりが得られる場所は数えるほどしかない。そのうち、四肢動物の化石を最も多く産出しているのがグリーンランドだ。資料ではイクチオステガ属が最初の両生類だとされることが多いものの、じつはヴェンタステガ属が最も古く、約三億六三〇〇万年前に登場した。その後数百万年たってある程度ヴェンタステガが分布を広げた頃に、イクチオステガ、アカントステガ、ヒネルペルトンといった属が誕生した。

なかでもイクチオステガは最も有名だったのに、ティクターリクが発見されて名声をさらわれた感がある。だが間違えないでほしいのは、ティクターリクはあくまで魚だということ。イクチオステガは両生類である。その骨は一九三〇年代に初めて発掘されたが、断片にすぎなかった。ようやく一九五〇年代になって詳細な調査が行なわれ、骨格全体が復元された。イクチオステガは脚がよく発達している一方で、魚のような尾ももっていた。のちの研究により、この三億六三〇〇万年前の生物は陸を歩くことはできなかったと見られている。足先と足首を新たに調べた結果、水につかって浮力の助けを得ないと体を支えられなかったらしきことがわかったのだ。

イクチオステガやその他の原始的な四肢動物が見つかったグリーンランドの地層は、デボン紀後期の大量絶滅直後のものである。この大量絶滅の原因はまず間違いなく酸素濃度の低下であり、結果的に海は広範囲にわたって酸欠状態となった。イクチオステガとその仲間の登場は、この絶滅が引き金を引いた可能性がある。進化上の新機軸は、大量絶滅後に空いたニッチを埋めるために生まれるケースが多いからだ。もっとも、イクチオステガからの繁栄も長くは続かず、登場からわずか数百万年のうちに姿を消してしまう。

デボン紀後期に現われたイクチオステガとその同類からは重大な疑問が浮かび上がる。もしそれらが本当に最初の陸生脊椎動物であったなら、その後になぜ子孫が「適応放散」できなかったのか、である。実際には、さらなる両生類が登場するまでに長い空白期間があくのだ。この空白期間はかねてから古生物学者を悩ませてきた。やがてこれは「ローマーの空白」と呼ばれるようになる。二〇世紀前半に活躍した古生物学者アルフレッド・ローマーの名にちなんだものだ。脊椎動物の上陸の第一波と第二波のあいだに、謎の空白が存在することをローマーは初めて指摘した。事実、両生類の適応放散は三億四〇〇〇万年前〜三億三〇〇〇万年前くらいになるまで起きておらず、ローマーの空白は少なくとも三〇〇〇万年の長きにわたったことになる。

二〇〇四年にジョン・ロングとカリフォルニア大学のマルコム・ゴードンがまとめた概要報告でも、三億七〇〇〇万年前〜三億五五〇〇万年前（酸素濃度が著しく低下した時期）に生息した四肢動物は完全に水生だったとしている。すでに鰓を失ったものはいたにせよ、基本的には足の生えた魚も同然だ。現在の魚の多くがそうであるように、呼吸は空気を飲み込むことで行ない、皮膚からも酸素を吸収した。今いる両生類とは違って、成体になってからも陸だけで暮らすことはできない。また、デボン紀の四肢動物はオタマジャクシに相当する段階がなかったようである。

両生類が存在しないかに見えた長い空白期間を「埋めた」のが、イギリスの古生物学者ジェニファー・クラークである。二〇〇三年、クラークが博物館の古いコレクションを眺めていたとき、完全水生の魚とされていた化石に四肢と五本指があるのに気づいた。しかもその骨格は、陸で暮らせる構造を備えていた。化石は新たに「ペデルペス」という名をもらい、ティクターリクよりかなりあとに生きていたことが判明する。それどころか、これが真の両生類第一号であるかもしれず、生息していたと見られる時期（三億五四〇〇万年前〜三億四四〇〇万年前）はローマーの空白と合致した。とはいえ、遠い昔の話はえてしてそうだが、化石からはときとして答え以上に謎が浮かび上がるものだ。確かに、陸で必要な脚がローマーの空白のさなかに発達していたのはわかる。しかし、空気呼吸ができたのかどうかや、たとえ数分でも水から出ることができたのかどうかは依然として不明なままだ。

最初の両生類が誕生したのは酸素の影響によるものだとアルフレッド・ローマーは考えた。ローマーによれば、肺魚や、それに似たデボン紀の魚は小さな池に閉じ込められていて、その池の水は周期的に干上がった。この自然現象による酸素不足と乾燥が刺激となって、肺の発達を促したのではないかというのがローマーの仮説である。つまり、未来の両生類は空気を求めて池を出ざるを得なかったのだ。しだいに、水を離れても生き延びることのできる動物が有利になっていく。この魚にはまだ鰓があったものの、鰓

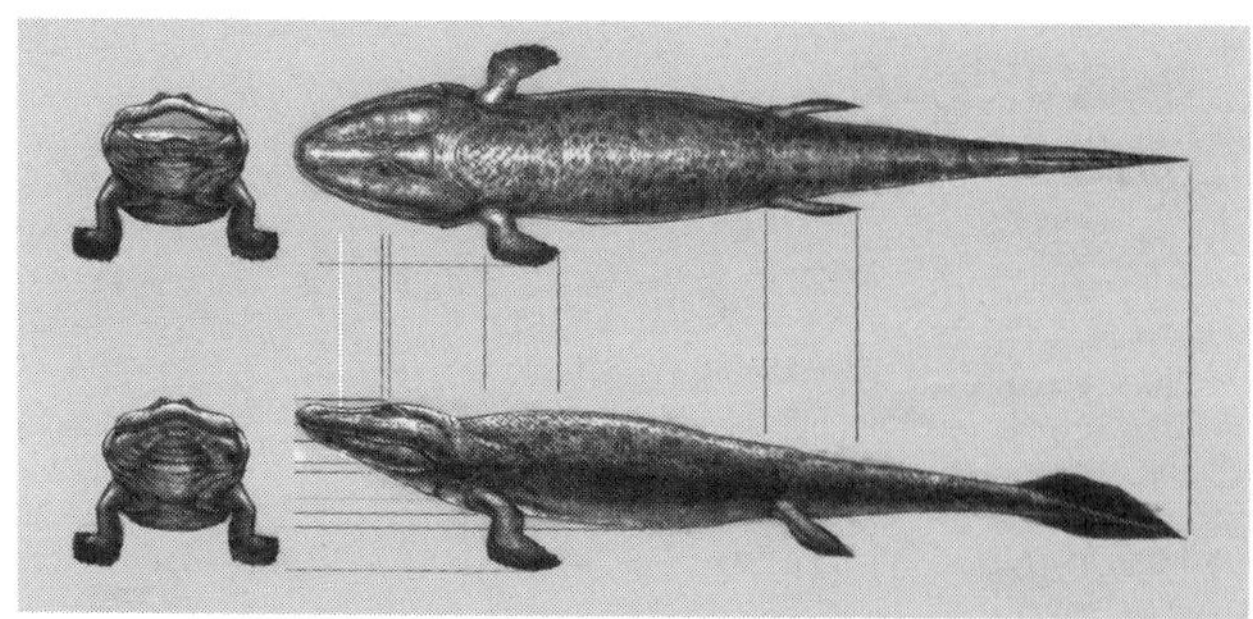

ティクターリクの復元図。アニマルプラネットで放映された番組『アニマル・アルマゲドン』向けに作成されたもの（絵はピーター・ウォード協力のもとアルフォンセ・デ・ラ・トーレ作。デジタル・ランチ・プロダクションズ社ロブ・カークの許可を得て掲載）。

自体も多少の酸素を吸収する役に立つ。移行期の生物は鰓と原始的な肺の両方をもっていたかもしれない。

イクチオステガやペデルペスのような水生の四肢動物が陸生へと移行するには、ティクターリク級の魚の構造を備えたうえで、手首、足首、背骨、その他の中軸骨格を変化させる必要がある。さもないと陸上での呼吸と移動ができない。胸郭は肺を収めるうえで重要だ。また、重い体は水中では浮力に頼ることができたが、空気中で支えるためには肩帯（けんたい）や骨盤領域、さらにはそれを結合する軟組織を大幅に変えなくてはならない。これらの変化をすべて成し遂げた最初の生物こそが、最古の陸生両生類と呼ぶにふさわしい。もっとも、空気呼吸ができる呼吸器官と、重い体で陸上を移動できる四肢を発達させれば、すぐにでも両生類が著しく多様化するかに思えるが、実際には三億四〇〇〇万年前〜三億三〇〇〇万年前になるまでそれは起きなかった。しかし、ついに適応放散が始まると目覚ましく分布域を広げ、石炭紀前期の終わり頃（約三億一八〇〇万年前）にはおびただしい数の両生類が世界中に生息するまでになった。

今ある証拠から判断すると、両生類級の構造（つまり陸で暮らせる魚の構造）は一度で発達したのではなく、二度ないし三度にわたった可能性がある。最初は約四億年前で、アイルランド・バレンシア島の足跡やティクターリク化石の発見によって裏づけられる。二度目は約三億六〇〇〇万年前であり、最後が約三億五〇〇〇万年前である。長らく最初の陸生脊椎動物とみなされていたイクチオステガは、当初考えられていた以上に魚に近かったと思われる。鰓を失っていても、それだけでは完全に陸上で暮らせた証拠にならない。現に、今いる魚の一〇〇種類以上が（鰓呼吸と併せて）ある種の空気呼吸を行なっていることが確認されている。このうち六八種については空気呼吸が個別に進化しており、これがいかに発生しやすい適応かを物語っている。イクチオステガは、ほかの四肢動物の系統とつながってすらいなかった可能性もあり、最終的には完全水生の暮らしに戻ることになる。原始的な肺しか備えていなかったところに、デボン紀後期の酸素濃度低下が重なって陸を追われたのだ。

最初の両生類は淡水性だったというのが長年の定説だが、本当にそうだったのかどうかは生命史上の大きな謎の一つだった。上陸は淡水を介して行なわれたのか、それとも海水から陸へとじかに進化した生物もいたのか。最新の研究によると、初期の総鰭類と肺魚（最初の四肢動物の直接の祖先）の多くは海水性だったことが明らかになっている。カナダの古生物学者ミシェル・ローランも同様の指摘をしている。初期の両生類化石を産出する代表的な石炭紀地層のいくつかは、長らく淡水の堆積物と思われていたものの、実際には海か、海に近い環境（潮間帯や潟など）の堆積物だったのではないかというのだ。その一方で、有名なティクターリクをはじめ、イクチオステガやアカントステガなどの初期の両生類が淡水性だったと解釈できるのもまた同じくらい確かである。だとすれば、これらの初期の両生類と両生類に近い生物は多種多様な環境で暮らしていた可能性が高い。海水や淡水、そして陸上でもだ。そう考えると興味深い問題が浮かび上がる。現代の両生類は海水には耐えられない。その皮膚は、水に浸っているときに酸素を取り込むことができるが、海水には対応できないのだ。きっとこれは、進化の歴史のかなりあとになって獲得した形質に違いない。

まとめると、動物の上陸は二度に分けて起き、いずれも酸素濃度が高かった時代と一致する。その中間には、デボン紀後期の大量絶滅や「ローマーの空白」と呼ばれる時期が挟まり、陸上で暮らす動物はほとんどいなかった。したがって、ローマーの空白という概念には、脊椎動物だけでなく節足動物や脊索動物も含めるべきだろう[9]。空白期間は石炭紀にようやく終わりを告げる。この時代には大気中の酸素濃度が著しく上昇し、石炭紀末からペルム紀にかけてはピークに達して、ほぼ三二〜三五パーセントとなった。

この高濃度が、地球の歴史でほかに類を見ない特徴的な時代を生み出す。巨大生物の時代だ。

第11章　節足動物の時代——三億五〇〇〇万年前〜三億年前

第二次世界大戦が終わって核の時代が幕を開けた頃、ハリウッド映画の定番といえば「核爆弾の放射能が生んだ巨大生物」だった。この手の怪物は、七〇〇〇万年前の氷河が融けて現われた超大型の絶滅動物の場合もあったが、それ以上に多かったのが身近な昆虫やサソリ、クモを巨大化したものである。こうした映画のモンスターを「非科学的」と片づけるのは簡単だ。しかしその姿を見ると、動物の体制というものがどこまで大型化できるのかという疑問がどうしても湧いてくる。大きな体は捕食に対する防護策であることが多く、たいていの動物はできるだけ体を大きくしているようである。だが結局のところ、動物の大きさを制限しているものは何なのだろうか。陸生の節足動物（クモ、サソリ、ヤスデ、ムカデ、昆虫、その他の少数派グループ）の場合は、その体制がもつ二つの特徴のせいで今も昔も大型哺乳類並みのサイズにはなれないことがわかる。

一つは外骨格だ。外骨格はキチン質と呼ばれる物質でできているものがほとんどだが、その強度の問題とスケール特性から、昆虫にしろクモ形類にしろ、人間程度に巨大化しただけでも歩けば脚が折れて体が崩れ落ちるだろう。節足動物が大きくなれないもう一つの理由が呼吸器である。昆虫やクモ形類は、体の最奥部までどれだけ酸素を行き渡らせられるかで大きさが決まると思われる。今日、昆虫の体長は大きいものでも一五センチ程度だ。しかし過去には、それよりはるかに大型の昆虫が確かに生きていた。それは、地球史上で最も酸素濃度の高かった時期である。

石炭紀からペルム紀にかけての高酸素状態

過去の大気組成に関する様々なモデルを見ると、細かい数値の違いこそあれ、どれも約三億二〇〇〇万年前〜二億六〇〇〇万年前の酸素濃度が並外れて高かったという点で一致している。この時代の終わり頃に酸素濃度は最大値を記録した。この石炭紀とそれに続くペルム紀前半が高酸素の時代であり、それは当時の生物相にも如実に表われている。なかでも、またとない証拠となるのが昆虫だ。

石炭紀の高酸素については（もちろんそれ以外についてもだが）、ニック・レーンが二〇〇二年の著書『生と死の自然史——進化を統べる酸素』（西田睦監訳、遠藤圭子訳、東海大学出版会）[1]で見事に説明している。「ボルソーバーのトンボ」と題された章には、一九七九年に発見された化石トンボの翼幅（翅を広げた長さ）がおよそ五〇センチだったとある。同じ石炭紀の化石からは、翼幅が七六センチになるものも見つかっている。

それもやはりトンボの仲間で、「メガネウラ（巨大な翅脈の意）」というぃかにもふさわしい名前がついている。翅だけではない。胴部もそれに比例して大きく、幅は約二・五センチ、長さは三〇センチ近くあった。これはだいたいカモメ並みである。カモメが「巨大」という言葉で形容されることは絶対にないのに対し、翼幅五〇センチの昆虫なら紛れもなく巨大だ。一方、現代のトンボは、翼幅一〇センチ程度に達するものもいるにはいるが、それより小さいのが一般的だ。この時期のほかの巨大生物には、翼幅四八センチのカゲロウ、脚の長さが四六センチのクモ、全長一八〇センチを超えるヤスデやサソリがいた。体長一メートルのサソリであれば、重さは二〇キロを超えてもおかしくはなく、両生類を含むあらゆる陸上動物を捕食する恐ろしい存在だったに違いない。ただし、あとで見ていくように、両生類も独自に巨大な種をいくつか進化させている。

昆虫の場合、呼吸器系がいかに効率的に酸素を体の最奥部にまで届けられるかで大きさの上限が決まる。すべての昆虫には、気管と呼ばれる細い管からなる呼吸器系が備わっている。空気は能動的に気管へと取り込まれ、それから様々な組織に拡散していく。空気を気管内に引き込む際には、腹部を規則的に伸縮させるか、または翅を羽ばたかせるかして気管の入口付近で空気の流れをつくる。いずれの方法も気管系の効率を良くする役目を果たす。飛行昆虫は動物の中で最も代謝率が高いが、酸素濃度を上げるとトンボの代謝率がさらに上昇することが実験で確認されている。こうした研究からわかるのは、トンボの代謝率もおそらくはサイズも、現代の二一パーセントという酸素濃度によって制限されているということだ。

酸素濃度が節足動物のサイズを左右するかどうかは、以前から議論を呼んできた。酸素で決まることを示す最も信頼できる裏づけは、端脚類（たんきゃく）の研究から得られている。端脚類は小型の水生節足動物で、現代の海洋や湖沼に広く分布している。ベルギーのゴティエ・シャペルとイギリスのロイド・ペックが、多様な生息地から二〇〇〇点の標本を採取して調べたところ、溶存酸素量の多い水域の端脚類ほど大型であることを発見した。アリゾナ州立大学のロバート・ダドリーはもっと直接的な実験を行ない、酸素濃度を高めた環境でショウジョウバエを育てた。すると、酸素濃度が二三パーセントの環境では、世代ごとに体が大きくなっていくことを見出した。少なくとも昆虫では、酸素濃度を上げればかなり短期間で体が大型化するといえる。[2]

巨大トンボが出現できたのは酸素のせいばかりではない。大気圧自体も高かったと見られている。酸素の分圧が上がった代わりにほかの気体の分圧が下がった、というわけではない。気体の圧力全体が今日より高く、大気中にもっと多量の気体分子が存在したために、巨大トンボはより大きな揚力を得ることができたのだろう。大気中に今より多くの酸素があったことは間違いない。問題はその理由である。

すでに見たように、酸素濃度を左右する大きな要因は、還元された炭素や硫黄含有鉱物（黄鉄鉱など）の埋没率である。大量の有機物が埋没すると酸素濃度は上昇する。だとすれば、地球史上最も酸素濃度の高かった石炭紀には、炭素や黄鉄鉱が短期間で多量に埋もれたはずだ。地層を調べてみれば、まさしくその通りだったことがわかる。石炭鉱床が形成されているからだ。

この期間は長かった。三億三〇〇〇万年前〜二億六〇〇〇万年前までの七〇〇〇万年ものあいだ、酸素濃度の高い状態が続いたのである。地球の石炭鉱床の九割がこの時代の岩石から見つかっている。石炭紀には、石炭の埋没する率が過去のどの時代よりも高かった。ニック・レーンの著書『生と死の自然史』によればじつに六〇〇倍もの高さである。とはいえ、この「石炭の埋没」という言葉はかなり不正確だ。石炭とはいわば太古の樹木の死骸である。つまり石炭紀に大量の倒木が急速に埋まり、それがのちになってようやく熱と圧力を受けて石炭になるわけだ。石炭紀は、壮大なスケールで森林の埋没が起きた時代だった。

石炭紀における有機物の埋没は陸上植物に限ったことではない。海でも植物プランクトンや動物プランクトンの体内に炭素が多量に存在した。プランクトンは海の森林のようなものであり、それが死ねば、有機物に富む堆積物となって大量に海底に積もる。こうした石炭紀特有の炭素の蓄積が、他に類を見ない高酸素環境をもたらしたわけだが、その大元の原因は、偶然にも地質学的なイベントと生物学的なイベントがいくつか重なったことにある。まず、当時の大西洋が閉じて各大陸が合体し、一つの大きな大陸となった。ヨーロッパ大陸と北米大陸がぶつかり、そこに南米大陸とアフリカ大陸も衝突した結果、大陸塊のつぎ目に沿って細長い巨大山脈ができた。

この山脈の両側には広大な氾濫原が生まれた。また、山脈の位置の影響により、広範囲に渡って気候が湿潤になった。大きな沼沢地の周辺地域はしだいに乾燥していき、誕生まもない樹木はそのどちらにも進出していった。当時の樹木の多くは、今の目から見るとひどく風変わりである。何より変わっていたのは、根が非常に浅かったことだ。だから大きく生長しても、いとも簡単に倒れた。現代にも倒木はたくさんあるものの、炭素の蓄積という点では石炭紀に遠く及ばない。そこには、湿潤な環境が植物の生長にうってつけだったという以外に別の要因も働いていた。

およそ三億七五〇〇万年前に出現した森林は、本当の意味で初めて樹木と呼べるものからできていた。つまり、体を支えるのにリグニンやセルロースを使っていたのである。リグニンは非常に硬い物質であるとはいえ、今日であれば様々な細菌によって分解される。だがほぼ四億年たった今でも、分解には時間がかかる。[3] 一本の倒木が「腐る」までにはただでさえ何年もかかり、軟木（スギやマツなど）よりリグニンの多い硬木ではもっと長い年月を要する場合もある。

樹木の分解は、その炭素の多くが酸化されることで行なわれる。したがって、最終的に地面に埋もれるにしても、還元された炭素が地質記録に残ることはほとんどない。ところが石炭紀には、樹木を分解する細菌がまだあまりいなかったか、ことによるとまったく存在していなかった可能性がある。[4] 一般的な微生物には、植物の主要な構成要素であるリグニンを分解することができないようである。そのため、石炭紀の樹木は倒れても分解されることがなかった。やがて木はそのまま堆積物に覆われ、還元された炭素がその過程で埋没した。こうした樹木（や海のプランクトン）が光合成を通してどれだけ酸素をつくり出しても、その新しい酸素が樹木の分解に使われることはない。しかも森林の木は急速に生長しては倒れていくので、しだいに酸素濃度が上昇していった。

酸素と森林火災

石炭紀に酸素濃度が頂点に達したことの影響は、動物の巨大化に留まらなかったに違いない。酸素は助燃性であり、その量が多いほど火災は大きくなる。燃料の発火を促すからで、この場合の燃料は石炭紀の地球を覆う広大な森林だった。

石炭紀には史上最大の森林火災（少なくとも六五〇〇万年前に恐竜を死滅させたチクシュルーブ小惑星の衝突で森林火災が起きるまでは）が起こった可能性がある。酸素濃度の変遷に関する研究と同様に、大気中の酸素濃度が高いことによる大規模森林火災の可能性についての研究も以前から論争の的となってきた。しかし、ますます多くの証拠が集まるにつれ、その論争も下火になりつつある。そもそも、森林火災に対する異論は、過去に酸素濃度が変動していた（高かったことも含めて）という説自体を否定する大きな論拠となってきた。それほど壊滅的な火災が発生すれば太古の森林は全滅したはずなのに、その後も森林の化石記録は長く続いているのだから、そんな大火災は起きなかった、という言い分である。

少なくとも理論のうえでは、酸素濃度が高いと火の回りが速くなり、火の勢いも強くなる。現に北米における石炭紀の堆積岩からは木炭の化石が多量に見つかっていて、[5]その頃に森林火災があったことを裏づけている。その火災は今日より規模が大きくて激しく、頻繁に起こっていた。ただし、当時と今では森林を構成する植物の種類がかなり異なるため、単純に比較することはできない。

激しい森林火災が増えていったのだとしたら、時とともに火災に耐えるような形態が進化していったとしてもおかしくない。事実、植物は様々な耐火特性を発達させたことで知られる。たとえば樹皮を厚くする、維管束組織を深部に埋め込む（これはカンブリア紀に始まった）、ひげ根で鞘のように茎を覆う、などがそうだ。

それほどの高酸素状態だったのに、なぜ石炭紀の森林は跡形もなく焼け落ちなかったのだろうか。この時代、確かに火災は今より頻繁にあったようだが、耐火性をもつ植物が登場したうえ、植物自体も水を多く含んでおり、さらには湿地が無数に点在して環境中の湿度が高かったために被害は抑えられた。もう一つ重要なのは、森林火災を引き起こした「火種」の温度だ。近年の研究[6]で酸素濃度と樹木の可燃性を調べたところ、一一～一二パーセント程度より低い酸素濃度では植物は発火しないとの結果が出ている。だが、この実験ではマッチを使って火をつけようとしていた。落雷ならそれよりはるかに高温になる。

植物に対する高酸素の影響

動物と同様、植物も酸素がなくては生きていけない。酸素は光呼吸（光合成のあいだに行なわれる呼吸）の際に細胞内に取り込まれる。だがほとんどの場合、その量は動物が必要とするより格段に少ない。動物との違いをもう一つ挙げるなら、陸上植物は体の部位によって必要な酸素量に差があるということだ。たいていの植物は、二つの異なる環境の中で生きている。体の一部は空気中、一部（根）は固体（土壌）中である。根は地中にあって水、固形物、気体に囲まれていて、地上部とは生息条件が大きく異なる。そのため、まったく違った進化を遂げる必要があった。葉のほうは空気中にある。だから水分を失うことや、日光が足りなくなることを恐れはしても（葉に恐れる能力があるならの話だが）、水分が多すぎて溺れることを心配したりはしない。一方、葉には不要でも根にはおおむね不可欠なのが適切な酸素量だ。低酸素によって真っ先に害を受けたり、細胞が死んだりするのは根系である。花や観葉植物につい水をやりすぎてしまう人なら身にしみてわかるだろう。根が生きている地中の環境は、大気中の酸素濃度が十分であっても低酸素状態に陥ることがある。土壌に水が多すぎる場合はなおさらそうだ。地下水の酸素濃度が低いと、根が窒息することもある。

逆に酸素濃度が高すぎる場合はどうか。それに関するデータははるかに少ないものの、明らかになっている事実を見る限り、高酸素環境は植物に有害であるようだ。大気中の酸素濃度が高いと、光呼吸率が上昇する。それ以上に深刻な影響は、酸素濃度が高いと

「ヒドロキシル基」という有毒な化学物質が増えることだ。こうした点をさらに検証するため、イェール大学のロバート・バーナーの教え子だったデイヴィッド・ビアリングは、今より酸素濃度を高めた密閉容器の中で様々な植物を育てた。[7] 酸素濃度を三五パーセント（石炭紀後期かペルム紀前期に見られた史上最高の酸素濃度とされる値）に上げると、純生産量（植物の生長を測る尺度の一つ）は二〇パーセント低下した。したがって、石炭紀からペルム紀前期にかけての高酸素環境は、植物の寿命をある程度は縮めたかもしれない。ただし化石記録からは、この時期に何らかの劇的変化や大量絶滅があったという形跡は確認できない。

酸素と陸上動物

私たちの系統である脊索動物が陸上を征服するには、陸に適応するためにいくつもの大幅な改造を行なう必要があった。何より差し迫った問題は、どうすれば水中以外で卵の胚を成長させられるかである。石炭紀後期やペルム紀の両生類は、まだ水中に卵を産んでいたと思われるので、湖や川のない陸地の資源を利用することはできなかった。この難題を解決したのが、羊膜卵と呼ばれるものの誕生である。今は爬虫類として知られる脊椎動物の系統が確実に存続できるようになったのは、この卵のおかげといっていい。羊膜卵をもつことによって、爬虫類、鳥類、哺乳類は祖先である両生類と区別される。

化石記録を見る限り、羊膜卵を産む羊膜類は単系統だと思われる。つまり、同じ一つの祖先をもつということで、それ以外の系統でこの特徴が別個に現われることはなかった。その共通の祖先である両生類は石炭紀前期にはすでに存在していた。だとすれば、羊膜卵の誕生という重要な出来事は、酸素濃度が上昇しつつあるときに起こったことになる。最初の羊膜卵がつくられたとき、たぶん酸素濃度は現代と同程度かもっと高かっただろう。

爬虫類も単系統と考えられており、おそらくは三億二〇〇〇万年あまり前の石炭紀前期に祖先の両生類から分岐した。すでに見たように、当時は酸素濃度が上昇しつつあっただけでなく、両生類が陸生と水生に大きく分かれた時期でもあった。遺伝子を調べると、この分岐が起きた時期は三億四〇〇〇万年前もの昔にまで遡れるのだが、最初の爬虫類（陸生両生類ではなく）と認められる化石は世界の数箇所でもっと遅い時代の地層から産出している。ヒロノムスやパレオティリスという名の小型爬虫類の化石は、石炭紀後期前半の化石化した木の根株に埋まった状態で発見された。爬虫類が石炭紀前期に誕生したと仮定するより、もっと遅い時代に化石が見つかっていることのほうが、証拠としての説得力が高いといえるかもしれない。いずれにせよ、最初の爬虫類はきわめて小さく、体長一〇〜一五センチほどしかないものがほとんどだった。

最初の爬虫類には頭骨に鼓膜がなかった。だから聴力は弱かったか、まったく聞こえなかった。また、迷歯類（めいしるい）の両生類とは異なり、大型肉食両生類によく見られるような大きな牙ももたない。その代わり、本当の意味で爬虫類と呼べる最初の動物には頭部より後方の骨格に特徴があり、両生類より巧みに素早く動けるようになっていた。尾は体の割にかなり長かった。

初の羊膜卵をこうした爬虫類が産んだのかどうかはまだ推測の域を出ない。ペルム紀前期の地層になるまで化石の卵は現われないし、その唯一の発見についても今なお見解が分かれている。とはいえ、羊膜卵が誕生するまでには、両生類的な（乾燥を抑える膜のない）卵が陸上の水気のある場所に産み落とされるという段階を経たはずだ。完全に陸の上で産卵するには、胚を取り巻く膜（絨毛膜や羊膜）や、それを覆う革のような殻、もしくは多孔性で炭酸カルシウムの殻をつくり出す必要があった。これまでまったく指摘されていないことだが、胎生を進化させたのはこの最初の四肢動物だった可能性もある。胚が雌の胎内でかなりの発達を遂げてから産むようにしたのだ。

やがて、生存能力のある子を首尾よく生み出せる卵が陸上でつくられるようになる。この羊膜卵の誕生には、酸素濃度や高温が一役買ったに違いない。卵生という戦略を用いる陸上動物にとって、生殖は大きなトレードオフ〔訳註　一方の利益を追求すると他方を犠牲にせざるを得なくなる状態のこと〕を強いられるものだ。内側の水分を保持する必要を考えれば、卵の殻の孔はできるだけ小さくし、数も減らしたほうがいい。ところが、そうすると卵の中へ酸素が入ってきにくくなる。[8]

酸素がなければ卵は成長できない。羊膜類の登場が高酸素の時期と重なったのはたぶん偶然ではないだろう。色々な高度で暮らす動物が、今もこの生殖戦略を用いているのも当然に思える。この種の動物は大気中の酸素濃度の影響を受けており、酸素濃度が高いほど胚の成長は速くなる。胎生も高酸素によって可能になったという見方があり、低酸素では胎生は起こり得なかったと指摘する研究者がいる。というのも、少なくとも哺乳類では、胎盤経由で供給できる酸素量が母親の動脈血に含まれる量にさえ満たないからだ。だが、そういえるのは哺乳類だけであり、酸素濃度や温度、液体量が調節できる環境の中で様々な発達を遂げるという特徴をもつ。爬虫類では生殖器官の構造がかなり違う。むしろ低酸素が胎生を有利にすることさえあるかもしれない。それを裏づける証拠が三つの方面から得られている。第一に、これはよく知られていることだが、高地にすむ鳥類（卵生）が生殖できる高度の上限は、普段餌を採っている場所よりも低いのだ。

　山地にすむ鳥にはこのパターンを示す種が多い。巣をつくれる上限は高度約五五〇〇メートルであり、それより高くなると胚がうまく成長しなくなる。[9] この限界には少なくとも三つの要因（高所に伴う酸素濃度の低下、高所での大気の乾燥による脱水、低所よりも低温）が絡んでいると見られるが、最も重要なのは酸素濃度ではないだろうか。

　第二に、イェール大学のジョン・ヴァンデンブルックスによる最近の実験から、自然に産卵されたミシシッピワニの卵でも、人工的に酸素濃度を高めた状態で育てると成長のペースが通常より著しく速まることが確認されている。通常の酸素濃度に保った対照群と比べて約二五パーセント速かった。少なくともミシシッピワニの場合、高酸素が成長速度に影響するのは間違いない。第三の根拠は、ワシントン大学のレイ・ヒューイが、高所にすむ爬虫類のほうが低所にすむものより胎生をとる割合が高いと主張していることだ。

四肢をもつ脊椎動物は魚類から進化したので、新たに直面した構造上の難題をいくつも克服しなければならなかった。もはや体を浮かせてくれる水はなく、陸上では四本の脚で体を支えながら動き回らなければならない。だから肩部や腰部の骨格のデザインを一新し、移動を可能にする筋肉も併せて発達させる必要があった。同じくらい厄介だったのが、運動を持続できるだけの酸素をどう確保するかである。初期の四肢動物は運動にも呼吸にも同じ筋肉を使ったようであり、しかもその両方を同時に行なうことはできなかった。魚類の場合、運動を続けるのも、運動しながら呼吸するのも問題がないように見える。つまり、酸素の有無によって日常の活動が制限されることはないということだ。陸生の四肢動物はそうではない。最も初期の体制は地に這うような姿勢で、脚は体幹部の側面から生えていた。そんな体のつくりで歩いたり走ったりすれば、胴体が波打つように左右にくねることになる。左脚を踏み出すと、胸部の右側と中の肺が圧迫され、右脚を踏み出すと左側に同じことが起きる。

このように胸部が歪む動き方では「通常」の呼吸ができない。次の一歩を踏み出す前に息をつかなければならなくなる。だが、それでは走りながら呼吸することができない。だから現代の両生類や爬虫類は走っているあいだに息をすることができないし、古生代の祖先にも同じような不具合があったことはほぼ間違いない。速く走れる爬虫類がいないのはこのためであり、爬虫類と両生類が待ち伏せして捕食するのも同じ理由による。走って獲物を追い詰めたりはしないのだ。現代の爬虫類のうち、走るという点で最も優れているのはコモドオオトカゲだが、獲物を追って全力疾走できるのはせいぜい九メートル程度である。この問題は、発見者である生理学者デイヴィッド・キャリアの名にちなんで「キャリアの制約」と呼ばれる。

素早い移動と呼吸を同時にできないというジレンマは、陸地にすみつくうえで非常に大きな障害となった。最初の陸生四肢動物は、サソリのような陸生節足動物に対してさえかなり不利な立場にあっただろう。というのも、脊椎動物の動くスピードは遅いうえに、呼吸のために頻繁に立ち止まる必要があったはずだからだ。酸素濃度がきわめて重要だったと著者らが主張する理由はそこにある。高酸素の環境があったからこそ、最初の陸生脊椎動物は陸上で繁栄する機会をつかんだのだ。

呼吸の問題から生じた影響の一つは、初期の両生類や爬虫類が三室心臓〔訳註　心腔が三つある心臓のことで、哺乳類や鳥類は四室〕を進化させたことである。この種の心臓は現代の両生類や爬虫類のほとんどに見られ、移動中にうまく呼吸ができない動物を助けている。トカゲは獲物を追っているあいだは呼吸をしないため、肺に血液を送る四つ目の心腔はなくてもよい。三つの心腔を使って体全体に血液を送り出しているが、その代償として、活動を終えて血液に酸素を再供給するのに時間がかかるという難点をもつ。

酸素と気温、生殖と体温調節

ここで、陸上動物が選び得る生殖方法についてまとめ、それを酸素濃度および気温の問題と結びつけて考えてみたい。先に見たように、生殖には二つの戦略がある。卵生か胎生かだ。卵生の場合、卵は炭酸カルシウムの殻か、もっと柔らかい革のような殻で覆われる。今日、鳥類の卵はすべて炭酸カルシウムの殻をもち、卵生の爬虫類の卵はほとんどが革（もしくは羊皮紙）状の殻をもつ。あいにく、どちらがより酸素を通しやすいかについてはデータが非常に少ない。

卵生をとるか胎生をとるかは陸上動物にとって大きな意味をもつ。胎生で育つ胚は、気温変化や乾燥、あるいは酸素欠乏といった危険にはさらされない。その代わり、母親は体重が増え、胎児の分まで食物を摂取することが必要になるうえ、間違いなく捕食者に狙われやすくなる。卵生ではその心配がない反面、胚を取り巻く環境（卵の内側）が胎生ほど安全ではないというデメリットがある。卵が捕食されたり、外界が致死的な状況になったりすることで、胚の死亡率が高くなるのだ。

石炭紀前期が終わる頃には爬虫類が三つの大きな祖先系統に枝分かれし、それぞれが独立した分類群になっていた。一つは哺乳類に、もう一つはカメ類につながり、あとの一つはまた別の爬虫類になってのちに鳥類を生んだ。化石からは、この三つが様々な種から成り立っているのがわかる。かなり多彩な化石記録の一つから、こうした分類群がどういう道筋をたどって進化したかが見えてきた。その結果、そもそも「爬虫類」とは何かという問題自体の見直しが迫られている。通例でいくと、爬虫綱には現生のカメ類、トカゲ類、ワニ類が含まれる。厳密にいうと、「爬虫類とは何か」ではなく「爬虫類とは何ではないか」で最近は定義されるようになっている。つまり、鳥類や哺乳類に固有の特徴をもたない羊膜類、というものだ。あまり認識されていないことだが、この三つの系統が生まれた時代には氷河が広がり、非常に酸素濃度が高かった。だとすれば、低温だが酸素の多い世界で生まれたことが、こうした動物たちの生物学的特徴に様々な影を落としたことが考えられる。いくつか具体的に見てみよう。

生命の歴史に関する積年の謎の一つに、動物の体温調節がどのように発達してきたかという問題がある。調節の方法は三通りある。恒温性（温血ともいう）、変温性（冷血ともいう）、そして内温性だ。内温性は本質的に恒温性とも変温性とも異なるもので、かなり大型な動物に見られる。これらがどう進化したのかは長いあいだ科学研究の対象となってきた。なかでも最も話題にされ、様々な見解が飛び交っているのが体温調節経路についてであり、とくに重要なのが恐竜が恒温動物だったかどうかという点である。体温調節は生体内の生理機能によるところが大きいうえ、調節にかかわる体の部位（被毛など）がめったに化石に残らないことが、議論を呼ぶおもな理由となっている。

現生の哺乳類や鳥類はみな恒温性で、前者には体毛があり、後者には羽毛があることは誰でも知っている。同様に、現生の爬虫類はみな変温性であり、体毛も羽毛ももたないことが広く知られている。絶滅した種類がどうだったのかはまだ意見の一致をみていない。本書が注目したいのは、酸素濃度や地球の気温が、過去の様々な祖先種の体温調節機能や特徴的な外被に影響したかどうかである。

爬虫類の分化

頭骨に開いた穴の数をかぞえると、「爬虫類」の三つの主要な祖先系統を簡単に区別できる。[10] 無弓類（カメ類の祖先）の頭骨には側頭窓と呼ばれる大きな穴がなかった。単弓類（哺乳類の祖先）には頭蓋骨の両側に一つずつあり、双弓類（恐竜、ワニ類、トカゲ類、ヘビ類）には二つずつあった。化石記録によると、三系統とも大気中の酸素濃度が高かった時期に出現しているようである。[11] 三つ目の双弓類に属する最初の動物の化石は、石炭紀末の岩石から見つかっている。小型で、全長二〇センチほどだ。双弓類が誕生してから、酸素濃度が本格的に下がり始めるまで（ペルム紀中期から後期にかけての約二億六〇〇〇万年前）のあいだ、このグループには多様化や特殊化がほとんど見られない。石炭紀末からペルム紀前期にかけての酸素濃度が最大だった時期、双弓類のなかがいくつものグループに分かれたことがあったにせよ、双弓類自体は小さいままで、トカゲのような姿であり続けた。やがてこの双弓類から史上最大の陸上動物が生まれ、中生代に恐竜として地上に君臨するわけだが、それをうかがわせるものはまだ何一つなかった。昆虫の場合は非常に高い酸素濃度によって巨大化が促されたのに、双弓類には同じことが当てはまらない。

何より知りたいのは、双弓類が恒温性だったのかどうかと、どのように生殖を行なったかだ。双弓類のどのグループについても、決定的な証拠となるペルム紀の卵が見つかっていないため、その生殖方法については知りようがない。ただ、革のような殻をもつ原始的な羊膜卵を陸上で産んだと考えられている。とはいえ、胎生で産んだ可能性も捨てきれない。ペルム紀末（酸素危機がかなり進行してついに史上最悪の大量絶滅に至る頃）になってようやく双弓類の多様化が促され、のちにはその種類の多さで知られるようになる。何といっても恐竜を生んだのだ。

双弓類は動きやすい形態を進化させて駿足の肉食動物になった。もう一つの系統である無弓類は別の方向に向かった。速く歩けと責められることのない動物になったのである。つまりカメ類だ。その前はパレイアサウルスと呼ばれる動きの鈍い大型動物で、ペルム紀後期の化石爬虫類の中では最大の動物だった。

それでも、最初期の顔ぶれを見れば、無弓類がそこまで動作が遅くなり、装甲に隠れるようになるとは想像もつかなかっただろう。どれも初めはもっと体が小さく、動きが敏捷で、石炭紀末期にはかなり繁栄していた。だが、ペルム紀に入るとその勢力に翳り（かげ）が見え始める。ペルム紀前半に長く続いた氷河期が終わり、氷河が後退した頃、無弓類は大型動物に進化した。杯竜類や、もっと大きいパレイアサウルスなどである。それらは植物食動物で、装甲のある巨体をもち、間違いなく動きが鈍く、ゆうにペルム紀末まで生きていた。この大型化は、高い酸素濃度によるものだった可能性が高い。

三系統目の爬虫類は単弓類で、それが私たち人間の祖先である。石炭紀後期からペルム紀前期にかけて酸素濃度が高かった時期に、双弓類がほとんど変化しなかったのに対し、単弓類は違った。双弓類と同様に、最も原始的な単弓類の化石は石炭紀後期の岩石から見つかっており、やはり当時の双弓類のようにこの哺乳類の祖先も小型で、おそらく形も生活様式もトカゲに似ていたと思われる。初期の単弓類は双弓類（およびその祖先である両生類）のように、変温性だったと考えられている。その後、単弓類は二つの大きな系統を誕生させた。ペルム紀前期のディメトロドンに代表される盤竜類と、そのあとに続く獣弓類だ。のちにこの獣弓類から哺乳類が生まれるので、獣弓類は哺乳類型爬虫類とも呼ばれる。

双弓類とは異なり、単弓類は高酸素の時期に多様化し、酸素濃度が頂点に達した頃は陸上で最大の脊椎動物になった。石炭紀末期には、盤竜類の外見も行動も今の大型のオオトカゲやイグアナに似て、四肢は体の側面から出ていたと見られる。石炭紀末にはその一部がコモドオオトカゲ並みの大きさを獲得した。恐しい捕食者だったかもしれない。およそ三億年前にペルム紀が始まる頃には、すでに盤竜類が陸上の脊椎動物全体の七割あまりを占めるまでになる。摂食の方法も多様化し、魚食動物、肉食動物、そして最初の大型植物食動物に分かれた。

盤竜類は捕食する側もされる側も、全長が四・五メートルほどに達することがあった。

ディメトロドンのように背中に大きな帆をもち、実際より体がはるかに大きく見えるものもいた。盤竜類はまた、走りながら呼吸ができないという爬虫類の問題を部分的ないし全面的に解決した。姿勢を変えたのである。単弓類は、現代のトカゲのように四肢を横に突き出すのではなく、少しずつ胴体の下に入れるような方向に進化していった。これにより、体が以前より地面からもち上がった格好になり、身をくねらせて肺の圧迫を招くことがなくなる。少なくとも圧迫が大幅に軽減されたのは間違いない。四肢はまだ完全に胴体の下から生えるまでには至っていなかったものの、最初の四肢動物よりは確実に改善している。ペルム紀中期に登場した獣弓類では、体をさらに起こせるようになっていた。

帆は、石炭紀末期からペルム紀前期にかけて生息した肉食動物と植物食動物の両方に備わっていて、盤竜類の代謝機能を知るうえできわめて重要な手がかりとなっている。それは、朝の早い時間に速やかに体温を上げるための仕掛けだった。帆で朝日を受けることで、捕食者も被食者も大きな体を短時間で温め、素早く動くことができたのだ。日光に頼らずに体内で熱を生み出すことができれば、獲物を捕らえるにしても敵から逃げるにしても有利になる。したがって、自然選択はその機能を獲得する方向に働いていたに違いない。ところが酸素濃度が高かった時代には、哺乳類の祖先はまだ内温性を得ていなかったことがわかっている。では、この特徴はいつ現われたのだろうか。この飛躍的な進化を遂げたのは、盤竜類のあとに登場した獣弓類だったと見られている。ここでもう一つ指摘しておきたいのは、高酸素の時代は低温の時代でもあったということだ。当時は大氷河が存在していたことが明らかになっているうえ、両半球の極地では大陸も海も大部分が氷で覆われていたはずである。

盤竜類の進化については、北米で発見された化石を通して判明したことが多い。ところが、この地域のもっと新しい地層には脊椎動物の化石がほとんどない。盤竜類から獣弓類への移行を一番確認しやすいのはヨーロッパやロシアの地層である。だがそうした地域でさえ、この移行についてはよくわかっていない。鍵となる時期の堆積物に化石がほとんど含まれていないからだ。そのため、二億八五〇〇万年前〜二億七〇〇〇万年前頃については、単弓類の化石に関して私たちの知識が抜け落ちている。その後の単弓類の歴史をうかがい知るうえで重要な場所が二つある。ロシアのウラル山脈周辺と、南アフリカのカルー砂漠だ。カルーの化石記録は、およそ二億七〇〇〇万年前のものと見られる氷河堆積物で始まり、以後もジュラ紀に入るまで続いている。おかげでこの地からは、単弓類について他に例を見ないほど多くのことが明らかになっている。

獣弓類は二つに分かれた。おもに肉食性のグループと、植物食性のグループである。二億六〇〇〇万年前頃になると南アフリカの氷はなくなっていたものの、そのあたりは超大陸パンゲアの中でも比較的高緯度（南緯約六〇度）に位置したため、まだ気温は低かったと考えられる。依然として高酸素時代の最中で、酸素濃度が今より高かったのは確かだが、その状況は変わりつつあった。ペルム紀が進むにつれ、酸素濃度が低下していったのである。やがて肉食動物と植物食動物の双方で大規模な二つの適応放散が起きる。およそ二億七〇〇〇万年前〜二億六〇〇〇万年前の時代、陸上を支配していたのはディノケファルス類だった。ディノケファルスは非常に大型で、恐竜ほどではないにせよ、現代の陸生哺乳類並みのサイズに近かったのは間違いない。最大級のものはゾウくらいの重さになったはずだ。たとえばディノケファルス類の中のモスコプス属は、南アフリカで多数化石が見つかっているが、体高は五メートルに達し、巨大な頭部をもち、後脚より前脚のほうが長かった。このモスコプスを狩っていたグループも同じくらいの大きさだった。

その後、およそ二億六〇〇〇万年前にディノケファルス類とその捕食者は大絶滅に見舞われる。この絶滅についてはまだ解明が進んでいない。ディノケファルス類についても、その直後に現われて陸上を支配した最初期のディキノドン類やその捕食者についても、いまだに限られたデータしかない。南アフリカやロシアで新しい化石が発見されない限り、この状況に変化はないだろう。残念ながら、この時期の化石は数がきわめて少なく、それを研究する古生物学者も減っているため、今後の世代が化石を探し続けたとしても長く不明のままかもしれない。

ディキノドン類は植物食動物であり、二億六〇〇〇万年前〜二億五〇〇〇万年前の時期に優勢を誇った。ペルム紀の大量絶滅で地球上からほぼ一掃されることになるが、それについては次章でもっと詳しく述べるとしよう。ディキノドン類を捕食していたのは三種類の肉食動物である。ペルム紀末に死滅したゴルゴノプス類、それよりやや多様なテロケファルス類、そして三畳紀になって最終的に哺乳類へと進化するキノドン類だ。

動物の大きさと酸素濃度

大気中の酸素濃度が三〇パーセントを超えて未曽有のレベルとなった頃、昆虫はかつてない大きさに進化した。石炭紀後期からペルム紀前期にかけての巨大トンボのたぐいなどは、地球史上最大の昆虫である。ただの偶然という可能性もなくはないが、やはり高酸素が昆虫の大型化を促したというのがおおかたの専門家の見方だ。昆虫の呼吸器系では、気管を通して体内に酸素を行き渡らせなければならない。酸素濃度が高ければ、昆虫の体がしだいに大型化したとしても十分な量の酸素が体内に浸透できたはずである。では、酸素濃度の上昇とともに大型化するという傾向は脊椎動物にも当てはまるのだろうか。新しいデータからは、その通りであったことが見えてくる。

古生物学者のミシェル・ローランは二〇〇六年、石炭紀からペルム紀にかけて（約三億二〇〇〇万年前〜約二万五〇〇〇万年前）の様々な化石爬虫類について、頭骨の長さと体長を測定した。どちらの値も、酸素濃度の変動をなぞるようにして変化していた。石炭紀後期に酸素濃度が高まると、化石爬虫類のサイズも大きくなり、ペルム紀中期に酸素濃度が減り始めると小さくなっていったのである。新生代の哺乳類に関する章でもう一度触れるが、アメリカの海洋学者ポール・フォーコウスキーらが後世の哺乳類につ

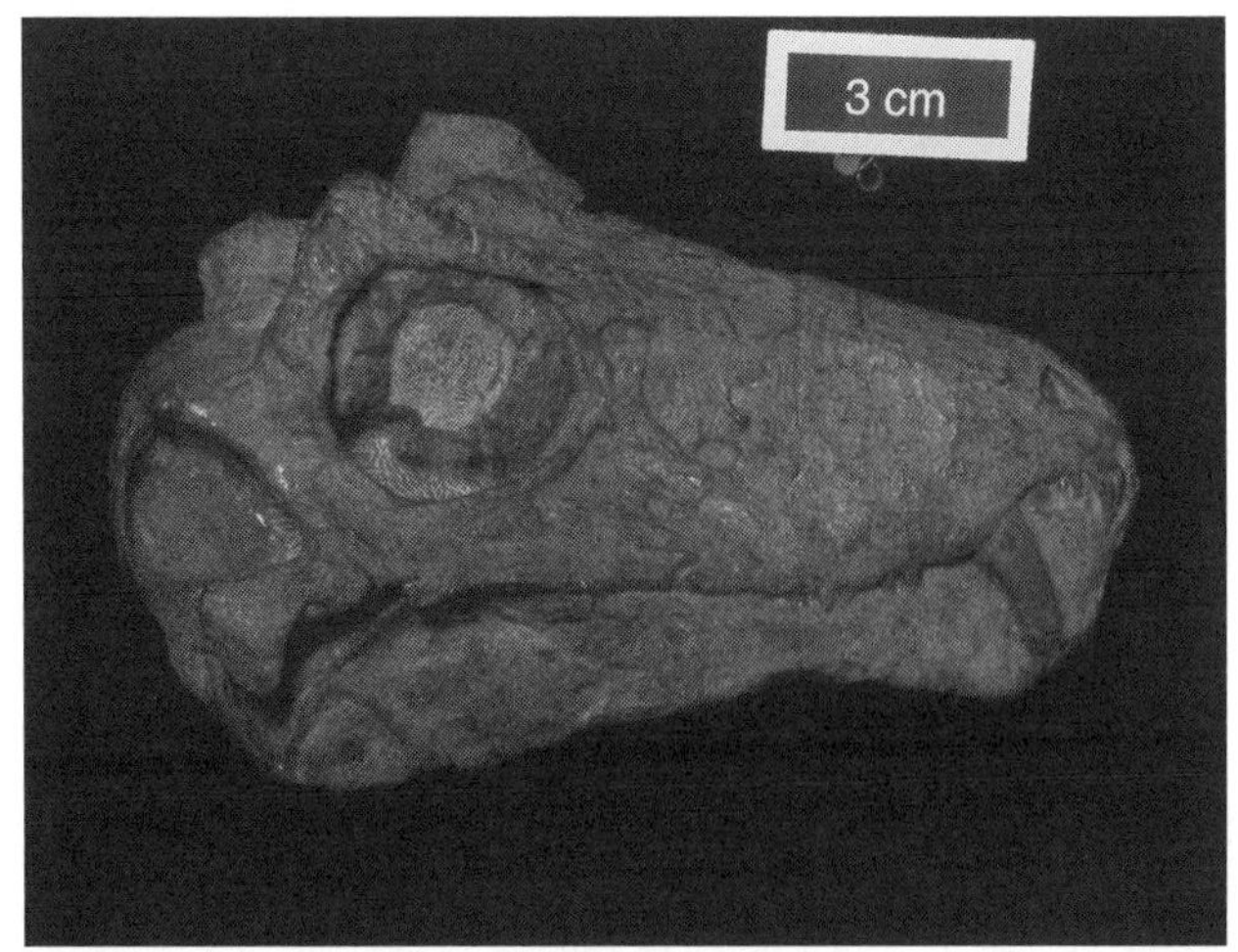

南アフリカのペルム紀後期の堆積物から発掘されたゴルゴノプスの頭骨（写真：ピーター・ウォード）

いて調べたところ、新生代前期にもこれとよく似た現象が起きていることがわかった。当時はやはり酸素濃度が著しく上昇したと見られていて、それと同時に哺乳類の平均的なサイズも増していたのである。

酸素濃度の上下につれて体の大きさが変動する傾向は、哺乳類型爬虫類にも見られた。ペルム紀中期のディノケファルス類は史上最大の獣弓類であり、酸素濃度が頂点に達した頃に登場した。そのあとで酸素が減り始めると、ディノケファルス類に続く様々な獣弓類は頭骨が小さくなる方向に向かっていった。なかでも注目すべきはディキノドン類である。ペルム紀末にはまだ比較的大型の動物（ディキノドン属や肉食のゴルゴノプス類）もいたが、すでにディキノドン類の多くは小型化していた。ペルム紀末のシステケファルス属やディイクトドン属のほか、いくつかの属も体はごく小さかった。二〇〇七年の研究により、ペルム紀後期から三畳紀前期にかけて生息していたリストロサウルス属は、ペルム紀より三畳紀のほうが小型だったことがわかっている。これはちょうど酸素濃度が急落した時期であり、この頃に暮らしたキノドン類はどれも体が小さかったことも同じ研究で明らかになった。いくつかの例外はあるものの（三畳紀のカンネメエリア属やトリティロドン属などは巨大だった）、全体で見ると三畳紀の獣弓類はペルム紀よりもかなり小さい。著者らの研究仲間であるクリスチャン・シドー（ワシントン大学）の最近の論文は、この急速な小型化を裏づけている。このように、ペルム紀末から三畳紀にかけては、陸上動物の体の大きさと酸素濃度のあいだに強い相関関係が認められる。四肢動物は高酸素の中で大型化し、酸素濃度の低下につれて小型化したのだ。

第一の哺乳類時代

イェール大学の構内には自然史博物館として名高いピーボディ博物館があり、世界最大級の化石コレクションが収蔵されている。じつに見事な古生物絵画が見られるのもこの博物館だ。

博物館の大きな壁には二枚の巨大な壁画が飾られている。《爬虫類の時代》（一九四三

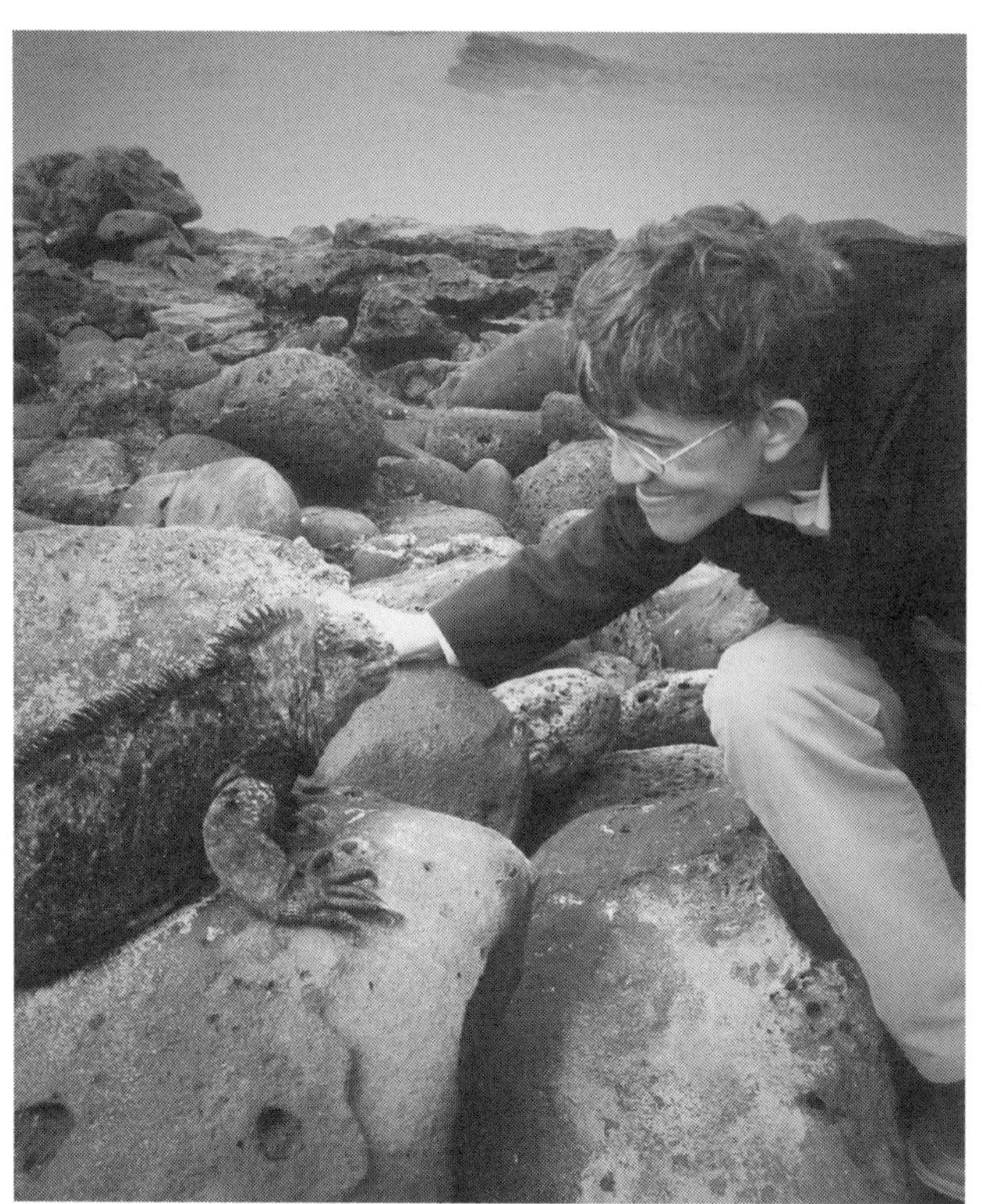

生命起源の専門家で人道家でもあるアントニオ・ラスカノが、ガラパゴス諸島で「下等な」生物を見つめる（写真：ピーター・ウォード）。

～四七年）と《哺乳類の時代》（一九六一～六七年）だ。アメリカ人にとっては長らくこの二枚こそが、陸上生物の歩んだ歴史に対する典型的な見方だった。

一枚目の《爬虫類の時代》は暗い沼地で始まり、ティラノサウルスの頭上にそびえる火山の噴火で終わる。二枚目の《哺乳類の時代》も出発点はジャングルだが、描かれている植物には見慣れたものもあればそうでないものもある。二枚合わせると、両生類が爬虫類となり、爬虫類が哺乳類を生んだことがわかるようになっている。しかし、著者らの見方で太古の脊椎動物の変遷を絵にしようと思えば、かなり違った壁画が必要になるだろう。というのも、哺乳類には三つの異なる「時代」があったと著者らは考えているからだ（もちろん、「時代」とは科学的妥当性のない便宜上の名称や分類にすぎないことは承知している）。

第一の哺乳類時代はペルム紀中にあり、獣弓類やその祖先の単弓類が隆盛を極めた頃である。厳密にいうとどれもまだ本物の哺乳類ではない。だがそれに近かった。多彩な種が存在し、数も多く、南アフリカでは一時期に五〇もの属があったほどである（通常、一つの属には数種ないし多数の種が含まれるので、種のレベルで見れば多様性はさらに高く、少なく見積もっても全体で一五〇種はあっただろう）。

現代の南アフリカは、緯度からいっても、たぶん気候からいっても、約二億五五〇〇万年前のゴンドワナ大陸南部にあった時代とそう変わらない。現在、この国には二九九種の動物が暮らす。今あるような草原に、大型植物食動物ではなくディキノドン属が群れているところを想像してほしい。ライオン並みの大きさをもつゴルゴノプス類から、イタチくらいのサイズの獣歯類まで、様々な肉食動物もたむろしていた。おびただしい数のディキノドンが食んでいたのは草ではなく、低木のグロッソプテリスやシダ類である。これが第一の哺乳類時代を迎えたアフリカの姿だ。

第二の哺乳類時代とみなせるのが三畳紀後期から白亜紀末までである。ただし、支配者である恐竜に命綱を握られ、哺乳類は不自由な環境の中で生きていた。生態系の隙間で暮らし、夜は土中の穴や木々に身を潜めた。大きいものでもイエネコ程度で、普通はそれよりはるかに小さかった。

最後である第三の哺乳類時代は、ピーボディ博物館の壁画に描かれた時代である。白亜紀－第三紀境界の大量絶滅のあと、今日よく知られている科の動物が一気に増えた頃だ。この時代の物語なら説明されるまでもない。ネズミのような動物がチクシュルーブ小惑星の猛威から生き延び、ブロントテリウムやウインタテリウム（どちらもサイに似た動物）といった初期の大型動物になって、それから私たちになじみ深い幾多の哺乳類へと至るのだ。

二〇〇〇年頃になるまで、第一の時代を知る手がかりはおもに南アフリカのカルー砂漠からもたらされていた。だが二一世紀に入ってからは、前述のクリスチャン・シドーによって中央アフリカの北部から新たに膨大な化石が収集されるようになった。またロシアでは、古生物学者マイケル・ベントンの研究のおかげで、大量の化石群の存在が明らかになっている。第二の時代の哺乳類はまだ小型のままだった。古第三紀になってようやく哺乳類は支配的勢力になる。そして、やっとのことで遺産を受け継ぐ相続人のように、ついに名実ともに「哺乳類の時代」を手に入れるのだ。

恐竜の時代そのものが何かの間違いだったと考えられなくもない。ペルム紀末に洪水玄武岩の大規模な噴出が起きなければ、以後の歴史はまったく違ったものになっていた可能性もある。もしかしたら、すでに二億五〇〇〇万年前には知性を備えた人類が登場していただろうか。ともあれ、そこまで遠い昔ではないにせよ、類人猿がもっと高度なものへと進化するのにたいして時間はかからなかった。

第12章　大絶滅——酸素欠乏と硫化水素
——二億五二〇〇万年前〜二億五〇〇〇万年前

南アフリカ中部のカルー砂漠は、初めて訪れる人にはやや期待外れの感がある。アフリカの砂漠といえば、たいていは一番有名なサハラ砂漠か、もう一つのカラハリ砂漠のようなものを連想するからだ。どちらも昼は焼けるように暑く、夜は凍えるように寒い。過酷な環境と流砂のせいで、生物はほとんどいない。このような逆境に耐えられる動植物は数も種類もごくわずかであり、そこに暮らす人々の数が少ないのも頷ける。作物を育てるにも家畜を飼うにも向かない場所だ。

この二つとは違い、カルー砂漠には流砂の起こる砂丘がない。ほとんどが岩で、植物の生えたところも多く、広大な大地のいたるところにヒツジの糞が落ちている。この外来種がどこにでもいる証である。そこにはゾウもキリンもカバもいなければ、ワニもスイギュウもサイも見当たらない。確かに動物の姿はあり、場所によっては数も多い。だがそれは、アフリカと聞いて思い浮かぶような種類ではない。大きな牧場に行けばかなり大勢の人間も暮らしている。だからカルーは、典型的な砂漠が見たい旅行客が行く場所ではない。その代わりここには、約二億七〇〇〇万年前～約一億七五〇〇万年前のあいだに堆積した岩石が一億年分眠っている。

その巨大な岩石の塊の中に、世界で最も保存状態の良い大型陸上動物の化石が見つかった。大量絶滅の中でも最も影響の大きかった「ペルム紀－三畳紀（P－T）境界絶滅」の前後に生きていた動物群である。カルーの地層は、もともと太古の昔に流れていた川の川底や谷底にあたる。古生物学者は早くも一九世紀半ばからこの地を探索してきた。動物は死んでから川に流されるか、水場で襲われてそこに落ち、のちに骨が泥に埋まってそのまま保存されることが多い。これまでカルー地域は、P－T境界について知るうえで最良の手がかりだった。しかし、ごく最近になって二つの新しい研究により、新たに重要な化石が発掘された。一つは著者らの研究仲間であるブリストル大学のマイケル・ベントンによるもので、場所はロシア東部。もう一つは、やはり研究仲間でワシントン大学のクリスチャン・シドーがアフリカ北中部のニジェールで行なったものだ。[1]とはいえ、こうした新しい地域の発見でさえ、化石群の多彩さと年代の的確さの面ではカルー層の足元にも及ばない。なにしろこの地には、地球の生物史上きわめて重要な一時代に関する膨大な情報が埋まっているのだ。ただし、カルーはそれを手放しで差し出してくれるわけではない。与えられるものを受け取りたいのはやまやまだが、この仕事はイメージの華やかさとは裏腹に（古生物学者になって恐竜の大頭骨を発掘してみたいと夢見ない者がいるだろうか）、実際にやってみるとどう控えめにいっても大変なのである。

ケープタウンからカルーの中心部まで車で行くのは一日がかりである。だが、道中はつらいことばかりではない。岩盤が傾斜していて、カルーに向けて北へ東へと進むにつれて必然的に地形の高度が上がるために、カルー層という一冊の本を表紙から最終章まで一気に読むことができるのだ。その本はペルム紀中期から始まり、恐竜の骨が眠るジュラ紀で終わる。厚さ千数百メートルにもなるカルーの堆積層を上っていくと、変化していくのは時間だけではない。それは気温や酸素濃度の変遷でもある。出発点は氷原や氷山の時代だが、最後には地球史上とりわけ暑かったと思われる時代となる。しかもその途中には、約六億年前の動物の誕生以来、大気中の酸素濃度が最も低かった期間が数千万年にわたって広がっている。もちろん本全体から学べることは多いのだが、なかでもとりわけ詳しく研究されている時代のページがある。

それは二億五二〇〇万年前〜二億四八〇〇万年前の岩石層であり、厚さ数百メートルにも及ぶ。ペルム紀最後の数千年と、二億五二〇〇万年前の大規模な大量絶滅に続く最初の数百万年間に形成されたものだ。

この地層からは、数は少ないものの見事な保存状態の頭骨や体骨格が現われる。地球科学者たちは何十年も前から、こうした化石や岩石に向かっていくつかの重要な問いを投げかけてきた。一つには、大量絶滅はどれくらいの期間続いたのか、である。起点となるのは、絶滅率が通常の「自然な」絶滅率（およそ五年に一回と推定されている）を最初に上回った時点だ。二つ目は、ペルム紀においては陸上と海洋で同時に大量絶滅が起こったのかという点である。三つ目はおそらく最も興味深い謎だが、大量絶滅の原因は何だったのかということ。そして最後は、陸上の生態系がどれだけ速く回復したのかという問題であり、これを突き止めることには大きな意味がある。それがわかれば、人類がいずれペルム紀級の大量絶滅に見舞われても生き延びるための手がかりが得られるかもしれないからだ。そういう未来が訪れる可能性は、私たちが思っている以上に高い。

二〇世紀の偉大な古生物学者であるシカゴ大学のデイヴィッド・M・ラウプの著書〔訳註 邦題『大絶滅――遺伝子が悪いのか運が悪いのか?』(渡辺政隆訳、平河出版社)〕ではないが、生き残った種は良い遺伝子に恵まれていたのか、それとも運が良かっただけなのだろうか。

ペルム紀絶滅の余波

ペルム紀の大量絶滅をめぐっては、その原因について今なお激しい論争が繰り広げられている。しかし、一つの点に関しては意見の一致を見ている。絶滅後の生態系が深刻な痛手を負い、回復が大幅に遅れたということだ。のちの白亜紀－第三紀(K－T)境界の絶滅と比べて、ペルム紀の場合はこの点が大きく違う。どちらも地球上の種の半数以上を消滅させたにもかかわらず、K－Tイベントのあとは世界が比較的速く回復した。それは二つの絶滅の原因が異なるせいだったかもしれない。K－Tイベントの場合、小惑星の衝突とそれによって生じた環境破壊が原因であると、一〇年以上前から認められている。ところが、この衝突後の悲惨な状況はじきに収まった。ペルム紀絶滅の場合はそうではない。先に見たように、ペルム紀の絶滅も大型隕石の衝突によるものだとする地球科学者はいるが、K－T境界とは違って、絶滅をもたらした環境条件は絶滅の開始から数百万年のあいだ続いたと見られている。回復の兆しらしきものが現われるのは、約二億四五〇〇万年前の三畳紀中期になってからだ。

こうした結果が生じたとすれば、ペルム紀末の酸素濃度低下が直接的ないし間接的に大量絶滅の一因になったと考えられる。最新のバーナー曲線によると、酸素濃度は三畳紀に入っても低いままであり、ようやく底を打って上昇に転じるのは三畳紀前期の終わり頃だ。回復が大幅に遅れたのはそれで説明がつくのではないだろうか。このデータからうかがえるのは、絶滅をもたらした環境的事象が持続していたということである。もしそれが事実であって、しかもそうした有害な状況下でも適応する能力が動物にあったとすれば、三畳紀には多数の新種が出現したことが予想される。大量絶滅によって空いたニッチを埋めるためというだけでなく、絶滅自体の余波が長引いたことによる環境への影響に呼応して生まれる新種もあったはずだからだ。事実、三畳紀についてはその通りのパターンが確認されている。世界にいくつもの種が補充されたのだ。その中には、絶滅した種と外見や行動が似たものも少なくない反面（つまり同じニッチを占める種が入れ替わった状況）、とくに陸上ではまったく新しい生物も多数誕生した。次章ではこの後者の種に焦点を当て、その多くが長い低酸素状態に対処するために進化したという著者らの考えを説明していきたい。その低酸素期は三畳紀の終わり頃に始まってジュラ紀に入ってからも続き、五〇〇〇万年あまりの長きにわたった。いわば三畳紀は、二つの異なる世界に適応した動物たちが交差した時代といえる。一つは酸素濃度の高い世界、もう一つは低い世界である。

原因をめぐる論争——隕石衝突か温室効果か

二〇世紀が終わって二一世紀が到来すると、ペルム紀絶滅への注目はかつてないほど高まった。それは、過去の大量絶滅の中で最も被害が甚大だったという理由によるところが大きい。じつに全種の九割もが消え失せたと推定されており、今やこの数字は様々なところで繰り返し目にするまでになっている。だが、絶滅の原因を知りたいなら、どれくらい死んだかよりもどれだけの期間で死んだかを突き止めたほうが手がかりになる。これに関して大いに参考になる化石が、中国とアメリカの古生物学者による大規模な研究調査によって明らかになった。調査の対象となったのは、ペルム紀から三畳紀にあたる厚い石灰岩で、中国南東部のメイシャン（煤山）近くに露出している。[2]まず、地質学者が個々の堆積層の厚さと岩石の種類を調べた。次に、その綿密に測定された各層から化石を採取した。それぞれについて何の化石かを慎重に特定し、見つかった層の位置も記録する。古生物学者は、チャールズ・マーシャルの信頼区間法[3]と呼ばれる新しい統計学的手法を用いて、化石が形成されたと見られる最も確実な時間幅を推定した。この作業を行なううえで、中国にはうってつけの条件が整っていた。火山灰層が点在していたため、そこに含まれるウランと鉛の同位体比を高感度の装置で測ることで地層の年代が突き止められたからである。つい最近にも、MIT（マサチューセッツ工科大学）のサミュエル・バウリングの標本でこうした手法がとられた。[4] 彼のグループによる最新の研究では、ペルム紀絶滅は長くて六万年程度で終わったとしている。二億五〇〇〇万年前の岩石を相手にしているにしては、驚くべき解析力である。

この中国の研究では、メイシャンにおける五つの異なる層序断面から三〇〜五〇センチの間隔で標本を採取した。最終的には合計三三三種の海洋生物が見つかっている。サンゴ、二枚貝、腕足動物、巻貝、頭足類、三葉虫など、じつに多彩な顔ぶれだ。どの年代のどの地層を見渡してみても、ここまで徹底して化石が集められたことはないし、こんなに多様な動物相がこれほど正確に記録された例もない。

ペルム紀末の海には様々な環境条件が存在した。浅海でも深海でも低酸素ないし無酸素の状態が広がっていたこともその一つであり、それには裏づけもある。東京大学の磯崎行雄の研究によるものだ。磯崎は一九九六年、日本の陸上に隆起した深海のチャート層を調べ、ペルム紀と三畳紀の境界部分を突き止めた。すると、ちょうどペルム紀の大量絶滅イベントが起きてすべてが死滅した頃、通常なら赤いはずのチャート層が真っ黒に変わっていた。低酸素状態は非常に大規模だったため、多数の海洋生物がかなり唐突に全滅したと見られる。現代の海で赤潮が発生したときと同じだ。この絶滅の頃には地球が温暖化していた形跡もあり、さらには偶然にもシベリアでの溶岩噴出が重なっている。

ペルム紀絶滅の原因として、これまで数々の容疑者が検討されてきた。一つは、シベリアで洪水玄武岩が噴出して大量のメタンガスを大気中にまき散らし、広範囲にわたる気候変動と酸性雨を招いたという可能性である。この説を提唱しているのはカリフォルニア大学バークレー校の地質年代学者ポール・レンらだ。それを裏づける新しいデータが複数の方面から得られたこともあり、メタンガスは有力候補の一つに躍り出た。しかし、隕石の衝突が絶滅を招いたとする見方が払拭されたわけではなかった。衝突があった証拠は存在しないにもかかわらず、である。中国における調査からは、何らかの「急な衝撃」があったという新たな証拠が得られる。大量絶滅の原因となりうるものの中で、これほど短期間で大量の死をもたらせるのは小惑星の衝突しかないとみなされた。

二一世紀が幕を開けた頃、地球史の研究者たちは、大量絶滅のほとんど（全部ではないにせよ）が大型隕石の衝突によって引き起こされたという考えに夢中になっていた。とはいえ二〇〇〇年の時点では、ペルム紀絶滅については何もわかっていないも同然だった。地質学者たちはまだ、何らかの隕石衝突による絶滅ではないかと考えてはいたものの、それは恐竜を滅ぼしたK－Tイベントの隕石衝突とは異なるように思われた。もしかすると、ペルム紀末には別の絶滅メカニズムが働いていて、そこに一回ないし複数回の隕石衝突が重なったのかもしれない。白亜紀を終わらせた衝突絶滅の場合、それに伴ってK－T境界の地層から特徴的な手がかりが見つかることがすでに知られ、十分な研究もなされていた。たとえばイリジウム、ガラス質の小球、衝撃石英〔訳註　隕石衝突によってできる特異な石英構造〕などである。ところが不可解なことに、二〇世紀の後半から二一世紀の初めにかけて研究者たちが中国のP－T境界の岩石を調べた際には、懸命に探してもそうした物質を誰一人見つけることができなかった。

すると二〇〇一年を皮切りにその後数年にわたって、地球化学者ルアン・ベッカー率いるチームが「バックミンスターフラーレン」というおかしな名前の複合炭素分子（幸いにも「バッキーボール」の略称をもつ）を大量に発見したと発表した。[5] ベッカーらはこの証拠をもとに、ペルム紀絶滅も白亜紀末の大量絶滅と同じく大型小惑星が地球に衝突した結果であると主張した。唯一の違いは、ぶつかった時期が二億五〇〇〇万年前だという点だけである。

研究チームの説明によるとバッキーボールは大型の分子で、少なくとも六〇個の炭素原子でできている。サッカーボールやジオデシックドーム〔訳註　正三角形のみを組み合わせたドーム状建造物〕に似た構造をもつため、そのドームの発明者で建築家のバックミンスター・フラーの名にちなんで命名された。ベッカーらは、この炭素分子が隕石衝突を示す新たな指標であるとし、それが地理的に離れた世界の三箇所で発見されていると指摘した。彼らはそのバッキーボールが、イリジウム（あいにくこれは見つからなかったが）と同じように地球外から飛来したと解釈した。なぜかといえば、そのかご型構造の中にヘリウムガスとアルゴンガスが閉じ込められており、それらの同位体比が地球では見られない数値だったからである。たとえば、地球のヘリウムはほとんどがヘリウム4で、ヘリウム3はごく少量しかない。それに対して地球外のヘリウムはほとんどがヘリウム3であり、フラーレン中に見つかったのもそうだった。ベッカーらによれば、そうした恒星由来の物質が地球上にもたらされたとすれば、ペルム紀末に隕石が衝突した（もっと正確にいえば隕石がペルム紀を終わらせた）としか考えられないという。

その隕石は幅六～一二キロメートルで、K－T絶滅のときの小惑星くらいの大きさだったとベッカーらは発表した。K－T境界の小惑星は六五〇〇万年前にメキシコ・ユカタン半島に落下し、今はプログレソと呼ばれる町の近くに巨大なチクシュルーブ・クレーターをつくった。だがペルム紀にそれほど大きな隕石衝突があったなら、のちのチクシュルーブ衝突と同じように巨大なクレーターを残したはずである。そこでベッカーのチームは、見落とされていたり埋もれたりしている衝突クレーターがないかを必死に探し始めた。

二年後の二〇〇三年、彼らはオーストラリア沖で海底に埋もれた巨大クレーターを見つけたと発表する。[6] これで、ペルム紀絶滅は隕石衝突が原因だとする説が立証されたかに見えた。ところが、そのあとになって問題がもち上がった。バッキーボールに対する解釈だけでなく、ベドゥー・クレーターと名づけられたその大規模な海底構造が本当に衝突クレーターかという点にも疑義が生じたからである。

科学においてとくに重要なのが再現と予測である。最終的にそのどちらにおいてもバッキーボール説は破綻した（とはいえ、二〇一二年にグーグルで「ペルム紀絶滅」を検索したら、まだ「隕石衝突」と「バッキーボール」という言葉が最初に出てくるから面白い）。だが、この大量絶滅の原因を探っていた私たち研究者は、ベッカーらの説に早くから疑問を抱き、正しいはずがないと確信していたのである。

彼らの当初の研究は、中国や日本などで採取されたサンプルに基づいていた。しかしその後の研究では、中国の標本から得られた結果を再現できなかった。しかも、ベッカーが日本の大阪付近で採取した肝心な境界期の層は、じつは低角断層によってちょうどその部分が失われていたことがわかった。この点については、著者らの友人である磯﨑行雄がすでにベッカーらの研究の数年前に指摘している。その境界の両側にあったはずの三つのコノドント〔訳註　カンブリア紀から三畳紀までの海成層から見つかる微化石〕帯がそっくりなくなっていたのだ。それでもベッカーらは、境界だと（誤って）教えられたちょうどその部分でヘリウム3の異常値が出たと報告した。どうも怪しい。やがて、ヘリウム3は一〇〇万年もすればフラーレンのかご型構造から漏れ出ていくので、二億五二〇〇万年前のものが残っているはずのないことが明らかになる。これを立証したのは、カルテックにいる著者らの研究仲間だ。さらに、クレーターと解釈された海底構造についても、バッキーボールやヘリウム3をもたらしたわけでもなければ、世界中の生物の死を招いたわけでもないことが判明する。結局は隕石の衝突とは何の関係もなく、火山活動によってできたものだったのだ。

その後、地質学者と有機化学者のグループがタッグを組み、新しいツールを使ってペルム紀末と三畳紀前期の海成層を調べた。体化石ではなく、化学化石を求めてその層から有機物の残りを取り出したのだ。[7] それが見つかれば、バイオマーカーとして使えることが知られている。バイオマーカーが存在するとしたら、光合成をする紅色硫黄細菌からとしか考えられない。この細菌は、酸素が欠乏して有毒な硫化水素が充満した浅海でのみ生きられる。もっと最近のＭＩＴチームの研究を見る限り、当時の海では相当量の微生物が硫化水素をつくっていたようだ。しかも、今日の黒海のような狭い範囲に限るのではなく、世界中の海洋の大部分ないしすべてに同様の微生物が満ち溢れていたと見られる。同チームはその後、ペルム紀末の地層から同じバイオマーカーを世界の十数箇所で発見し、結果を二〇〇九年に発表した。[8]

ペルム紀絶滅の原因の謎を解く鍵となりそうな発見が、二〇〇五年にペンシルベニア州立大学の地球化学者のチームからももたらされた。この研究チームを率いるリー・カンプは、海洋の化学に関する世界屈指の専門家であり、とくに海洋の炭素循環に関する権威である。そのカンプが、同大学の長年の同僚であるマイケル・アーサーとともに論文を発表し、ペルム紀末の海で微生物（正確にいえば紅色硫黄細菌とは別の種）のつくった硫化水素が、陸と海の両方の絶滅に直接関与していたのではないかと指摘したのである。[9]

カンプの仮説——温室効果絶滅説の始まり

カンプらの描いたシナリオはこうだ。通常の海洋環境であれば、酸素の多い表層水と硫化物の多い深層水は分離している（現代の黒海のように）。しかし、海洋が低酸素状態だった時期（海底のみならずおそらくは海面近くでさえ酸素が欠乏していたとき）に、深海の硫化水素濃度がある限界を超えて高くなったとすると、その有毒な深層水が急に海面に上昇してきたとしてもおかしくない。その結果、毒性の強い硫化水素ガスが大量に大気中に上っていくという恐ろしい状況が生まれた。地球規模での絶滅の原因が硫化水素にあったと考えると、海洋と陸上の両方で絶滅が起きたことも頷ける。仮に海洋から大気への硫化水素の流入が比較的緩やかだったとしても、対流圏に蓄積すれば動植物にとって致命的な濃度になるからだ。このシナリオのようなことはペルム紀末だけでなく、地球史におけるほかの時期でも起きた可能性があり、大量絶滅を引き起こす重要な要因の一つだったのかもしれない。[10]

カンプらのチームは大まかな計算を行ない、その結果に驚愕した。ペルム紀後半の大気に入り込んだ硫化水素ガスの量は、現代の小規模な流入量（火山由来の有毒ガスの量）の二〇〇〇倍以上との答えが出たのである。相当な量が大気中に放出され、有毒なレベルに達したのはまず間違いない。

それに加え、危険なレベルの紫外線から生命を守るはずのオゾン層も破壊されたことだろう。事実、その証拠が残っている。絶滅の時期にあたるグリーンランドの堆積層から胞子の化石を採取したところ、突然変異の形跡が認められたのだ。オゾン層の喪失に伴って、大量の紫外線に長期間さらされたとしたらそうなっても不思議はない。

今日、南極大陸の上空にはオゾンホールがあり、その下では植物プランクトンのバイオマスが急速に減っている。食物連鎖の土台が壊されれば、その上位にいる生物も遠からぬうちに被害を受ける。これまでにも実際に、オゾン層の完全な消失が大規模な大量絶滅の原因になり得ると指摘されてきた。たとえば近くで超新星爆発が起きて、地球に大量の粒子が降り注いだ場合にもオゾン層は壊される。最後にもう一つ、メタンガスの濃度が急激に高まって一〇〇ppmを超えると、それに伴う二酸化炭素の蓄積も相まって地球温暖化が著しく増幅される。硫化水素は大気中に流入しながらオゾン層を破壊し、温室効果ガスも自らの仕事をして地球を温める。硫化水素の致死性は、気温の上昇とともに増すことがわかっている。こうして、隕石衝突説に代わる新説が提起され、その信頼性は高そうに思えた。こういうメカニズムだとすれば絶滅は確かに長引いただろう。あるいは短い絶滅イベントが断続的に起きて、そのたびに生物を死滅させていったとも考えられる。

ここまでは、岩石自体から得られる証拠に目を向けてきた。だが、過去の出来事を解明するにはもう一つの方法がある。そのデータの一部を使って、過去の大気組成をモデル化するのだ。こうしたモデルにはたくさんの種類があり、地球の未来の大気や気温の推移を予測する一環として作成されるケースが多い。ペルム紀に関しては、酸素と二酸化炭素の濃度のほか、当時の大気温のモデルもつくられてきた。まず、イェール大学のロバート・バーナーが大気中の二酸化炭素濃度と酸素濃度の変遷を計算した。バーナーらの発見によれば、ペルム紀末に酸素濃度が急落し、それに伴って二酸化炭素濃度が著しく上昇したことはまず間違いない。次にカンプらのグループが困難な研究に挑み、地球全体で硫化水素が放出されそうな場所の分布を明らかにすることを試みた。そのために彼らは、大気大循環モデル（GCM）を利用した。

この種のモデルはもともと、現代の天候や気候パターンを理解するために開発されたものである。しかし、ペルム紀末から三畳紀にかけての時期に関しては各大陸の位置が判明しているうえ、大気中や海中の酸素濃度や二酸化炭素濃度、さらに大気温も海水温もわかっているので、GCMはペルム紀にも適用できる。カンプのチームは、追跡すべき重要な元素はリンだろうと考えた。肥料の主成分である。もし海中のリン濃度がペルム紀末に急速に高まったことが確認できれば、その恩恵を受ける硫黄細菌が放出する硫化水素ガスの量も算定できる。

硫化水素の発生は一度きりではなく繰り返し起こり、とくに世界中でP－T境界層が堆積しつつあった頃に集中している。カンプは論文の締めくくりに非常に不吉な情報を提示した。彼のモデルは、硫化水素が海から大気中に湧き上がる場所だけでなく、最終的にどれだけの硫化水素ガスが大気に入り込んだかについて自らの当初の試算（二〇〇五年のもの）を完全に裏づける計算結果も示した。その結果によれば、ほとんどの陸上生物を死滅させるに十分すぎる量である。しかもこの厄介なガスは海水にも溶けるので、浅海の環境に生きる生物にとってもこの上なく致命的となった。とくに甚大な打撃を受けたのが、サンゴ、二枚貝、腕足動物、外肛動物などのように、炭酸カルシウムの骨格を分泌する無脊椎動物である。

カンプらの解釈が紹介されて以来、シンシナティ大学のトム・アルジオなどの研究者たちが数々の論文を発表してきたおかげで[11]、ペルム紀大量絶滅の化学について私たちの理解は大幅に進んだ。

標高圧縮

過去に起きた大量絶滅を研究するのは今に始まったことではない。それどころか、一九世紀初頭に地質学が学問の一分野として歩み出した頃に、まともな「科学」と呼ぶことのできた先駆的な研究の一つがそれだった。当時と今とで何が変わったかといえば、顕生代のビッグファイブといわれる大量絶滅を引き起こすうえで、微生物がどんな役割を果たしたかが突き止められたことである。

絶滅そのものは目新しい話題でないにせよ、大量絶滅の余波に関する研究は、ここ一〇年のあいだに進化生物学および古生物学の重要な新分野として台頭してきた（この二つのテーマは同じコインの裏と表といっていい)。その研究を通して私たちが学んだのは、大量絶滅が壊滅的であればあるほど、その後の世界が大きく違ったものになるということだ。しかもそれは絶滅直後(最初の数十万年から一〇〇万年のあいだ)だけのことに留まらず、数千万年に及ぶ場合もあり、生物の系統の中にはいまだにその影響を引きずっているものもいる。

酸素濃度の変動についても、かつては認識されていなかった一面が明らかになっている。それによって種の移動や遺伝子流動が影響を受けるということだ。山脈は遺伝子交換を阻むことが多く、山脈の両側には異なる生物相ができる。ペルム紀末には酸素濃度が低かったため、海抜ゼロメートルにいても標高五〇〇〇メートル(ワシントン州のレーニア山より高い)で呼吸するようなものだっただろう。このようにペルム紀のあいだは、さほど標高が高くなくても呼吸は苦しくなったはずなので、山脈どころか丘陵程度でも生物の行き来は妨げられた。例外があるとすれば、高所や低酸素への耐性がきわめて高いもののみである。その結果、海抜ゼロメートルの海岸線に沿って、固有種の発生する場所が点々と連なる世界が広がっていたに違いない。

高所に強いものを除けば、多くの大陸で高原には動物が生息していなかったかもしれない。ペルム紀末の大陸の位置だけを考えれば、それは予想外のことである。二億五〇〇〇万年前にはすべての大陸が合体して、一つの巨大な超大陸(パンゲア)になっていた。動物は大西洋に阻まれることなく超大陸を横断できたはずだから、陸上の生物地理区〔訳註　生物相の特徴を基にした地理的区分〕の数はごくわずかだったように思える。だが、標高が移動の新たな妨げとなった。様々な脊椎動物相に関する最近の研究を見る限り、少なくとも陸上はいくつもの生物地理区に分かれていたようである。

二〇世紀末から二一世紀の初めにかけて、ペルム紀末に関する調査がいくつか実施された。[12] 著者らの一人ウォードを含む研究チーム（ほかにロジャー・スミスとジェニファー・ボータ）はカルー砂漠で、またマイケル・ベントンはロシアで、さらにクリスチャン・シドーはニジェールで、である。その結果、アフリカでは地域によって動物相が明確に異なり、ほとんど重複しないことが明らかになった。つまり、低酸素の時期には、標高が大きな壁となって種の移動や遺伝子流動を阻んだのである。[13] したがって、少なくとも低酸素期の陸上はいくつもの生物地理区に分かれていたはずだ。酸素濃度の高いときにはこれと逆のことが起きた。つまり、生物地理区の数はかなり少なく、世界中に広く分布する動物相も存在したと考えられる。

酸素濃度の急落は、種の移動を妨げるという意味では新山脈ができる以上の効果をもっていた。ペルム紀後期から三畳紀を通して、標高一〇〇〇メートルを超える地域の大半で生物がすめなくなったのである。この効果は「標高圧縮」と呼ばれ、酸素濃度が底を打った時代には三畳紀の陸上動物に大きな打撃を与えた可能性がある。標高圧縮のせいで生息地を奪われれば、動物は高地から海抜ゼロメートルの地域へと移動を余儀なくされたか、さもなければ死滅しただろう。また、移動によって空間や資源をめぐる競争

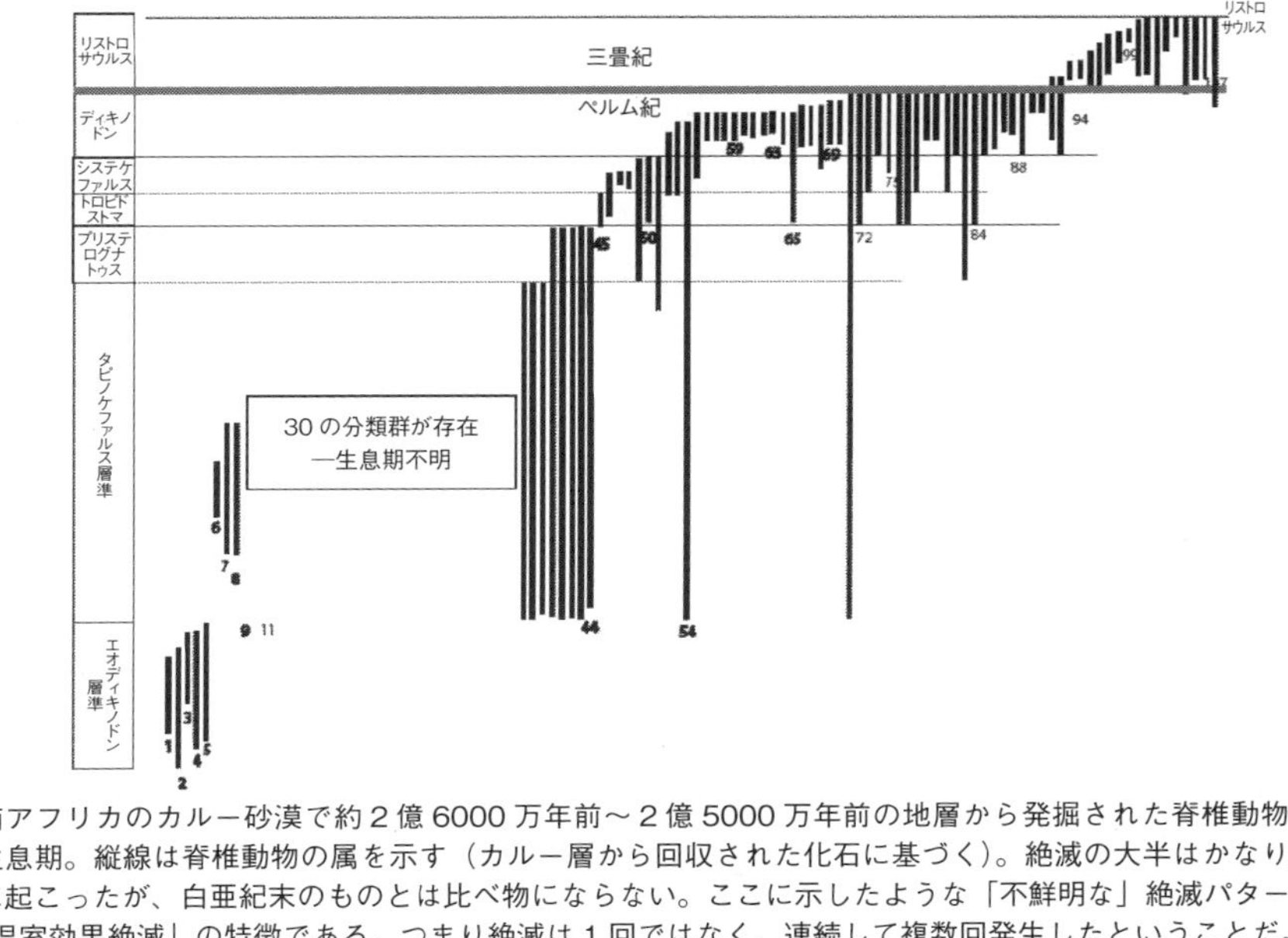

南アフリカのカルー砂漠で約2億6000万年前～2億5000万年前の地層から発掘された脊椎動物化石の生息期。縦線は脊椎動物の属を示す（カルー層から回収された化石に基づく）。絶滅の大半はかなり短期間に起こったが、白亜紀末のものとは比べ物にならない。ここに示したような「不鮮明な」絶滅パターンは、「温室効果絶滅」の特徴である。つまり絶滅は1回ではなく、連続して複数回発生したということだ。

も激しくなる。生物の豊富だった低地に新たな捕食者や寄生虫や病気がもち込まれて、少なからぬ数の種が滅びることもあったに違いない。著者らの推定では、ペルム紀末には標高圧縮のせいで地表の半分以上がすでに生息不能と化していたと見られる。何十年も前、ロバート・マッカーサーとE・O・ウィルソンは著者『島の生物地理学説(*The Theory of Island Biogeography*)』の中で、二つの絶滅モデルを提示した。二人が指摘したのは、多様性は生息域の面積に関係していること、そして、島や保護区などの面積が小さいほど種は絶滅しやすいということだ。だとすれば、ペルム紀末にはそれと同じ効果で絶滅するケースがあったかもしれない。標高圧縮が起きれば、結果的に大陸塊上の利用可能域が狭まるからである。

甦ったペルム紀絶滅

最後に、ペルム紀絶滅についてもう一つの特徴を取り上げたい。これは未発表の研究に基づくものなのだが、著者らの一人ウォード自身の研究なので、ここで報告しておこう。それがペルム紀大量絶滅というテーマの核心に迫るものだからだ。ウォードの教え子で大学院生のフレデリック・ドゥーリーは、リー・カンプと手を携えて思いがけない発見をした。ドゥーリーは、植物や一部の動物に硫化水素がどんな影響を及ぼすかを調べており、一方のカンプはペルム紀末の海の状態をモデル化する研究をしている。その一環として、地球全体の海洋表層水にどれだけの量の硫化水素が存在したかも計算していた。カンプがたどり着いた答えを用いて、ドゥーリーは実際に実験を行なってみた。実験対象に選んだのは単細胞の海洋性植物プランクトンと、海洋性動物プランクトンとして最も重要なカイアシ類（エビに似た微小な生物）である。実験で用いた硫化水素の濃度では植物プランクトンは死なず、意外にも逆にその成長が速まった。ところが、カイアシ類はほとんど瞬時に息絶えた。普通ならカイアシ類が植物プランクトンを餌にして、その数を抑えている。だが、このときはカイアシ類がいないので、植物プランクトンは海底に沈んで腐り、最後に残ったわずかな酸素までをも奪い去った。そうなれば、炭素同位体のパターンが大きく変動するのはもちろんのこと、幼生の一時期にプランクトンとして海面近くで暮らすあらゆる海洋動物種が消滅するだろう。最終的に地球は、腐敗した植物で窒息状態になり、動物はほとんどいなくなる。まさにそれがペルム紀末に起こったことだ。少なくとも海洋では。陸上の惨状は、二度の世界大戦を合わせたようなものだったに違いない。P－T境界期における陸上動物の絶滅に関しては、著者らがカルーで行なった脊椎動物の研究（二〇〇五年に発表）が今なお最良の記録といえる。[14]一方、南アフリカのロジャー・スミスの研究により、二億五二〇〇万年前の南アフリカでは異常な乾燥と急激な気温上昇が起きていたことが明らかになった。これは、非常に信頼性の高い裏づけに基づくものである。干ばつと高温だけでも、大半の脊椎動物が絶滅した理由になるとスミスは考えている。だとすれば、先ほどの世界大戦の比喩はなかなか適切ではないだろうか。第二次世界大戦では大軍が砂漠で命を落とし、第一次世界大戦では有毒な塩素ガスに息の根を止められた。遠い昔には大気中と海中の有毒な硫化水素によって、砂漠に死が訪れたのである。

第13章　三畳紀爆発――二億五二〇〇万年前〜二億年前

学者をしていて大きな喜びを感じることの一つに、教授陣の連帯感がある。コミュニティーカレッジでも国内最高峰の研究機関でもその点に変わりはない。これはアメリカの大学制度のありようそのものに負うところが大きい。この制度では、教授は六年から七年の試用期間を求められ、その後晴れて終身在職権を得る。つまり永久教授職だ。たぶん大学教授というのはどの職業より安定性が高く、たいていの仕事と比べても転職率はかなり低いのではないか。その結果、同じ人間関係がまさしく生涯の大部分を占めるほど長く続くことがある。それを思うと、大学の教授制度というのは、その由来となった修道院の神学校によく似ている。神学校では修道士が幼い頃に入学し、その後はほかの修道士たちとともに一生を過ごす。そして昔の修道院でそうだったように、年を経て知恵を得ると、はるかに経験を積んだ修道士を敬うことを知る。その言葉に耳を傾けるのだ。

二〇〇〇年頃だったか、本書の著者二人は、カルテックで科学を教える最古参の教授数人と昼食をとった。その長老の中にいたのがサミュエル（サム）・エプスタインである。古今を通じて最も傑出した地球化学教授の一人といっていい。サムは研究員としてシカゴ大学の黄金時代を経験している。その頃、ノーベル賞を受賞した化学者ハロルド・ユーリーが、太古の炭酸塩岩が形成されたときの水温を測る方法を発見した。海底に堆積した炭酸塩岩を調べ、そこに含まれる酸素の同位体を比較する方法を発見した。同位体として最も一般的な酸素16も、きわめて稀な酸素18も、その比率は岩石形成時の水温に応じて異なる。

やがてサムはカルテックに移り、多彩な手法を駆使して様々な標本の高精度測定をしながら生涯を過ごした。だが、初恋の相手はやはり太古の水温だったようである。昼食を楽しんだあと、サムは階下にある自分の研究室に著者らを案内してくれた。そこは取り壊しが始まっていた。サムが最も精力的に研究を行なったのは一九五〇年代から六〇年代にかけて。当時の地球化学の道具といえば、おもに手吹きで手づくりのガラス製品だ。細いガラス管が渦を巻き、交差し、クモの巣のように張り巡らされて壁をなす。ところどころに奇妙なフラスコ形の部分があって、そこをゴム管が出入りし、油を塗った精巧なガラス製の止め栓がついていた。すべては職人の手による特注品であり、彼らの技がその時代の科学を支えていたのである。そんなベテラン技術者はもう、予算削減や新世代のソリッドステート技術のあおりを食って追い払われてしまった。

サムの研究室を見学するうち、話題はその頃の著者らが強い関心を寄せていたテーマになった。ペルム紀大量絶滅とその原因である。当時はまだ衝突説がかなり有力視されていた。ところがサムは衝突説を一蹴する。そして微笑みながら私たちのほうを向き、手短にこんな話をしてくれた。彼が若い頃、三畳紀最初期のものと思われる海洋石灰岩から標本を採取したことがあった。おそらくはペルム紀の赤道に近いごく浅い海域で形成されたもので、場所は今のイランにあたる。サムは形成時の水温を知ろうと標本の分析を始めた。ただの思いつきでか、一番好きなことだったからかは定かではない。するとすべての標本が、四〇℃以上の水温のもとで誕生したことがわかる。あれには肝を潰した、とサムは語った。なかには五〇℃を超えていたと見られるものもあったという。標本の石灰岩は大昔のサンゴであり、サンゴは普通の塩分濃度の海水を必要とする生物である。標本を取った地点は、三畳紀に腕足動物が生息していたとされる水深だった。

淀んだ水たまりやラグーン（潟）ならばそんな高温になることもある。しかし、腕足動物はそういう環境にはすまない。サムが見出したような水温になる場所は、地球上のどこにもなかったはずである。にもかかわらず、ペルム紀絶滅後の大洋では温度が非現実的なレベルであったことを分析結果は告げていた。

この話をしてくれたときサムは八〇代であり、結局そのわずか一年後に世を去った。サムは悲しげな笑みを浮かべてこう漏らした。自分には勇気がなくてとてもそのデータを発表できなかった、と。古水温の分析をするには、正確を期すために自然のままの標本が必要となる。だが、再加熱されていたり、地下水にさらされていたり、化学的に変化したりしているように見えなくても、じつは酸素同位体の示す水温が「リセット」されていることはよくある。そうしたリセットが起きていると、異常な高温だったように思える分析結果が得られるのが普通だ。古い標本ほどこのプロセスを経ていることが多い。それでもサムはそのデータが、ペルム紀絶滅後の数百万年（つまり三畳紀が始まって数百万年）のあいだに海水温が三八℃以上になった確かな証拠だという確信があった。

数年後、それとは異なる三畳紀前期の標本で著者らも古水温を分析したところ、三八℃強と見られる答えに出くわした。私たちの標本は、サムのものよりかなり水深が深いところから採取していた。サムと同様、私たちも結果を公表しなかった。

小心者が勝利の杯を手にすることはない。二〇一二年、中国とアメリカの共同研究チームが驚くべき論文を発表した。[1] それは、ペルム紀絶滅後の海で生物の回復が大幅に遅れた理由を探った内容で、当時の海水温が四〇℃、陸では六〇℃の焼けつくような暑さだったという結論を下していた。サムの場合と違い、この研究では一万五〇〇〇点を超える標本を分析している。ペルム紀絶滅後の環境条件に関して、これほど詳細で入念な調査がなされたことはいまだかつてない。

この共同研究チームは、太古の高温の世界がどのようなものだったかを推測してみた。彼らが突き止めたような水温では、ほとんどの海洋生物が死滅する（ただし、光合成は基本的にもっと高温になってから止まる）。そんな環境では、熱帯地方には全域にわたって動物がほとんどいなかっただろうし、複雑な生物は高緯度地方でのみ細々と生きていただろう。陸上動物は中緯度地方でさえ稀だったと思われる。それほど暑ければ大気中に相当量の水蒸気が存在し、熱帯地方では年間を通して雨が多かったはずだ。もっとも、雨が降っても植物がいっさい生えていないのだから、不毛さでは砂漠も同然だったかもしれない。

地質年代学は絶えず進歩しており、今ではこの高温期が三畳紀の開始から三〇〇万年以上続いたことがわかっている。それればかりか、この間に温度はますます上昇し、スミシアン期と呼ばれる時期（二億四七〇〇万年前頃の一〇〇万年間）にはピークに達した可能性がある。動物が出現して以来、知られている限りで最も高い温度だ。サムは正しかった。著者らがカナダのオパールクリークから得た答えも正しかった[2]。そのデータを発表しなかったのが間違いだったのである。

ペルム紀絶滅が、あらゆるイベントの中でも群を抜いて壊滅的だったことは間違いない。ただしそれは多細胞の動植物から見た場合だ。微生物にとっては、なかでも硫黄を好んで酸素を嫌う微生物であれば、この絶滅によって楽園が戻ってきたようなものである。思えば、動物が出現するまでのあいだ、全生命の大多数を占めていたのはその種の微生物だった。私たちは遠い未来から俯瞰しているので、ペルム紀絶滅はデボン紀末に起こったことの再現だとわかる。どちらもいわゆる温室効果絶滅だったということだ。同じタイプの絶滅が三畳紀末にはさらに何度も発生し、ジュラ紀や白亜紀にも複数回起きて、最終的には暁新世末（約六〇〇〇万年前）における最後の温室効果絶滅として終わることになる。しかし、ペルム紀イベントほど大規模なものはなく、絶滅後にこれほど多様な動物が世に放たれたこともない。

ペルム紀絶滅のあと、世界には数多くの新しい生物が誕生した。だが、私たちに直接関係するのは二つのまったく新しい系統であり、どちらも三畳紀が終わる頃にはすでに繁栄と進化を遂げていた。一つは哺乳類、もう一つは哺乳類の長年の宿敵となる恐竜である。哺乳類を活気づかせ、恐竜へとつながる土台をつくるうえで、ペルム紀絶滅が果たした役割は小さくない。とはいえ、三畳紀の恐竜と哺乳類は確かにきわめて重要な陸上動物ではあったものの（「○○の時代」と呼んでもらえる動物はそうはいない）、どちらも三畳紀爆発の後半になって出現した。そのため、三畳紀を通して体は比較的小さく（とくに哺乳類はせいぜいネズミ程度のサイズだった）、個体の絶対数も種の多様性も少ないままだった。恐竜の時代が始まるのは次のジュラ紀からであり、今も続く哺乳類の時代が本格的に幕を開けるのは新生代を待たねばならない。

恐竜と哺乳類が遅れて登場するはるか以前には、きわめて興味深い顔ぶれの動植物が三畳紀の進化の舞台に上がっていた。すでに長期上演を続けている分類群の新型もいれば、まったくの新入りもいる。古生代を生き延びたのとは根本的に異なる新しいデザインをもつものだ。そんな風に混在していることから、三畳紀はまさしく時の交差点と呼ぶにふさわしいように思う。いくつかの点でカンブリア爆発に似ていなくもない。最初の動物であるエディアカラ動物群が絶滅したあと、新しい動物が様々な体制を進化させてカンブリアの海を満たしたように、ペルム紀絶滅で空いた世界をおびただしい数の新しい体制が埋めたのである。そして大カンブリア爆発のときと同じように、新奇な体制の多くは短期的な実験に終わり、もっとデザインの優れた生物との競争や捕食によって絶滅に追い込まれた。これほど多様な生物が新たに出現した時代は、カンブリア紀と三畳紀をおいてほかにない。そこには二つの大きな要因が働いていたと見られる。一つは、生物がまったくすんでいない空間がペルム紀絶滅で著しく増えたので、ほとんどどんな新デザインでもうまくいったことだ（少なくともしばらくのあいだは）。だが、それと同じくらい（あるいはそれ以上に）重要と思われる新しい見方がもう一つある。

ペルム紀絶滅はあらゆる絶滅を通じて最も破壊力が大きかったため、そこを脱したばかりの三畳紀の世界にはごくわずかな生物しか残っていなかった。また、どの大気モデルを見ても、三畳紀という長い時代を通して酸素濃度が現代よりも低かったことが示されている。第9章でも見たように、低酸素状態がとくに大量絶滅後に起きた場合には、生物の異質性が高まる。つまり新しい体制の多様性が増すわけだ。これら二つの要因が相まって、カンブリア紀以来最多となる新しい体制がつくり出された。この点からいって、三畳紀はまさしくあの重要なカンブリア紀に匹敵すると著者らは考えており、生物が一気に多様化したこの時代を「三畳紀爆発」と呼んでいる。

三畳紀には陸でも海でも異質性が際立っていた。海では二枚貝の新たな祖先系統が誕生し、絶滅した多くの腕足動物に取って代わった。一方、アンモナイトやオウムガイが大幅に多様化したことで、活動的な捕食者が再び海洋に溢れた。過去に生きたすべてのアンモナイトのゆうに四分の一は三畳紀の岩石から見つかっているのだが、三畳紀自体の長さは、アンモナイト類が地球に存在した全時間のわずか一割にすぎない。ただし三畳紀のアンモナイトは、古生代の祖先とは形も模様もまったく異なっている。それもそのはず、前述の通り、この種の動物は無脊椎動物の中でもとくに低酸素への適応力が高いからだ。新種のサンゴである石サンゴは礁をつくり始め、[3]たくさんの陸生爬虫類が海に戻った。しかし、新旧の体制が置き換わったり、様々な体制の実験がなされたりといった意味で、最も広範な変化が起きたのは陸上である。陸上でこれほど多彩なつくりの動物が暮らした時期はあとにも先にもない。ペルム紀によく見かけたものもいた。ペルム紀絶滅を生き延びた獣弓類が多様化し、三畳紀の初めに陸上の覇権をめぐって主竜類と競い合っていたのである。だが、獣弓類の優位は長くは続かなかった。陸を支配しようと様々な種類の爬虫類が獣弓類と闘争を繰り広げ、また爬虫類同士でも争っていたからである。哺乳類型爬虫類からトカゲまで、また最初期の哺乳類から「本物の」哺乳類と呼べるものまで、三畳紀はいわば動物デザインの壮大な実験場だった。

　表面的に考えれば、哺乳類は純粋な爬虫類より競争で「先んじて」いてもおかしくなかった。何といっても、この時代には哺乳類型爬虫類のほとんどが恒温性であり、おそらくは卵生だった恐竜よりもはるかに子育て能力があっただろう（今でも恒温性の動物はそうだ）。さらに哺乳類は歯の形態を柔軟に変えることで、小さな種子、草、様々な肉など、多種多様な食物が摂取できるようにもなった。この点は、やがて哺乳類が世界を支配する大きな理由の一つである。それでも哺乳類はこのときの競争に勝てなかった。哺乳類型爬虫類の絶滅をもって第一の哺乳類時代は幕を下ろし、二幕目を開けることになる。そこで登場してくる哺乳類は、またかなり違った顔ぶれだった。

近年、絶滅動物のどんなグループについてもかつてない種類の研究ができるようになっている。その背景にはいくつかの重要な変化がある。その一つとして、形態の特徴描写や通信、あるいは画像分析といった技術分野に飛躍的な進歩があったこと、またコンピュータ革命によって高度な文献検索が可能になったことが挙げられる。今や大規模なデータベースをつくることも、そのデータをコンピュータで瞬時に検索して解析することもできる。

もう化石をいちいちマイクロメータで測る必要もなければ、そのために研究者がたった一人で方々の博物館を巡ることもない。生命の歴史を書き換えるような新しい研究のほとんどは、大勢の研究者からなるチームによって実施され、最終的には大量の数値がコンピュータに入力されて高速で処理される。今や作業のかなりの部分を私たちに代わってコンピュータがやってくれているのだ。そうやって得られた結果から、今まで見えなかったものが浮び上がってくることがある。

そんな研究の一つに、ルートヴィヒ・マクシミリアン大学ミュンヘンの古生物学者、ローランド・スーキアスらが行なったものがある。彼は、三畳紀に生きた陸生脊椎動物の体の大きさを調べた。

スーキアスらはその後もさらに調査を重ね、ペルム紀大量絶滅後の空白状態からは大きく分けて二つの体制しか三畳紀前期に出現しなかったことを突き止めた。四本の脚を使うもの（四肢動物）と、二本の脚しか使わないもの（二足動物）である。また、ほぼ五〇〇〇万年続いた三畳紀がジュラ紀（これ自体の長さも五〇〇〇万年）へと移り変わるにつれて、トカゲ類が哺乳類型爬虫類よりはるかに多くの種や形態に多様化したこともわかった（異質性の一つの目安となる体のサイズも間違いなく増していた）。古生物学者は化石コレクションを丹念に調べる過程で、そうではないかと以前から漠然と感じてはいたが、それが初めて数値によって裏づけられたわけである。

スーキアスらの研究では、トカゲ類がほかのグループより成長が速く、成体のサイズに達するまでの期間が短いことも確かめられた。この「生殖までの時間」に差があることが、何より明暗を分けた可能性がある。成長して生殖するまでにさほど時間がかからなければ、大型の植物食動物や大型の捕食者という生態学的役割に短期間で適応することができるからだ。獣弓類はその時点ではまだ十分な成長を遂げていないのだから、とうてい勝ち目はない。

それでも謎は残る。三畳紀後期には恐竜が生態系の中に定着したことから、それらがすぐにジュラ紀並みのサイズにまで成長して、その姿もいたるところで見られたと思われがちだ。シカゴ大学の古生物学者ポール・セレノ（恐竜王国の初期を解明しようと誰より尽力している）によれば、そのどちらも違う。恐竜が出現してから（約二億二一〇〇万年前）三畳紀末（約二億一〇〇万年前）までのおよそ二〇〇〇万年のあいだ、恐竜も獣弓類もまだ数は少なく、体も小さいままだった。[4] 獣弓類より恐竜のほうが多かったかもしれないが、全体的に見ればどちらのグループもさして繁栄はしていなかった。それをいうなら、そもそも陸生の四肢動物自体がどれもあまり成功しておらず、むしろ海に戻ったほうが生きるうえではるかに有利だったのではないかと著者らは考えている。現に地球の歴史の中で、三畳紀ほど多くの陸生四肢動物が海に帰った時代はない。

三畳紀爆発が起きた理由について、従来の答えは次のようなものである。ペルム紀の大量絶滅により、陸上を支配していた動物の多くがいなくなった。そのため、絶滅のなかったどの時代よりも、そしておそらく大量絶滅のあったどの時代よりも、多くの新機軸を生む道が開かれたのだ、と。あるいは、単に陸上動物の様々な体制が、やっとうまく機能できるまでに進化したというだけかもしれない。進化の段階として哺乳類型爬虫類と同程度に成熟した動物群（ディキノドン類やキノドン類）は、ペルム紀末から三畳紀に入った時点でもまだ、体を起こして効率よく動ける姿勢を獲得できずにいた。相変わらず脚が体の横から生えた、陸生爬虫類特有の状態を脱せずにいたのである。当然そこには、好ましからざる問題や不利益が伴う。

動物の体制は強い選択圧によって改良されていった。とりわけ強い圧力となったのは、低酸素の世界で十分な酸素を取り込みながら、摂食や繁殖、競争をしなければならないことである。古い格言ではないが、死が差し迫っているときほど精神が素早く研ぎ澄まされることはない。きわめて切迫した選択圧に直面したときには、進化を進める力についても同じことがいえるのではないだろうか。ペルム紀の高酸素世界で、高度な活動ができるまでに進化していた動物が、三畳紀の低酸素期という困難な状況下でも同じ活動を続けられるだけの酸素を得なくてはならなかった。大気中の酸素の三分の二が失われたことで、進化という爆弾の導火線に火が点いたのは間違いなく、それが三畳紀になって爆発した。三畳紀における体制の多様化が、カンブリア爆発による海洋動物の体制の多様化に似ているというのはその点にある。前述の通り、カンブリア爆発は（エディアカラ動物群の）大量絶滅のあとに起き、しかも当時は今日より酸素濃度が低かった。数々の新しいデザインはその低酸素に促されたのである。

三畳紀における復活

三畳紀前期として正式に定められている期間は、二億五〇〇〇万年前～約二億四五〇〇万年前である。この間、大量絶滅から回復した形跡はほとんど見られない。酸素濃度は唖然とするほどの推移をたどり、一〇～一五パーセントという最低限のレベルにまで落ち込んだあと、二億四五〇〇万年前～二億四〇〇〇万年前の少なくとも五〇〇万年のあいだはその状態が続いた。この時期には、炭素の同位体パターンにも大きな変動があったというじつに興味深い記録もある。これは炭素循環そのものが乱されていたことを意味し、どうやらメタンガスが次々に海洋や大気に入り込んだか、小規模な絶滅が立て続けに起きたかのどちらかだと思われる。この点もカンブリア紀前期とよく似ている。

こうした証拠から見えてくるのは、動物にとって非常に厳しい環境だ。硫黄細菌などの微生物は繁栄できたかもしれないが、動物は長く逆境にあえいだ。しかし困難な状況こそ、進化や新機軸を促す最大の原動力となる。現に、この酸欠状態の中から新種の動物が出現した。そのほとんどが、長引く酸素危機への対処能力の高い呼吸器系をもつ。陸上では、惨憺たる状況の中から二つの新しいグループが立ち上がった。哺乳類と恐竜だ。前者は獣弓類に取って代わり、後者は世界を支配することになる。

前章で見たように、ペルム紀絶滅はほとんどの陸上生物を根絶やしにした。獣弓類も手ひどい打撃を受けている。それにひきかえ、主竜形類（ややワニに似た構造をもつ爬虫類）がどうなったかはほとんどわかっていない。というのも、ペルム紀末には数がきわめて少なくなっていて、ディキノドン類（哺乳類型爬虫類）が豊富に見つかるカルー砂漠やロシアのような地域でさえ化石がめったに発見されないからだ。とはいえ、著者らが南アフリカのロジャー・スミスとともに行なった調査により、少なくともカルー砂漠では、ごく少数ながら保存状態の良い主竜形類がペルム紀末期の地層から発掘されている。

ペルム紀にいた祖先についてはまだ不明な点が多いものの、三畳紀の最初期に主竜形類が繁栄したことははっきりしている。カルー砂漠では、ペルム紀から三畳紀への移行期のものと見られるわずか数メートルの地層から、プロテロスクス（別名カスマトサウルス）というかなり大型の爬虫類の化石がよく発見される。これは明らかに陸上動物であり、鋭く尖った歯が並んでいるのが特徴だ。捕食者であったことも間違いなく、脚はワニのように胴体から横に生えていた（ワニ類よりはやや体が地面からもち上がってはいたが）。しかし、三畳紀が進むにつれ、主竜形類は体がさらに起きた姿勢へと急速に変化していき、もっと細身で動きの速い捕食者がプロテロスクスのような初期の主竜形類に取って代わっていく。

このように動きやすい体勢へと進化したのは、スピードが要求されたせいももちろんあるだろう。だが、それと同じくらい重要なのは、移動しながら呼吸ができるようになることではなかったか。プロテロスクスはトカゲのように、まだ歩くときに体を左右にくねらせていたかもしれない。前述の通り、こういう動き方をすると「キャリアの制約」[5]によって肺や胸郭が圧迫されるため、歩行のあいだは息が吸えなくなる。トカゲやサンショウウオが歩きながら呼吸できないのはこのためであり、プロテロスクスの場合もそこまでひどくはないにせよ、ある程度は「キャリアの制約」を受けていた可能性がある。

この難点を解消するには、脚を胴体の下側にもってくるのが一つの手だ。しかし、それですべてが解決するわけではない。[6]姿勢と呼吸の問題から完全に解放されるには、運動系だけでなく呼吸器系も大幅に改造する必要があった。恐竜や鳥類につながる系統は、呼吸の問題を克服するために斬新で効果的な方法を見つけた。二足歩行である。四肢動物特有の立ち方をやめることで、運動と肺機能の制約から自由になった。哺乳類の祖先もいくつか新機軸を取り入れている。たとえば、二次口蓋（これがあると摂食と呼吸が同時にできる）ができたことや、（四肢動物ながらも）体が完全に起きた姿勢になったことなどだ。だが、それでもまだ十分ではなく、哺乳類は新しい種類の呼吸器系を進化させた。横隔膜という筋肉を使って空気を強力に出し入れできるようにしたのである。

三畳紀の低酸素期にどのような動物が暮らし、どんな困難に直面していたかを知るうえで、手がかりとなるのは恐竜の骨だけではない。三畳紀爆発の特徴の一つに、海に戻った爬虫類の多様化がある。様々な系統が海に帰ったのは、高温で低酸素という三畳紀特有の環境にうまく対処できなかったためだった可能性がある。

動物の体内で代謝反応を起こすには酸素が必要だ。代謝は生命活動そのものといっていい。だが化学実験と同じように、代謝反応の進み方はいくつかの要因によって左右される。とくに重要なのが温度だ。代謝率とは、生物がどれくらいの速さでエネルギーを消費するかを指し、外温動物より内温動物のほうがはるかに高い。しかし、同じ生物個体に目を向けた場合でも、代謝率は温度によって驚くほど変動し、その影響をじかに受ける。近年の研究によれば、動物の一個体が消費する全エネルギーの三分の一から二分の一までもが、ただ単に生命を維持するだけのために使われている。具体的には、タンパク質の代謝回転（合成と分解の繰り返し）やイオン輸送、血液循環、呼吸などの活動だ。さらに移動や生殖、摂食など、それ以外の活動でも消費され、「燃料」が使われる率は温度の上昇とともに大きくなる。[7]ところが、生物の行なう化学反応は酸素がなければ成り立たないので、代謝率が上がれば酸素の必要性も増す。この研究からは、温度が一〇度上昇するごとに代謝率が二〜三倍になるという重要な結果が得られた。三畳紀には、現代よりも酸素濃度が低かったのに平均気温が高かったわけであるから、生命活動は深刻な影響を被っただろう。

大気中の酸素濃度と気温のあいだに直接の関連はない。しかし、二酸化炭素濃度と気温であればじかに結びついている。かの有名な温室効果だ。そして第9章で見たように、大気中の酸素濃度と二酸化炭素濃度はおおむね反比例する。つまり酸素が多ければ二酸化炭素は少なく、その逆もまた真というわけだ。過去の低酸素時代は二酸化炭素濃度が高かったことが多く、したがって高温の環境にあった。気温が高くて酸素が少なければ、動物にとって不利である。本書ではすでに、低酸素に対処するための様々な解決法を見てきた。その一つはいうまでもなく、体温を低く（少なくとも支障のない程度に低く）保つという単純な方法である。それには、生理機能を変える方法と、行動を変える方法がある。

あるいは、体の形態、生理機能、行動を同時に変える手もある。それが低温の海へ帰ることだ。どれだけ気温が高くても、陸上よりは海のほうが低温で生理機能を営みやすかったはずである。おそらくはこの理由のために、中生代の陸上動物のかなりの割合が足をひれ足やひれに変えて海へと戻っていった。

先にも触れたが、地球の気温が高く（平均気温はたぶん今より約一七℃高かった）、大気中の酸素濃度が今日の半分しかなかったこの時期、海の暮らしへと進化し直した四肢動物はかなりの種類にのぼった。あとにも先にもこれほど多くの系統が陸を捨てて海に向かった時代はない。現代では多くの種類を誇るクジラ、アザラシ、ペンギンは、もともと陸地で暮らしていたが、今や海に対してこの上ない適応を見せている。とはいえ属の数で比べると、クジラとアザラシを合わせても哺乳類全体の二パーセントにしかならないし、ペンギンは鳥類の属の一パーセントを占めるにすぎない。しかし、三畳紀の海には、陸の体制から海の体制に改めた動物の種類が現在より多かった。三畳紀には巨大な魚竜類や、海に戻った四肢動物である板歯類（ばんし）などもいた（板歯類は大型のアザラシのような姿だったが、アザラシと違って歯が尖っていなかった。もっぱら貝類を砕くために進化したからである）。ジュラ紀にはまだ魚竜類が残っていたうえ、多くの首長竜類（首の長いものも短いものも）も加わった。白亜紀には魚竜類が消え、大型のモササウルス類に取って代わられた。これらすべてに共通するテーマが海への回帰である。

海に多数の四肢動物がいたことは、海生爬虫類の専門家ナタリー・バルデーの重要な研究によって裏づけられている。バルデーは一九九四年に発表した論文の中で[8]、中生代における既知の海生爬虫類の科をすべて洗い出した。すると、非常に多くの科が三畳紀に集中しているという意外な結果が出た。では、なぜそれほど多くの動物が海で暮らせるように進化したのか。

当時の大きな環境要因としては、酸素濃度の低さと世界的な高温が挙げられる。ワシントン大学で爬虫類を専門に研究するレイ・ヒューイも、三畳紀前期からジュラ紀を通して気温が高かったことが、相当数の爬虫類が海に戻る誘因になったと指摘している。さらにいえば、著者らの一人ウォードは二〇〇六年、中生代の酸素濃度と海生爬虫類の数とのあいだに興味深い反比例の関係があることを示した。酸素濃度が低かったとき、海生爬虫類の科が全体に占める割合は大きかった。ところが、酸素濃度が高くなると、完全に海生の四肢動物の科が占める割合は著しく減少した。これは、海洋動物の絶対数が減ったというより、陸上の恐竜の数が際立って増えたことの裏返しなのかもしれない。いずれにしても、温暖化していた中生代の地球を、ウォードが新しいユニークな切り口で捉えたのは確かだ。

T－J境界の大量絶滅

酸素の変遷に関する注目すべき新発見の一つに、三畳紀の酸素濃度がある。過去三億年の中で酸素濃度が最低になったのは、二億五二〇〇万年前のペルム紀と三畳紀の（P－T）境界だというのがわずか数年前までの定説だった。ところが、今やこの時期は大きくずらされ、二億年前の三畳紀とジュラ紀の（T－J）境界に近いと考えられている。だとすれば、三畳紀は酸素濃度が上昇した時代ではなく、酸素濃度が二度（ペルム紀末と三畳紀末）低下した時代ですらないことになる。むしろ酸素濃度は三畳紀の前期より後期のほうが低かったかもしれず、ことによると海抜ゼロメートル地点でも大気の一〇パーセント、つまり現代の半分程度でしかなかった可能性がある。この三畳紀後期というのは、重大な変化が起きた時期と一致する。最初の恐竜を除いて、陸生脊椎動物の大半が振るい落とされたのだ。

ほかの絶滅の場合と同様、このT－J境界の大量絶滅についてもその原因がかねてから議論されてきた。はっきりしているのは、このときもペルム紀末と同じように、酷暑の中で絶滅が起きたということだ。地球史上、最大規模の洪水玄武岩が噴出したために、これをしのぐのはペルム紀後期の火山活動（シベリアの広範囲にわたって洪水玄武岩が広がった）しかない。P－T境界とT－J境界という連続した大量絶滅には五〇〇〇万年ほどの開きがあるものの、どちらも時期的には大規模な洪水玄武岩の噴出と関連している。洪水玄武岩が噴き出すと、大気中でも海中でも二酸化炭素濃度が当初の何倍もの値にまで急上昇することが知られている。ある推定によれば、大気中の二酸化炭素濃度は最大で二〇〇〇〜三〇〇〇ｐｐｍに達したと見られる。ちなみに現代の値（二〇一四年時点）は四〇〇ｐｐｍだ（急速に増えつつあるが）。

植物が壊滅的な打撃を受けると炭素循環に影響を与え、炭素12と炭素13の相対的比率を変える。炭素の同位体比分析については本書でも何度も登場しており、今や大量絶滅を研究するうえで欠かせないツールといえる。だが、このT－J境界における炭素同位体比の乱れについては、ウォードらが二〇〇一年に発表するまで明らかになっていなかった。ウォードらが調査したのは、カナダ・ブリティッシュコロンビア州のクイーンシャーロット諸島（現ハイダ・グワイ）のとある島。古い冷温帯林に面した、海岸線沿いのT－J境界地層である。[9]デボン紀とペルム紀の温室効果絶滅のときがそうだったように、この新しい証拠も炭素12と炭素13の比率が変動していたことを示している。それは、地球の生命の数と種類、そして埋没プロセスが変化したために生じたものだ。

だとすれば、デボン紀やペルム紀の絶滅イベントと同様、このT－J境界のイベントも、その原因は隕石衝突ではない何かにありそうだ。つまり、T－J境界で起きたのもやはり温室効果絶滅だったということである。ところが、この炭素同位体比の変動が初めて報告されたすぐあとに別の発見があり、温室効果絶滅説は短期間ながら異議を唱えられることとなった。コロンビア大学のポール・オルセンらが、T－J境界絶滅の本当の原因は大型隕石の衝突だったと発表してメディアを大いに賑わせたのである。オルセン説の通りだとすれば、一つの小惑星が恐竜の時代を終わらせ、その一億三五〇〇万年前には別の小惑星が恐竜の時代を始めたことになって、じつに収まりが良い。少なくともそう思えた。オルセンが衝突の証拠を見つけたのはニュージャージー州ニューアークの化石産地である。そこからは、三畳紀後期とジュラ紀前期の恐竜の足跡としては地球上で最も多様な化石が見つかっている。恐竜と大量死という組み合わせにジャーナリストは食指を動かし、大々的に報じることとなったのだ。

　オルセンらによれば、T－J境界にあたる大陸の地層にイリジウム値の異常が見られた。かつてアルヴァレスのチームが、白亜紀末に隕石衝突があった可能性に（一九八〇年に）初めて気づいたのもまさに同様の異常値からである。以後、イリジウムは隕石衝突があったことを示す絶対的な基準となっていた。しかし、そこから先は両者の調査結果が大きく食い違っていく。アルヴァレスのチームは、イタリアのK－T境界（白亜紀と新生代第三紀の境目）地層を調べて物理的・地球化学的な証拠を追い、衝突と同時期に小型の海洋生物が大量絶滅したことを裏づけるデータを見つけた。一方、オルセンの三畳紀イベントに関する論文では、アメリカのT－J境界地層の物理的・地球化学的な証拠を追ってそれとは正反対のデータを得た。衝突がほとんどの生物を消し去ったのではなく、むしろ肥料のように働き、生物の数もサイズも増大させたようなのである。

　オルセンのチームは、陸上（正確にいえば陸上の小川や浅い湖）に堆積した地層から標本を採取しており、調査した「化石」も足跡であって体の部分ではなかった。しかし、これだけ明らかな違いがありながら、オルセンらの論文はアルヴァレスらと同じ結論に達していた。つまり、巨大な小惑星が地球に衝突し（この場合は約二億年前のT－J境界）、K－Tイベントのように恐竜が影響を受けたということだ。ただし、その衝突が恐竜の競争相手を死滅させ、それが動物の多様化や大型化につながったというのがオルセンの主張である。それに、ペルム紀絶滅で隕石衝突説を主張したルアン・ベッカーの場合は調査や方法に秘密めいたものがあったのに対し、オルセンはくだんのニュージャージーの地層に見学希望者をすべて連れて来ていた。大量絶滅を研究していた専門家が大挙して見に行ったものである。

　オルセンの標本からはイリジウムが検出されていた。しかもベッカーの調査とは異なり、その発見が間違いないことをいくつもの研究室が確認していた。とはいえ、イリジウムだけでは、最も権威ある科学雑誌『サイエンス』に載ることはなかったかもしれない。オルセンらは、ニュージャージーの岩石から別の証拠も見つけていた。イリジウムが発見されたのと同じ時代の露頭では、足跡に大きな変化が見られることに気づいたのである。二〇〇年以上前から知られていたきれいな三つ指の足跡が、数も大きさも形の種類も増えていたのだ。

　T－J境界の大量絶滅後に堆積した地層で足跡が見つかるとすれば、絶滅前よりその数（生きている動物の数）が減り、種類が少なくなり（種の多様性の減少）、サイズが小さくなってもおかしくない。のちのK－T絶滅から私たちが学んだのは、小惑星の衝突で致命的な打撃を受けるのは圧倒的に大型動物だということだからだ。三畳紀末には、恐竜であれ、多種多様な爬虫類や哺乳類であれ、白亜紀末に絶滅する最大級の恐竜に匹敵するほど巨大なものはいない。だが、同程度のサイズの恐竜はK－T境界の小惑星衝突で実際に死滅している。したがって、三畳紀末の絶滅が衝突によってもたらされたのであれば、ジュラ紀最初期の岩石では足跡が絶滅前より数も種類も減少し、小型になっていていいはずだ。にもかかわらず、その三点すべてで正反対のことが観察される。足跡は増え、種類は増加し、しかも三畳紀で最大の足跡よりはるかに大きいものが多かったのだ。イリジウムの発見はもちろんのこと、この証拠が決定打となって、オルセンの研究論文は掲載する価値があると『サイエンス』誌は確信した。

　その一年前に発表されたベッカーの論文と同様、『サイエンス』誌に載ったオルセンらの論文[10]も細部まで徹底的に精査された。隕石衝突による堆積物の解析を専門とする二人の研究者、カリフォルニア大学ロサンゼルス校のフランク・カイトとアリゾナ大学のデイヴィッド・クリングは、この時期に隕石衝突があったことをイリジウムの発見が示唆しているのは間違いないという点で一致する。その一方で二人ともが指摘したのは、オルセンらが様々な場所で調べたイリジウムの値が、K－T境界層のほぼすべてで確認されたイリジウム値より最低でも一桁は少ないという点である。何かが地球に落ちてきたのは間違いないものの、おそらくは小さすぎて、三畳紀末の絶滅を引き起こすほどではなかったのではないか。そのため、ペルム紀末に隕石衝突があったという説よりはるかに信頼できるとはいえ、この証拠だけでは、三畳紀末にもK－Tイベントのような隕石衝突による絶滅があったとは考えにくいというのが結論だった。

　カナダのケベックには確かに大きなクレーターがある。マニクアガン・クレーターと呼ばれ、地球では肉眼で見える最大級のクレーターであり、直径は約一〇〇キロメートルだ（一方のチクシュルーブ・クレーターは直径一八〇～二〇〇キロメートル）。このクレーターがつくられたのはおよそ二億一〇〇〇万年前であったため、年代的にもT－

J境界とおおむね合致すると長らく考えられていた。放射性崩壊に基づく測定値によれば、三畳紀は約一億九九〇〇万年前に終わりを迎えている。ところが二〇〇五年になって、より高精度の年代測定が実施され、この数字は二億一〇〇万年前へと微修正された。しかもT－J境界の時期が新しくなっただけでなく、マニクアガン・クレーターができたのは逆にもっと古いとわかり、二億一四〇〇万年前とされたのである。

ウォードらがクイーンシャーロット諸島で行なった調査には、T－J境界絶滅を調べる以外にも目的があった。約二億一四〇〇万年前のものと特定できた岩石があったので、その頃に生物が集団死したことを示す手がかりがないかどうかを探し出すことである。二〇世紀後半に作成された「絶滅曲線」による推定値によれば、マニクアガンほどのクレーターを残す衝突イベントなら、地球上の全種の四分の一から三分の一を楽々と消し去ってもおかしくない。ところが、そうした形跡はいっさい見つからなかった。それとも、小惑星の衝突がもつ破壊力を過大評価していたのだろうか？

三畳紀の黒色

二一世紀の初頭、イェール大学の地球化学者ロバート・バーナーは、自ら開発した複雑なコンピュータモデルの解析力を大幅にアップさせていた。このモデルは、過去五億六〇〇〇万年の酸素量と二酸化炭素量を一〇〇〇万年間隔で推定するものだ。推定結果から読み取れるのは、酸素濃度が最低レベルになった時期や、最も急激に低下した時期が、大量絶滅イベントの時期と驚くほど一致するということである。

原因のはっきりしない三つの大量絶滅イベント（ペルム紀、三畳紀、暁新世）のときには、いずれも地層が低酸素状態で堆積したことを示していた。[11] そういう状況下では地層は一般に黒色になる（黄鉄鉱や硫黄化合物が含まれるからであり、それらは無酸素状態でのみ起こりうる化学反応から生じるので還元的といえる）。二つ目の手がかりは、その三つのイベントが起きた時期の岩石が薄い層状になっていたり、場合によっては薄板状になっていたりして、繊細な堆積構造が確認できるケースが多いことである。カンブリア紀以来、穴を掘る動物が多数出現したために、海底に堆積した地層のほとんどは生物に擾乱された痕跡を残している。おびただしい数の無脊椎動物が、海底の堆積物を体内に取り込んでは有機物を濾し取った結果だ。地層が薄い層状に堆積しているとすれば、その環境には動物がまったくいなかったか、数がきわめて少なかったかのどちらかしかない。このように、酸素濃度モデル、岩石の色、および堆積物の層構造という三つの切り口から見る限り、ペルム紀、三畳紀、暁新世の絶滅が低酸素世界で起きたことは明らかだった。

一九九〇年代後半から二一世紀の初めにかけてはほかにも証拠が発見され、酸素とは対照的に別の大気成分は高い濃度だったことが確認された。二酸化炭素である。低酸素の場合と同様、二酸化炭素濃度が高かったという証拠もバーナーのモデルから得られたものであり、さらには岩石の記録から、もっと正確にいえば化石記録からも裏づけられている。あいにくどんな年代についてであれ、実際に存在した二酸化炭素の量を正確に測る方法はない。二酸化炭素は岩石に色をつけないし、層状構造にも影響を及ぼさない。しかし、じつに気の利いた方法で葉の化石を調べた結果、大きな突破口が開け、二酸化炭素の相対的な値が突き止められるようになった。この方法を使えば、二酸化炭素濃度が上昇していたのか、減少していたのか、あるいは変わらなかったかを一〇〇万年単位で把握できるうえ、基準値から何回上下動したかも推定することができる。

大躍進につながる手法は往々にしてそうだが、この二酸化炭素濃度の測定法も巧妙かつ単純なものである。現代の植物の葉を研究している植物学者が、閉鎖系で植物を育てる実験を実施し、現在の大気中濃度（最初にこの実験が行なわれた時点では約三六〇ｐｐｍ）と比べて二酸化炭素を増やしたり減らしたりできるようにした。植物は二酸化炭素濃度に非常に敏感であることがわかっている。大気に含まれる二酸化炭素がどんなに少量であろうと、それが植物の炭素源となるからだ。炭素は生命を構成する重要な要素である。二酸化炭素を取り込むのはおもに葉で、気孔と呼ばれる微細な孔を通じて行なう。二酸化炭素濃度の高い環境で育てると、植物がつくる気孔の数は減った。二酸化炭素がたくさんあれば、ほんの数個で事足りるからである。そこで植物学者は、化石記録に目を向けて精力的に調べ始めた。葉の化石では気孔の数が簡単に観察できる。結果はバーナーのモデルを裏づけるものだった。

ペルム紀末と三畳紀前期のあいだでは、葉の化石に数個の気孔しか見られなかった。

結局、前述の三つの絶滅ではみな、二酸化炭素濃度が驚くほど高かったことがわかる。しかも、数百万年ではなくわずか数千年のあいだにその濃度が急上昇していた。

この二つの結果から見えてくるのは、大量絶滅のまったく新しい姿である。三つの絶滅が起きたときには、短期間に増えた二酸化炭素によって（別の証拠によればたぶんメタンによっても）世界が急速に温暖化していた。暑いうえに酸素が少ない。高温で低酸素の時期は、大規模な大量絶滅が起きた時期と一致している。現代の温室は酸素濃度が低いわけではないものの（光合成があるのでむしろその正反対）、全体がガラス板で覆われているために温室効果によって温度が急激に上昇しやすい。太陽光はガラスを通して入ってくるが、それが光波や熱として反射されるときにガラスがエネルギーを捕らえ、そのエネルギーが空気を温める。二酸化炭素やメタンガス、水蒸気分子といった温室効果ガスと、よく似た働きをするわけだ。

暑さは動物にとって大敵である。動物が耐えられる一番高い気温は、水が沸騰する温度の半分にも届かない。四〇℃でほとんどの動物が死に、仮になんとかもちこたえても四五℃になれば息絶える。また、温度の急上昇が命取りになり得ることは、晴れた日に子供が車内に置き去りにされる悲惨な事件を見ればいやでもわかるだろう。そのうえ、熱エネルギーの量と利用可能な酸素の量は生体の機能にとって大きな意味をもち、動物が必要とする酸素量は気温の上昇につれて増加する。したがって、ただでさえ高温なのに低酸素が加われば、状況はなおさら致命的なものになるのだ。

三つの絶滅のうち、T－J境界の二酸化炭素増を示すデータにはとりわけ目を見張るものがある。シカゴ大学の古植物学者ジェニファー・マケルウェインは、二〇世紀の終わり頃、氷に閉ざされたグリーンランドの危険な凍った露頭で標本を集めた。その結果、すでに低酸素だった世界で二酸化炭素が急上昇したことが、三畳紀に終止符を打ったと疑問の余地なく確認された。

しだいに、三畳紀末のイベントはペルム紀末と似ているように思えていった。K－T境界の絶滅イベントとは明らかに様相が異なる。K－T境界では、突如として絶滅が起きてあらゆる動植物に被害が及んだが、それを「予見」させるものは生態系の面からも進化の面からも何一つなかった。それに対して三畳紀末では、恐竜の一群である竜盤類を除いて、T－J境界前後の時期に動物はすべて体を小型化させる傾向にあった（同程度の多様性だけは維持していた）。まるで、困難な時代がやって来るから、小型化したほうが適応しやすいと知っていたかのように。

T－J境界絶滅では、一番簡単な構造の肺をもつ動物群（両生類や初期の爬虫類）が最も大きな打撃を受けた。植竜類（ワニに似た主竜類の一つ）をはじめ、三畳紀前期に隆盛を極めた多くのグループが全滅した。両生類も主竜形類も肺の構造はごく単純で、おそらくは肋骨の筋肉組織だけで肺を拡大させていたはずである。この時期の哺乳類や、高度に進化した獣弓類の場合は、同じことをするのに横隔膜を使う仕組みだったと見られ、被害は比較的少なかった。一方、ワニ類はたぶん肺を腹部のポンプで膨らませていたために、かなりの被害を受けた。竜盤類恐竜が生き延びた背景にはいくつもの要因があったと考えられる（食物の獲得しやすさ、高温への耐性、捕食者の回避、繁殖の成功）。しかし、竜盤類だけが高度な隔壁式の肺をもっていた点に著者らは注目している。この肺には、内側の表面積を増やすために小さな仕切り組織がたくさんあり、ほかの系統の動物のどんな肺よりも効率がいい。T－J境界絶滅の前後には酸素濃度がきわめて低かったことを思うと、そういった呼吸器系があれば生き残るうえで非常に有利だったに違いない。このシナリオ通りだったとすれば、竜盤類が三畳紀末に覇権を握ってジュラ紀に入ってからも支配的地位を保てたのは、優れた肺のおかげで活動レベルが並外れて高かったから、ということになる。

三畳紀の中期から後期にかけては様々な体制の爬虫類が登場したが、このうち竜盤類だけが多様化したことが今では明らかになっている。ほかのグループはどうかといえば、多様性が変わらないか低下したかのどちらかで、後者のほうが多かった。三畳紀後期には、酸素濃度が過去五億年の中で最低レベルに落ちたこともわかっている。竜盤類がもつ何らかの特性が、低酸素の世界でも生き延びる力を高めたのだ。実際に地層を調べてみると、長い時間をかけて酸素濃度が徐々に低下して、最終的に三畳紀の大量絶滅に至ったように思える。一方で、その絶滅が実際には一度ではなく、三〇〇万～七〇〇〇万年の間隔をあけて二度起きたこともうかがえる。

この時期の地層で、脊椎動物の化石が豊富に見つかるような場所は陸上にはほとんどない。このため、陸生脊椎動物がどのように絶滅していったかは海洋動物の絶滅ほど明らかになっていないのが実情だ。大量絶滅の犠牲者として有名な動物たち（植竜類、アエトサウルス類、原始的な主竜形類、獣弓類の一種トリティロドン類などの大型動物）が、どれだけの期間で消えていったのかもわからない。しかし、華やかなジュラ紀のアンモナイトが大挙して海に現われ、ジュラ紀初期の岩石に復活の痕跡を盛大に残す頃には、恐竜はすでに世界を勝ち取っていた。恐竜の肺はどのようなものだったのだろうか。確実にいえるのはただ一つ。動物の誕生以来最悪となった酸素危機にも、見事に対処できる肺や呼吸器系を備えていたということだ。

陸生脊椎動物の中で竜盤類恐竜の絶滅率が最も低かったのは、競争に勝てる優れた呼吸器系、つまり最初の気嚢（きのう）システムをもったためだというのが新しい見方だ。竜盤類がT－J境界の大量絶滅期を経てむしろ数を増やしていたという事実は、何より特筆すべきことである。

第14章　低酸素世界における恐竜の覇権
——二億三〇〇〇万年前～一億八〇〇〇万年前

「ジュラシック」（ジュラ紀の意）という言葉は、映画『ジュラシック・パーク』シリーズのおかげで、今や恐竜や恐竜公園とは切っても切れない関係にある。だが、じつのところ本物のジュラ紀は、この三本の映画〔訳註　シリーズ四作目が本書刊行後に公開された〕に映し出される光景とは似ても似つかぬ世界だった（ちなみにこの映画はシリーズが進むにつれて中身が馬鹿げていく）。映画では被子植物や、おなじみの顕花植物（花を咲かせる植物）が溢れていたが、そうした植物はジュラ紀にはまだ登場していない。そもそも「ジュラ紀らしさ」を一口で語ること自体が無理なのだ。なぜならその世界は、最初期（二億一〇〇万年前）から末期（約一億三五〇〇万年前）までのあいだにすっかり様変わりしたからである。初めは荒涼としていた。新たな大量絶滅が終わったばかりであり、サンゴ礁はなく、恐竜の数も種も大きさもごく限られていた。酸素濃度が低すぎるために昆虫はほとんど飛べず、空を飛んで追いかけてくるような脊椎動物も当時はいなかった。ところが、地質学的に見て比較的短期間のうちに世界は一変することになる。

ジュラ紀が幕を閉じる頃には、史上最大級の陸上動物がいたるところに生息するまでになっていた。恐竜が万物の頂点に君臨していたのである。それにひきかえ、小型で原始的な鳥類や、さらに小さい原始哺乳類は、ひときわみすぼらしい場所に身を潜めていた。ジュラ紀の初期には海が干上がっている箇所が多かったので、ストロマトライトが復活していて、大型の魚や捕食者はごくわずかしかいなかった。

ジュラ紀末の海には、掛け値なしに多種多様な海洋動物がすみつき、かつてないほどの壮観を呈していた。首の長い爬虫類のプレシオサウルス類や、イルカに似た魚竜類、目を引く原始的魚類（奇妙な鎧をまとった現代のガーやチョウザメに似ている）が、広大なサンゴ礁のあいだを群れをなして泳ぎ、ありとあらゆる種類のアンモナイトや、その近縁種でイカに似たベレムナイトで海は満ち溢れていた。アンモナイトには、表面が滑らかなものから溝の多数入ったものまで様々な種類がある。形も多様で、平面的なせん形だけでなく、ジュラ紀末になるとなだらかに盛り上がった独特の円錐形も登場する。史上最大のアンモナイトは、カナダ・ブリティッシュコロンビア州のファーニーにあるジュラ紀の岩石から見つかった。その巨大アンモナイトは、生きていたときには直径が二・五メートル近くあり、重さが〇・五トンに達していたのはまず間違いない。ところが、先史時代の象徴ともいうべきこの生物を研究している科学者は、奇妙な事実に直面した。アンモナイト類のほとんどは絶滅してしまい、後継する種が存在しないのである。

近代的な学問分野としての地質学は、ジュラ紀のために生まれたといっていい。「地層男」の異名をとったウィリアム・スミスが、一九世紀初頭に初めて地質図に描いたのはジュラ紀にできた地層だった。離れた土地同士の地層の関連性を調べるために化石が使えることを示したのも、ジュラ紀の地層である。ジュラ紀の岩石から見つかったアンモナイトは、進化による変化の好例としてダーウィンによって取り上げられ、広く知られるようになった（この時代に関する参考文献は第1章の巻末註を参照のこと。例によって、イギリスの科学史家マーティン・ラドウィックの著作がお勧めだ）。

大量絶滅が起きたあとの時代はすべてそうだが、ジュラ紀にも生物が短期間で爆発的に進化するパターンが見られた。こうした時代は回復期と呼ばれる。どの回復期も、始まりは大量絶滅をかいくぐった生物のみでその多様性は低いが、わずか五〇〇万～一〇〇〇万年ほどで回復期は終わる。そして、絶滅の余波が収まると、多様性はかならず再び増大に転じる。新たに登場する動植物は、決まって多種多様な種から成り立っていた。これらの種は、回復期に新たに誕生したものがほとんどではあるものの、なかには絶滅以前の時代から生きていた分類群もあった。かつては個体数が少なく、不安定な暮らしを余儀なくされていたのに、絶滅後の新しい世界で爆発的に数を増やし、生態系の中で確固たる地位を手に入れたのである。ジュラ紀の初期も例外ではなく、回復の種子から新たな海洋生物が続々と生まれた。その大部分は新種の軟体動物や海生爬虫類で、新しい種類の硬骨魚も多数出現した。とはいえ、ジュラ紀にしても次の白亜紀にしても、海洋動物で有名なわけではない。タイトルに「ジュラシック（ジュラ紀）」をつけて三本の大ヒット映画を撮るなら、誰も海洋生物を主役にしたりはしないだろう。大衆の求めるものは、今も昔もただ一つだ。

恐竜

生命の歴史を語る以上、恐竜について長々と述べないわけにはいかない。ところが、「新しい」視点での生命史を示すというのが本書の謳い文句であるため、恐竜についてはは何もいえそうにないように当初は思えた。この「大昔のトカゲ類」（ヴィクトリア朝の人々はそう見ていた）についてはすでに書き尽くされた感があり、新鮮な話題を提供するのは不可能な気がしたのである。だから、二一世紀に入って様々な新発見がなされているとわかったことはじつに嬉しい驚きだった。専門家でない人間が恐竜についてまとめる場合、普通は次の三点を論じる。まず、恐竜は恒温性だったのか変温性だったのか。それから、どのように繁殖し、営巣行動については何が明らかになっているのか。三つ目は、結局どのようにして絶滅したのか、である。だが注目すべき謎はこれだけではない。なかでも最も興味深いのは、そもそもなぜ恐竜が存在したのか、という問題ではないだろうか。少なくとも、ああいう体のつくり（体制）がどうして生まれたのかは知りたいところだ。これはさらに、どのように呼吸したのかという問いにかかわってくる。本章で見ていくもう一つの疑問もやはり呼吸に関連している。すなわち、恐竜から鳥への進化の過程についてどんな新しいことが判明しているかだ。じつは、かなりのことが新たに解明されており、そのほとんどが中国での発見に基づいている（ほかに南極でも発見があり、その場には著者らもいた）。最後にもう一点。二一世紀になって、恐竜の生理機能に関する重要な特徴のうち二つについて情報が得られた。一つは、恐竜は恒温動物かどうかという積年の謎に決定的な答えが出たこと。もう一つは、恐竜特有の成長速度についての新発見である。これらの新データはじつに興味深い方向を指し示しており、それをたどっていくと、またも恐竜と鳥類の違いという問題に立ち戻ってくる。ここでいう鳥類とは、鳥類型恐竜ではなく「本物の」鳥のことであり、今の私たちが鳥類のものと考える特性をすべて備えた生物を指す。

なぜ恐竜は存在したのか

恐竜の歴史を新たな視点で語るためには、前章の最後でも触れた三畳紀－ジュラ紀（T－J）境界の大量絶滅から数百万年前にまで遡る必要がある。恐竜が本当の意味で地上を支配したのはジュラ紀と白亜紀である。三畳紀のあいだは平凡な小型脊椎動物にすぎず、多様性も個体数も少ないまま、低酸素の世界をなんとか生き延びようとしていた。だが、危機の時代は新機軸の誕生を促す。これは、生命の歴史においてたびたび繰り返される重要なテーマといえそうだ。多様性は低いままでも、異質性は急速に高まるものである。異質性とは、体制や解剖学的構造の種類の数をいい、恐竜の場合はそれらの差異がとりわけ大きかった。三畳紀の状況は、トム・ウルフの素晴らしい著書『ザ・ライト・スタッフ――七人の宇宙飛行士』（中野圭二／加藤弘和訳、中央公論社）で喩えるとわかりやすいかもしれない。この本では、巨大な新型ジェット機が開発されていた一九五〇年代に、テストパイロットが往々にして無残な事故を通して唐突に命を奪われた様子が描かれている。遅かれ早かれ、どのテストパイロットも死の急降下を経験する。だが本の中のパイロットは、進行中の事態に非常に冷静に対処する。手順Aを試す、失敗、では手順Bを試す、次に手順C、それもだめなら……という具合だ。三畳紀末の世界では数多くの生物が、この墜落していくジェット機のようなものだった。操縦桿を握っていたのは進化だ。この形態を試し、次に別の形態を試し、さらにまた別の形態を試す。この喩えを使うなら、三畳紀の生物圏は低酸素のせいで、死のきりもみ降下のさなかにあるも同然だった。恐竜がそこから抜け出せたのは、かつてないほど精巧で効率の良い肺を進化させたからである。

およそ二億年前、ペルム紀大絶滅の惨禍からわずか五〇〇〇万年後に、三畳紀もまた新たな大惨事の中で幕を閉じた。前章で見た通り、様々な系統の陸上生物が絶滅に見舞われるなか、竜盤類の恐竜だけが無傷で切り抜けている。三畳紀を終わらせた大量絶滅は陸上だけの現象に留まらない。頭足類もほとんどの種類が根絶やしにされたが、生き残ったものがジュラ紀前期に多様化して三大系統が誕生した。オウムガイ類、アンモナイト類、鞘形類（現代のイカやタコの祖先）である。サンゴ礁は再び栄え、おびただしい数の平たい二枚貝が海底にすみついた。魚竜類に属する海生爬虫類と、新種のプレシオサウルス類がまた肉食動物の頂点に立った。

陸上では恐竜が繁栄した。哺乳類は小型化して個体数も減り、陸上の動物相では目立たない存在となったが、白亜紀の終わり近くには著しい適応放散が生じて、現代の目の多くが生まれている。鳥類はジュラ紀後半に恐竜から進化した。どれもすでに知られていることであり、新しい歴史を語ることを目指す本書にはそぐわない話題なので、これ以上は踏み込まない。その代わり、ジュラ紀の酸素濃度がどうだったかに目を向けて、古代の「ジュラシック・パーク」にいた恐竜の数や種類と対比させてみよう。

恐竜について最も多く聞かれる質問は、「恐竜はなぜ、どのように絶滅したのか」ではないだろうか。一般大衆の興味を引くうえ、なかなか刺激的な話題でもあるからだ。一九八〇年にアルヴァレスの研究チームが立てた仮説によれば、六五〇〇万年前に小惑星が地球に衝突し、それが環境に影響を及ぼして、かなり急激に白亜紀－第三紀（K－T）境界の大量絶滅が引き起こされた。その際、恐竜が最も目立った被害を受けたために、この問いは人々の心に強く焼きついている。この問題は、何らかの新発見があるたびに数年おきに浮上し、絶滅の原因をめぐる議論が再燃する。それほど飛び抜けて注目を集めているので、「恐竜は変温性か恒温性か」という謎でさえかすむほどだ。恐竜に関する疑問リストをもっと下まで見ていくと、「恐竜はなぜ、どのように絶滅したのか」

ではなく、「そもそもなぜ恐竜が誕生したのか」というものがある。恐竜が三畳紀中期（約二億三五〇〇万年前）に出現したのは確かである。また、こうした最初期の恐竜がどのような姿だったかもはっきりわかっている。そのほとんどは、のちの時代の恐竜の象徴ともいうべきティラノサウルスやアロサウルスを小型にしたような形だった。やはり二足歩行をし、成長が速い。その一方で、一般にはあまり知られておらず、知っている人でも深く考えたことがないような事実もある。二億三〇〇〇万年前は、酸素濃度がカンブリア紀以来の最低値に近づいていた時期だということだ。

なぜそこに恐竜が存在したのか。この疑問には様々な答え方ができる。たとえば、ペルム紀の大量絶滅によって、新しい形態が生まれる道が開けたから。あるいは、恐竜の体制が三畳紀の地球に見事に適応していたから。しかし、これらは一般論にすぎず、問題の核心を突いていないように感じる。最初期の恐竜化石を発掘しているシカゴ大学の古生物学者ポール・セレノは、恐竜がいかにして覇権を得たかを主要な研究テーマにしており、恐竜の出現について別の見方をしている。セレノは一九九九年の論文「恐竜の進化（The Evolution of Dinosaurs）」の中で次のように記した。「恐竜が三畳紀の終わり近くに陸上で優位に立ったのは、白亜紀末に恐竜が絶滅して真獣亜綱の哺乳類に交代したのと同じくただの偶然であり、たまたまそういう巡り合わせだったからだと今は思われる」。セレノはまた、最初の恐竜が誕生したあとの適応放散はゆっくりと進行し、初めは多様性が非常に低かったのではないかとも指摘している。これは、進化におけるいつものパターンとは異なる。いかにもうまくいきそうな新しい体制が登場するとき、普通であればその新形態を利用する新種の生物が短期間のうちに爆発的に増えていいはずだ。ところが、恐竜の場合はそうはならなかった。セレノはさらにこうも述べている。「恐竜の適応放散は体長一メートルの二足動物から始まり、真獣亜綱の哺乳類の場合よりもペースが遅く、適応できる領域も限られていた」

だとすれば、恐竜もほかの陸生脊椎動物も多様性がかなり低いまま何百万年も過ごしたことになり、セレノをはじめとする研究者たちはその明確な理由を摑めずにいる。だが、今ならこの謎を解くことができる。動物の歴史を振り返ってみれば、大気中の酸素濃度と、動物の多様性やサイズとのあいだに相関関係が存在することが繰り返し示されてきた。つまり、酸素濃度の低い時期は、高い時期より概して多様性が低く、体のサイズも小さいのである。恐竜についてもこの関係が成り立つようだ。ウォードによる二〇〇六年の著書『恐竜はなぜ鳥に進化したのか――絶滅も進化も酸素濃度が決めた』（垂水雄二訳、文春文庫）は、恐竜の体制とのちの巨大化が酸素濃度に関係することを初めて明示した文献である。

恐竜の多様性が本当に大気中の酸素濃度によって決まるのだとしたら、三畳紀に恐竜が出現してから多様性の低い状態が長く続いたことにもすぐに納得がいく。三畳紀後期には酸素濃度がきわめて低かったからだ。

低酸素期はいくつもの種を絶滅に追い込んだ（と同時に、困難な時代に対処するために新しい体制を模索する実験も促した）。実際にそうだったのかを確かめるには、三畳紀から白亜紀にかけての大気中の酸素濃度に関する最新の推定値と、同じ期間における恐竜の多様性の推移をまとめた資料を突き合わせてみればいい。後者は、古生物学者で堆積学者のデイヴィッド・ファストフスキー率いる研究チームが二〇〇五年に発表している。これによると、恐竜が登場した三畳紀後期からジュラ紀前期にかけて、恐竜の属の数に大きな変動はない。ジュラ紀後期になってようやくそれが顕著に増加し始め、その傾向は白亜紀末に至るまで続く。白亜紀後期に入ったばかりの頃に一度上昇が止まっただけだ。白亜紀の終わり（八四〇〇万年前〜七二〇〇万年前のカンパニア期）には、三畳紀からジュラ紀後期にかけての期間よりも数百倍多い恐竜が存在するまでになっていた。では、なぜそれほど大幅に増えたのか。酸素濃度と恐竜の属の数の推移を見比べる限り、酸素濃度が恐竜の多様性を決定づける一因であったように思われる。三畳紀後期からジュラ紀前期まで、恐竜の属の数は一貫して少ないままであり、大気中の酸素濃度も現代より低い値が続いていた。ジュラ紀には酸素濃度が徐々に高まり、後半に入ると一五〜二〇パーセントに達した。属の数が本格的に増え始めるのはそれからである。酸素濃度は白亜紀を通して着実に上昇し、それにつれて属の数も増加した。白亜紀後期にはその数が著しく多くなって、真の恐竜全盛期を迎える。酸素濃度が劇的に高まったジュラ紀末には、恐竜のサイ<ruby>ズ</ruby>も大きくなった。ついには、既知の恐竜の中で最大級のものがジュラ紀後期から白亜紀にかけて出現することになる。

もちろん、恐竜が白亜紀に隆盛を極めたのにはほかにいくつもの理由があった。たとえば、白亜紀中期に被子植物が出現して植物の世界に一大革命をもたらし、白亜紀が終わる頃には、ジュラ紀に優勢だった針葉樹の大部分が顕花植物に取って代わられていた。被子植物が台頭したことで植物の種類が増加し、昆虫の多様化を促した。全生態系で利用できる資源が増えたことも、多様化の引き金になったかもしれない。だが、酸素と多様性の関係や、酸素と体のサイズの関係は、様々な種類の動物を通して繰り返し確認されている。昆虫や魚類のほか、爬虫類や哺乳類でもそうだ。恐竜だけが例外であるはずがない。

恐竜が出現したのは、三畳紀後半の低酸素期（酸素濃度は一〇〜一二パーセントで現在の標高約四五〇〇メートル地点に相当）の最中か、もしくはその直前である。酸素濃度は過去五億年で最も低かった。すでに見てきたように、ほかの動物は酸素濃度の極端な変動に応じて体制を変化させたものが多い。恐竜も同じだ。恐竜の体制は初期の爬虫類とは根本的に異なっている。それが現われたときには酸素が最低値を記録し、しかも死をもたらすような地球規模での酷暑のさなかだった。これだけなら偶然だったといえなくもない。しかし、「恐竜らしさ」をつくるいくつもの特徴が、低酸素世界への適応という点から説明できることを思うと、偶然とは考えにくい。最初期の恐竜（スタウリコサウルスとそれより少しあとに現われたヘレラサウルスなど）の体制を見ると、当時の低酸素状態に呼応して生まれた面がある。このことから、初期の恐竜の二足歩行体制は、三畳紀中期の低酸素に対する反応として進化したと結論づけられる。最初期の恐竜は二足歩行の姿勢をとることで、「キャリアの制約」による呼吸上の欠点を克服したのだ。つまり、三畳紀の低酸素がきっかけとなり、この新しい体制が形成されることで恐竜が誕生した。

三畳紀最後の二〇〇〇万年は、海抜ゼロメートルでも酸素濃度が一〇パーセントしかなかったと見られている。そんな世界に生きるということがどういうものなのか、少しも正しく理解されていない。現代でそれと同じ酸素濃度の場所は、ワシントン州のレーニア山山頂（標高四三九二メートル）である。これはまた、ハワイ最高峰の火山の頂上とも同じ酸素量であり、そこでは巨大なケック天文台が宇宙を眺めている。ここで観測する天文学者がすぐに気づくのは、酸素濃度が非常に低いためにエネルギーが消耗して頭の回転が鈍くなることだ。とはいえ、ここでは斉一説の原理は役に立たない。というのも、標高の高い場所を引き合いに出して低酸素濃度を実感しようとしても、うまくいかない面が多々あるからだ。それは、標高が高くなると酸素だけでなくすべての気体の濃度が薄まることによる。その気体の一つが水蒸気で、高所では鳥の卵に実質的な影響を与えている。しかし、当時の陸上動物が進化するうえで最も大きな制約は低酸素だったわけであるから、それに対しては大掛かりな適応構造を発達させていたはずだ。そして実際にその通りだった。私たちはそうした動物の一つを「恐竜」と名づけた。最初期の恐竜はすべてが二足で歩き、新しい種類の肺を使って新しいやり方で呼吸をした。やがて恐竜は、低酸素環境において史上最も効率よく活動できる陸上動物になった。鳥類はその生き残りであり、同じ長所をもち続けている。

化石記録によると、本物の恐竜と呼べる最初期の動物は二足歩行で、その化石の年代より少し早い三畳紀のどこかの時期に主竜形類から進化した。主竜形類は恐竜より原始的な二足動物だ。のちにワニ類を生じる系統の祖先でもあり、恒温性だったか、もしくは恒温性に向かって進化している途中かのどちらかだった可能性がある。二足歩行は、このグループに繰り返し生じる体制だと著者らは見ていて、現に初期には二足歩行のワニ類まで存在した。では、二足歩行が低酸素への適応になり得たというのはどういう理由によるものだろうか。

今でもトカゲは走りながら呼吸することができない（数億年の歳月が流れたのだから、改善する時間は十分あったろうに）。腹這いでのたくるように進むためだ。現代の哺乳類は、独特のリズムで四肢の動きと呼吸を同時に行なっている。たとえば、ウマやジャックウサギ、チーターなどは、一歩進むごとに一呼吸する。いずれも四肢は胴体から真下に伸びており、それを可能にするために、腹這いの爬虫類よりも背骨が格段に頑丈だ。哺乳類が走るときには、背骨がわずかに下向きにたわんだり、まっすぐに伸びたりする。このわずかな上下の動きが、息を吸い込む動作や吐く動作と連動している。だがこの呼吸法は、三畳紀に本物の哺乳類が登場するまで現われなかった。三畳紀で最も進化していたキノドン類でさえ、まだ地面から完全には体がもち上がっていなかったので、走りながら息をしようとすれば多少は苦しかっただろう。

　四本ではなく二本の脚で走れば、肺にも胸郭にも響かない。呼吸と運動を切り離せるので、獲物を高速で追っているときでも必要な回数だけ呼吸ができる。酸素濃度は低いが捕食が盛んな時代には、獲物を狩ったり捕食者から逃げたりするうえで少しでも有利な特性があったほうが、生き延びる可能性は確実に高まる。その有利な特性によって、食糧を探すのにかかる時間や、探す方法が改善されるだけでもいい。ペルム紀後期に活躍した腹這いの捕食者（獰猛なゴルゴノプス類など）は、待ち伏せ型の狩りをした。その当時もそれ以前もたいていの捕食者はそうだったし、今でもトカゲ類はすべて待ち伏せ型である。能動的に獲物を追い回すタイプの捕食者には、動きの素早さと持久力が必要だ。こう考えてくると、三畳紀の被食動物はどんな気持ちだったろうかと思わずにいられない。なにしろ、隠れて待っているのではなく、初めて捕食者が自ら姿を現わして自分のことを探しているのだから。

　ワニの系統と恐竜の系統は三畳紀に生まれたが、どちらも同じ四肢動物を祖先としていた。この動物は、南アフリカから来たユーパルケリアという爬虫類だったと考えられている。このグループは専門用語で鳥頸(ちょうけい)類といい、その最初の種から二足歩行へ向かって進化を始めた。進化の目安となるのは距骨(きょこつ)（くるぶしにある骨）だ。四肢動物の場合、同じ位置にある骨は複雑なのに対し、距骨では簡素化されて単純な蝶番(ちょうつがい)関節になっている。この特徴に加えて、前肢より後肢が長くなっていることや、首が伸びて緩いS字

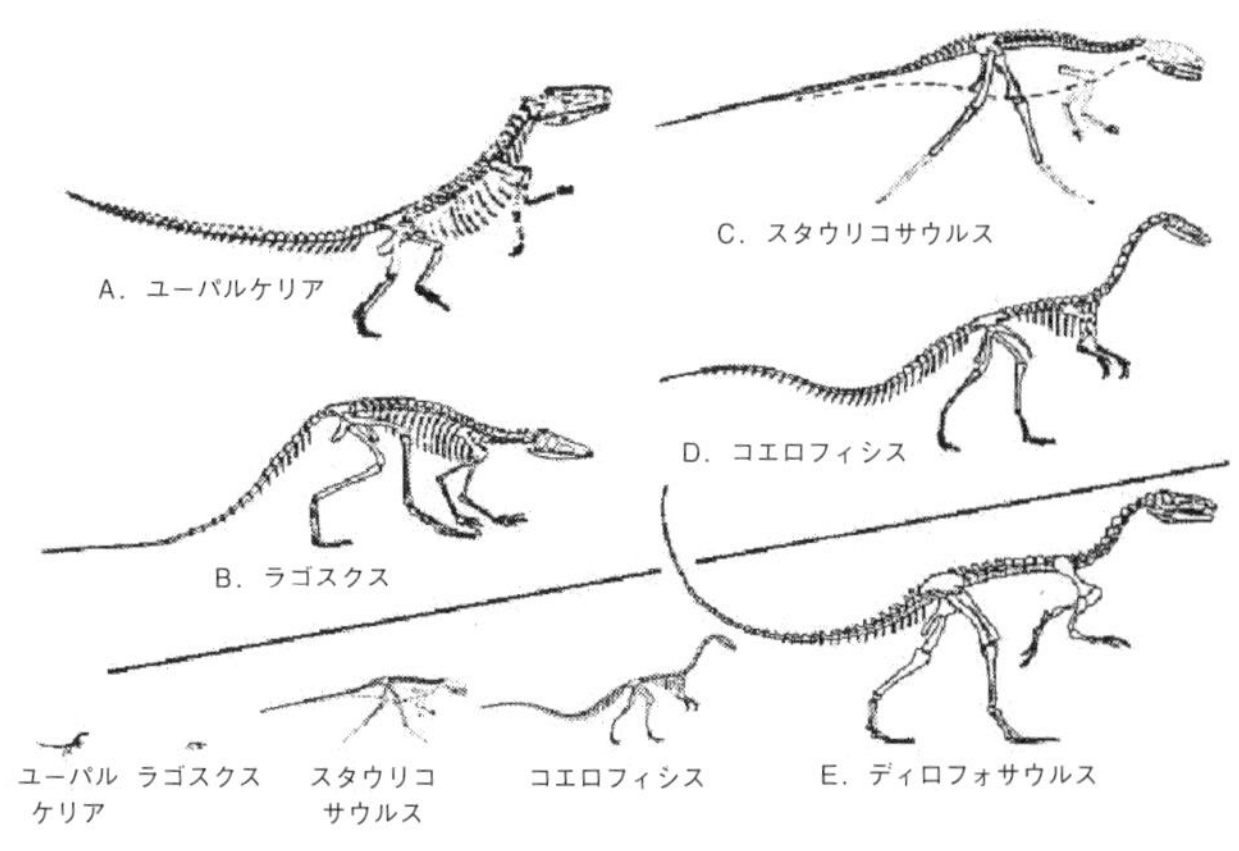

を描いていることも二足歩行の証拠である。こうした初期の鳥頸類が二つの別々の系統に分岐し、一方が空を飛ぶようになった。これが翼竜（よくりゅう）であり、スクレロモクルスと名づけられた三畳紀後期の鳥頸類が、翼竜の最初の種だった可能性がある。これはまだ陸上動物の形態をしているため、速く走れそうに見える。おそらくは腕についた皮膚のたるみを使い、大股で移動する歩と歩のあいだに滑空するようになったのが始まりではないだろうか。間違いなく空を飛んだ最古の翼竜は、やはり三畳紀後期のエウディモルフォドンである。

この系統の鳥頸類が空を飛ぶ方向へと少しずつ進化していったのに対し、陸生の姉妹グループのほうは最初の恐竜の形態に向かっていった。三畳紀のラゴスクスは過渡的な形をしていて、二足で走る動物と四肢動物の中間にあたる。ゆっくり歩くときは四肢をすべて使ったが、勢いよく走り出すときには後肢で立ち上がったに違いない。ラゴスクスは捕食者だったので、獲物を狩るために速く走る必要があった。ところが、その前肢と手の形態が恐竜型と呼べる段階に達していなかったため、恐竜とはされていない。その後継種である三畳紀のヘレラサウルスは、条件をすべて満たすので恐竜に分類されている。これが恐竜第一号だ。ただし、これから見ていくようにヘレラサウルスには欠けていた特性が一つあり、直接の子孫になってからその点が改良されたと見られている。それは、低下を続ける大気中酸素濃度に対処できる新しい種類の呼吸システムだ。

この最初の恐竜は完全に二足歩行で[1]、両手で物を摑むことができ、私たちと同じような親指をもっていた。手には五本の指があり、実質的に三本指の足とはまるで違っていた（実際には足も五本指だったが、二本は退化していて、歩いたり走ったりするときに地面につくのは三本だけだった）。もはや四足歩行ではないのだから、移動の際に地面に届くような手を維持する必要は進化の観点からいってない。では、移動に用のない余った付属肢は何に使えばいいのだろうか。のちの時代に登場する有名なティラノサウルス・レックスは、前肢が非常に小さくなっていたことから、機能していなかったと見る向きもある。しかし、恐竜第一号のヘレラサウルスは違う。確かに姿勢だけを見れば、私たちになじみ深い後年の肉食恐竜と同じだが、手は明らかに使用されていた。おそらく、走りながら手で獲物を捕まえたり抱えたりしていたのだろう。

これがその後すべての出発点となる最初の恐竜の体制である。二足歩行、長く伸びた首、物を摑むことのできる手、実際に機能する親指。さらには骨盤も大きくて特徴的だった。これは、骨盤の表面積を広くして大量の筋肉を付着させ、その筋肉を使って歩いたり走ったりしていたからである。この初期の二足歩行恐竜は比較的小型で、三畳紀が終わる前に二つのグループに分岐した。それが恐竜を区別する最も根本的な分類として残った。具体的にいうと、三畳紀の二足歩行恐竜のうちの一種が寛骨の形を変え、最初の恐竜では前向きだった恥骨を後ろ向きになるようにしたのである。恐竜好きの子供なら誰でも知っているように、この変化を境にして恐竜は大きく二つに分かれていった。一方は祖先の構造を受け継いだ竜盤類。もう一方はその子孫である鳥盤類で、その後およそ一億七〇〇〇万年にわたって両者が世界を分け合うことになる。

もちろん、本書が注目しているのは恐竜がどのように呼吸をしたかである。[2] 恐竜の呼吸器系は、今日私たちが目にする変温動物のトカゲのものとはまったく異なり、恒温動物である鳥類のものによく似ていたことがわかっている。現代の羊膜類（爬虫類、鳥類、哺乳類）の肺には二つの基本型がある（ただし、あとで見るように肺だけでなく循環器系や血色素の種類もかかわってくるために、呼吸器系の実際の種類はもっと多い）。羊膜類の祖先にあたる石炭紀の爬虫類は、肺が単純な袋状だったので、そこからなら二種類どちらのタイプの肺が生じてもおかしくない。一つは肺胞式の肺であり、現生哺乳類のすべてがこれをもつ。もう一つは隔壁式の肺で、現存する爬虫類と鳥類がこのタイプである。肺胞式の肺は、肺胞と呼ばれる球状の袋が多数集まってできていて、肺胞には血管が張り巡らされている。空気は肺胞を出たり入ったりするので、双方向のシステムといえる。

哺乳類はこの肺胞式である。私たちが行なっている「吸って、吐いて、吸って、吐いて」という呼吸法は、肺胞式に典型的なものだ。吸い込んだ空気は肺の中の袋に引き込まれ、それからまた吐き出されて、その過程で酸素が二酸化炭素に入れ替わる。これを行なうには、胸郭を拡張させる（もちろん筋肉の力で）動作と、横隔膜と呼ばれる大きな膜状の筋肉を収縮させる動作を組み合わせる。直感的には不思議な気がするが、横隔膜が収縮すると肺の容積は増す。この二つの動作によって肺容積内の気圧が下がり、空気が流れ込む仕組みだ。息を吐くことは、ある程度は各肺胞の弾性反発によってなされる。肺胞は膨らんで拡大し、ほどなくしてその弾性特性によって自然に縮む。この方式の肺にはたくさんの肺胞が使われており、そのおかげで効率よく酸素を獲得できる。私たち恒温動物が、動きに満ちた活発な生活様式を維持するうえで、この仕組みはなくてはならないものだ。ところが、空気の出入りに同じ管を使うのは無駄を生じやすく、しかも酸素を取り込むのに費やすエネルギー量の割には酸素摂取量が少ないという欠点をもつ。[3]

これに対して、爬虫類や鳥類の肺は隔壁式で、いわば一つの巨大な肺胞のようなものと考えればいい。それをより小さな空間に仕切って気体交換する表面積を増やすために、葉のような細胞組織のシートが多数、肺の中に広がっている。このシートのことを隔壁というので、このタイプの肺は隔壁式と呼ばれる。これが基本デザインだが、動物の種類によって様々な変型が見られる。小さな部屋に区切られているものもあれば、第二の袋が肺の外側にあって、管でつながっているものもある。肺胞式の肺と同じく空気の流れはたいてい双方向だが、すべてがそうではない。近年になってその例外が見つかったことで、初期爬虫類の生物学的性質はもちろん、ペルム紀大量絶滅における爬虫類の運命についても私たちの理解は根底から変わった。

隔壁式の肺には弾性がないので、息を吸い込んだあとで自然に縮むことはない。肺の換気をどう行なうかも動物のグループによって様々だ。トカゲ類とヘビ類は肋骨の動きを利用して空気を吸い込むが、すでに見たようにトカゲ特有の歩き方のせいで、肺の空洞を完全に広げることができない。だからトカゲは移動の最中に呼吸ができないのだ。

隔壁式の場合、基本デザインに様々な修正が加えられているので、肺胞式よりも多様なシステムが存在する。たとえば、ワニ類は隔壁式の肺だけでなく横隔膜ももっている。ヘビ類やトカゲ類、鳥類にはないものだ。ただし、ワニ類の横隔膜も哺乳類のものとは少し違う点がある。まず、ワニ類の横隔膜は肝臓に付着してはいるが、筋肉でできているのではない。また、肝臓の後ろ側には骨盤とつながった筋肉があり、それが収縮して肝臓を引っ張ることで横隔膜がピストンのように動き、結果的に肺が膨らむ仕組みになっている。哺乳類（人間も含む）の横隔膜も肝臓とつながっているので、内臓ピストンとなって肝臓を引っ張る点ではワニ類と同じだ。しかし、その引っ張り方がワニ類と哺乳類で異なるのである。

最近まで、ワニ類がもつ隔壁式の肺は比較的原始的とみなされ、効率が悪いと考えられていた。ところが、思いもよらぬ新発見のおかげで、現生種の呼吸能力が再評価されている。さらにはその発見により、爬虫類がいかにしてペルム紀絶滅を乗り越えて三畳紀に繁栄したのかについても、まったく新しい見方が浮上してきている。

一番効率が悪いのは哺乳類の呼吸法だ。つまり、吸気と呼気がどちらも同じ管を通るシステムである。どこが非効率かといえば、息を吐いて次に吸うときに気体の分子が入り乱れるからだ。呼吸が速い場合には、空気の吸入が始まる前に呼気が外に出ようとして、無秩序な衝突が生じてしまう。その結果、吐き出すはずの気体、つまり二酸化炭素が多くて酸素の少ない空気が、再び吸い込まれることがかなり頻繁に起きている。長らくワニ類にも同じ問題があると考えられてきた。ところが二〇一〇年の研究で、じつはワニ類が呼気と吸気それぞれの一方通行経路を使っていることがわかった。これは鳥類や恐竜と同じである。また、ペルム紀から三畳紀にかけて生息した古い爬虫類の祖先も、同時代の獣弓類（哺乳類の祖先）より呼吸の効率が良かったことも判明した。爬虫類の祖先からは、最終的に現代のワニ類や鳥類のほか、絶滅した恐竜が誕生している。この動物がペルム紀絶滅というフィルターをくぐり抜けられたのは、生き残るうえで二つの大きな利点をもっていたからだ。一つは変温動物だったこと。もう一つは、哺乳類や哺乳類型爬虫類よりも空気中から多くの酸素を取り込めたことである。私たち哺乳類には不利な状況だった。大量絶滅の危機と混乱の真っ只中で、きわめて重大な競争に直面しながら、私たちに勝ち目はなかったのである。これは、ただ単に生き延びるためだけでなく、いずれ優位に立つための競争でもあった。結局、哺乳類はおおむねネズミ程度の大きさのまま中生代を過ごすことになる。おそらくは恐竜に囲まれて、ネズミのようにひどく怯えてもいただろう。

鳥類の気嚢システム

陸生脊椎動物の肺には最後にもう一種類あり、それは隔壁式の肺の一変種である。その好例が鳥類の肺と呼吸器系だ。鳥類の肺自体は小さくて、やや柔軟性に欠ける。このため、私たちの肺のように一呼吸ごとに大きく膨らんだり縮んだりはしない。その代わり、胸郭が呼吸に深くかかわっている。とくに骨盤領域に最も近い肋骨は、胸骨の底に接続する部分で可動性が非常に大きい。呼吸ができるためにはこの可動性がきわめて重要だ。とはいえ、最大の違いはほかにある。現存する爬虫類や哺乳類とは異なり、鳥類の肺には気嚢と呼ばれる付属器官が複数ついており、結果的に非常に効率よく呼吸できる仕組みになっている。どういうことかといえば、私たち哺乳類（および鳥類以外のすべて）の肺は行き止まりになっていて、そこに空気を入れてからまた吐き出す。ところが鳥類はまったく別のシステムをもっている。

鳥が空気を吸い込むと、空気はまず気嚢群に入る。それから肺本体の組織に向かうが、その際に空気は気管から来るわけではなく、つながっている気嚢から流れてくるため、空気は肺の中を一方向に進む。次に肺から呼気が出てくる。このように肺細胞膜を通る空気の流れが一方通行であるため、対向流系をつくることができる。何かというと、空気が一方向に流れ、血液は肺内部の血管の中を空気と反対方向に流れる仕組みのことだ。対向流を利用してガス交換を行なうと、行き止まり型の肺よりも効率的に酸素を取り出し、二酸化炭素を放出できる。

解剖学者は何世紀も前から、鳥を解剖してはその構造を記述してきた。したがって、二〇〇五年になるまで気嚢の解剖学的構造が正しく理解されていなかったと聞くと、奇妙に思うかもしれない。二人の鳥類解剖学者、パトリック・オコナーとレオン・クレーセンスは、短時間で固まる大量の樹脂を様々な鳥に注入し、それから注意深く死骸を解剖して、膨らんだときの気嚢の構造を調べた（空気ではなく樹脂のせいで膨らんでいたわけだが）[4]。すると驚いたことに、鳥類の気嚢は予想だにしないほど容積が大きくて複雑であることがわかる。また、含気骨（大きな空洞の入った骨）の内部で、骨と気嚢が実際にどういう関係になっているかも初めて観察できた。次に二人は同じ論文の中で、鳥類の含気骨と恐竜の含気骨を解剖学的に比較した。両者の類似には目を見張るものがあった。なにしろ、同じ（もしくは相同の）骨では穴の形が同じだったのである。

恐竜に気嚢システムはなかったと主張する人でも、恐竜の骨に空洞があることは否定

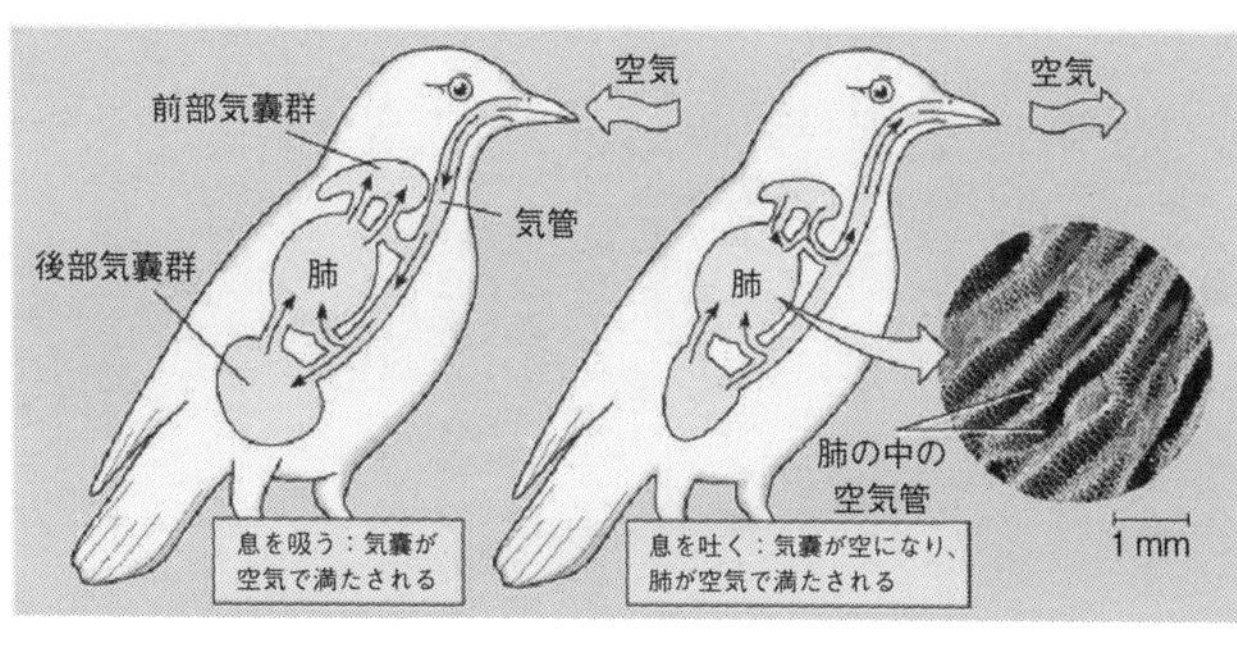

しない。ただし、それは骨を軽量化するための適応にすぎないとしている。形が似ているのも偶然の一致だといい張るが、ここまで偶然が重なるともはやその論法は通じない。

上の図には、複数の気嚢が肺への接続とともに示されている。気嚢の容積が肺そのものの容積よりはるかに大きいのは明らかだ。気嚢は、空気から酸素を取り出す仕事には関与しておらず、対向流系を働かせるために進化した仕組みである。脊椎動物のどんな肺と比べても、この気嚢式が非常に効率的なのは間違いない。その効率の良さは、二サイクルの対向流系がつくられていることと関連している。

二〇〇五年の時点では、多くの恐竜が気嚢をもっていた証拠がすでに揺るぎないものになっていた。それまでは、ある解剖学者の一派が声高にこう主張していたものである。恐竜の肺は現代のワニの肺とまったく変わりなく、ただ大きかっただけであると。鳥類の肺[5]のように、いくつもの補助的な気嚢を使って空気を一方向だけに流すシステムは、およそ一億年前の白亜紀にようやく現われたのであって、しかもそれは鳥類だけのものだとも訴えていた。その説はもはや批判に耐えるものではなくなった。だが二〇〇五年にはまだ、大気中の酸素濃度が中生代初期にどの程度変動したかという点がまったく注目されておらず、そうした変化が様々な呼吸システムの進化に影響を及ぼし得ることすら認識されていなかった。

気嚢式が哺乳類のシステムより優れていることは疑いようがない。海抜ゼロメートルで空気中から酸素を摂取する効率は、鳥類が哺乳類より三三パーセント高いと推定されている。ところが、高標高の場所ではこの差が大きくなる。地上から約一五〇〇メートルでの酸素摂取効率は、鳥類のほうが二〇〇パーセント高い。このため、高所では哺乳類や爬虫類と比べて鳥類が圧倒的に優位に立てる。太古の昔には、海抜ゼロメートルでの酸素濃度が、現在の標高一五〇〇メートル地点よりも低いときがあった。そんな時代に鳥類型のデザインがあれば、たぶん途方もなく有利に働いたに違いない。なにしろ、競争相手も捕食相手もそうしたシステムをもたないのだから。

今では鳥類が小型の二足歩行恐竜から進化したことが明らかになっている。この恐竜は、最初期の恐竜である竜盤類の系統に属する。最初の鳥類の骨格はジュラ紀の地層から見つかった（ただし、有名な始祖鳥のような最初期の種が実際どれほど「鳥に似ていた」かについては異論もあり、これについては後述する）。ところが、鳥類の肺に付属している気嚢は軟組織なので、きわめて特殊な環境下でしか化石にならない。このため、気嚢式の肺がいつ誕生したかを直接的に知る手がかりはない。だが間接的な証拠ならある。その証拠に十分な説得力があったため、恐竜が気嚢をもつと考える研究者たちは、すべての竜盤類に現代の鳥類と同じ気嚢システムがあったと断定するに至った。さらに、鳥類と同じように恐竜も恒温性だったと。証拠は骨の中の空洞である。そこに気嚢があったと思われるのだ。

恐竜は鳥類と同じ飛行システムをもっていたという大胆な新説が登場したのは、ひとえにロバート・バッカーのお手柄である。一部の恐竜の骨に、鳥類の骨のような奇妙な空洞があることは一九世紀後半から知られていた。何十年ものあいだ、この発見は忘れられていたか、巨大な骨の軽量化のための適応とされていたかのどちらかだった。というのも、こうした穴あきの骨（のちに含気骨と呼ばれるようになる）の多くは、ジュラ紀と白亜紀の巨大な竜脚類のものだったからである。竜脚類は植物食恐竜であり、史上最大の陸上動物だ。含気骨はおもに恐竜の脊椎骨で見つかり、鳥類にも似たような含気性の脊椎骨がある。確かに、鳥の飛行能力を高めるために骨が軽量化されるケースもなくはないだろうが、鳥の肺につながった気嚢の一部が骨の空洞内に存在することもまた事実である。だとすれば、鳥類の含気骨は、場所をとらないように気嚢をしまうための適応だったと考えられる。動物の体内には必要な臓器が詰まっているのを思うと、空洞の骨に気嚢を入れるようになることには進化の観点から見て大いに納得がいく。だが、バッカーはさらに大きく論を進め、愛する竜脚類の含気骨が同じような目的のために進化したと説き、それらは竜脚類が気嚢システムを備えて使用していた直接の証拠だと指摘した。

バッカーがこういった主張をしたのは、恐竜が恒温動物だったことをより強固に裏づけたいという大きな目標があったからであって、低酸素への適応云々という話がしたかったわけではない。鳥は飛ぶために膨大な量のエネルギーと酸素を必要とするため、内温性を維持するための代謝上の必要性から気嚢システムを発達させたと考えられた。

バッカーに続いてほかの恐竜研究者たちも次々と声を上げていった。二〇〇三年には、古生物学者で恐竜が専門のマット・ウェーデルが、竜脚類に気嚢が存在したと主張し、ほぼ同じ時期に恐竜専門家のグレッグ・ポールも二足歩行種について同様のことを論じている。二〇〇二年のポールの説によれば、いわゆる主竜類の最も初期のものがすでに気嚢を備えていた。これは本書でも取り上げてきた主竜形類と呼ばれるグループで、ペルム紀後半から三畳紀前半にかけて生息した原始的な爬虫類であり、そこからは最終的にワニ類や恐竜類、鳥類が生じる。四足型のプロテロスクス（三畳紀に生きた最初期の主竜類として前章で述べた）が含まれるそのグループは、爬虫類型の隔壁式の肺をもっていたはずだ。息を吸い込む際には、原始的な腹部ポンプ式の横隔膜（たぶん現代のワニ類のものより原始的）の助けを借りた可能性がある。とはいえ、二一世紀の初めにはまだ明らかになっていないことがあった。前述の通りかつてのワニ類とその同類の呼吸器系は、当時の定説よりはるかに優れていたのである。それは、呼吸器系の中で空気の流れを一方通行にするという革新的な仕組みのおかげだった。

この事実はようやく二〇一〇年になって判明した。この発見により、ワニ類、恐竜類、哺乳類の中で生き延びる能力が高かったのはどれなのかについて、私たちの見方は間違いなく影響を受けている。何といっても、三畳紀の爬虫類はすべて、私たち哺乳類よりも呼吸が上手だったように思えるのだ。

ところが、そのあとで気嚢システムが急速に進化したのは、少なくとも恐竜につながる系統においてだったと見られる。ワニ類は、せっかく空気が一方向に流れる新しい呼吸器系を手に入れたのに、そこに大幅な改変を加えるのをやめてしまった。つまり含気骨や気嚢を試してみることがなかったのである。なんとも残念なことだ（ワニにとっては、だが）。

最初の真の恐竜が三畳紀中期に現われた時点では、すでに気嚢システムが部分的に発達していたかもしれない。当時の最も原始的な獣脚類（最初の恐竜）に含気骨は見られないものの、肺本体は柔軟性がなく、比較的小さくなっていたと思われる。どちらも、現存する鳥類の肺がもつ特徴だ。アロサウルスのようなジュラ紀の恐竜では、気嚢システムがおおむね完成していた可能性があるが、それでもなお鳥類のものとは大きく異なる。鳥類は飛行のために改良を重ね（現代の飛べない鳥でさえ、その遠い祖先を遡れば飛んでいたのだ）、胸部と腹部に複数の気嚢を備えるまでになった。

ジュラ紀中期に始祖鳥が登場する頃には、恐竜の呼吸器系には様々な種類があったのではないか。含気骨をもつものもいれば、もたないものもいただろう。収斂進化もかなり進んでいた可能性がある。たとえば、ウェーデルが丹念に調べたところによると大型獣脚類では骨の含気化が広範囲に及んでおり、それは二足歩行の竜盤類の気嚢システムとはあまり関係なく別個に生じたのかもしれない。

気嚢について最後にもう一つ。気嚢は竜盤類恐竜全般に見られるものの、もう一方の大型恐竜である鳥盤類には気嚢が存在した証拠が今なお確認されていない。たとえば、有名なカモノハシ恐竜（ハドロサウルス科の恐竜）やイグアノドン類、角のある角竜類(つのりゅう)恐竜がそうだ。三グループともがジュラ紀ではなく白亜紀の恐竜なのは、偶然の一致ではない。鳥盤類に気嚢システムがない理由は、これらが生息した時代を考えればよくわかる。酸素濃度が非常に低かったジュラ紀のあいだ、鳥盤類はごく小さな勢力にすぎなかった。ジュラ紀後期から白亜紀にかけて酸素濃度が大きく上昇してようやく、この第二の恐竜グループが広く分布するようになったのである。

ことによると、最初期の恐竜はライオンに似ていたのではないだろうか。つまり、低酸素によってエネルギーの節約を余儀なくされ、一日二〇時間の睡眠をとりながらも、獲物を狩るときには非常に活発で、恐竜以外の主竜類（初期のワニなど）やキノドン類、最初の真の哺乳類といったライバルよりも活動的だった。恐竜に必要だったのは、恐竜以外のすべての動物よりも優れていること。そして実際そうだったことをあらゆる証拠が指し示している。

今の私たちは代謝の仕組みを恒温性と変温性とに単純に区分しているが、当時はそれよりはるかに多様だったかもしれない。現代の鳥類や爬虫類、哺乳類は、確かにこの二つのカテゴリーのどちらか一方に分類される。しかし、変温性に括られていても、じつは外部の熱に頼らず体内に熱を生み出せる生物はたくさんいる。たとえば大型飛行昆虫や魚の一部、大型のヘビ、大型のトカゲなどがそうだ。こうした動物は、哺乳類や鳥類の場合とは意味合いが異なるものの、内温性といえる。恐竜が多様性に富んでいたことを思うと、代謝にも非常に多くの種類が存在していておかしくはない。

ジュラ紀の舞台に登場していたのは恐竜だけではない。私たち自身の祖先も、非常に小型ながらそこにいたし、リクガメやウミガメ、首の長いプレシオサウルスやワニなど、陸海の様々な動物の姿もあった。それでも、陸上を支配していたのが恐竜だったのは間違いない。一見すると恐竜の体型は千差万別だったようでいて、じつは基本的な型はわずか三つだ。三つとも鳥類や哺乳類と共通する特徴をもっていた。つまり体が完全に起きていることである。具体的には、二足歩行型と、首の短い四足歩行型、そして首の長い四足歩行型だ。誕生した時代や、最も個体数が多かった時期はそれぞれに異なる。恐竜の「モルフォタイプ」（体制）の変遷は、生息した時代に応じて次の五段階に分類できそうだ。

一．**三畳紀後期**。最初期の恐竜は、三畳紀（前期・中期・後期のうちの）後期に出現したが、その後一五〇〇万年のあいだは多様性が低いままだった。大多数を占めたのは、二足歩行で肉食性の竜盤類である。三畳紀の終わりにかけては、四足歩行の竜盤類が登場した。これを竜脚類と呼ぶ。

鳥盤類は三畳紀が終わる前に竜盤類から分岐したが、恐竜全体の種数や個体数に占める割合はごくわずかだった。三畳紀のかなりの期間を通して、恐竜のサイズ（全長）は一～三メートル程度と小さかった。最古の鳥盤類（ピサノサウルスなど）は全長一メートルの二足歩行型で、植物を噛み切るために特殊化した新しい顎をもっていた。三畳紀の末期になって初めて恐竜の大規模な適応放散が起きる。多様化したのは竜盤類であり、二足歩行型の肉食恐竜が種類とサイズを増やした。また、初期の竜脚類の中に最初の巨大恐竜（三畳紀後期のプラテオサウルスなど）が生まれた。

二．**ジュラ紀初期～中期**。竜盤類の二足歩行恐竜と首の長い四足歩行恐竜が動物界を支配していた。だがこの期間、鳥盤類は小型で少数のままながらもいくつかの主要な祖先系統へと分岐する。最終的にそれらの系統は白亜紀に入って、恐竜の中で最も多様化することとなる。この祖先系統の一つとして、頑丈な装甲を身にまとったグループ（装盾（そうしゅん）類など）が登場した。これは四足歩行型で、ジュラ紀中期に出現するステゴサウルスもこの仲間だ。もう一つの系統が、装甲を持たない新鳥盤類である（ヒプシロフォドン類、イグアノドン類、カモノハシ竜類といった鳥脚類と、白亜紀にようやく現われるケラトプス類などの周飾頭類と、骨質の頭部をもつパキケファロサウルス類を含む）。だが、最も顕著に多様化したのは、竜盤類の一つである竜脚類である。竜脚類は三畳紀後期に、古竜脚類と真の竜脚類の二系統に分岐した。ジュラ紀の初期から中期にかけては古竜脚類のほうが竜脚類よりもはるかに種類が多かったが、ジュラ紀中期に絶滅したことが、ジュラ紀後期における竜脚類の大幅な適応放散につながった。

二足歩行の竜盤類も多様性を示し、ジュラ紀の初期と中期に繁栄する。これらは三畳紀末期に二つのグループ（ケラトサウルス類とテタヌラ類）に分岐していた。ケラトサウルス類はジュラ紀初期には優勢だったものの、ジュラ紀中期にはテタヌラ類がケラトサウルス類を押しのけて個体数を増やしていた。テタヌラ類はさらに二つに分岐し、カルノサウルス類とコエルロサウルス類となる。後者からは最終的に、史上最も有名な恐竜である白亜紀のティラノサウルス・レックスが生まれた。もっとも、ジュラ紀中期の時点ではまだかなり小型だったが。ジュラ紀で最も重要な進展は、鳥類へとつながる祖先系統が誕生したことだ。

三.**ジュラ紀後期**。巨大恐竜の時代である。史上最大の竜脚類の化石はこの時代の岩石から見つかっており、これらが支配する時代は白亜紀の初期まで続いた。大きさで竜脚類と肩を並べたのが竜盤類の巨大肉食恐竜であり、代表的なものがアロサウルスである。このように、この時代の最も注目すべき特徴は、ジュラ紀初期や中期よりもはるかに大型の恐竜が出現したことだ。これは竜盤類に限ったことではなく、装甲をもつ鳥盤類もこの時期にサイズが大きくなっている。とりわけ大型化が著しかったのは、頑丈な装甲をもつステゴサウルスだ。ステゴサウルス類、アンキロサウルス類、ノドサウルス類、カンプトサウルス類、ヒプシロフォドン類の出現によって鳥盤類は多様化し、恐竜類の外観は大きく変わる。

四. **白亜紀初期〜中期**。この期間の初めの頃は大型竜脚類による支配が続いていたが、白亜紀が進むにつれて大きな変化が起こった。鳥盤類がさらに多様化して個体数も増え、やがて竜盤類を凌駕したのである。ジュラ紀末に竜脚類の属がいくつも絶滅したことにより、竜脚類の数はますます少なくなっていった。

五. **白亜紀後期**。恐竜が爆発的に多様化する。この多様化の中心となったのが、膨大な数の新しい鳥盤類であり、とくにケラトプス類、ハドロサウルス類、アンキロサウルス類で顕著だった。竜脚類はごく少数しか生息していなかった。

進化の歴史が一つの要因だけで決まることはあり得ない。恐竜の形態変化も同じだ。

捕食者と被食者の相互作用や、恐竜同士や同時代のほかの動物との競争に起因したこともあれば、気候変動が一因となった可能性すらある。この気候変動を生じさせたのは、ジュラ紀から白亜紀にかけて海水面の上下動が異様なまでに大きかったことだ。一時は海面があまりに上昇したため、南北方向に伸びる大きな海（浅かったとはいえ）で北米大陸が分断され、二つの小大陸に分かれたほどである。このように数々の要因が考えられるものの、やはり酸素濃度も一役買っていたに違いない。

先ほどの分類でいうと第一段階にあたる三畳紀後期は、低酸素の時代だった。それに加えて二酸化炭素濃度が非常に高かったことが（小惑星の衝突ではなく）、三畳紀－ジュラ紀境界大量絶滅のおもな原因である。低酸素と地球規模での高温が組み合わされば、死に至るメカニズムの完成だ。だが、この大量絶滅の前後に生息していた陸生脊椎動物の分類群の数を調べた結果、竜盤類恐竜が最もうまく大量絶滅を生き延びたことがわかっている。その重要な理由の一つが、優れた呼吸器系ではなかっただろうか。つまり気嚢式の肺を備えていたために、別の肺をもつほかの陸上動物と生存競争をするうえで優位に立てたのである。

一方の鳥盤類恐竜には、竜盤類のような効率的な呼吸器系はなかった。しかし、竜盤類より頭部が大きく、顎が強く、歯も優れていたため、食糧の獲得という面に関しては有利だった。白亜紀になって酸素濃度が現代のレベル近くまで上がると、その点が幸いして鳥盤類が主要な植物食恐竜となり、競争的排除〔訳註　食物・生息場所などの生活要求の類似した種は、競争の結果として同じ場所に共存しえないこと）によって様々な竜盤類の植物食恐竜が絶滅に追い込まれた。

ジュラ紀から白亜紀にかけて、大気中の酸素濃度が比較的急激で大幅な上昇をしているときには、いくつか別のイベントも起きていた。その一つは、それまで地球唯一の超大陸だったパンゲアが、小さないくつもの大陸に分裂したことである。ほかにも、中生代後期の恐竜類の分布や分類学上の構成にもっと大きな影響を及ぼす出来事があった。植物相が根本的に変化したことである。恐竜は裸子植物（針葉樹類、シダ種子類、ソテツ類、イチョウ類など）の支配する世界で進化した。ところが、白亜紀の初期には新たな種類の植物が現われた。花を咲かせる植物である。

これらは被子植物と呼ばれ、新しい生殖方法と様々な適応構造を備えていたおかげで急速な適応放散を成し遂げた。やがて地球のほぼ全域で古い植物相との競争に勝ち、約六五〇〇万年前の白亜紀末には植物全体の九割を占めるまでになる。植物食動物にしてみれば、食べられる食物の種類が変化したわけであるから、その影響を免れなかっただろう。また、肉食動物にとっても、獲物にする植物食動物の種類が変わればその体制に直接的な影響を受ける。ジュラ紀後期の竜脚類を捕食するのと、白亜紀のハドロサウルスを捕食するのとでは、ずいぶん勝手が違ったはずだ。

植物食で生きるには、食糧となる植物に適した歯をもっていなくてはならない。竜脚類はマツ類の針状葉を食べて暮らし、その巨大な樽状の体をいわば発酵タンクのように使って、消化しにくい食糧源を消化していたと見られている。被子植物である広葉樹が出現すると、歯の形もその咀嚼面も、針状葉を木からかじり取るのとは異なるものが必要になったはずだ。したがって、ジュラ紀に竜脚類が支配した動物相から、白亜紀に鳥盤類が支配する動物相へと移り変わった理由の一端は、植生の変化にあったことは間違いない。とはいえ、そこにはやはり呼吸も関与していた可能性がある。そしておそらく、酸素濃度が一五パーセントを超えなかったら、鳥盤類が覇権を奪うこともなかっただろう。

三畳紀からジュラ紀の恐竜の肺と鳥類の進化

最初の恐竜は、それまで生息していた動物とも、今日生きている動物ともまったく違っていたと著者らは考えている。直立した姿勢と、進化しつつある気嚢システムを通して、同時代のどんな動物よりも呼吸効率（単位時間当たり、もしくは呼吸に消費される単位エネルギー当たりに大気から取り込む酸素の量）が高かった。ところが、初期の恐竜は内温性を失って、代わりにもっと受動的な恒温性を得た可能性がある。そこに恐竜繁栄の秘訣があった。安静時には恒温性を用いて酸素の消費を減らし、活動時には優れた肺システムを用いて、急な無酸素（つまり有害な）状態を招くことなく長時間運動を続けることができたのだ。鳥類は恐竜の一グループであり、ジュラ紀に登場した。そして最終的には、現存の爬虫類とはまったく異なる肺システムと、内温性の両方を獲得したことがわかっている。

鳥類型の恐竜と恐竜型の鳥類

つねに人気のティラノサウルス類は別格として、近年どんな恐竜のグループより注目を集めているのはたぶん基盤的鳥類だろう。活発に議論されているのはおもにその外見についてだが、何より重要なのは飛ぶようになった時期と理由である。

最初の鳥類はおよそ一億五〇〇〇万年前に現われた。最初の鳥として有名なのはやはり今も始祖鳥である。この時期はジュラ紀が始まる直前にあたり、すでに五〇〇〇万年ものあいだ酸素濃度の上昇が続いていた。当時の恐竜は巨大なものが多かった。鳥類の直接の祖先は、地上を走る足の速い恐竜で、捕食のために前肢を使っていたと見られている。カリフォルニア大学バークレー校の古生物学者ケヴィン・パディアンによると、その動きは飛行動物の羽ばたきの前適応だった。化石記録からは、鳥類の祖先が二足歩行の肉食竜盤類だったことがうかがえる。具体的にはトロオドン類かドロマエオサウルス類であり、どちらもすでに羽毛を生やしていたようである。

始祖鳥は飛ぶことができたのだろうか。今ではほとんどの専門家がそう考えているものの、本格的な飛行が始まった時期については見解が分かれている。ジュラ紀後期の空の世界では、多種多様なプテロダクティルス類（翼竜の一種）が繁栄していたが、その当時の「鳥類」は実際に空を飛べたのだろうか。化石記録を見る限り、白亜紀前期にはすでに鳥（エオアルラヴィス）が存在していて、「親指からの翼」が発達していた。これは機動性を高めて、より低速の飛行を可能にする適応である。このように、始祖鳥の登場から数百万年のうちに、飛行はかなりの進歩を遂げていた。中国での新たな発見により、白亜紀の初期にはすでに鳥類が予想以上に多様化していたことが明らかになっている。飛行という適応は、新種の急速な進化を促した。鳥類の進化史については、ジュラ紀のあとに起きた話が大きな比重を占めるので、また別の章で取り上げることにしよ

う。

鳥類の飛行はエネルギー消費の高い活動だ。鳥類は比較的小型で内温性であることに加え、飛ぶために多大なエネルギーを使うので、大量の酸素を必要とする。このため、気嚢式の肺は鳥類にとって大きな助けになっている。

恐竜の生殖と酸素濃度

二〇世紀の古生物学における偉大な発見の一つは、恐竜の卵を見つけたことだ。[6] 関連する複数の卵化石が二〇世紀後半に発掘されたとき、そこに現われている複雑なパターンからは、恐竜の生殖行動が単純とは程遠いことがうかがえた。少なくとも産卵行動についてはそういえそうである。今世紀に入って新しい装置（小型の卓上ＣＴスキャナー）が利用できるようになったおかげで、恐竜の生殖に対する理解は第三の革命といっていいほどに大きく前進した。今では卵を傷つけずに内部の繊細な胚を調べられるので、胚の成長はもちろんのこと、卵自体の構造についても解明が進んでいる。つまり、恐竜の卵がどのように機能したのかと、その理由がわかってきたのだ。

鳥類の場合、少なくとも生殖に関してはあまり差異が見られない。恐竜を理解する手がかりとして最適である現生鳥類は、すべてが炭酸カルシウムでできた多孔質の卵を産む。鳥類には胎生が存在せず、胎生の系統が多数ある現生爬虫類とは対照的だ。また、鳥類と一部の爬虫類の卵の形態にも大きな違いがある。どちらも卵殻が二重構造になっていて、内側の有機膜が外側の結晶層に覆われている点は同じながら、結晶物質の量にかなりの差がある。たとえば鳥類の卵のように炭酸カルシウム層が厚いものもあれば、結晶物質をほとんど含まないものもある。後者の場合は外側の層が膜状となり、革のように弾力がある。結晶層の鉱物の種類にしても、鳥類・ワニ類・爬虫類の方解石(ほうかいせき)から、カメ類のアラレ石（炭酸カルシウムの別の結晶形）まで様々だ。このように、卵には大きく分けて二つの種類がある。硬い結晶質の卵と、柔らかい羊皮紙状の卵だ。一部の研究者は羊皮紙タイプをさらに細かく分けて、弾力性のあるもの（一部のカメ類とトカゲ類）と、柔らかいもの（大部分のヘビ類とトカゲ類）に分類している。当然ながら、化石化するかどうかは卵の硬さの度合いによって大きく変わってくる。硬い卵の化石（多くは恐竜のもの）は大量に見つかっていて、弾力性のあるタイプの化石も多少は確認されているものの、明らかに柔らかいタイプと見られるものはいっさい残っていない。

恐竜には多大な興味が寄せられているため、その生殖習性についても様々な推測がなされてきたが（二頭の巨大なセイスモサウルスが交尾しているところなど想像もつかない）、依然として謎は多い。恐竜が卵生だったと確認されたことは画期的な発見だった。その卵は大きく、方解石結晶（成分は炭酸カルシウム）の層に覆われており、一九二〇年代にアメリカ自然史博物館が初めてゴビ砂漠へ探検旅行をしたときに見つかった。それ以来、白亜紀の恐竜の卵は何千個も発掘されている。また、モンタナ大学のジャック・ホーナーが巣づくりのパターンを発見して公表したことにより、恐竜の生殖行動をうかがい知ることもできるようになった。しかし、これらはあくまで白亜紀に関してであって、それを恐竜全般の特徴と捉えていいものだろうか。この疑問は未解決のままで、議論を呼んでいる。ほとんどの研究者はすべての恐竜が硬い殻の卵を産んだと思い込んでいるが、そんな証拠はどこにもない。これから見ていくように、初期の恐竜の一部は羊皮紙タイプの卵を産んだか、あるいは胎生でさえあったかもしれないことが、間接的とはいえ裏づけられているのだ。

恐竜の卵の化石はほぼすべてが白亜紀の地層から産出している。卵の結晶の形態や、大きさや数量、気孔のパターンといった特徴には大きなばらつきがある。とはいえ、科学的に最も興味深い謎はそのばらつきにあるのではない。ジュラ紀の恐竜の卵が白亜紀のものよりはるかに数が少なく、三畳紀の卵に至ってはほとんど確認されていない点だ。なぜだろうか。白亜紀特有の保存条件によって、陸上生物が化石になりやすいかどうかがほかの時代と違っていたのだろうか。それとも、白亜紀（なかでも発見された卵の数が圧倒的に多い白亜紀後期）に比べて、三畳紀とジュラ紀の酸素濃度がはるかに低かったせいだろうか。

いくつかの可能性が考えられる。一つは、おそらく何らかの保存条件の偏りが実際にあったというものだ。白亜紀より前の時代にも白亜紀と同程度に卵は存在したが、三畳紀とジュラ紀の地層で恐竜が存在した範囲が狭いのに対し、白亜紀は広大であることが違いを生んだ。だとすると、単純に標本の数の差が原因ということになる。もう一つの可能性は、白亜紀より前の時代の卵が化石化しにくかったというものだ。これはまさに、白亜紀より前の時代の卵が現生爬虫類と同じ革状であって、鳥類のような炭酸カルシウムの卵殻をもたなかったという場合にあたる。また、一部の恐竜が海生の魚竜のように卵生ではなく胎生だったとすれば、発見される卵が少ないのも頷ける。そしてもう一つ。生命史の様々な側面についていえることだが、生殖方法を決定づけるうえでも大気中の酸素濃度が大きな役割を果たした可能性がある。

白亜紀の堆積物から発掘された恐竜の卵は、鶏卵のような炭酸カルシウムの（だが鶏卵より厚い）殻をもつ。鶏卵の表面が滑らかなのに対し、恐竜の卵には縦方向の隆起かこぶがついているのが普通だ。雌は卵を産むと地中に埋めたので、たぶんこうした隆起のおかげで卵と土のあいだを空気が通れるようになったのだろう。卵を埋める習性を身につけたために卵が化石化しやすくなったとも考えられ、それがこれほど多くの白亜紀の卵が残っている理由なのかもしれない。多量の炭酸カルシウムで卵殻がつくられていることも、卵が土や砂の大きな圧力に耐えるのを助けたはずだ。

巣をつくったり卵を埋めたりする際に、恐竜が複雑な行動をとったことも今では知られている。しかしそれは白亜紀後期についてであって、それより前の時代のことはわかっていない。たとえば、白亜紀後期の二足歩行恐竜であるトロオドン類は、卵を二個ずつぴったりと並べるか、あるいは縦に二個重ねて置いていた。また、モンタナ大学のホーナーにより、白亜紀後期のハドロサウルス類が複雑な埋め方をしたことも明らかになっている。

炭酸カルシウムの卵の利点は頑丈なことであり、捕食者が食べようとしてもなかなか割れない。また、胚の発達にも役立っている。胚が卵の中で育つ際に、炭酸カルシウムの一部が卵殻から溶け出して骨の成長に使われるのだ。さらには、細菌感染から卵を守っている可能性もある。しかし、この卵には代償も伴う。炭酸カルシウムは、卵の殻程度の薄い層状であっても、空気や水を通さない性質をもつ。だが、胚が大きくなるには水も酸素も必要だ。そのため、炭酸カルシウムでできた卵にはすべて孔（気孔）がいくつもあいていて、酸素を含む空気をそこから取り込んでいる。ただし、気孔の数が多すぎると、乾燥で水分がすぐに失われてしまいかねない。水分を十分に確保するために、卵の内側にはアルブミン（おなじみの「卵白」の主成分）という化合物が大量に含まれており、それが胚に水分を与えている。このタイプの卵は鳥類のすべてとワニ類に見られる。

もう一つの爬虫類の卵が羊皮紙状のものだ。カメ類とほとんどのトカゲ類はこのタイプの卵を産む。殻が水を吸収する性質をもち、取り込んだ水分で膨らんで大きくなることもある。だが、水の浸透性は相方向的なので、羊皮紙タイプの卵は水分を失いやすくもある。カメ類やワニ類がこの種の卵を巣の中に埋めることが多いのは、水分損失を減らすと同時に、捕食者の目から卵を隠すためだ。

卵を埋めることには危険も伴う。胚が成長するには酸素が不可欠なので、大気中から卵の内部へ酸素を通さなくてはならない。卵を深く埋めすぎたり、酸素を通さない堆積物の中に入れてしまったりすれば、胚は呼吸ができずに死ぬ。また、卵が標高の高い場所に産み落とされた場合にも同様の危険があり、親が卵を温めることで胚が窒息することさえある。爬虫類と鳥類の発達度合いに影響するおもな要因として、これまで生物学者は温度にばかり注目してきた。しかし、高所にすむ爬虫類を手がかりに考えれば、酸素濃度も間違いなくその一因になっていると思われる。

標高の高いところで暮らす現代のトカゲ類には、卵のままではなく子供の形で産む胎生のものが多い。また、産道内で卵を長期間保持するものもいる。いずれの場合も、高所では低温のせいで発達が遅れかねないため、比較的高い温度に卵を保っておきたいからだと説明されてきた。だが、見方を変えればどちらの習性も、胚が被膜に包まれて酸素を獲得しにくい時間をなくすか減らすかする効果がある。炭酸カルシウムの卵の場合は、母親の体内に長く留まってはいられない。体の外に出ない限り卵に酸素を通せないからだ。

そこで謎が生じる。爬虫類の生殖には次の四種類がある。子供の形で産むか、羊皮紙状の卵を長期間母親の体内に保持するか、羊皮紙状の卵が母親の体内で形成されたらすぐに産み落とすか、あるいは炭酸カルシウムの卵を産むか。さらには出産や産卵のあとの行動にもいくつかの選択肢がある。卵を埋めるのか、埋めないのか。埋めない場合には親が卵の世話をするのか、しないのか。それぞれの場合の利点と、それぞれが最初に現われた時代についてはまだ解明されていない。

謎はまだある。これまでに発見された恐竜の卵はほとんどが白亜紀のものだ。前述の通りおもに白亜紀後期の卵であり、殻は炭酸カルシウムでできている。恐竜が卵を埋めるようになったこともやはり白亜紀後期の特徴だ。しかし、白亜紀より前の時代ではどうだったのだろうか。ジュラ紀後期の竜脚類と二足歩行の竜盤類の卵は存在する。なかでも見事なのはポルトガルで産出したもので、卵の内部には胚の骨も残っている。ところが、ジュラ紀後期より前の時代の岩石には、恐竜の卵も巣もほとんど見当たらない。三畳紀のものと確認された卵がごくわずかにあるのみだ。

したがって、色々な種類の卵が最初に登場したのがそもそもいつなのかがいまだに判然としない。二〇〇五年には、炭酸カルシウムの卵がペルム紀末に初めて現われたという説が提唱された。ペルム紀末から三畳紀にかけては地球規模で乾燥が進んでいたので、卵はそれを防ぐための適応だったとしている。あいにく、この説を裏づける化石は確認されていない。ペルム紀には無弓類（カメ類の祖先）や双弓類（ワニ類や恐竜の祖先）、さらには単弓類（私たちの祖先）が生息していたにもかかわらず、その当時のものと認められる卵の化石は産出していないのだ。しかも、三畳紀後期の卵で、恐竜が産んだと思われるものはごくわずかしか知られていない。私たちは大きな難問を突きつけられている。白亜紀の堆積物には恐竜の卵の化石が多数保存されているのに、ペルム紀や三畳紀の地層からは、同じような堆積環境であっても見つからないのである。主竜類（つまり当時の爬虫類）がペルム紀や三畳紀に硬い卵を産んでいたなら、まず間違いなくすでに発見されているはずだ。

証拠の不在は不在の証明ではないので、それを楯にするのには危険が伴う。とはいえ、最終的には数で納得するしかない。白亜紀より前の時代には、陸上動物が硬い卵を産むことは一般的ではなかったと、すべての証拠が示唆している。二〇一二年に南アフリカで（ジュラ紀前期の）恐竜の硬い卵が発見されはしたが、これは唯一の例外という扱いになった。この先どれだけ熱心に化石の収集が行なわれたとしても、硬い卵が見つからないという現在の流れを覆せるとは思いがたい。

恐竜の卵の形状は、丸いものと細長いものの二つしか知られていない。だが現在では、卵殻をつくる結晶の配列に七通りのパターンがあることが確認されている。仮にすべての恐竜が、卵を産む同一の祖先から進化したのであれば、卵の形態がこれほど多様化するのは意外に思える。しかし、硬い殻の卵を産むことが、別々の恐竜の系統で何度も独自に進化したのだとすれば、少しも驚くにはあたらない。この七通りのパターンのほかに、現生爬虫類と現生鳥類の卵の形態が五通りある。したがって、爬虫類や非鳥類型恐竜、そして本物の鳥類型恐竜である鳥類がたどってきた長い歴史の中で、合計一二通りの卵殻の微細構造が発達してきたことになる。

動物の系統に応じて、日常的にさらされるストレスの種類は異なる。この卵殻構造の違いは、そうした固有のストレスに適応するために生まれたのかもしれない。たとえば、深い巣穴の中にあるカメ類の卵と、樹上の巣にあるコマドリの卵とでは、直面する困難がまるで違う。だが見方を変えれば、炭酸カルシウムを成分とする卵が何種類も存在することは、それぞれが独立して進化した証拠だとも考えられる。つまり、恐竜を含むいくつもの系統で、硬い卵が別々に登場したのだ。

「理想の」酸素濃度

進化についての新発見の中でもとりわけ興味深いことの一つに、現代の陸上動物の祖先系統の多くがかなり短期間に現われたという事実がある。具体的には、今よりも酸素濃度が高かった古生代後期である。これは現生脊椎動物の様々な分類群についていえることであり、のちのトカゲ類、カメ類、ワニ類、哺乳類につながる「科」の最初の動物もそうだ。しかも、この傾向を示すのは陸生脊椎動物だけではない。陸生無脊椎動物の多くも三億年以上前の石炭紀のあいだに出現した。これには、多数の昆虫やクモ類や、陸生の巻貝類（カタツムリやナメクジなど）の祖先系統も含まれる。過去五年間に実施された新しい実験により、陸生脊椎動物の卵と昆虫の卵のどちらにとっても、胚の発達が最速になる「魔法の」酸素濃度が存在することがわかった。二七パーセントである。

現在の大気中酸素濃度は二一パーセントだ。ところが、ワニ類と昆虫を対象にした研究によると、理想的な発達を示すのは二七パーセントのときである。それより高くても低くても、卵が成育して孵化する時間は長くなる。酸素濃度が低下して一〇～一二パーセントになると（三畳紀最後期の酸素濃度がまさしくこの数値だったのはたぶん偶然ではない）、かなりの数の卵がまったく孵化しないか、孵化するにしても長い時間がかかりすぎて捕食される確率が非常に大きくなる。ここに高温という条件が加われば、生存率はなおのこと下がる。というのも、卵には酸素を取り入れる孔が必要だが、そこから水分が逃げてしまうために、胚が死ぬ危険性が増すのだ。世界が今よりも高温で乾燥していて、しかも酸素濃度が一〇〜一二パーセントであれば、最悪の組み合わせだったろう。私たちはそういう時代を知っている。三畳紀後期だ。この時代、卵を産む動物には困難が待ち受けていた。

問題は、爬虫類の出現した石炭紀がかなり高酸素の世界だったことにある。酸素濃度は二七パーセントを超えていた。この初期の爬虫類は、他に先駆けて卵に羊膜をもっていた。ところが、地球規模で酸素濃度が下がって気温が上がると、その卵の構造が裏目に出た可能性がある。というのも、卵の外側から酸素が十分に浸透してこないにもかかわらず、内側からは過剰な水分が滲み出していたからだ。高温と低酸素（高温だとますます進む）に対処するには、卵ではなく子供の形で産むほうがよさそうに思える。つまり、胎生が誕生したのは、ペルム紀後期に世界的に酸素濃度が低下しつつあったことへの反応だったというわけだ。南アフリカでもロシアでも、あるいは南米でも、膨大な数の獣弓類の骨が発見されているのに、同じ岩石から卵や巣が見つかったことはない。だとすれば、獣弓類は当時すでに胎生を進化させていたのかもしれない。そしてこの特性は、獣弓類の子孫である真の哺乳類へと受け継がれた。この哺乳類が初めて発見されたのは、最初の恐竜が登場したのとほぼ同時期である。

恐竜の様々な系統がジュラ紀後期に炭酸カルシウムの卵を進化させたのは、酸素濃度が上昇したからかもしれない。ペルム紀後期からジュラ紀中期までは大気中の酸素濃度が低かったため、炭酸カルシウムのような構造の卵を地中に埋めてしまうと、中の胚は成育できなかったのである。

まとめると、ペルム紀後期から三畳紀にかけての低酸素で高温の環境が、胎生と柔らかい卵の進化を促した可能性がある。柔らかい卵であればうまく酸素を取り込み、二酸化炭素を排出することができる。逆に、ジュラ紀後期から白亜紀にかけては酸素濃度が高かった（しかも高温が持続していた）ため、恐竜は硬い卵を進化させ、複雑な構造の巣の中に卵を埋めるようになった。

恒温性か変温性かという問題と同様に、胎生か卵生かも生物のきわめて根本的な特性といっていい。にもかかわらず、これまで進化生物学の分野ではこの方面が驚くほど顧みられてこなかった。二つの生殖戦略がそれぞれいつ誕生し、どれだけ広く採用されていたかを調べることが、近い将来には重要な研究テーマとなっていくに違いない。ただし、残念ながらそれは困難な道のりになるだろう。羊皮紙状の卵は化石として残っていないからだ。

第15章　温室化した海——二億年前〜六五〇〇万年前

中生代（三畳紀、ジュラ紀、白亜紀）の世界というと、恐竜をはじめとする陸上動物に議論が集中しがちである。だが、海でも大きな変化が起きていた。中生代の海洋は時がたつにつれて現在の海に似てきたが、それは浅海の話で、中層水域や深海の動物相は依然として今日とは大いに異なっていた。どんな海洋生物が暮らしていたかを浅海から深海まで横断的に眺めてみると、中生代の終わりに近い白亜紀後期でさえ現代とはかけ離れていたことがよくわかる。本章では白亜紀後期の海に潜って、どんな姿をしていたかを見ていきたい。中生代の「温室化」した海[1]について現在どこまで解明されているかを摑むには、恰好の旅となるはずだ。

大気と海は互いに作用し合うので、海を覆う大気は海洋の化学的・物理的環境に重大な影響を与える[2]。大気の温度、極地と赤道の温度差、海水の化学的組成（溶存酸素量も含む）といった要因すべてが、海洋の状態やそこで暮らせる生物の種類を左右する。要となるのは、温水は冷水より酸素含有量が少ないという点だ。白亜紀末の五〇〇〇万年を除き、中生代には地球の大気が極地から赤道までどこでも高温多湿だった。その熱だけでも、海洋の酸素濃度は現在よりも低くなる。おまけに大気中の酸素が薄かったのだから、中生代の海が現在といかに異なり、生命にとってどれだけ過酷な環境だったかがわかる。当然ながら、そこにいた生物は様々な方法でこの低酸素状態に対処すべく進化した。

中生代の世界は確かに今と同じではないものの、ある一点については似ていなくもない。現代のように中生代の空も、動きと生命に満ち溢れていたということだ。現代では大気の比較的低いところに、昆虫をはじめ鳥やコウモリまで多様な飛行生物が数多く生息している。中生代の場合、昆虫などの様々な飛行生物はもちろんのこと、今日見られるものとは大きく異なる二つのグループも暮らしていた。一つは爬虫類で、巨大な翼竜と、それより小型の翼手竜(よくしゅりゅう)。もう一つは鳥類だが、今日の一般的な鳥とは形が違い、歯のあるものやないもの、翼のあるものやないものなど様々だった。

海はといえば、白亜紀にはほとんどの海洋に面してラグーン（潟）が広がっていた。ラグーンというのは、何らかの礁が壁となって内海を外海から隔てたときに形成される。ラグーンは外海より水温が高く、酸素も少ないのが普通だ。白亜紀のラグーンの浅瀬には二枚貝や巻貝が生息していた。どれも、現代の熱帯のラグーンや海岸近くの環境で見つかるものにかなり似ていて、分類学上の同じグループ（「属」など）に括られるものも多い。

たとえば、ミルガイ、ツノガイ、カキ、イタヤガイ、イガイ、タカラガイ、イモガイ、ホラガイ、コンクガイ、エゾバイ、ウニ〔岩などの表面で暮らす球状の「普通」のウニと、今日のスカシカシパンやタコノマクラのように穴を掘る「変わり種」の両方〕はすでにいた。トゲのあるロブスターやカニの姿もあっただろう。全体として見ると、白亜紀後期（九〇〇〇万年前〜六五〇〇万年前）の浅瀬には「現代的」な動物相がすでに確立していたようだ。しかも、白亜紀を終わらせる巨大規模の大量絶滅に向けて当時は着々と時を刻んでいたわけだが、結局はその影響もあまり受けずに終わることになる。

現在の海でもそうだが、水深が増すと生物の種類が変わる。深くなると堆積物の粒子が細かくなるため、浅瀬の粗い砂で暮らす種ではなく、細かい砂に適応した生物が登場するのだ。たくさんの動物が砂に埋まっていたことだろう。現存するのと同じ二枚貝も多く、穴を掘って暮らすものにも様々な種類がいたはずだ。堆積物の中に身を隠すというのが、生き残るための主要な戦術だった。なにしろ白亜紀後期には多種多様な捕食者がいて、軟体動物の殻を壊して開いたり、殻に穴を開けたりできるように進化していたのだから。ラグーンの浅瀬には、現代のサンゴのような造礁生物の働きにより、硬い石灰岩も形成された。この石灰岩の塊は小さな馬蹄(ばてい)形の礁を形成していく。その際は現在と同様に、卓越風〔訳註　一定の場所で一定の期間に最も頻繁に吹く風〕が吹いてくる方向にアーチ部分を向ける形になる。

岸から離れたところには、海面に届くほど大きな堡礁(バリアリーフ)もあっただろう。大陸棚が終わる地点に、石灰岩の巨大な壁が数百キロから数千キロにわたって伸び、それが大きな島や大陸を縁取っていたはずだ。その壁の内側にも外側にも、硬骨魚類や軟骨魚類（サメ、ガンギエイ、アカエイ）など様々な種類の魚が生息していたと思われる。

この堡礁は、内側の縁だけでなく全体的な形状までもが、オーストラリアのグレート・バリアリーフのような現在の堡礁に見た目が酷似していた。ところが、大きな違いが一つある。今日の礁にはサンゴが生息しているのに対し、当時の礁の骨格をつくる主役はサンゴとはまったく別のものだった。

「礁」とは波に強い立体の構築物のことで、オルドビス紀以来、生物が集まる重要な場として機能してきた。どの礁も、骨格をなすものとそれを接合するもので構成されており、現在のサンゴ礁でもそれに変わりはない。ちょうどレンガ造りの家のようなものである。サンゴの「レンガ」と、被覆性の藻と、平たいサンゴと、炭酸塩粒子の「モルタル」でできているわけだ。いや、むしろ古代都市に近いといったほうがいいかもしれない。古代都市では数々の建物が築かれ、どれもしばらく存在したあとで倒壊もしくは崩壊し、それでも一部しか撤去されず、古い瓦礫の上に新しい建造物がつくられた。それが何世紀も続くうちに、しだいに大型化する石造りの建物の重みで、古代都市を支える地殻そのものがゆっくりとながら測定可能なほどに陥没することが多い。

サンゴ礁も本質的にこれに似ている。何百年もの時を経て、より大きくてどっしりしたサンゴが既存の礁の表面に付着して積み重なり、太陽光に向かって上へ上へと成長する。周囲のサンゴより速く成育できるかどうかは、まさに生きるか死ぬかの問題だ。サンゴは頭上を覆われないようにするために競争する。さもないと、生命を育む太陽光と、開けた水域を利用できなくなるからだ。太陽光は、ポリプ内に共生している何百万もの植物プランクトンのために必要であり、開けた水域は肉食性のポリプに食物をもたらす。共生している植物プランクトンは褐虫藻（かっちゅうそう）（渦鞭毛藻類の一種）と呼ばれ、サンゴが巨大な骨格を築くのを助ける代わりにサンゴから栄養をもらい、捕食者からも守ってもらっている。きわめて微小なサンゴの幼生は海を漂い、無生物の硬い土台が見つかれば何であれそこに固着し、やがて海面に向かって育っていく。単体のポリプから始まり、運が良ければ数百、数千のポリプが集まる巨大な群体となって、何百年、何千年と生きることができる。巨大な石灰質の骨格は、重さ数千トンに達することもある。現在、確認されている単一の群体には、数千年かそれ以上の年齢のものもあるが、巨大な群体もいずれは死滅する。サンゴが死ぬとその骨格は崩壊し、今度は別のサンゴの土台となる。

　白亜紀の温室化した海においてもやはり礁は同じプロセスをたどり、最終的な形もサンゴ礁の場合と変わらない。ただ、礁をつくる生物がサンゴとはまったく違っていた。こちらの主役は二枚貝で、「コウシニマイガイ（厚歯二枚貝）」と呼ばれる。もっとも、現生の二枚貝とは似ても似つかない。奇妙な形をしていて、ゴミバケツをまっすぐ立てたように見えるものが多く、筒状の殻の上に開閉可能な蓋までついている。なかには、現代の熱帯に生息するオオシャコガイ〔訳註　シャコガイの仲間としては最大で、重さ約二〇〇キロ、体長一メートル以上になるものもいる〕に近い大きさのものもあった。だが、単独で暮らすシャコガイとは異なり、現存するイガイのように群生する習性をもち、土台を埋め尽くしたり、互い同士が重なり合ったりすることもあった。

大きな「筒」の部分はコウシニマイガイの下側の殻にあたる。それが縦になった状態で隙間なく並び、全体として頑丈な石畳のようなものをつくる。石畳の「舗石」に相当する個体は高さ約三〇～六〇センチ、直径がときに三〇センチにもなる円錐形で〔訳註 下のほうが細くなっている〕、それぞれの上部から派手な色の軟体部を光に向けて伸ばしている。サンゴと同様、小さな単細胞の藻と共生しており、その藻の光合成に光が必要なのだ。その見返りに、藻はコウシニマイガイに多量の酸素を供給するとともに、その組織から二酸化炭素や排泄物を取り除いてやる。だが、現代のサンゴが大きくなるには何百年もかかることがあるのに対し、コウシニマイガイの場合は非常に速かった。浮遊プランクトンの状態から、浅海の海底（軟体部に藻を共生させていたため、生きていくのに光が必要だったのだろう）に沈んで一年もしないうちに、炭酸塩の分厚い外殻を形成して成体の大きさになる。生まれたら短期間で成長し、たいていはすぐに死んだ。というのも、同じ仲間が硬い殻の上に下りてきて育ち、勝手に占拠した「土地」（動かないが生きている）を窒息させてしまうからである。高さと幅が二メートル近くの群体になるには、サンゴの骨格なら一〇〇年を要するところ、コウシニマイガイはせいぜい五年しかかからなかった。

礁はどれもそうだが、コウシニマイガイの礁もまた海面ぎりぎりまで成長した。その外海側では水深が急に増す。礁の外には中生代の広大な海洋が広がり、今は絶滅した様々な生物が海中にも海底にも暮らしていた。

表層水域では、大型のサメも巨大な海生爬虫類も泳ぎ回っていただろう。海生爬虫類の中には首の長い（あるいは短い）プレシオサウルスや、ワニに似たモササウルスもいた。いずれもおそらく現代のアザラシのように、捕食の際に潜りはするが呼吸のために海面に浮上する必要があったと見られる。ただし、どんなアザラシよりもはるかに大きく、休息時や出産（もしくは産卵）時に水から上がる生物と比べても大型だった。

温室化した海では、深層の様子も普通の海とは違っていた。現在では黒海が唯一、当時の深層・中層水域の状態に似ている。そこは温かくて溶存酸素が非常に少なく、魚類でさえほとんど生息できない。海底は黒海同様、黒い泥だ。この泥には細かい微粒子状の黒い有機物が大量に閉じ込められている。こうした深海では海水の酸素濃度がきわめて低く、じつは低すぎるために有機物を普通に分解することができない。つまり酸素の豊富な海底よりも分解率がはるかに低いのだ。この泥状の海底堆積物の表層一〇センチくらいまでには、通常とはまったく異なる微生物群が暮らしていた。それは硫黄で生きる微生物であり、その特殊な呼吸の副産物として放出されたのが硫化水素やメタンといった化合物である。

中生代の海では、普通の動物が生きていけるだけの酸素が海底に存在するところはごくわずかだっただろう。[3] だがその温室化した海で、低酸素状態に適応した二種類の軟体動物が現われた。一つは海底にすむ二枚貝類の軟体動物。もう一つは頭足類の軟体動物で、多種多様なアンモナイトである。アンモナイト類は水中で暮らし、摂食は海底で行なった。

ここで紹介する白亜紀のアンモナイトが属するグループは、ジュラ紀が始まったばかりの頃に出現した。その時代の岩石に突如姿を現わしているところを見ると、三畳紀－ジュラ紀境界（白亜紀後期の一億三〇〇〇万年近く前）の壊滅的な大量絶滅のおかげで新種の動物が登場する道が開かれたものと思われる。その一つが、新しいデザインのアンモナイトだった。化石を発掘していてアンモナイトを見つけると嬉しいものである。著者ら二人は過去二〇年にわたり、アンモナイトを含む地層の研究に多大な時間を費やしてきた。そのため、この喜びが絆となって大きな友情を育んでいる。ウォードはアンモナイト化石のわずかな痕跡を目にしただけで夢中になる。一方のカーシュヴィンクは、博物館級の見事な標本であっても穴を開けて古磁気学研究用の試料を取り出したい口で、実際にそうしてきた。

このアンモナイト最後のグループはジュラ紀最古の地層に始まり、まさに本章のテーマである温室化した海の地層まで続く。これらは生命の歴史にとって大きな意味をもつだけでなく、化石から年代を割り出す作業に、ひいては地質学という科学そのものにとっても非常に重要である。三畳紀末の海成層の上にジュラ紀の地層が積み重なった場所は、世界にたくさんある。そうした地層が露出したところでは、歩きながら時代をたどることができ、地層が連続していれば、三畳紀後期からジュラ紀前期にかけての劇的な出来事を誰でも目の当たりにすることができる。この時代の岩石には、いわゆる「ビッグファイブ」の一つである三畳紀末の大絶滅の証拠が保存されている。際立って多くの種を殺したという、あまりありがたくない名誉の記録が残っているわけだ。三畳紀後期の地層を見ていくと、まずハロビアという平らな二枚貝の化石が密集した層に出くわし、それから新しい時代の地層に向かうにつれて同じ二枚貝のモノチスがもっと多量に見つかる。ところが、そこから地層にしてわずか数メートルのうちに二枚貝は姿を消し、あとには長い不毛の時間、つまり化石のない岩石が続く。これが三畳紀最後のレーティアン階〔訳註　「階」は層序区分の基礎的な単位で、年代区分の「期」に相当する〕と呼ばれる地層で、おそらく三〇〇万年に及んだと見られる。

ほぼ化石不在のこの厚い地層のあとに、ようやく新しい生物の一群が突如として姿を現わす。アンモナイトだ。三畳紀後期の岩石にもアンモナイトは見られるが、数はけっして多くない。だがジュラ紀初頭のアンモナイトは、イングランドのライム・リージスの海辺や南ドイツに代表されるように、世界中の様々な発掘現場で大量に見つかる。おまけにわずか数メートルの地層の中で多様化も遂げている。三畳紀の平らな二枚貝の場合は一つの種しか確認できないのに対し、ジュラ紀初頭のアンモナイトには多くの種があり、数も豊富だ。このことから、酸素濃度の大幅な低下がようやく終息し、ゆっくりと上昇に転じていたことがわかる。だからといって、急に今日のような酸素濃度になったわけではない。アンモナイトが登場したのは、ジュラ紀初期の海洋表層にわずかな酸素が溶存し始めたからだ。アンモナイトはそれを最大限に活用した。アンモナイトは、地球上で最も低酸素に適していた動物の一つといえるかもしれない。だからジュラ紀と白亜紀の温室化した海では生態学的に有利で、その利点を実際に活かしたわけである。

　アンモナイト類とオウムガイ類は、どちらも房（小室）に分かれた殻をもっていて全体的に似ていることから、その生活様式も多少は似通っていたと思われる。現存するオウムガイはたいてい高酸素の水中で生きている。だが、低酸素の海底で暮らすものもいて、大きな謎となっていた。頭足類は概して高い酸素濃度を必要とするというのが、それまでの一貫した定説だったからである。にもかかわらず、外殻が房に分かれた頭足類の系統で唯一生き残っているオウムガイは違う。現生のオウムガイは非常に丈夫で、水から出されても耐えることができ、一〇分か一五分ならそのせいで悪影響を被ることもない。水中ではポンプ式の鰓を通して酸素を取り込む。この鰓は、体に対する大きさも吸水力も史上最大級に進化しており、そこに大量の酸素を通すことで、低酸素の水中でも十分な酸素分子を得られるわけだ。低酸素の環境に適応した動物がいるとしたら、それはオウムガイである。イギリスの動物学者マーティン・ウェルズが、ニューギニアで捕獲された様々なオウムガイの酸素消費量を計測し、ついにそれを証明した。低酸素状態に直面すると、オウムガイは二つのことをする。まず代謝を非常に遅くして、次に強力な遊泳能力を発揮するのだ。これにより、獲物だけでなく高酸素の水域を求めてかなりの距離を泳いでいける。

ジュラ紀前期の地層からアンモナイト化石が大量に見つかることから考えて、アンモナイトはその見事な構造により、海水にわずかに溶けた貴重な酸素を最大限に抽出できたと思われる。つまり、ジュラ紀から白亜紀にかけてのアンモナイトの体制は、三畳紀－ジュラ紀境界近くの世界的な低酸素状態に対処すべく進化したのだろう。その新しい体制では（それ以前のアンモナイト類と比べて）、房錐（ぼうすい）〔訳註　殻の内部構造のうち隔壁をもつ円錐形の部分〕より住房（じゅうぼう）〔訳註　殻の末端にあって軟体部が収まっている部分〕の占める割合がかなり大きくなっている。このため、もっと薄い殻を使って軽量化を図らなければならず、殻の強度を高めるために複雑な縫合線〔訳註　殻と隔壁の接する部分で、通常ひだ状に折れ込んでいる〕が必要になった。この縫合線のおかげで、浮力調整のために行なう房内の液体排出の効率が高まり、結果的に成長も速まった。住房が広くなったので、アンモナイト本体は奥のほうに引きこもることができた。また、祖先に比べると鰓が非常に長いという特徴をもっていた。

アンモナイトの鰓がオウムガイのように四つだったか、現在のイカやタコのように二つだったかはわからない。だが、ジュラ紀初期のアンモナイトには流線形の殻がほとんど見られないことから、泳ぎの速い動物でなかったことは想像がつく。素早く泳ぐより、空気を充満させた殻を飛行船のように使って、海面近くでゆっくりと浮かんだり静かに泳いだりしていた可能性が高い。

ジュラ紀のアンモナイトは、白亜紀になるまでは細部しか変わらなかったが、白亜紀に入ると殻のデザインに目を見張る変化が起こり始める。本来の形態である平巻き型（オウムガイのように）のものが数多く残る一方で、ほかの形の殻も現われたのだ。ここで白亜紀後期の海に再び潜って、アンモナイトの様子を見てみよう。

殻の形がどうであれ、アンモナイトのほとんどは海底で甲殻類などの小さな獲物を探していた。同じ環境の中に、違う形の殻をもつアンモナイトが十数種類はいたかもしれない。直径が二・五センチくらいしかない小さなものもいれば、約一八〇センチまでになる大きなものもいた。白亜紀のアンモナイトの殻には、高く隆起した複雑な筋状の構造（肋(ろく)）があった。これは防御のために発達したもので、この時代の温室化した海には巧みに殻を割る捕食者が数多く存在したことを物語っている。プレシオサウルスやモササウルスがおもな天敵だったのは十中八九間違いない。

アンモナイトは一見すると、オウムガイの殻にイカがはまり込んだような姿だったろう。現生のオウムガイには九〇本の触手があるが、アンモナイトの触手は八本か一〇本だったようだ。また、オウムガイは死肉を食べるのに対し、現在のイカや中生代のアンモナイトは肉食動物で、食糧には生きた生物を必要とする。

温室化した海を代表する第二の軟体動物は二枚貝だ。形はコウシニマイガイほど奇抜ではないものの、現存するどれとも確かに異なる平たい二枚貝で、「イノセラムス」と呼ばれている。カキの近縁種であり、様々な種に多様化していたが、みな泥状の海底で競い合っていた。どれも穴を掘ることはできず、海底の表面にいなければならない。なかには紛れもなく巨大なものもいて、なだらかな肋の入ったそのアーモンド型の殻は、広い殻口（かくこう）から殻頂（かくちょう）までの長さが二メートル以上あった。しかし、今日のどの二枚貝とも違い、大きさの割に殻が非常に薄い。緩やかに隆起する上殻（じょうかく）が、カキやイタヤガイ、外肛動物（コケムシなど）、フジツボやチューブワームといった、様々な動物やその他の無いることもある。だがたいていは、酸素が少なすぎて「普通の」軟体動物やその他の無脊椎動物が生きられないような海底や海中で暮らしていた。おそらく現生のどの二枚貝とも違っていただろう。それがどう違うのかを、著者らの大勢の研究仲間が地球化学の手法を使って探究してきた。アメリカ自然史博物館のニール・ランドマンが地球化学者カーク・コクランとともに行なった最近の研究は、イノセラムス類の奇妙な特徴を見事に浮き彫りにしている。

ほかの二枚貝と大きさを比べるだけでも、イノセラムスがどれだけ変わっているかがわかる。現存する最大の二枚貝である熱帯のオオシャコガイは、殻の全長が二メートル近くになることがあり、それで重さ数百キロもの軟体部を支えている。二番目に大きな二枚貝はアメリカナミガイだが、こちらの殻長はせいぜい三〇センチ程度で、軟体組織の重さは四五〇〜九〇〇グラムくらいしかない。カキにも殻長三〇センチほどになるものはいるが、数は多くない。一方のイノセラムスは、巨大なオオシャコガイと、それよりはるかに小さいアメリカナミガイのあいだに位置する大きさである。ペルム紀に登場してから白亜紀末に絶滅するまでのあいだ、膨大な種類のイノセラムス類が存在し、その繁栄の場は温室化した海だった。海底は低酸素で有機物に富み、そこからメタンなどの化学物質が滲出している。イノセラムスは微生物を共生させることで、そのメタンなどを栄養にして巨体を養っていた。現生二枚貝が海水から食物を濾し取って食べるのとは大きな違いである。

温室化した海についてもう一つ注目すべきは中層水域だ。[4] 太陽光が届かない深さとはいえ、淀んだ海底よりは何百メートルも上の海域である。今日、この広大な中層水域は単一の生息環境として地球最大であり、様々な生物のすみかとなっている。どの生物も、海面で太陽光や大気に触れることも、海底に出くわすことも絶対にない生活に適応している。「中間」で暮らすことが生命線となっているのだ。こうした生物にとっては、捕食の危険性や温度や酸素濃度の面からいって、温かい浅海も冷たい深海も命取りである。そのため、中性浮力〔訳註　浮きも沈みもしない状態〕を達成・維持できるような適応構造をもつことが、生き延びるうえで最も重要だ。たとえば、現代の中層水域にすむ比較的大きな動物の中で最も一般的なイカは、浮動のための触手を発達させている。さらには、体内に液胞を進化させ、その中に脂肪や塩化アンモニウム溶液のような化学物質を蓄えて、それによって体全体の比重を海水より軽くしている。

イカの獲物は一つ一つは小さいが量が膨大だ。それは多種多様な浮遊・遊泳動物が密集したもので、総合して「深海音波散乱層（DSL）」と呼ばれている。DSLは、一九四〇年代に使用された世界初のソナーによる水深測定で発見された〔訳註　音波の反射により水深を測定したところ、プランクトンや魚群などの影響で海底より浅いところで音波が反射された〕。DSLには小型の節足動物（甲殻類、端脚類、等脚類など）をはじめ、様々な「門」の動物が無数に集まっている。日中は岸からはるかに離れた海域で、この巨大な生物の層が水深およそ六〇〇〜八〇〇メートルのところに現われ、縦・横・深さともに数百〜数千キロもの塊となって広がっている。だが日が暮れるにつれて、層全体が浅海に向けてゆっくりと上昇し始め、すっかり暗くなると何十億トンもの無数の動物が、さらに浅く、温かく、栄養豊富な海域に到達する。この深さには魚やイカなど視覚の発達した捕食者がいるため、日のあるうちにここに来るのは命取りなのだ。

このまったく新しい生活様式が登場したのが白亜紀であったことは、十分な証拠によって裏づけられている。それより前の時代、追いかける価値のある食物資源は中層水域にはいなかったと思われる。そのため、生涯を浮いて過ごすだけでなく、夜ごと数百メートル上昇しては朝とともに深みに戻れるような、大がかりな適応を遂げる種は存在しなかった。ところが、中層水域にすむ節足動物の出現で急速な進化が進んだ結果、新たな仕組みの浮揚機能を使って浮き上がり、それらを捕食できる動物が誕生した。中層水域で無重力状態になる何らかの方法を身につけることが、最も重要な適応だったわけである。

中層水域の食物資源を利用すべく進化した肉食動物は、おもにアンモナイトだ。とはいえ、その形はそれまでの先祖伝来のものとは大きく異なる。海底付近で暮らすアンモナイトが平巻き型なのに対し、中層水域のアンモナイトは一生浮いていられる殻をもっていた。それは奇妙な形をしており、どう頑張っても速くは泳げない。だが、ＤＳＬの生物がひしめく水塊にひとたび入れば、食べ物は豊富にあるからそこに留まっていればいい。ＤＳＬが上昇すれば一緒に浮き上がり、日中はともにゆっくり沈んでいくだけで、食糧に恵まれた天敵のいない生活が送れた。アンモナイトはこうしてのんびりと浮遊生活を送っていた。いわば熱気球のようなものである。大きな浮揚装置を上につけ、その下に小さな乗船用バスケットをぶら下げていたわけだ。

　中層水域のアンモナイトは浮力を効率的に調節しなければならなかった。現生オウムガイの浮揚システムはかなり原始的で、動作に時間がかかることがわかっている。しかし、アンモナイトが浮揚する仕組みは概してはるかに優れていた可能性がある。その鍵を握るのが、美しい縫合線をもつ複雑な隔壁だ。浮き上がりたいときには、隔壁で仕切られた気房から迅速に水を汲み出し、沈みたいときはそこに素早く水を戻してバラストのように浮力を下げる。白亜紀に登場したこの新しいアンモナイトは、俗に「異常巻き」と呼ばれる。デボン紀に出現してから白亜紀末に絶滅するまでの、アンモナイト本来の渦巻き型を逸脱していたからである。これはあとにも先にも見られない体制であり、チクシュルーブ小惑星が衝突してアンモナイトを絶滅させるまで約六〇〇〇万年のあいだ存続した。

異常巻きアンモナイトの中には、巨大な巻貝に似たものもいた。ただし、その殻はいくつもの気房に区切られており、ほかより長い最後の房が下向きに開いて、触手などの軟体部を収めている。ほかにも巨大なクリップのような形のものや、ただの大きな鉤に見えるものもいた。だが、最も数が多かったのは長くてまっすぐな円錐形である。円錐の尖っているほうが最初に形成される房で、成体になるまでに全長が一八〇センチくらいになることもある。もちろん殻は浮揚のためにいくつもの気房に分かれており、そこから触手の先をまっすぐに垂らし、殻を垂直にして水中を浮遊していた。この種のアンモナイトは「バキュリテス」といい、白亜紀後期の肉食動物としては地球上で最も数が多かった可能性がある。

中層水域にはこのバキュリテスの大群が満ち溢れていた。[6] 白亜紀の海を題材にした壁画や絵画にもよく登場するが、決まって間違った姿にされている。魚やイカのように、細長い矢のような体を水平にして暮らしているように描かれているのだ。これはあり得ない。実際には、最初に形成される小さな殻の部分を上にして、重い頭や触手を下方に垂らし、体を縦にして生活していた。横向きに泳ぐことは不可能だし、体を横にして浮くことさえできない。すべてが上か下かの向きだった。動きは驚くほど速かったと思われる。水を噴射することで上に向かって飛び出し、それからゆっくり下りてきた。バキュリテスを捕食していた生物（たぶん魚やサメ）は、普段と同じように攻撃を仕掛けては、そのたび何度も惑わされたに違いない。普通なら、獲物は捕食者の前へ前へと泳いで逃げようとする。ところがバキュリテスを襲うと、紐のついた操り人形よろしく素早く上方に消えるのだ。もっとも、バキュリテスにとってはそれが「前方」なのだから、必死の獲物が取る行動としては正しいといえる。

中生代海洋大変革

中生代後期には、海洋生物の攻防に革命的な変化が起きた。カリフォルニア大学デイヴィス校の古生物学者ヒーラット・ヴァーメイは、これをじつに端的に「中生代海洋大変革」と呼んでいる。[7] それは、海の捕食者が途方もない進化を遂げた世界にほかならない。

著者らの友人で研究仲間でもあるヴァーメイは、幼い頃から目が不自由である。にもかかわらず、古生代後の軟体動物が殻を強化するために発達させた複雑な適応を「見る」（自らそう表現している）ことができる。その姿はさながらコンサートのピアニストのようだ。巻貝の尖った先端から、腫れた唇のように肥厚した殻口まで、指がそれこそ軟体動物のように素早く複雑に動いて、たくさんの形態上の特徴を捉えながら殻の鍵盤を「弾いて」いく。臍孔部（さいこうぶ）〔訳註　巻貝が螺旋状に成長していく過程でその中心に生じる間隙の穴〕が石灰質の物質で塞がれているのを優しい指先で探り当て、殻口の分厚い外唇（がいしん）にある微細な歯状突起（殻の強化に役立つ）にトリルのような素早いタッチで触れていく。私たちが博物館の標本の前にヴァーメイを案内すると、今度はヴァーメイが私たちを導き、触覚という唯一の感覚から得た洞察へと誘ってくれるのだ。

ペルム紀後の捕食者はしだいに攻撃性を増し、殻を割れるように進化していった。また、植物食性の無脊椎動物と比較的小型の肉食動物もそれに呼応して進化を遂げ、石灰質の甲冑をますます強化していった。触覚は記憶に残るだけでなく、目の役割も果たす。ヴァーメイの鋭敏な知性は、そうした変化を触覚だけを通して「見る」ことができる。そして摑んだ様々な事実をまとめ上げて一般化し、今では中生代海洋大変革として知られる概念を導き出した。

最初のうちこの言葉は、ペルム紀末の大量絶滅後に捕食の方法が殻の破壊に向かったことだけを意味していた。古生代の二枚貝や巻貝、棘皮動物、腕足動物の殻はかつては難攻不落の要塞だったが、殻の中にある栄養豊富な肉にありつくために新しい方法が進化したのである。だが、その概念は広がった。

被食者側の適応も負けず劣らず見事である。以前は海底の表面やその少し下だけで暮らしていた二枚貝が、深い穴を掘る構造に進化した。この新しい二枚貝は、殻を噛み合わせるための鉸歯に形の異なる主歯と側歯があるために、「異歯型」と呼ばれる。これらは大がかりな改造を行ない、外套膜〔訳註　軟体動物の体表を覆う筋肉質の膜〕の一部を癒合させて一対の水管をつくった。穴を掘るこのタイプは現在の二枚貝類の中でも最も多様化しており、どれも砂や泥やシルトの中に素早く潜り込むことができる。穴を掘る理由はただ一つ、捕食を免れるためだ。堆積物の上でなく中にいれば、摂食の効率はけっして上がらないものの生存確率は大幅にアップする。二枚貝以外で、穴を掘る生活様式に適応すべく体の形を大きく変えたものには、巻貝類、新種の多毛類、一部の魚類、まったく新しい種類のウニ類などがいる。[8]

革新的な大変化を見せた無脊椎動物はほかにもいる。ウミユリ類と呼ばれる棘皮動物の一群だ。[9] 一見すると大きな花のようだが無脊椎動物であり、いかにも古生代の生物らしく固着性だった。つまり、浮遊している幼生期を経てどこかに落ち着いたら、一生移動できずに海底に固着したままである。現代のアメリカ中西部を車で走ると、かつてどれだけ多くのウミユリが生息していたかがよくわかる。どの切通しの壁にも、ウミユリの長い茎状(けいじょう)部を構成する小さな丸い「骨片」が無数に詰まっているのだ。これだけの量の化石が残るということは、浅くて水のきれいな温かい海が広大に広がり、そこに海底を埋め尽くすほどのウミユリがひしめいていたに違いない。浅いといっても、海底まで太陽光が届いていたかどうかは疑わしい。ウミユリにはそれでもよかったのだろう。獲物は微小なプランクトンだし、少なくとも代謝に関しては「スローライフ」なのだから。ただし、一度固着したら移動はできず、嵐や捕食者によって引き剝がされたらすぐに死んでしまったはずだ。

新たな進化を促すのに、既存の種の大量絶滅ほど効果的なものはない。ペルム紀末の絶滅でウミユリ類は地球からほぼ姿を消した。そして生き残ったものも、捕食者だらけの中生代ではすぐに食べられる定めだった。もっとも、食べられる部分を取り出せればの話で、それは難しかっただろう。あんなにわずかな肉をあんなにたくさんの炭酸カルシウムの骨格で守っている生き物は、おそらくほかに例がない。それでも、固着性のウミユリは、茎状部のない新しい種類のウミユリ（ウミユリ綱ウミシダ目）に道を譲った。これは現存しており、現代のサンゴ礁で見つかる生き物の中で最も美しい部類に入る。固着性ではなく泳ぐことができ、ゆっくりではあるが威風堂々と、羽ばたくように腕を静かに動かして水中を移動する。

　中生代海洋大変革は捕食者と被食者の変化だけを指すのではなく、新しい生息環境が大幅に拡大したことも意味している。これには、捕食を免れるためにさらに深く穴を掘れるように二枚貝や巻貝が形態を進化させたことや、堆積物を食物としても利用する無脊椎動物がしだいに増えていったことなども含まれる。こうした変化が起きたことは、生痕化石の種類や数が増えていることによって裏づけられている。カンブリア爆発の章で説明したのと同じ状況だ。その結果、中生代の堆積物は生物によって徹底的に擾乱されることとなった。

　中生代の海洋で動物に大きな変革が起こったのは、海底やその下だけではない。動物の誕生以来初めて、海面から海底までの全水域が大々的に利用されるようにもなっていた。新たに現われた生物の多くは一般的な動物ではなく、おもに原生動物や単細胞の植物プランクトンだった。中生代の地層からは、新しく出現した重要な生物群の微化石が見つかる。その一つが、多種多様な有孔虫類だ。有孔虫はアメーバに似ているが殻をもち、海底にすむものもいれば、それよりはるかに上の水中を漂うものもいる。浮遊性生物（プランクトン）としては、ほかに珪質の骨格をもつ放散虫もいた。しかし、中生代以後のプランクトンに起きた最大の変化は、円石藻類と呼ばれる藻類の登場かもしれない。その微小な骨格が海底に堆積して岩石化すると、おなじみのチョーク（白亜）になる。

　円石藻はきわめて小さな植物で、球体に近い体の表面に「円石」と呼ばれる円盤を六～一二枚程度つけている。円石は炭酸カルシウムでできていて、顕微鏡でないと見えない。円石藻が死ぬと、この小さな円石が海底に沈降して無数に積み重なり、やがてかの有名な「ドーバーの白い崖」のような見事な堆積岩が形成される。ブリテン島からフランス、ポーランド、ベルギー、オランダ、スカンジナビア全域、それから旧ソビエト連邦の大半を経て黒海に至るまで、ヨーロッパ北部の地層全体にこうした崖が続いている。円石は地球の温度にも大きな影響を及ぼしてきた。色が白いので、その白さが太陽光を宇宙に跳ね返し、結果的に地球を冷やすのだ。

　カンブリア爆発では、動物が呼吸器系を軸に新しい種類の体制を生み出した。それと同じように、三畳紀の海洋動物も新しい適応を数多く見せている。前章で説明した通り、陸上動物は様々な種類の肺を試した。海でも同じような試みがなされている。たとえば軟体動物の二枚貝類も、新種の体制や生理機能を進化させた一つだ。それは、果てしなく広がる海底を利用するための適応であり、その海底には栄養豊富だが酸素濃度が低いという特徴があった。

考えようによっては、酸素が不足していたからこそ海底は二枚貝にとって絶好のすみかになったともいえる。海底には、プランクトンなどの生物の死骸というかたちで、還元された炭素が多量に落ちてきて埋まる。海底に酸素があれば、濾過摂食生物や、堆積物や死骸を食べる生物によってこの物質はすぐに消費される。ところが、低酸素状態ではこうした生物が生息できず、普段は海底の死骸を分解している細菌でさえ寄りつけない。すでに見たように、こうして生じた炭素循環の乱れが、三畳紀に酸素濃度が急落した一因だ。だが、二枚貝類はこの状態を切り抜けるすべを見つけた。前述のイノセラムスのように、多少は酸素のある海底に暮らすいくつかの種が、降ってくる有機物ではなく、有機物豊富な堆積物の一部から滲出するメタンを食糧にしたのだ。メタン菌は低酸素もしくは無酸素状態で繁殖する細菌である。わずかに酸素が存在する海底でも、堆積物に数センチ潜ったあたりは無酸素地帯になっていただろう。だからメタン菌が生存できた。メタン菌は代謝の過程で、副産物としてメタンを放出する。二枚貝類は、メタンやその他の溶存有機物質を利用できる別の細菌を鰓に共生させていたのかもしれない。あるいは、ただ単にその細菌を餌にしていた可能性もある。現在でもこれにやや似たメカニズムが、深海の熱水噴出孔周辺の動物相に見られる。巨大なチューブワームや二枚貝がこうした化学物質を糧（かて）にしているのだ。ただ、現代の熱水噴出孔では酸素濃度が高い点が違う。ここで暮らす動物には鰓すら必要ない。中生代の二枚貝類はそこまで恵まれていなかった。

ほかにも、危機的な酸素不足に適応して、二枚貝類とは異なる体制を進化させた生き物がいる。カニ類とロブスター類だ。全体が小エビのような形の甲殻類なら古生代の岩石からも発見されるが、カニの形は比較的新しい工夫である。カニもじつは形はエビと似ていて、ただ腹部が胸の下に折り畳まれた格好になっている。頭部と胸部は融合し、石灰質で頑丈な甲羅となっているため、天敵にとっては手強い相手だ。腹部を甲羅の下にしまうというのはじつに優れた設計である。捕食者からどんな攻撃を受けるにしても、腹部が一番狙われやすい。だから、腹部を甲羅の下に収めてこの弱点を取り除くことにより、カニは海の世界で急速に頭角を現わした。さらには、大きなハサミで軟体動物の硬い殻を割って開けることができる。それまでは、殻をもつ生物の中身を食べられる捕食者はほとんどいなかった。カニをはじめとする甲殻類はその方法を見つけたのだ。

このように、カニの体制はきわめて斬新ではあるが、そのような形になった背景に特別な理由があるわけではなく、一般には防御(腹部を折り畳み、頭胸部の石灰化を進めて甲羅を分厚くする)と攻撃(強いハサミの進化)の観点から説明されている。だが、別の考え方もある。カニの構造の出現は、呼吸の効率を上げるためでもあったというものだ。まず頭胸部の下に空間を設けて鰓を取り囲み、その鰓に水を送るポンプを発達させて呼吸効率を向上させたというわけだ。

　カニはエビに似た生物から進化した。そうした祖先の姿を追っていくと、カニの鰓の仕組みに至る進化の過程が見てとれる。エビの場合、鰓は体の下に収められてはいるが全体が囲われてはいない。背側は覆われているものの、鰓は体節についていて、下側は水にさらされているのだ。

　中生代の温室化した海は時とともに変化した。それでも、当時を代表する二大生物のアンモナイト類とイノセラムス類は、うまくすれば今なお生息していたかもしれない。およそ六五〇〇万年前のあの不運な日、チクシュルーブ小惑星が衝突して、独特の生態をもつ中生代の生物を消し去ることさえなければ。

第16章　恐竜の死——六五〇〇万年前

　過去を端的に描くことにかけて、偉大なSF作家の右に出る者はないのではないかと思うことがある。そんな素晴らしい一節をここで紹介したい。あらゆる大量絶滅の中で最も有名な白亜紀‐第三紀（K‐T）境界絶滅について書かれたものだ（「はじめに」でも断ったように、本書ではこのK‐T境界という古い用語を使用する）。伝説的作家のウィリアム・ギブスンとブルース・スターリングの共著『ディファレンス・エンジン』（黒丸尚訳、ハヤカワ文庫SF）の中に、著者らは次のような見事な描写を見つけて小躍りした。

　大激変の嵐が白亜紀の地球に打ちつけ、大火が荒れ狂い、うねる大気に彗星の塵が降り注ぐ。萎（しお）れかけていた植物は枯れ、死に絶えた。強大な勢力を誇った恐竜は、自らが適応していた世界が破壊し尽くされた今、ついに大量絶滅へと追い込まれていく。やがて、飛躍をもたらす「進化」という名の装置が混沌に解き放たれ、傷ついた地球を新しい奇妙な生物たちの秩序で満たしていった。

この「新しい奇妙な生物たち」には、もちろん現存する哺乳類の多くの種が含まれている。だが、恐竜を滅ぼしたのが確かに隕石だと、どうして私たちは確信をもつまでになったのだろうか。この「事実」が広く認められるようになったのは一九九〇年頃からである。カリフォルニア大学バークレー校のアルヴァレスのグループが、衝撃的な発見を発表してから一〇年後のことだ。この発見は、大量絶滅のみならず地質学的なプロセス全般について、私たちの理解を根底から変えることとなった。

一八〇〇年頃から一八六〇年にかけて、誕生まもない地質学が様々な成果を挙げていた頃、すでに地質学の基礎的な骨組みの一つとして大量絶滅の研究が織り込まれていた。それまでの数十年間には、地質物質や地層がどのようにして生まれたのか、また地球上に今のような種類の動植物が存在するのはどうしてなのかを、説明してくれる最も根本的な基本原理を求めて論争が繰り広げられていた。対立する一方の陣営は斉一説を主張し、「現在は過去を解く鍵だ」という信念をもっていたが、もう一方の陣営は天変地異説を唱えていた。フランス革命前と直後に活躍したジョルジュ・キュヴィエ男爵は、この天変地異説を支持した学者で、絶滅という事実を最初に認識した人物でもある。キュヴィエの弟子たちの中で最も重要なのがアルシド・ドルビニであり、地質学に対して後世に残る貢献をした。地質年代区分をつくって、それをさらに現代的なものに改めたのである。キュヴィエとドルビニは様々なかたちで地質学の発展に寄与したにもかかわらず、化石記録を調べ始めた頃に大量絶滅を示す驚くべき証拠を発見したときには、どちらも超自然的存在を引き合いに出して原因を説いた。神がときおり世界規模の大洪水を引き起こして、ほとんどの生物を一掃してから、洪水後の陸と海に再び生命をすまわせたのだ、と。

新しい世代の地質学者と博物学者のあいだでは、斉一説が優勢になることもあれば、天変地異説が巻き返すこともあった。最終的に斉一説が勝利を収めたのは、岩石の特徴や年代を解析する手法が進歩する一方なのに、世界規模の大洪水が一度でもあったという証拠が見つからなかったからである。ましてや、そうした大洪水に何度も襲われた形跡などどこにも見当たらなかった。しかし、大洪水が繰り返し発生したのでなければ説明がつかないのだ。なにしろ当時はすでに、過去に複数回の大量絶滅があったことが次々に確認されていたのだから。その大量絶滅とは、古いものから順に、オルドビス紀、デボン紀、ペルム紀、三畳紀、白亜紀－第三紀境界で起きたものであり、現在これらは「ビッグファイブ」と呼ばれている。二〇世紀に入る頃、天変地異説を支持する者はもはや一人もいなかった。ときおり変わり者の作家が現われて、天変地異説を利用するのが唯一の例外である。過去は単なる退屈な地層の積み重ねではなく、もっと刺激的なものだったと思いたがる人は大勢いて、作家はその願望につけ込んだわけだ。斉一説論者（チャールズ・ダーウィンを含む）は勝利を手にしたものの、大量絶滅が説明できないという一点について不安を抱えたままだった。

　地質学者たちは、大量絶滅が非常にゆっくりと着実に進んだという結論を下す。観測可能な気候変動や海水面の変化でさえ、十分な時間をかければ数々の種を滅ぼす原因になり得るというのだ。ビッグファイブは、二〇世紀後半にはすべての地質学者に受け入れられていた。

　いくつかの異議が（ごくわずかながら）唱えられた。なかでも秀逸なのが、ドイツ南部にあるテューービンゲン大学の古生物学教授、オットー・シンデヴォルフの反対意見である。シンデヴォルフは、大量絶滅の原因となる事象がゆっくりと着実に進むという考え方に納得できなかった。むしろ、はるかに壊滅的で急速に進行するイベントが大量絶滅を引き起こしたのではないかと推測し（もちろんこれは、化石記録とその変遷を長年綿密に研究した末にたどり着いた答えである）、すぐ近くの恒星が超新星爆発を起こしただけでも既知の大量絶滅の原因になり得ると指摘した。かつての天変地異説に逆戻りするかのようなこの考え方に、シンデヴォルフは名前までつけた。「新・天変地異説」である。これは、斉一説とはまったく異なる切り口から過去の事象を説き明かそうとする立場である。

　シンデヴォルフの仮説に同業者は耳を傾けなかった。気候変動がゆっくりと進み、海水面が徐々に変化したことは「事実」であって、それこそが大規模な大量絶滅の原因であるとみなされていたからである。一九五〇年からの三〇年間、地質学は停滞を続け、すべては地球上の（そして長期間かけて進行する）原因によって説明できるという理解で自己満足していた。一九五〇年代におけるシンデヴォルフの推測から一九八〇年まで、それが大量絶滅をめぐる地質学界の状況だった。すると事態が一変する。一九八〇年六月六日、ノルマンディ上陸作戦三六周年の日に、K－T境界の大量絶滅が隕石の衝突によってもたらされたとするアルヴァレスの論文が発表されたのだ。当時の斉一説は、長い歴史と威厳をもちながらもすでに揺らぎ始めていた。アルヴァレスの論文は、その斉一説という巨大な体系全般への侵攻であり、とくに大量絶滅の原因についての定説に対する攻撃にほかならない。[1] 論文という一発の銃声が、科学界における戦争の火蓋を切り、ある意味でその戦いは今日まで続いている。アルヴァレスのグループの研究は、あの疑問に答えるものだった。

隕石衝突と大量絶滅

太陽系の中で固体表面をもつ惑星と衛星には、一つ残らずおびただしい数の衝突クレーターが存在する。このことは、少なくとも太陽系初期において隕石の衝突がいかに頻発していたか、またそれがいかに大きな影響を及ぼしたかを如実に物語っている。隕石の衝突は、太陽系外であってもほとんどの惑星系にとって危険に違いない。いや、すべての系外惑星系にとって、といっていいかもしれない。惑星規模の大変動の中でも、隕石衝突ほど頻繁に起きる重大な出来事はたぶんないだろう。隕石の衝突によって、それまで優勢だった生物群が排除されると、新種の生物やあまり目立たなかった種に道が開かれて、惑星の生物史が様変わりする可能性がある。このように、一九八〇年のアルヴァレスの論文は、様々な方面で特別な意義をもつものとなった。

K－T境界絶滅が確かに大型天体の衝突で引き起こされたと、この分野のおおかたの研究者が認めるに至ったのは、二つのとりわけ重要な発見が証拠として示されたからである。一つは、境界粘土層でイリジウム値が増加していること。もう一つは、イリジウムに交じって大量の「衝撃石英」が見つかったことだ。一九九七年の時点では、高濃度のイリジウムが検出されるK－T境界層が全世界で五〇箇所を超えるまでになっていた。イリジウムは地表部にはごくわずかしか含まれておらず、小惑星や彗星には地球よりはるかに高い濃度で存在することが多い。そのため、高濃度のイリジウムは隕石が落下した目印とみなされている。また、衝撃石英の粒子が隕石衝突の指標とされるのは、ほとんどのK－T境界層で砂粒大の石英に特徴的な縞模様が観察されていて、そういう状態になるのはよほど高い圧力を受けた場合に限られるからだ。たとえば、石英を含む岩石に、大型の小惑星が高速でぶつかるといった場合である。「地球の」条件下では、石英粒子にそうした縞模様が自然に生成されることはない。

K－T境界層には、衝突直後に起きたと思しき大火災の痕跡も残されている。[2] 世界の様々な場所で、同じK－T境界の粘土層の中から煤（すす）の微粒子が発見されるのだ。この種の煤は植物が燃えるときにだけ発生する。その量を見る限り、地表を覆っていた森林や低木地帯の大部分が火災によって焼き尽くされたと考えられる。

アルヴァレスの仮説は初めのうちこそ議論を呼んだものの、一九八〇年代を通して鉱物学、化学および古生物学の分野で裏づけとなるデータが次々に集まった。その結果、大型（最大で直径一〇～一五キロ）の彗星か小惑星が六五〇〇万年前までに地球に衝突し、当時地球に存在した種の半分以上がK－T境界期にかなり急激に絶滅したと、ほとんどの専門家が納得するまでになった。メキシコのユカタン半島で、まさしくこの時代にできた大きな衝突クレーター（チクシュルーブ・クレーター）が発見されたことは、まだくすぶっていた衝突仮説への反論をあらかた消し去った。

アルヴァレスらによれば、彼らが「ブラックアウト」と呼ぶ真っ暗な状態が数か月にわたって続いたことが生物にとどめを刺した。大衝突のあと、隕石と地球の物質が大量に飛び散ってブラックアウトが起き、それが長期に及んだことで、プランクトンを含む地球上の植物の多くが根絶やしにされた。植物が死滅したために、災いと飢餓の波は食物連鎖の階段を上へ上へと広がっていった。

いくつかの研究グループがモデルを作製し、そうした大気変化が生じた場合にどのような致死的状況が訪れるかを割り出した。それによると、どうやら大量の硫黄も大気中に放出されたようである。そのごく一部が硫酸に再変換され、酸性雨となって地球に降り注いだ。雨の酸性化作用がじかに死をもたらした可能性もあるが、もっと大きな影響を及ぼしたのはその冷却効果だろう。ところが、生物圏にとってさらに有害だったのは、地表に届く太陽エネルギーが減少したと見られることだ（八～一三年間で二〇パーセントもの減少）。これは、大気中の塵粒子（エアロゾル）によって太陽エネルギーが吸収されてしまったためである。こうなれば、衝突した当時はおおむね熱帯性気候だった世界が氷点下かそれに近い低温にまで冷え、それが一〇年間続いたとしてもおかしくない。このモデルの結論は、ブラックアウトが大量絶滅の一因だとするアルヴァレスの当初の主張を裏づけることともなった。大気中のエアロゾルの量が短期間で急増したことが、長い冬をもたらしたのである。

衝突後には塵も発生している。しかも大量に。[3] 大型（直径一〇キロ）の小惑星か彗星の衝突によって大気中に多量の塵が放出されれば、地球の気候にいくつもの影響が及ぶ。その一つが、今も述べた長期（数か月程度）のブラックアウトだ。これにより光の量が不足して光合成に必要なレベルを下回り、さらには陸地部分が急速に冷え込む。だが、このモデルが導き出した最も不吉な予測は、その塵が水循環にも変化をもたらしたことだろう。これは、以前には注目されていなかった側面である。モデルによれば、地球全体の平均降水量は数か月にわたって九割以上減少し、衝突後一年が経過してもまだ正常時の半分程度にしかならなかった。いい換えるなら、寒くなり、暗くなり、そして乾燥したのである。これだけ揃えば、大量絶滅のお膳立てが整ったようなものだ。とくに植物と、植物を食べる動物にとっては。

モデルからわかるのはこれだけではない。衝突から数時間のうちに、大気圏外ぎりぎりの高さにまで岩石の破片が吹き飛ばされ、それが今度は高速で落ちてきて地上に降り注いだ。岩石は非常に高温になっていたため、地上の植物が燃え始めた。おそらくは史上最大の森林火災が全大陸で発生する。これだけのせいで陸上の恐竜が全滅したとしても少しも不思議はない。

先行する絶滅

Ｋ－Ｔ境界絶滅では、全生物種の七五パーセントもが死滅したことがわかっている。陸では一方で恐竜が消滅し、もう一方で哺乳類が台頭した。海では、境界の白亜紀側でアンモナイトが姿を消し、古第三紀側では新たな海洋動物群が現われて、二枚貝や巻貝がその多数を占めた。当初の仮説では、Ｋ－Ｔ境界で一度きりの「大量絶滅」が起きたとされていたが、年代測定の方法が進歩するにつれ、実際はそれよりはるかに複雑だったことが明らかになりつつある。近年では、最後の一撃の前に少なくとも二回の「前Ｋ－Ｔ」絶滅があったことが確認されていて、今のところそれに対する異論はない。とはいえ、ここ数年の研究から、生物が死に至るうえで火山活動による洪水玄武岩の影響もあったことが再び指摘されている。

恐竜の化石は数が非常に少ないため、化石を利用して恐竜が死んでいった速さを調べるのはまず無理だ。その代わり微化石は豊富に見つかっていて、隕石衝突による急激な絶滅という説の裏づけはこの微化石の研究からもたらされた部分が大きい。しかし、やはり陸でも海でも大型動物がどうなったかを知る必要がある。そのためにも最も詳しく研究された海の化石が、前章で取り上げた頭足類のアンモナイトだ。

白亜紀後期の赤道付近に生息していた最後のアンモナイトの絶滅を調べたいなら、絶好の場所がある。ビスケー湾に沿った厚い地層の露頭だ。この露頭は、フランス南西部からスペイン北東部までの広大な領域にまたがっている。なかでも調査にうってつけなのが、バスク地方のスマイアという古い村の近くにある岩の切り立った海岸線だ。[4] そこでは、七二〇〇万年前~五〇〇〇万年ほど前までの地層が数百メートルにわたって続いており、まるで本のページを開いたような形で広がっている。大量絶滅が起きたK－T境界の地層は岩に囲まれた入り江に位置し、岩石の種類と色も変化しているので見逃しようがない。

スマイアの海岸線で最古の岩石はおよそ七二〇〇万年前に遡る。地層は、厚さ一五~三〇センチの層が重なってできており、各層は二層の岩石がペアになっている。石灰岩の厚い層と、泥灰岩（マール）と呼ばれる石灰分の少ない岩石でできた薄い層だ。このペアが無数に積み重なって遠い昔に石化し、岩石の海岸線ができ上がった。岩石の種類や化石から、地層がかなり深い海の中で堆積したことがわかっている。堆積した場所は水深二〇〇〇~四〇〇〇メートル程度。大陸棚の最深部と見られるが、その縁の上だった可能性もある。

地層は水平に重なっているのではなく、海岸線のほぼ全域にわたって地面と垂直に連なっており、北向きに急傾斜している。海岸線に沿って南から北へ歩くと、古い時代から新しい時代へと向かうことになる。だが、岩が切り立っているうえに、日々の潮位の変化も大きいので、潮の引いたときにしか行けないし、非常に歩きにくい場所でもある。

まずは、この岩場への唯一の入り口である長い階段を下り、浜辺のかなり南側（つまり古い時代）から歩き始めれば、たちまちいたるところに化石が顔を出す。ほとんどは大型の二枚貝で、前章でも述べたイノセラムス類だが、アンモナイトもたくさん存在し、ウニも少なくない。ウニはまるで、中身の詰まった大きな心臓のような形をしている。脊椎動物の骨はなく、サメの歯もなければ、もちろん恐竜もいない。しかし、これらの海成層とほぼ同じ年代の非海成層は世界中に点在し、知られている中で最も多様な恐竜化石が見つかっている。

何より驚くのはイノセラムス類だ。直径は最大六〇センチほど。まるで巨大な浅皿が、自分自身の小型版（実際は違う種だが）と並んでいるように見える。地層の重なりが一〇〇メートル続くあいだ、イノセラムス類はどの層にもかならず現われる。地層が水平面に対して傾斜しているため、調べることのできる層理面（層と層の境界面）は広さ数百平方メートルにも及ぶ。化石が最も見つかりやすいのは、地層の側面よりも最上面や最下面であり、とりわけたくさん獲物が見つかるのは、広い層理面をもつ地層の最上面と相場が決まっている。スマイアではそういう箇所が多いため、どんな年代のどんな地層からもおびただしい数の化石が出てくる。しかし、やがて大型二枚貝は姿を消す。その場所は、わかりやすいアンモナイト絶滅層準より一〇〇メートル以上古い時代である。アンモナイト類とウニ類は多数存在したまま、ある時点で突如として劇的に消滅するのだ。

ビスケー湾での研究に加え、ほかの白亜紀後期地層での調査も踏まえると、アンモナイト類の急激な絶滅の二〇〇万年前にイノセラムス類の二枚貝が徐々に死滅していったことがわかる。カリフォルニア大学バークレー校のチャールズ・マーシャルと著者らの一人ウォードの研究では、マーシャルが開発した統計的手法を用いて調べたところ、隕石衝突の最も重要な証拠を含む地層に至るまでは、アンモナイト類の少なくとも二二種がこの地域に存在したことが明らかになった。証拠とは、イリジウムと衝撃石英、そしてガラス質の小球（テクタイトと呼ばれ、隕石落下の衝撃で上空へ吹き飛ばされた岩石の破片が、微細なガラス質となって再び高速で地上に落ちてきたもの）である。

イノセラムス類の絶滅が興味深いのは、アンモナイト類よりかなり早い時期に死に絶えたということではない。その絶滅が様々な場所で様々な時代に起きたことだ。たとえば、南極にある白亜紀の岩石に含まれる最後のイノセラムス類は、七二〇〇万年以上前（アンモナイト絶滅の約七〇〇万年前）のものである。イノセラムス類は世界中に分布していたにもかかわらず、やがて死の波に呑み込まれていったことが今ではわかっている。その波はまず南極地域で始まり、その後徐々に北半球に移動していった。まるで、何かの病気がゆっくりと北へ移動しながら、少しずつ二枚貝を滅ぼしていったかのようである。ただし、この場合は病気ではなかった。元凶は寒さと酸素だったのである。

白亜紀の終わり近くに南半球の高緯度地域で、熱塩循環の酸素版ともいうべき現象が発生し始めた。通常の熱塩循環には温度と塩分濃度がかかわるが、この場合は温度と酸素濃度が関係する。高緯度地域で冷やされた高酸素の海水が底層に沈み込み、それがおよそ二〇〇万年かけて南から北へと動いて、すべての海に広がった。その水塊の存在が、著者らが愛情込めて「イノス」と呼んだ二枚貝（イノセラムス類）の終焉をもたらした。この二枚貝の消失は、生命史の中でも注目すべき出来事である。なぜかといえば、その時点までは一億六〇〇〇万年以上ものあいだ繁栄していたからだ。しかし、イノセラムス類が適応していたのはこの種の海ではなく、低酸素で温かいタイプの底層水だった。だから寒さと酸素に息の根を止められたのである。

隕石衝突だけか？

ここで、K－T境界絶滅を引き起こしたと思われる大元の事象について、現時点でわかっていることを整理してみよう。隕石が衝突したのは一回だけであり、それは世界規模で海水面の急激な変化が二度発生したすぐあと（一〇〇万～三〇〇万年後）のことだった。その二度の変化に挟まれるようにして、海水の水質も大きく変化した。[5] 衝突によって生まれた大きな（最大で直径三〇〇キロ）クレーターは、現在はチクシュルーブと名づけられ、ユカタン半島に位置している。クレーターの具体的な大きさをめぐってはまだ議論があるものの、その構造がクレーターだという点についてはもはや異論がない。絶滅の規模があれほど大きくなったのには、衝突地点の地質と地形が関係した可能性がある。というのも、衝突地点には硫黄含有量の多い蒸発岩〔訳註　水溶液から水分が蒸発し、溶解していた物質が析出沈殿してできた堆積岩〕が存在するうえ、飛来した隕石自体の内部にも硫黄が含まれていたことが、衝突後の大気の致死性を高めたおそれがあるからだ。六五〇〇万年前の隕石は、赤道付近の浅い海に落ちた。その海の底には、蒸発岩が豊富な炭酸塩プラットフォーム〔訳註　炭酸塩が堆積した平坦な地形〕があり、結果的に信じ難いほど悲惨な状況が生じたと見られる。たとえば、世界規模での大気成分の変化や、それに伴う気温の低下、酸性雨（おもに衝突地点にあった蒸発岩由来の硫黄による）、世界各地で発生した大火災などが、絶滅につながるメカニズムとして挙げられている。ちなみに、メキシコの東海岸には、ごつごつした砕屑性の厚い堆積岩層が何箇所もあるが、これも衝突の衝撃波でできたというのがおおかたの科学者（全員ではない）の一致した見方だ。このように、隕石の衝突によって長い冬がもたらされたことが、絶滅へと至る最も大きな影響を及ぼした。その冬は、短期間で大気中のエアロゾルが大幅に増加したために引き起こされた。

近年、衝突後の大気の変化を模したモデルが発表された。それによると、衝突によって大気中の塵の濃度が著しく上昇したことも、生物にとって命取りとなった可能性がある。微細な塵が長期（数か月程度）にわたるブラックアウトを生み出した結果、光の量が減る（光合成に必要なレベルを下回る）とともに、陸地の気温が急降下した。こうした大量の塵は地球の水循環にも悪影響を及ぼした。高度な気候モデルによれば、大型隕石の衝突のあとには世界の平均降水量が数か月にわたって九割以上減少し、衝突後一年が経過してもまだ正常時の半分程度しかない。それが生物相に影響することは、現在では十分に立証されている。[6]

でもデカントラップの洪水玄武岩は？

本書ではこれまで、K－T境界絶滅が基本的に一回のイベントによるものだとしてきた。地球に何かがぶつかり、それによって環境が大きく変化した結果、当時地球上に生息していた生物種の半分以上が死滅した、と。だが一つだけ、まだ説明していない厄介な事実が残っている。小惑星が地球にぶつかったときには、すでに火山活動による洪水玄武岩が噴出している最中であり、しかもそれは地球史上稀に見る激しいものだった。このイベントにより、膨大な量の玄武岩が地球の奥深くから吐き出された。このときの洪水玄武岩でつくられた高原をデカントラップという。おそらく八四〇〇万年前に、おびただしい量の溶岩がコア・マントル境界の近くから上に向かって動き始め、二〇〇〇万年ほどかけて地表まで移動した。これだけ大量の溶岩であれば、その過程で「真の極移動」を引き起こした可能性が高い。真の極移動が起きるのは、質量分布に偏りが存在する場合だ。すると、自転する地球の慣性モーメントが変化して、大きな陸塊を移動させる。この急速な移動によって、不安定になった環境もあったと見られる。たとえばカナダ西部とアラスカの大部分は、八四〇〇万年前までの時代にはメキシコと同じ緯度にあったにもかかわらず、中生代末にはメキシコから遠く離れていた。

洪水玄武岩が噴き出すと様々な影響が生じるが、なかでも生命にとって最も重大なのは、それに伴って二酸化炭素などの温室効果ガスが大量に放出されることである。実際にそういう事例が何度か起きていることは本書でも見てきた通りだ。南北の極地方や高緯度地域が急速に温暖化する一方で、赤道地方では変化がそれほど急激ではなかった。こうした環境条件からもたらされるのが、著者らが「温室効果絶滅」と呼ぶものである。大規模な洪水玄武岩の噴出は高緯度地域を熱し、海を淀ませて海中の酸素欠乏を招く。有毒な硫化水素を多量に含む海洋深層水が海面へと上がってくる。そうして生物は、デボン紀やペルム紀や三畳紀後期のときと同じように死滅した。ところが、著者らのような大量絶滅の研究者には後ろ暗い秘密がある。あまりにも長きにわたって、この不都合な証拠を隠して知らぬふりをしてきたのだ。小惑星が一個落ちるだけでも死の話には事欠かないというのに、淀みで生物が死ぬ物語をいったい誰が聞きたがるだろうか。

十分に興味深い謎であれば、いずれ科学が正しい答えを導く。そして、六五〇〇万年前に恐竜（とそのほか多くの生物）が絶滅した理由ほど興味深い疑問はそうはないだろう。デカントラップ以外のすべての洪水玄武岩の場合、甚大な被害を及ぼして多くの種を絶滅させたのは明らかなのに、なぜデカントラップでは同様の影響が確認されていないのだろうか。[7]

じつは、デカントラップも大きな被害を与えていた。謙遜を脇に置いていうと、その証拠として最も信頼できるものは、著者ら自身が南極で行なった調査によって得られたものである。調査に加わったトマス・トービンという学生が二〇一二年に突き止めたところによれば、隕石衝突の数十万年前に海洋の温暖化が確かに起きていて、それによって実際に絶滅した生物種もあった。[8] 前述の通り、地球温暖化（煎じ詰めれば原因は洪水玄武岩）の度合いは高緯度地方のほうが大きい。すでに熱帯地方では、それ以上暖かくなりようがないレベルに近づいている。現代の世界を見ていてもわかるように、温度変化の矛先が真っ先に向かうのは北極と南極だ。温度の変動による大惨事と絶滅もそれだけ発生しやすいのである。

Ｋ－Ｔ境界絶滅についても同様のことがいえる。大型の小惑星が地球にぶつかったのは間違いない。だがそれより数十万年前に、洪水玄武岩によって世界が急速に温暖化し、海が淀んでいたのだ。本章の締め括りには、使い古されたボクシングの喩えがふさわしい。最終的に相手をノックアウトするのは当然ながら一発のパンチである。しかし、試合開始直後の最初の一撃で相手が倒れることはめったにない。それがどんなに強力なパンチであってもだ。ジャブやボディブローを何ラウンドも打ち続けることで、ノックアウトの舞台が整う。同じように、デカントラップが世界を弱らせ、隕石がとどめを刺したのだ。

第17章　ようやく訪れた第三の哺乳類時代
――六五〇〇万年前～五〇〇〇万年前

知られている中で最初の哺乳類は、トガリネズミほどの大きさで哀れなほどに痩せており、モルガヌコドンと呼ばれている。モルガヌコドンは二億一〇〇〇万年前の三畳紀末期に、自分より大きな捕食者がひしめくなかで（おそらく怯えながら）暮らし、あの三畳紀－ジュラ紀（T－J）境界大量絶滅をなんとか生き延びた。そしてまもなく、原始的ながら「真の」哺乳動物がほかにも仲間に加わる。ヒトを含む現生哺乳類はすべて、T－J境界絶滅をくぐり抜けたこの唯一の系統に由来する。長かった恐竜時代が激烈な最後を迎えたのちに、世界が目の当たりにしたのはいわばネズミの大発生だった（少なくとも体の大きさの面では）[1]。

あらゆる現生哺乳類の祖先は、中生代にパンゲア大陸が徐々に分裂している頃に北部の大陸に出現し、そのあとで大陸間に陸続きの場所（もしくは狭い水路）ができると、ゆっくりと南下して南極大陸やオーストラリア大陸に至った――それが古生物学界における長年の定説だった。これは、アメリカの老舗塗料メーカーであるシャーウィン・ウィリアムズ社のロゴ（ペンキが北から南へ流れ落ちて地球を覆う絵柄）にちなんで、俗に「シャーウィン・ウィリアムズ・モデル」の進化と呼ばれている。だが、新たな証拠が化石と遺伝学の両方からもたらされた結果、この考え方は信憑性のない仮説の一つとして捨てなければならなくなった。どうやら哺乳類の進化の波は南から北へ向かったようなのである。それをとりわけ如実に物語っているのが、南で新たに収集された化石だ。それは高度に進化した哺乳類のもので、北で発見されたどんな化石よりはるかに時代が古かった。

さらには遺伝学による成果もある。これまで、DNAの比較や進化発生学（エボデボ）からは数々の重要な新発見が得られているが、それと同じパターンがこの哺乳類の進化についても繰り返されたわけだ。二一世紀になってこのかた、驚きは尽きない。[2]

とくに注目すべき事実を三つ挙げておこう。第一に、哺乳類の主要な「分類群」（現生の一八目(もく)および今も見られる亜目や科もいくつか含めて）は、じつは恐竜の絶滅よりずいぶん前にすでに多様化していた。これは、哺乳類の分類群が白亜紀－第三紀（K－T）境界絶滅後に初めて進化したという長年の認識を覆すものである。化石を見る限り、現代の分類群のほとんどは、およそ六〇〇〇万年前に恐竜がいなくなったあとで出現したように思える。ところが、実際には約一億年前に多様化し始めていたことを分子のデータが示唆しているのだ。[3]

第二に、初期の哺乳類の進化とそれに続く分岐は、前述の通り北ではなく南の大陸で起きた。第三に、非常に遠縁だと思われていた様々な分類群がじつは近縁であることが判明している。たとえばコウモリは、ツパイやヒヨケザルやサルと同じ上目（真主齧上目）に属すると古生物学者たちは考えてきた。ところが遺伝学的データによると、コウモリはブタやウシ、ネコ、ウマ、クジラの系統（ローラシア獣上目）に括られる。クジラもまた、アザラシ（鰭脚類）につながる祖先系統ではなくブタに似た祖先（偶蹄類）から進化したことが今ではわかっている。

哺乳類の繁栄は解剖学的構造の変化によるところが大きい。その一つが顎の骨と耳の骨の分離で、これにより哺乳類の頭骨は横と後ろに広がることができるようになった。これは脳が大きくなる上で欠かせない変化である。だが、数ある新機軸の中で何より重要なのは、歯の進化だ。モルガヌコドンの顎骨の臼歯は上下が嚙み合い、食べ物を細かく砕くことができた。

現生哺乳類は大きく二つに分けられる。一つは、祖先にあたる有袋類（極端に小さな子供を産んで育児囊で育てる）。もう一つはその子孫で、種の数も個体数も有袋類より多い有胎盤類である。近年のＤＮＡ研究では、有胎盤類は一億七五〇〇万年前には早くも有袋類から分岐し始めていたとの見解が示されている。[4]化石による裏づけもあり、なかでも中国で産出したものには有無をいわせぬ力があった。[5]中国北東部の遼寧省で、一億二五〇〇万年前の地層から有胎盤類の祖先の化石が完全な形で見つかったのだ。これはＤＮＡ研究の結論を支持している。エオマイアと名づけられたこの化石の発見により、有胎盤類の最初の祖先がそれよりさらに五〇〇〇万年前のジュラ紀に登場したとする遺伝学からの証拠が、古生物学者にも受け入れやすくなった。[6]

現生の有胎盤類のうち最も古くから生息しているのは、ゾウ、ツチブタ、マナティ、ハイラックスなどである。[7] アフリカ大陸がかつての超大陸パンゲアから分かれた際、これらの動物は大陸とともに連れ去られ、その後何千万年ものあいだ独自に進化した。大陸の分散により、南米大陸も数百万年かけてユーラシア大陸や北米大陸から分離し、ナマケモノやアルマジロやアリクイの生息地となった。北半球の大陸に出現したのは、地球で最も歴史の浅い有胎盤類で、アザラシ、ウシ、ウマ、クジラ、ハリネズミ、齧歯(げっし)類、ツパイ、サル、そして最終的にヒトである。

しかし、仮に哺乳類の多様化がK－T境界絶滅の前にかなり進んでいたとしても、最も顕著な変化である大型化が起きたのは恐竜が絶滅した直後である。その後二七万年のうちに、哺乳類は多様化するとともに体も大きくなっていった。ただし、本当の意味で大型と呼べる哺乳動物が登場するのは、今から五五〇〇万年ほど前になってからである。当時、地球の温度が急速に上昇したのと時を同じくして世界中に森林が広がり、南北両方の極地付近にさえ樹木が生い茂った。このことが、哺乳類の多様性の大幅な拡大を後押ししたのかもしれない。

暁新世の陸の世界

そもそも暁新世は、K－T境界の大量絶滅があったからこそ訪れた。この絶滅は、原因についても結果についてもまったく疑う余地がない。そして、その後の世界は様々な面でまったく異なるものへと変わった。

陸上では恐竜の支配があまりに長かったため、絶滅を生き延びたものたちによる新たな生態系の構築が急務となった。そのうえ、数多くの陸上動物が突如として消滅したので、進化の歯車が動き出し、堰を切ったように新種が誕生していって、動物の多様性はカンブリア爆発にも劣らぬ勢いで増していった。陸上では哺乳類が傑出した勝者となったのは間違いないが、鳥類も返り咲き、しばらくは様々な資源をめぐって陸生哺乳類と競い合っていた。

巨大隕石が落ちてきたのは、低酸素と温暖化が長く続いた中生代のことである。この落下が気候に及ぼした影響は大きく、何千年ものあいだ生態系のいたるところにその余波が広がった。まず、すでにわずかに寒冷化していた世界で、陸海両方の気候がますます不安定になる。生物相の変化も同様に壊滅的だった。恐竜がいなくなったために森林が密林化したこともその一つである。現代でも、ゾウが歩き回ったり植物を食べあさったりすることで森林の密林化を防いでいるように、ゾウよりはるかに体の大きかった恐竜もやはり植生パターンを左右する存在だったに違いない。その恐竜が突然姿を消したために、森は鬱蒼とした。まるで、仕事に厳しい庭師が急に職務を投げ出して、長年丁寧に剪定してきた木々が荒れ放題に茂るに任せたかのようである。

大きな爪痕を残したK－T境界絶滅から七〇〇万年以上が過ぎた暁新世後期には、気候はすでに世界的に安定していた。酸素同位体比を調べた結果から、地球はゆっくりと温暖化していて、全世界の温度が上がった。場所によっては二六℃くらいに達していたことがわかっている。赤道付近の海洋表層水の水温は二〇℃を超え、赤道付近の海水温に近かったわけだ。現代との違いが顕著なのは高緯度地域である。つまり、今日の赤道付近の海水温に近かったわけだ。現代との違いが顕著なのは高緯度地域である。北極や南極付近の表層水の温度は、現在はほぼ氷点であるのに対し、当時は一〇～一二℃だった。したがって、赤道と極地の水温差は一〇～一五℃程度と、現在の半分くらいしかない。しかし、こうした違いとは裏腹に、海流のパターンは現在とかなり似ていた。何より重要なのは、最終的に海底に沈み込む高酸素の水塊が、現代と同じように高緯度地域で発生していたことである。

今から六五〇〇万年前にK－T境界の大量絶滅が起きたあと、生き残った哺乳類が植生パターンに影響するほど大型になるには何百万年もかかった。恐竜の死体が腐りかけて悪臭を放つ世界で、ネズミほどのサイズの小さな哺乳動物が防空壕のような巣穴から這い出してくる光景は、これまで数々の絵画に描かれている。死肉を食べる哺乳動物にとって、何か月かは至福の時だっただろう。だが、すぐに骨しかなくなり、その骨でさえ短期間のうちに朽ち果てたり土に埋もれたりした。こうして哺乳類はみな、以前とはまったく異なる食物網の中で生きていかざるを得なくなる。暁新世初期にはまだ草が出現していないので、植物食動物は草を食むのではなく木の葉や果実を食べていた。もっとも、木の葉に頼るものはごくわずかしかいなかったようである。暁新世の哺乳類の歯を見る限り、固い葉よりも昆虫や果実や柔らかい若枝を常食とするものがほとんどだった。根や塊茎（かいけい）を食糧にするものもいたかもしれない。木の葉に適した歯の形態がようやく出現するのは、暁新世後半のことだ。だが、ひとたび進化に火がつくと、新しい種類の哺乳類が次々に誕生する。それとともに、新種の哺乳類の大型化にも拍車がかかっていった。そしてあのK－T境界の大量絶滅からわずか九〇〇〇万年ののちに、生物を取り巻く環境は再び危機に見舞われることになる。

暁新世－始新世境界温暖化極大イベント（PETM）

地球は新生代初期の時点で、わかっているだけで少なくとも九回は大量絶滅に見舞われている。最初は大酸化事変とそれが引き起こしたスノーボールアース現象による絶滅。二度目はそれから一〇億年以上のちのクライオジェニアン紀。その後は年代順にエディアカラ紀後期、カンブリア紀後期、オルドビス紀後期、デボン紀後期、ペルム紀後期、三畳紀後期、そして白亜紀後期と続く。原因は驚くほど変化に富んでいる。酸素濃度の急上昇もあれば、酸素欠乏もある。かと思えば捕食者の出現や、硫化水素の放出に伴う無酸素状態、果ては隕石の衝突まである。しかし、恐竜絶滅からわずか九〇〇〇万年後の暁新世末には、新たな刺客が登場することとなる。メタンだ。これが知られているなかでもとりわけ急速な地球温暖化を引き起こした。「暁新世－始新世境界温暖化極大イベント（ＰＥＴＭ）」と呼ばれる現象である。

この温暖化を最初に発見したのは海洋学者だったが、[8]暁新世後期の温度変化を探していたわけではなかった。アメリカが主導する新しい深海掘削計画（ＯＤＰ）が深海で採掘したコアから、Ｋ－Ｔ境界の大量絶滅に関するデータを取ろうとしていたのだ。だが、白亜紀の地層まで掘るには、掘削機はまず始新世、それから暁新世の堆積物を通らなければならない。目的の試料採取層に向けて掘り進む過程で、これらの地層からもコアが採取された。

最終的にこの新しい時代のコアも調べ、単細胞の微小な原生生物（底生有孔虫）の殻に含まれる炭素と酸素の同位体を測定してみたところ、炭素12と炭素13の同位体比だけでなく温度についても、間違っているとしか思えないような結果が得られた。大昔に深海だったコアのほうが、浅海だった場所のものよりも温度が高かったらしいのだ。今日の極寒の南極付近でさえ、水は深くなるほど低温になっていく。暁新世が今より格段に暖かかったことは間違いなく、どう考えても浅海より深海の水温のほうが低かったはずだ。にもかかわらず、得られた測定値は正反対の状況を指し示し、深海は温かく浅海が冷たかったという。比較的短期間のうちに、深海に異常な温暖化が起きたのである。

暁新世と始新世の境界付近の地層では、火山灰が全世界で著しく増加している。[9]火山灰はきわめて微細な物質なので、塵と同様に大気から海底へと進んでそこに堆積するが、発生の原因は大気に生じる嵐ではなく火山の噴火だ。火山灰が増えているとすれば、五八〇〇万年前〜五六〇〇万年前に地球全体で火山活動がにわかに活発化したとしか考えられない。世界中の様々な地点でさらなる調査が行なわれた結果、これが一つの海盆だけに起きた異常現象ではなく、地球規模のイベントだったことが確認されている。

暁新世後期、熱帯地方は以前とほぼ同じ温度（高温）のままだったが、南北の極地方は著しく温暖化した。暁新世には赤道と極地の海水温の差は一七℃と大きかった（現在はさらに大きく二二℃）のに対し、始新世前期にはこの差がわずか六℃にまで縮まっている。高緯度の温度が上がるにつれて、熱帯－極地間の熱交換は鈍化し、嵐の数もその激しさも減っていく。世界はそれまでに何度も経験したように、穏やかな気候の非常に暑い場所になった。またしても温室効果大量絶滅の環境である。

暁新世－始新世の境界層をまたいで採取した二つのコアからも、炭素の同位体に驚くべき変化が現われていた。同位体比に短期間ながら負の変動が生じていたのである。これは植物量が減少したときに見られるものであり、大量絶滅があったことを如実に物語る特徴だ。古生物学者の中には、その地域の底生生物の生存状況に目を向ける者もいた。彼らがとくに注目したのもやはり底生有孔虫で、海底でも壊滅的な大量絶滅が起きた証拠が見つかった。これは、深海が突如温暖化したために、寒冷な環境に適応していた種が短期間のうちに一掃されただけなのだろうか？　こうした事実が一九九〇年代の初めに明らかにされると、ほどなくして日本の古生物学者、海保邦夫（かいほくにお）が別の研究結果を発表した。底生生物の運命を決したのは深海の温度上昇ではなく、海底の酸素濃度の低下だったと結論づけたのだ。これは直感的にも大いに納得のいく話である。温かい水は栄養豊富だが酸素不足になりやすい。

海洋の深層が温暖化して酸素濃度が低下し、表層の水温まで上がる。根本的な原因は何だったのだろうか。K－T境界で起きた小惑星の衝突は浅海域に大打撃を与え、表層と上層の水中に浮遊するプランクトンをほぼ全滅させた。反面、深海の生物にとっては、上から栄養が得られなくなった以外にさほどの被害はなかった。海洋の最深部が温暖化したとすれば、海底が広範囲にわたって急速に温められたことになる。それにはまったく新しい種類の海底火山活動が必要だ。海底には熱流量の高い領域があるにはあるが、それは比較的幅の狭い中央海嶺付近に限られている。海洋底拡大（プレートテクトニクスでいう海洋の底が広がる段階）が起きている場所だ。だが、こうした中央海嶺に沿って火山活動が活発化し、プレートが今よりはるかに急速に動いたとしても、これだけの離れ業をやってのけるのは無理だ。海底全体の温暖化を招いたのは、熱帯の温かい表層水だったと考えるのが妥当だろう。表層では蒸発によって海水の塩分濃度が上がり、密度が大きくなる。この温かくて塩分の濃い海水が沈み込み、海底に沿って運ばれて、高緯度地方の低温の場所まではるばる移動していったというわけだ。

通常であれば、冷たくて高酸素の表層水が深海底に向けて下りていくのだが、暁新世末の海洋ではそれが機能していなかった。深層の熱塩循環システム（海水はおもにこれにより混ざり合っている）が、現在の海洋に見られる流れと正反対なのである。真っ先に犠牲となったのは酸素を必要とする微小な生物、つまり深海の底生有孔虫であり、その種の多くが死滅した。しかも約四〇万年という比較的短いあいだに急速に。とはいえ、仮にも大量絶滅の一つに数えるには、海洋だけでなく陸上の動物も影響を受けたことを証明しなければならない。そこで陸上の事変を探して調査が始められた。

古生物学者は深海での絶滅発見に触発され、暁新世の終わりに陸上でも絶滅があったのかどうかを調べようと、当時の陸上動物の化石記録を見直し、新たな化石も採取した。ほどなくして、哺乳類のあいだに確かに大変革が起きていたとわかる。正確な年代を調べると、陸上と海洋の絶滅は同時期の出来事だったことがすぐに判明した。ＰＥＴＭによる温室化が海洋生物にもたらした大きな変化は、陸上でも生じていたのである。[10]

陸上生物の化石記録を見る限り、この変革こそ現在の哺乳類動物相の始まりを示すものであるように思える。暁新世の後半にはすでに多様な哺乳類が生息していたが（明らかに異なる三〇の科が化石から確認されている）、多くは小型であり、現存しない分類群のものもいた。たとえば齧歯類に似た小型動物の生き残りや、様々な有袋類、アライグマに似た有蹄類などである（新たに生まれた有蹄類は完全に植物食なのに、暁新世には肉食の仲間がいたというのは矛盾とも思える奇妙な事実だ）。真性の食虫動物や最初の霊長類（食虫動物と同様にまだ小型）も存在した。だが、暁新世も後期になる頃にはやや大型のものも現われ、なかにはじつに奇妙な動物もいた。

たとえば汎歯目という種類は、イヌからバイソンくらいの大きさの植物食動物で、カバのように半水生で暮らす種や樹上生活をする種に分岐したものもいれば、さらに大型化して森の地面を四肢で歩きまわる種もいた。概してずんぐりとした体で足も短いため、少なくとも今日の植物食動物と比べたら歩き方はかなり無様で不格好だったに違いない。汎歯目も大きかったが、暁新世の末にはもっと大型の植物食動物が出現していた。巨大な恐角目(きょうかくもく)である。これは特大のサイのような動物で、頭部に奇妙なこぶや角を一式備えているところまでサイに似ている。

暁新世から始新世への移行を示す地層には、いったん種の数が減少し、それから時間をかけてゆっくりと(即座にではなく)新しい種が誕生していったことが見てとれる。産出する骨の多くは私たちにとって前よりなじみのある種類のものだ。たとえば最初の偶蹄類と奇蹄類が現われる。するとすぐに、より現代的で、現生肉食動物とも類縁関係にある肉食獣が、新しい植物食動物を食べるべく進化する。こうしたすべては、世界の気候そのものを変えた事象の所産といわざるを得ない。過去の大量絶滅から学べるのは、大規模な絶滅により門戸が開かれて新しい形態の登場が可能にならなければ、新たな種の出現はなかったということだ。暁新世の終わりにもそれと同じことが起きている。

著者らの研究仲間であるフランチェスカ・マキナニーが、北米大陸西部での研究に基づいてこの時代のことを見事にまとめており、ＰＥＴＭを語るうえではこれが役立つだろう。マキナニーはまず、ＰＥＴＭは私たち人類がけっして無関心ではいられない重要な出来事だと指摘している。というのも、ＰＥＴＭのときには一二兆～一五兆トンの炭素が大気に放出されたのだが、人間が工業生産やエネルギー利用のために長年のあいだに吐き出している炭素の量がだいたいこれに匹敵するからだ。PETMの際には温室効果ガスの増加で気温が上昇したことにより、当時の世界は今より五～九℃暖かかった。PETM自体はおよそ一万年続いている。PETMの最中に生息していた植物は、その前後の時代のものとは異なっていて、たとえばマツのたぐいの裸子植物はすべて姿を消していた。スミソニアン博物館の古植物学者スコット・ウィングの発見によると、その代わりに当時見られたのは、PETMまではもっと低緯度、つまり高温の環境で生きていた植物が主である。PETMが終わると、かつての植物が帰ってきた。昆虫も同じで、文字通り地獄の日々が続いた一万年の前に生息していた虫たちが戻っている。ところが、哺乳類はそうはいかなかった。この温暖化現象は北米の哺乳動物相を一変させたのだ。

最後にもう一つ。今日の地球にあるような大きな氷床が当時も存在していたら、きっと急速に融けていたに違いない。それにより海面が上昇する。著者らの考えでは、人為的な温暖化の最も危険な側面はこれである。人類は南極大陸やグリーンランドの氷を融かしているのだ。これから数世紀のうちに、現在は農地として利用されている広大な土地が水浸しになるだろう。現在確認されている中で最も海面上昇率が高いのは、中国南部の海岸地帯だ。ここは世界有数の人口密集地であり、海抜ゼロメートルに水田が広がる。

寒冷化する新生代の草原と哺乳類

始新世から中新世（二三五〇万年前～五三〇〇万年前）の初めにかけて、世界はゆっくりと寒冷化していった。まだ最初の始新世のうちはごくわずかな変化にすぎず、現に当時は地球規模で熱帯林が広がっていて、現在の北極圏内にワニがすむほどだった。しかし、漸新世（ぜんしんせい）になると寒冷化が加速して、気候の種類が大きく変わり、それまではほぼ一様だった世界の気候に極端な季節性が生まれる。それと同時に、巨大な大陸氷床が南極大陸とおそらくグリーンランドでも形成され始めた。この氷床の拡大が急激な海面低下を引き起こす。高緯度地方では、様々な場所で森林が草原やサバンナに取って代わられていった。それだけではない。大気にも変化が生じ、これが生命の歴史に多大な影響を及ぼすこととなる。

植物には二酸化炭素が必要だ。だが、数十億年にわたる二酸化炭素の歴史は短期的な増減の繰り返しであり、しかもその背後にははるかに長期的な一つの傾向がある。細かい変動はあれ、長い目で見ると二酸化炭素は減少してきているのだ。二酸化炭素が長期にわたって減り続けると、地球はしだいに寒冷化する。とくに過去四〇〇〇万年はそうだった。とはいえ、新生代の植物の進化に影響したものは気温の変化以外にもある。もっと重要なのは、二酸化炭素の減少に呼応して、より効率的な光合成の方法が生まれたことかもしれない。これは「C_4型光合成」と呼ばれる。多くの植物が旧来のメカニズムであるC_3型光合成をやめ、C_4型を用いるようになった（C_3とC_4では、太陽光と二酸化炭素から植物の細胞や組織がつくられる際に起きる化学変化が異なる）。それどころか、C_4型を使う植物が増えたことから、C_4型光合成は大変な勢いで重要性を増してきている。

C_3型の光合成を行なう植物は、C_4型とは異なる特徴が炭素同位体比に残る。これは生体組織を専門に調べる質量分析計を使って、その植物のどこかの組織を分析すると測定できる。さらには、その植物を食べた動物もかならずその痕跡を留める。したがって、化石を調べれば、特定の種の植物食動物がC_3植物を食べていたかC_4植物を食べていたか（もしくはその両方か）がわかるのだ。

C_4植物が初めて現われた時期を示す証拠は二方面から得られている。一つは分子時計だ。遺伝学者はC_4植物とC_3植物のゲノムを比較して、その差がこれだけ大きいからにはC_4型の出現は早くて二五〇〇万年前（遅くて三二〇〇万年前）だとの結論に達した。ところが化石記録はまったく違う答えを出している。C_4植物の最古の化石はほんの一二〇〇万年前〜一三〇〇万年前のものなのだ。

C_4型光合成は、様々な植物にどこまでも拡散していくたぐいの画期的な進化というわけではなかった。じつのところ、これは過去に四〇以上の異なる系統の植物で個別に進化した可能性がある。こうして生まれたC_4植物は火や乾燥に強く、高温で乾いた気候に適応している。

C_4植物で最も重要なのはイネ科植物である。大型の哺乳類や様々な鳥類（たとえば都市部でも水辺の芝生でよく見かけるカモ）など、多種多様な植物食動物のあいだで食生活の中心になっているからだ。二酸化炭素がとくにここ二〇〇〇万年のあいだに減少していることは、C_4植物の草原が拡大するのを大いに後押しした[11]。ほとんどのイネ科植物は森林の地面では生きられない。日陰が多くて比較的涼しい環境が生長に適さないからだ。

しかし、森林が破壊されると土地が開け、イネ科植物にとってははるかに好ましい生息環境ができる。長らく主流だった考え方は、二酸化炭素の長期的な減少がC_4植物の進化に火をつけてイネ科植物が優位に立ったというものだが、近年では新しい見方も浮上している。森林被覆度の変化が二酸化炭素の減少と同じくらい、いや、もしかしたらそれ以上に重要だったというのだ。では、森林の急激な減少を引き起こしたのは何だろうか。答えはどうやら火事らしい。

地球は植物の生えた惑星であるにもかかわらず、森林火災の影響があまりに過小評価されている。火災は当然ながら酸素濃度の影響を受ける。酸素濃度が高かった時代、とくに三億二〇〇〇万年前〜三億年ほど前の石炭紀には、森林火災は絶えず起きていたのではないか。この時代に宇宙から地球を眺めたら、煙が充満して大気が暗く霞んでいただろう。世界中が靄(もや)に包まれて、すっきり晴れる日などめったになかったかもしれない。そうした煙が大陸のかなりの部分を覆っていたとしたら、地球の気温にきわめて重大な影響を与えたはずだ。というのも、森林火災の煙は上空から見ると白みがかっていることが多いからである。靄や煙がないときより多くの太陽光を宇宙に跳ね返してしまうため、アルベド（惑星が太陽光を反射する度合い）が変わり、気温が下がったとも考えられる。

これらすべてが相まって、以後の地球の気候はもちろん、生命の歴史をも大きく変える一連の事象を引き起こした。酸素濃度が上昇し、石炭紀全体の三割以上の期間で高い状態が持続したために、森林火災が増えた。前述の通りこれが地球の気温を下げ、そこから様々な出来事が続いて最終的に極地が氷河に覆われ、その状態が地球史上稀に見るほどの長期に及ぶことになる。地球全体が凍りついたわけではないものの、凍結期間の長さは一部のスノーボールアース現象のときにほぼ匹敵する。この氷河期は五〇〇〇万年以上続いた可能性がある。時期を同じくして、地球史上最も重要な出来事がいくつか起きている。一つには、動物が陸上を支配した。また、（当時としては）高等な陸上植物が新たに登場して、それまでは生息できなかった大陸の高地に群生できるようになった。そして脊椎動物の中でもとりわけ重要なグループが登場した。最初期の爬虫類と、すぐあとに現われた哺乳類の祖先などである。だが、火事には別の側面もあり、それが植物の歴史に、ひいては生命の歴史全般に影響したようだ。

アマゾン川流域の火事に関する新しい研究により、野火が気候に大きな影響を及ぼし得ること、そしてそれは熱帯に限る現象ではないことが証明されている。イギリスの古気候学者デイヴィッド・ビアリングは著書『植物が出現し、気候を変えた』の中で、一九八八年に火災による煙が北米の一部で雲の形成を妨げ、それが降雨パターンを変化させた可能性を指摘している。この年の四月に厳しい干ばつが起き、二〇世紀最悪ともいえるほどの乾燥が何か月も続く結果となったのだが、じつはこの干ばつの前には、かつてないほど大規模な山火事があった。同程度の大規模な山火事は、一九八八年の七月にも北米で発生している。イエローストーン国立公園一帯が広範にわたって燃えた年だ。ビアリングは、C_4植物の草原が拡大したメカニズムに関して新しい見方をしている。正のフィードバックシステムが強く働いた結果ではないかというのだ[12]。

正のフィードバックとは、結果がフィードバックされることで環境の変化を一定方向に向けて助長していくことをいう。たとえば今日の世界では、大気の温暖化で北極海の海氷がどんどん融けている。そのため北半球では、光を反射しやすい白い氷の割合が減る。氷に覆われた白い海洋は太陽光を宇宙に跳ね返すが、氷が融けて一面が暗い色に様変わりすると、海洋は前より格段に多くの熱を吸収する。それで海が温まる。結果的に氷はますます融けていき、この循環が続く。つまり、正のフィードバックが働くと、温暖化はさらなる温暖化をもたらすのだ。

ビアリングは森林火災にも正のフィードバックが働き、さらなる森林火災を引き起こしているとの見解を示した。火事が気候を変え、干ばつの起きる頻度が高まる。そのせいで燃えやすい地域が広がり、火事の被害がいっそう大きくなる。するとますます気候が変化し、この循環が続いていく。火事がさらなる火事を生じさせるというわけだ。そして結果的にC_4植物が分布を広げた。

私たちは今、急速な地球温暖化の時代に突入している。これによって地球が最終的にどうなるのかはまったくわからない。それ以上に予測しにくいのは海面上昇による影響だ。温暖化により海面がかつてないほど上昇したら、私たちの産業は、人口は、文明は、どうなるのだろう？

第18章　鳥類の時代——五〇〇〇万年前〜二五〇万年前

子供の頃に最初に教わる生命の歴史は、次のように区切られていることが多い。魚が出現したいわゆる「魚類の時代」のあと、魚の一部が陸に上がって「両生類の時代」が始まり、その後「爬虫類の時代」または「恐竜の時代」とも呼ばれる時代が続いて、最後は「哺乳類の時代」に行き着く。どうしてこれが常識になったのかは理解に難くない。人間は区分けが好きであり、一連の「時代」はその対象としてうってつけなのだ。だが、この捉え方は非常に多くの問題を孕んでいる。その一つが、この分け方では鳥が出てこないことだ。そこで少し区分を変えて、「鳥類の時代」ともいうべきものについて考えてみよう。[1]

鳥類の進化は大きな研究テーマの一つであり、[2]これまで議論の絶えない分野でもある。鳥類の起源をめぐっては、研究者の「信念」が大きく二つに分かれている。一つは、鳥類が恐竜以外の双弓類（爬虫類に似た動物）から進化したというもの。つまり、恐竜の祖先と同じグループの動物から生じたとする。もう一つは、鳥類がじかに恐竜から進化したとする考えである。恐竜起源説を採る一派は分岐学の手法〔訳註　いくつかの種に共通する形質を探し、それらを共通する祖先から受け継いだ形質と仮定して分岐図を作成する手法〕までもち出して、私たちが鳥と呼ぶものはじつは恐竜であり、単に改造が進んでいるだけだという主張を裏打ちしようとしている。[3]

二足歩行をする小型の肉食恐竜の多くは、卵の産み方のみならず、産んだ卵も鳥に似ていることがいくつもの化石から明らかになっている。最近の発見にはさらに目を見張るものがある。始祖鳥が出現する前後に生息していた恐竜には、羽毛のついた翼のような腕をもつものが数多く見られるのだ。これは、恐竜もまた飛行能力を身につけようとしていたことを示唆している。問題は、この有名な化石が本当に恐竜なのかということだ。[4]

論争の始まりは一九九六年くらいにまで遡る。この頃、古生物学者のアラン・フェドゥーシアは発見されたばかりの化石を調べ、それが一億三五〇〇万年ほど前に生息した鳥であると解釈した。だとすればじつに興味深い。始祖鳥のすぐあとの時代ということになるからだ。リャオニンゴルニスと名づけられたこの鳥は、恐竜型の鳥類にはまったく見えなかった。[5] 現在の鳥に似た胸骨に、大きな飛翔筋がついている。にもかかわらず、始祖鳥に似た大昔の鳥の化石のそばで見つかった。どうしてそのように高度な進化がそれほど短期間に起きたのか。フェドゥーシアの考えでは、鳥類は急速に進化したのではなく、始祖鳥が出現した時代（およそ一億四〇〇〇万年前〜一億三五〇〇万年前）にはすでに広く分布していて、様々な環境で暮らしていた。始祖鳥より「高等」ではあるものの、現代の鳥の基準からすればまだ非常に原始的である。では、どこに位置づけたらよいのだろう。この鳥のほとんどは約六五〇〇万年前に恐竜とともに絶滅し、今日の鳥類の祖先はそののち、今から六五〇〇万年前〜五三〇〇万年前に恐竜とは別に進化したとフェドゥーシアは確信している。これがいわゆる鳥類進化の「ビッグバン説」である。[6]フェドゥーシアとそのグループは、鳥類と恐竜の類似点はどれも収斂進化のなせる業として捉え、自然選択が働いた結果として似た形態が別個に生まれたにすぎないと考えている。

この仮説では、現生鳥類が遅い時期に出現したと見ている。具体的には、六五〇〇万年前の白亜紀－第三紀（K－T）境界絶滅と同じ頃か、その数千万年後だ。もちろんこれはもはや主流の考え方ではない。[7]ここ一〇年のあいだにおもに中国で、一億三〇〇〇万年前〜一億一五〇〇万年前の白亜紀の岩石から様々な鳥の化石が多数発見された。その結果、私たちになじみ深い尾骨の短い鳥が登場する前に、長い尾骨をもつ多種多様な鳥類がいたことが明らかになっている。[8]しかし、恐竜起源説をいっそう確かなものとしたのは、中国で発掘された二種類の羽毛恐竜だった。一つは一億四五〇〇万年前〜一億二五〇〇万年前のもの、続いて見つかったのはそれよりあとの白亜紀前期のものである。

羽毛の研究には科学界から大きな関心が寄せられてきた。そもそも羽毛はなぜ（どんな機能のために）進化したのか。そして飛行に必要な翼の羽は最初どのようにして出現したのか。こうした研究をするうえでかかわってくるのが、「外適応」という概念だ。これは、特定の適応形質が別の機能をもつようになることをいう。私たちはみな、ダウンベストや寝袋を通して羽毛のありがたみを知っている。羽毛が断熱と保温に優れていることは間違いない。だが、保温に使われる羽毛と飛行に必要な羽はまったく異なるものだ。羽毛が化石として残ることはめったにないため、古生物学ではよくあることだが、その起源や出現の時期や用途を突き止めるのに化石を調べてもあまり役に立たない。しかし、ここ数十年のあいだに何度もあったように、救いの手を差し伸べてくれたのが中国からの化石だ。間違いなく羽毛を残し[9]、軟組織さえ留めているような[10]（これが産出するのは中国だけではない）見事な恐竜の化石が見つかったのである。しかし、これもまたよくあることだが、鳥類の進化に関する証拠が受け入れられる前にはかならず激しい反対に遭い、派手な論争が繰り広げられる[11]。飛行（ただの滑空ではない）という行動は、節足動物や爬虫類、恐竜（鳥類型）、哺乳類にも採用された新機軸であり、それがどのようにして進化したのかは、今なお盛んな研究が行なわれているテーマである[12]。

現在、アフリカ本土を除くすべての大陸で、中生代の地層から一二〇種以上の鳥類が確認されている[13]。このように新しい情報が得られているにもかかわらず、鳥類の進化に関してはいくつかの点をめぐって議論が戦わされている。その一つが現生鳥類（新鳥類）の誕生と多様化の時期である[14]。

鳥類は白亜紀（約一億四五〇〇万年前〜約一億年前までの前期と一億年前〜六五〇〇

万年前までの後期に分かれる）最古の地層からも発見されている。白亜紀前期の鳥類は、短期間のうちに様々な形とサイズに進化したに違いない。コウシチョウ（孔子鳥）のように、カラスくらいの体長で頑丈な嘴をもち、翼に大きな鉤爪のついた鳥もいた。サペオルニスのように、長くて幅の狭いカモメのような翼をもったものもいた。エオエナンティオルニスやイベロメソルニスなどは、もっと小型でスズメ大である。白亜紀前期のこうした鳥は、飛行の面では進歩していたものの、まだ始祖鳥のように顎に歯のあるタイプだった。だが、頭蓋骨や翼や足が多様化していたことから、すでに様々な生活様式の種に分岐していたことがわかる。食べるものも、種子、魚、昆虫、樹液、動物の肉など多岐にわたっていたはずだ。翼や胸郭の構造を見る限り、始祖鳥が誕生してからあまり時間がたっていないのに現生鳥類とさほど変わらぬ飛行能力を進化させていたことがうかがえる。

前述の通り、数々の進んだ特徴とは裏腹に、原始的な名残りを留めていたのが歯だ。現生鳥類には歯がなく、角質の嘴が様々な形態をとることで多様な食性に適応している。では、歯のない鳥が出現したのはいつだろうか。これについては依然として見解の一致を見ていない（いや、もしかしたら南極半島の冷たい荒野で最近答えが出たのかもしれない。詳しくは後述）。

歯のない現生鳥類は、歯をもつ白亜紀の祖先から進化した。もっともこれは、取って代わるというより、新たな種が加わるかたちの進化だった。なぜなら、歯や長い尾をもつ初期の原始的な鳥類は、その後も翼のある爬虫類（白亜紀後期に優勢となった最大の飛行動物を含む）と並んで繁栄と多様化を続けたからである。歯のある種は白亜紀末まで生息していたが、K－T境界イベントの際に最終的に絶滅した。少なくとも、ヘルクリーク累層の鳥の化石に関する最新の情報を総合するとそう考えられる。ヘルクリーク累層はアメリカ西部の内陸部にあり、白亜紀末の姿を最も完全な形で残す地層として知られている。ここからはトリケラトプスやティラノサウルス・レックスのほか、原始的な形態を留めた多くの鳥類の化石が産出する。

K－T境界を生き延びたのは、比較的原始的な古顎類だ。この系統には、ダチョウやレアやヒクイドリのような飛べない大型の陸鳥が含まれる。じつに巨大で最近絶滅したニュージーランドの巨鳥モアや、ここ一〇〇〇年のあいだに人類によって根絶やしにされたマダガスカルのエピオルニスもこの系統に属していた。また、今日よく見かける鳥（水生のカモや陸生のキジカモ類、現在最も飛行能力の高いその他の新顎類）の中には古顎類を祖先にもつものもいる。

ヘルクリーク累層をはじめ、北米にある同時代の岩石からは、これまでに合計一七種の鳥類の化石が見つかっている。そのうち七種は最も古い原始鳥類のもので、ヘスペロルニス目に属する鳥類も含まれている。このグループの鳥は歯をもち、水に潜ることができる。代表的なものが、目の名前の由来にもなったヘスペロルニスで、全長一二〇センチほどのずんぐりした潜水鳥である。発掘された化石には比較的小型の鳥のものもあれば、ジュラ紀や白亜紀としては最大級の飛ぶ鳥のものもある。これは、恐竜時代が終わる頃には鳥類の多様化がかなり進んでいたことを明確に示している。

じつはこれらの化石に見られる「鳥相」はかなり海鳥に偏っているのだが、それも驚くにはあたらない。白亜紀後期、その地層のあたりには内海があって、北米大陸を二つの大きな亜大陸に分けていたからだ。発見された鳥類の中で、古第三紀まで生き残ったことが確認されているものはない。だからヘルクリーク累層（白亜紀の最後を飾るマーストリヒト期末の二〇〇万〜三〇〇万年分の地層を含む）にそれらの化石があるということは、チクシュルーブ小惑星の衝突と時を同じくして原始鳥類の大量絶滅が確かに起きていたことを物語っている。[15] しかし、この鳥相に関してはまだ議論がある。北米大陸の地層で発見された鳥類のほとんどは、形態から見て「高等」な鳥類に相当するのに、どれも新鳥類と呼ばれる肝心なグループに無条件で分類することができないのだ。この鳥相は白亜紀後期の既知のものとしては最も多様ではあるが、多様性や異質性（体制の種類の数）の点では現生鳥類に及ばない。それでも、この化石群はK－T境界の大量絶滅が鳥類にどれほどの影響を与えたかを知るうえで、きわめて重要な役割を果たしている。

小惑星が衝突しても絶滅せずに生き残れる脊椎動物がいるとしたら、それは間違いなく鳥類である。宇宙からの巨大な岩が地球にぶつかったとき、最初の数日で世界の森林はほとんどが燃えた。続いて酸性雨。それから半年に及ぶ闇、そして飢餓。陸上はもちろん、深海を除く海や淡水の世界でも、あらゆる生態系が確実に崩壊する。計り知れないほどの影響が及んだ。そのうえ、深海の主要な栄養源である浅海のプランクトンや、動物の死骸がなかなか（場合によってはまったく）沈んでこなくなると、深海の生態系も結局は甚大な被害を被っただろう。陸上では体の大きさが生死を分け、大型の動物に勝ち目はなかった。だが鳥類は大型動物ではない。

鳥は速やかに分散して、被害の少ない土地に素早く飛んでいけるため、飛べない動物（そして飛べない鳥）よりは全体としての絶滅率が低いはずだ。あいにく鳥の骨は中空で脆く、化石になりにくい。だから、そもそも鳥の化石は数が非常に少ないのだ。しかし、そんな化石を地道に集めた甲斐あって、今では中生代から新生代への変わり目という生命史に残る移行期に、鳥類がどんな運命をたどったのかを少なくとも知識に基づいて推測できるだけの情報はある。

大型小惑星の衝突は、恐竜に満ち溢れた世界を一変させ、鳥類型の恐竜だけをあとに残した。しかし、そこから現在までよりも長い時間を、鳥類は白亜紀後期の時点ですでに地球上で過ごしていたのである。

鳥類の多様な分岐

現生鳥類がいつ多様化したかについては、化石のほかにも情報源がある。ＤＮＡの解析だ。二一世紀の最初の一〇年には様々な研究がなされ[16]、現存する種（原始鳥類の生き残りとされるものから進化した種）のDNAに基づいて鳥類の新しい「系統樹」が提唱された。この系統樹には意外な面がいくつかある。たとえば、淡水でよく見かける潜水鳥のカイツブリに最も近縁なのは、なんとフラミンゴなのだ。ハチドリがヨタカから分岐しているかと思えば、ハヤブサはタカやワシよりもスズメ亜目に近い。これだけでも驚くが、もっと啞然とする事実がこの研究から明らかになった。

たとえば新しい系統樹では、シギダチョウ目という飛べる鳥の一群が、ダチョウやエミューやキーウィなどの飛べない鳥と同じ枝に置かれている。これは注目すべきことである。なぜなら、飛行能力の喪失がこの系統の進化の過程で少なくとも二度起きたか、さもなければシギダチョウ類が飛べない祖先から飛行能力を再進化させたことになるからだ。驚きはそれだけではない。この系統樹によれば、スズメ目（群を抜いて繁栄している鳥類最大のグループ）に最も近縁なのはオウム目だという。だが、こうした分子進化学による情報をもってしても、現生鳥類の最も根本的な分岐の時期は判然としない。つまり新顎類と、おそらくもっと原始的な古顎類とに、進化の過程でいつ分かれたのかだ。

現生鳥類は新鳥類（新鳥亜綱）に分類されるが、これが白亜紀後期には基本的な系統に分岐していたことがようやく最近になって確かめられた。解明の糸口をもたらしたのは、南極のヴェガ島で発見された鳥の化石で、「ヴェガヴィス」と名づけられている。新鳥類は古顎類（シギダチョウ、ダチョウ、エミュー、キーウィ）と新顎類（その他すべての鳥）に大別される。新顎類が今日おなじみの鳥たちへと枝分かれした時期もまた定かではない。最も有力な証拠を見る限り、新鳥類の基本的な分岐はK－T境界絶滅の前に起きたと思われる。しかし仮にそうだとして、どれくらい前なのだろう？　前述のように、現生鳥類はK－T境界絶滅後に出現したと信じて疑わない専門家（たとえばアラン・フェドゥーシア）も依然としているし、新顎類の適応放散が起きたのは鳥類以外の恐竜が絶滅した前なのかあとなのかわからないという研究者もいるのが現状だ。

したがって、ヴェガ島の化石はきわめて大きな意味をもつ。ヴェガ島は小さな島で、その南にあるジェームズ・ロス島は、かつて鳥類の進化に関して非常に重大な発見をもたらしたことで知られる。今回のヴェガ島での発見は、白亜紀末に非鳥類型恐竜とともに新鳥類が存在したことを示す初めての証拠となった。

古生物学者を長年悩ませている問題はもう一つある。新生代中期に鳥類は再び巨大な肉食恐竜になろうとした。このうち最も有名なのが「恐鳥類」である。当時は、今日の主要な陸生肉食哺乳動物（イヌ科、ネコ科、クマ科、イタチ科など）すべての祖先にあたる肉食動物が台頭していたので、恐鳥類とのあいだに熾烈な生存競争があったのは間違いない。

大型で飛べない鳥（走鳥類）は、ダチョウ、ヒクイドリ、レアなどに代表されるように今日でも見られる。これらが出現したことは、二足歩行恐竜の体制への逆戻りではないかとこれまでいわれてきた。だが、こうした大型鳥類は島から島へと移ることも、渡り鳥のように広大な大陸を横断することもできない。このため、おもな走鳥類はどれも別個に進化し、それぞれが孤立した種になったと長年考えられてきた。ダチョウはアフリカ、レアは南米、ヒクイドリはオーストラリアと、走鳥類のほとんどが現代の南半球に生息しており、その三つの大陸は中生代にはすべてつながって一つの大きな陸塊を形成していた。ゴンドワナ大陸である。だとすれば、ゴンドワナ大陸が分裂したために現状のような分布になったことになる。ところが、新しいDNA研究により意外な事実が判明した。走鳥類がそれぞれのグループへと進化したのは、飛行能力を失ったあとではなく前だというのだ。[17]

アフリカ大陸とマダガスカル島は、ゴンドワナ超大陸から最初に大きく分かれた陸塊に属する。このため、早い時期に分離したことで進化の力が働き、最古の走鳥類の誕生へとつながって、アフリカのダチョウやもっと大きなマダガスカルのエピオルニスが生まれたのだろうと思われていた。ただし、アフリカ大陸とマダガスカル島は距離が近い。したがって、ダチョウとエピオルニスは近縁であっても、どちらも南米やニュージーランド（絶滅したモアや現存するキーウィが孤立した環境で進化した）の走鳥類とはかなり異なるはずだ。少なくとも推測ではそうなる。しかし、DNA研究ができるようになると、驚くべき結果が次々と明らかになった。

DNAを解析したところ、マダガスカルのエピオルニスは地理的に近いアフリカのダチョウよりも、ニュージーランドの走鳥類と近縁だったとわかった。これは意外ではあるが、走鳥類が飛行能力を失う前にすでに分岐していたことを裏づける有力な証拠となる。

大型で恐竜に似た鳥は現生の走鳥類だけではない。すでに絶滅した最大の陸鳥も、中生代の二足歩行型肉食恐竜の体制に戻る傾向を見せていた。それが恐鳥類の一種であるフォルスラコスで、六〇〇〇万年くらい前に南米大陸に出現したのち、更新世最初の氷期に大きな氷床が世界中に広がった時代（約二〇〇万年前）まで生息していた。少なくとも一部は北米にも進出を果たしており、新生代の大半を通じて南米大陸最強の肉食動物として君臨した。今の時代に恐鳥のような動物がいないのは幸いというべきかもしれない。

二〇一〇年、CTスキャン技術を用いた新しい研究により、こうした巨鳥の生態や絶滅の経緯について新たな事実が判明した。この恐ろしい大型捕食者の巨大な嘴は、意外にも中空だったのである。これでは嘴が弱くなり、左右に動かしたら折れやすかったに違いない。だから嘴は斧のように使い、獲物を殺すときには鉤爪のついた強靭な脚も補助的に使っていたと見られる。

飛べない鳥はたいていそうだが、恐鳥も翼は短くて小さい。その代わり脚は長くて力強く、大きな足に鉤爪をもっていた。その筋骨逞しい脚で走ると、大変なスピードが出た。平地なら時速一一〇キロ程度にもなる種もいたと推測されている。南米の大草原では走り回る空間に事欠かないので、速度はおそらくチーターに匹敵しただろう。それだけの脚力と巨大な嘴を備え、恐ろしい鉤爪もあったのだから、恐鳥が有能な捕食者だったことは間違いない。

また、恐鳥は頭部が非常に大きく、どんな鳥より大きな脳をもっていた。そう聞くと、あることに思い至って霊長類としては落ち着かなくなる。アフリカのヨウムの知能に関する最近の研究から、今まで鳥類の知能が大幅に過小評価されてきたことに神経科学者も心理学者も気づき始めた。霊長類学者は、様々な霊長類が高度な認知機能をもっていることを明らかにしようとするが、じつは鳥類全般も、これまで地球に生息した中で最も知的な動物の一つに数えられるのではないだろうか。もしかしたら恐鳥についてはとくにそういえるかもしれない。

第19章　人類と一〇度目の絶滅——二五〇万年前〜現在

数十年前、世界が新たな大量絶滅の時期に入りつつあると指摘する本が何冊か出版された（うち二冊は著者らの一人ウォードの『進化の終焉（*The End of Evolution*）』とその改題改訂版『時の流れ（*Rivers in Time*）』[1]）。その中の一冊、リチャード・リーキーとロジャー・ルーウィンの共著『六度目の絶滅（*The Sixth Extinction*）』[2]では、本書でも説明してきた「ビッグファイブ」について明白に言及している。ビッグファイブとは、全体の五〇パーセントを超す種が失われた大量絶滅のことで、具体的にはオルドビス紀、デボン紀、ペルム紀、三畳紀、白亜紀の末に起きたイベントを指す。本書では、大規模な大量絶滅が実際には一〇回起きたと考えている。いずれも、第17章で見たPETMや、ジュラ紀、白亜紀に起きた小規模の絶滅とは区別されてしかるべきものだ。一〇回を年代順に並べると次の通りである。

一．大酸化事変による絶滅

死滅した種と個体数の割合から考えると、これが最も壊滅的だったかもしれない。当時生息していたほぼすべての微生物にとって、酸素は猛毒だったはずだ。しかも最初の全球凍結（スノーボールアース）が同じ頃に起きたため、史上初にして最悪の絶滅だった可能性がある。外に出たら、息ができるような空気がなくなっていた――そんな状況を想像してみてほしい。空気はあるにはあるが、まったくの別物に変わっている。これは水生生物にとっても同じだった。酸素という名の毒ガスが海に満ちていたのだから。

二．クライオジェニアン紀の絶滅

原生代末にスノーボールアース現象が続けて二度起き、塵にまみれて黒く汚れた氷が海と陸を厚く覆った。光合成は緩慢になり、おおむね停止した。陸と海に数多く暮らしていた多様な生物（海中のほうがはるかに数が多い）が死に絶えた。多様性だけでなく、バイオマス自体が激減した。

三．エディアカラ紀後期の絶滅

ストロマトライトや微生物マットなどのほか、原生代から古生代にかけて生息したエディアカラ生物群がこのときに死滅した。「エディアカラの園」を荒らした動物は食欲旺盛だったうえ、さらに重要なのは活発に動いたということである。

それらが手当たり次第にあらゆるものを食べ、動きの遅い微生物で覆われた海や陸をむさぼった。

四．カンブリア紀後期のSPICEイベントによる絶滅
三葉虫の大半と、バージェス頁岩の様々な「奇妙奇天烈動物」のほか、数多くの生物が絶滅した。とりわけ重要なのは、これを境に三葉虫の構造が大きく変わったことである。それまでは体節も目も原始的で、ほとんど防御の役に立たないお飾りにすぎず、防御姿勢をとりたくても体を丸めることができなかった。変化の理由は、何よりもまず捕食者が増えたためだろう。頭足動物のオウムガイ類は、本当の意味で大型と呼べる最初の肉食動物であり、動きが素早く、しかも鎧をまとっていた。化学的な変化と同様に、オウムガイ類の出現もこの絶滅に一役買っている。

五．オルビドス紀の大量絶滅
熱帯の生物が大量に絶滅した。原因は寒さか海水面変動だったと見られる。

六．デボン紀の大量絶滅
海底および海中にすむ動物が絶滅した。最初の温室効果絶滅か？

七．ペルム紀の大量絶滅
　陸海の温室効果絶滅。

八．三畳紀の大量絶滅
　陸海の温室効果絶滅。

九．白亜紀－古第三紀境界の絶滅
　温室効果と隕石衝突による絶滅。

一〇．更新世末期〜完新世にかけての大量絶滅
　二五〇万年前から現在まで。気候変動と人間の活動による絶滅。

私たちが憂慮すべきはこの一〇番目である。ほかの原因による絶滅、とくに温室効果絶滅が心配になるかもしれないが、これは恐れるに足らない。非常に長い時間をかけて進行するものだからだ。しかもゆっくりと死を迎えるのは……私たちの種ではない。人間は絶滅にかなり強い生物である。人類はきっと生き延びるだろうが、それで幸せだろうか。何もない惑星で？　いや、いずれは身近な家畜や室内植物のトランスポゾン〔訳

註　ゲノム上の位置を移動するDNA配列〕が働いて、思いがけないカンブリア爆発がもたらされるに違いない。

一〇度目の絶滅へ

二〇一〇年、エチオピアから始まった巡回展で、[3]きわめて有名な化石がアメリカに運ばれた。初期のヒト科動物、通称「ルーシー」である。[4]身長約一〇七センチ。残されていた骨は本来の骨格のわずか四〇パーセントにすぎず、ルーシーにとっては多くない。だが、彼女は私たちに多くを語ってくれている。

一つの種の形態が雄と雌とで異なることを性的二形（雌雄二形）という。もちろんこれはヒト科だけに限ることではないし、大きいほうがいつも雄とは限らない。たとえば、色々な頭足類（面白いことにオウムガイは例外）をはじめとする様々な動物で、雌のほうが大型である。どうやら、精子よりも卵子をつくる器官のほうが場所を取るようだ。一方、チンパンジーから私たちヒトまで、ヒト科では雄のほうが大きい。人間では男女の体のサイズに統計的に有意な差が見られ、人種にもよるが女性の身長は男性の約九〇〜九二パーセントとなっているようだ。ところが、ルーシーの種の場合はまるで話が違った。

同じ仲間で化石になったのはルーシーだけではない。彼女が属するアウストラロピテクス・アファレンシス（アファール猿人ともいう）については、ドナルド・ジョハンソン率いる調査隊が一九七四年に彼女を発掘したときよりも格段に解明が進んでいる。もっと最近では同じ種の男性の骨格が発見され、しかも生前の身長を推定できるほど完璧な状態だった。彼は「ビッグ・マン」と呼ばれており、身長はおよそ一五二センチあった。ルーシーが一〇七センチ程度なので、二人が向かい合って立ったら、彼女の顎が彼のへその少し上に来るような具合だったろう。

　ルーシーとビッグ・マンがアファール猿人の男女の典型だったとすれば、女性は男性の七割ほどの大きさしかなかったことになる。これだけ違えば、行動の面でも文化の面でも何らかの影響があったはずだ。二〇一二年にワシントン大学の人類学者パトリシア・クレイマーが、二人の脚の長さをもとに男女の相対的な歩行速度について詳しく調べたところ、ビッグ・マンの最適歩行速度は時速四・七キロほどなのに対し、ルーシーの場合は時速約三・七キロとかなり遅いことがわかった。女性が男性について行くのは相当な重労働だっただろう。捕食者のひしめく世界で生きていることを思うと、つねに息を切らしているのは生き残るうえで得策ではない。そのため、男女のヒト科動物はチンパンジーのように一日の大半を離れて過ごし、食糧を探したり狩りをしたりするときには別々に歩き回っていたのではないかとクレイマーは指摘している。

　アフリカではほかにも新たな化石が発見されていて、長年の定説を覆しつつある。ルーシーらの種がジオラマやイラストで再現されるときには、直立歩行をしていたように描かれるのが常だ。その背景に広がるのは、小さな疎林と草原がモザイクのように入り組んだアフリカ北部と東部の鮮新世後期の世界である。しかし、アファール猿人の女性の肩甲骨が初めて発見され（ただしルーシーより一〇万年前のもの）、その特徴から、彼らが地上での歩行に適応していただけでなく木にも登れたらしきことがわかった。私たちの遠い祖先が樹上でもかなりの時間を過ごしていたかどうかについては、これまでも盛んに議論されてきた。[6] これは、新たに肩甲骨が見つかるまで、木に登るための適応構造を確かめるすべがなかったという理由が大きい。新しい見方によれば、アウストラロピテクス属が木から下りてきた時期は現在の定説より遅かった可能性がある。

　ヒト科動物が地球に登場するのは最近のことだが、私たちが属する霊長類自体の起源は白亜紀にまで遡る。霊長類の祖先であるプルガトリウスが白亜紀－第三紀境界の大量絶滅を生き延びたのは、私たちにとって幸いだった。最も初期の霊長類にはキツネザルの系統に属するものもいた。より進化した霊長類、すなわち最初の真猿類（今日ではサル、類人猿、ヒトを含む）は、四五〇〇万年前にはすでにアジアの化石記録に姿を現わしている。そのうち最も古いものは中国で発見され、今では「エオシミアス」と呼ばれている。

　約三四〇〇万年前になると、エオシミアスより確実に利口で体が大きく、おそらくはより攻撃的なサルが何種類か出現する。その一つがカトピテクスで、頭蓋の大きさは小型のサルくらいであり、比較的平坦な顔をしていた。カトピテクスは、突然変異によって人類と同じ歯並び（上下左右にそれぞれ二本の切歯、一本の犬歯、二本の小臼歯、三本の臼歯）をもつようになった最初の霊長類だ。現在、私たち自身の進化の系統樹についてはかなり解明されており、「人類」が最初に現われたとされる場所と時期、つまりアフリカにおけるアウストラロピテクスの誕生までが明らかになっている。

ヒトという種を生み出すに至った出来事がいつ、どこで起きたかを突き止めようと、古人類学者は並々ならぬ努力を傾けてきた。私たちが属する科はヒト科と呼ばれ、その歴史は六〇〇万年前〜五〇〇万年前に始まったと見られる。このとき、前述のルーシーらアウストラロピテクス・アファレンシス（アファール猿人）が出現した。以来、ヒト科動物は九種を数えている。もっとも、この数については今なお議論が続いており、過去の骨をめぐる新解釈や新発見が公表されるのにしたがい、年を追って変化しているようだ。だが、更新世以前の初期のヒト科動物で最も重要なのは、道具を使えることからその名がついたホモ・ハビリス（「器用なヒト」の意）である。私たちと同じホモ属としては最古の種であり、約二五〇万年前に登場した。およそ一五〇万年前にはホモ・ハビリスからホモ・エレクトスが生まれ、そしてホモ・エレクトスから最終的に私たちホモ・サピエンスが生じるわけだが、それは約二〇万年前にエレクトスの直系の子孫として誕生したか、あるいはホモ・ハイデルベルゲンシスという中間の段階を経てから進化したかのどちらかだと考えられている。ホモ・サピエンスはさらにいくつもの変種へと細かく分かれていった。ネアンデルタール人を変種の一つに含める研究者もいれば、ホモ・ネアンデルターレンシスという別の種だと解釈する者もいる。ネアンデルタール人のＤＮＡをめぐっては、その復元と解読を試みる新たな研究が多数行なわれており、[7] ヒト科生物に関する古生物学の中でもとりわけ興味深い分野となっている。最新の証拠によると、現生人類と現在の私たちのＤＮＡが現われる前に、人類とネアンデルタール人の系統はすでに分かれていたと思われる。したがって、ネアンデルタール人が私たちから生まれたのでもなければ、その逆でもない。どちらも、すでに絶滅した共通の祖先から進化したのであって、その祖先はどちらの種とも異なっていたわけだ。[8]

　ヒト科の新種が形成されるのは、ヒト科動物の小集団が何らかの理由で何世代にもわたって母集団から隔離されたときである。一九六〇年代と七〇年代には、現生人類がいわゆる「枝つき燭台状の進化」によって生まれたという見方があった。つまり、ホモ・エレクトスのような初期のヒト科動物の祖先種が世界中に散らばっていて、のちにそれぞれが違う場所で違う時期にホモ・サピエンスに進化したというものである。今にして思えばずいぶんと荒唐無稽だ。

　化石記録によると、私たちの種（より原始的なホモ・サピエンスと区別するために現生人類と呼ばれることもある）のうち、現時点でわかっている限り最古の仲間は、一九万五〇〇〇年前に現在のエチオピアにあたる地域で暮らしていた。その化石が実際に私たちの最古の一族のものなのか、あるいは別の一族が本来誕生した場所から流れてきて、偶然エチオピアで化石になっただけなのかは定かではなく、これについてはさほど重要ではない。しかしほどなくして、この一団はアフリカ大陸のはるか南へと旅立ち、それから北にも向かい、アフリカからユーラシア大陸に抜け、そうこうするうちに世界中に散らばった。[9] その結果、放浪者たちは自らを仲間から隔離したも同然となり、自分たちがたどり着いたそれぞれの環境に適応していくことになる。環境条件は場所によって大きく異なった。たとえば、北部地方はアフリカの草原に比べて日光に乏しく、氷に覆われている。その中で生き残るには、形態の面でも生理機能の面でもそれまでとまったく違った適応が必要だった。これは、その中間のすべての地域についても当てはまる。私たちの個体数が増えるにつれて種の中の変異の度合いも増し、様々な進化上の変化が生じていった。だがすべては同じ種の中で起きたのである。

最後の氷河期と生命

気候学者は長いあいだ、二五〇万年前からの気候変動（氷床が形成されて海面が下がる長い寒冷期とそれより短い温暖期とが交互に繰り返される）は、地球の軌道が変化した結果だと考えていた。この点を最初に指摘したのはミルティン・ミランコビッチである。また、変化はゆっくりとしたものであるともみなされていた。ところが、氷床コアが入手できるようになり、比較的最近の気候の様子をかつてない精度で明らかにできるようになると、新しい見方が生まれた。

氷床コアの記録のほか、深海の古生物や同位体に関する記録も参照した結果、過去八〇万年のあいだに訪れた間氷期（寒冷な氷期に挟まれた温暖期）の長さは平均して約一万一〇〇〇〇年であることがわかった。これは地球の歳差運動（地球の自転の首振り運動によって自転軸の向きが約二万六〇〇〇年周期で変わること）の周期のほぼ半分に相当する。現在の間氷期はすでに一万一〇〇〇年以上続いており、なかにはそれが一万四〇〇〇年に及んでいることを示唆する記録もある。だとすれば、今この瞬間にも氷河が押し寄せてくるということだろうか。この問いに対する答えは明らかに「ノー」であり、それにはいくつかの理由がある。第一に、地球の運動にかかわる要素で気候に影響を与えるものは歳差だけではないということだ。記録によれば、四五万年前〜三五万年前までの時期には一万一〇〇〇年よりはるかに長い間氷期があった。この間氷期は、地球の公転軌道の離心率が最小のときと一致していた。軌道離心率が最小になるパターンは今まさに進行中である。つまり、現在の間氷期はあと数千年ないし数万年は長引く可能性があるということであり、そうでなければいつ終わってもおかしくない。

更新世では、約二五〇万年前に重大な気候変動が始まった。氷河期が訪れる前の時代、冷涼な気候の高緯度地域では広大な草原やツンドラが地面を覆っていたのに、それらは別のものに道を譲った。氷である。年を追うごとに雪と氷は徐々に激しさを増して氷河の形成を引き起こし、氷河はじわじわと南へ迫った。ついに大陸氷河と山岳氷河が衝突して合体し始め、この祝福されない結婚によって大地は氷と冬に閉ざされた。

一般の人は地球全体が氷に覆われたと思っているかもしれないが、けっしてそうではない。熱帯地域やサンゴ礁はまだ残っていたし、一年中よく日が差す温暖で快適な気候もあった。だがおそらく、何の影響も被らなかった場所は地球上に存在しなかっただろう。世界的な規模で気候が変わり、風や雨のパターンに変化をもたらした。氷床から遠く離れた場所でも気候変動の影響を受け、以前より寒冷になったり、温暖になったりすることすらあったかもしれない。また、かなり乾燥した気候になることが多かった。前進する氷河の前面は、寒冷で巨大な砂漠地帯や半砂漠地帯と化し、もともと乾燥していたサハラ砂漠のような地域では逆に降水量が増えた。その一方で、アマゾン川流域と赤道直下のアフリカを覆う広大な熱帯多雨林では、氷河期の始まる前は数千万年ものあいだ気候が比較的安定していたにもかかわらず、明らかに気温が下がって乾燥化した。その結果、大きなジャングルが後退し、乾いたサバンナに囲まれた島のようになるほどだった。

人類の拡散

こうした急速な気候変動の多くは、人類が世界各地に定住しつつあった頃に起きた。およそ三万五〇〇〇年前、進化における最後の微調整が行なわれ、私たちは今のような姿になったと見られる。この新しい人類は現生人類といい、少しずつ世界を征服していった。彼らはゆっくりだが着実に、それぞれの新しい地域に乗り込んだ。これは一世紀でできることではない。また、ヨーロッパ人が北米を服従させたときのようなわけにもいかなかった。このときには、固有の植生が広がる大地を、大規模農業とコンクリートの大陸へと数世紀のうちに変貌させたものである。だが、現生人類の場合はむしろ緩慢な征服であり、葉が一枚一枚剝がれ落ちるように数千年をかけて世界中に拡散した。オーストラリアという島大陸でさえ、三万五〇〇〇年前にホモ・サピエンスのすみかとなっている。とはいえ、北アジアはまだ発見されていなかった。アジアの向こうにはさらに広大な南北アメリカが横たわっていたが、依然として人跡未踏の地だった。

果てしなく広い現在のシベリアの大地に最初に到達したのは、旧石器時代の大物ハンターだった。彼らは三万年も前にこの地に着き、厳しい気候の中で生きるための伝統をすでにもっていた。シベリア東部の石器は当時のヨーロッパ人の様式とはいくらか異なる点があり、明らかに東南アジアの剝片石器の文化に影響されている。しかし、大型動物を仕留めるために大きな槍先をつくるという重要な技術を編み出してもいる。

人類が初めてシベリアの地を踏んだのは、ちょうど気候が少し暖かくなった時期だった。冷涼期のあとに温暖期が到来したことが、本来は住むに適さない地域へと人類の拡散を促したのかもしれない。ところが、人類がシベリアにたどり着いてまもなく地球は再び冷え始め、二万五〇〇〇万年前にはすでに氷河期特有の現象がかなり進行していた。

西ヨーロッパと北米では、大量の大陸氷床が南に向かって容赦なく広がり、厚さ一五〇〇メートルを超える氷が広大な大地を覆っていった。しかし、シベリアは湿度が低かったために氷ができなかった。木すら生えない凍てつく大地を、人類は東へ東へと進んでいく。木材がごくわずかしかなかったために、仕留めた動物の皮や枝角が重要な資源となり、最大級の獲物（マストドンやマンモス）の骨が住居に使われた。こうした人々は必然的に大物を狙い、おもにマンモスやマストドンを狩っていたと考えられる。

おそらく三万年前〜一万二〇〇〇年前の時代に、小さな波が次々と打ち寄せるようにして人類はアジアを横断し、ベーリング地峡に落ち着いた。当時は長い寒冷期が続いたせいで、北米を広く覆う大陸氷床の面積が最大に達していた。氷が量を増すにつれて海面が下がり始め、長らく水面下にあった広大な土地が乾いた大地になった。場所によってはそれが移動を助ける経路となり、以前は離れていた島や陸塊をつなぐ役目を果たしたに違いない。だが、そのあとで急速な温暖化が訪れた。ついに氷が消え始めると、海面も上昇していった。こうして気温は徐々に上がっていったとはいえ、カナダの大半と現在のアメリカ合衆国のかなりの部分を覆っていた大陸氷床は、一万四〇〇〇年前になってもまだゆっくりと融けている最中だった。

ところが、その後まもなく新たな現象が生じて、氷の融けるプロセスが加速されることになる。かなりの量の氷が消失して、もはや氷河が海にまでは張り出さなくなると、現在のカナダとアメリカ北部の東西の海岸から氷山が分離しなくなった。氷期がピークに達していた時期（約一万八〇〇〇年前〜一万四〇〇〇年前）には、春が来るたびに巨大な氷塊が沿岸の海に送り出され、それが海水を低温の状態に留めていた。また、そのせいで冷たい風が生まれ、陸地を冷やしていた。しかし、氷山の形成が止まったために海風の温度が上昇し、大陸の氷はいたるところで本格的に融け始めたのである。

氷河が融けている最前部は異様な世界となり、環境は尋常でなく厳しかったに違いない。後退していく氷河壁周辺では絶え間なく強風が吹き荒れていたからだ。風があまりに強いため、運ばれた砂やシルトの巨大な山ができ、レス（黄土ともいう）という堆積物になる。風によって種子も運ばれてきて、氷河の前に吹き溜まりとなった土壌にはほどなくして先駆植物が群生した。最初はシダ類が、それからもっと複雑な植物が生えるようになる。ヤナギ、ビャクシン、ポプラ、その他様々な低木が最初の植生として定着し、長く続いた氷河の支配に変化をもたらした。その後まもなく、場所に応じて色々な種類の植物が次々に現われた。より温暖な西部では、常緑針葉樹のトウヒを主とした低木林が生まれ、より寒冷な大陸中部は永久凍土層とツンドラに覆われた。こうした違いはあれ、いたるところで氷河がなくなっていることに変わりはない。氷河壁が融けながら北へ移動していくにつれ、そのあとを追うようにツンドラが広がり、ツンドラのすぐあとには広大なトウヒの森が続いた。

北米の広範囲を占めたトウヒの群生は、疎林と密林の特徴を併せもっており、密集して生えた木々のあいだに草地や低木が点在していた。今も北西部にわずかに残る原生林に見られるような、ベイマツの大木が密生する森（密集した下草や朽ちた倒木で大型動物や人間がきわめて通りにくい場所）とはまったく違っていた。

北米大陸の氷河の南側では、氷河期のあいだも様々な生息環境が存在した。たとえば森林ツンドラや草原、砂漠があり、巨大哺乳類の大群を養えるだけの植物も生えていた。

世界の大半で寒さと氷の時代が終わるに伴い、人間の数は著しく増加し始める。

一万年前には、人類はすでに南極を除く各大陸に首尾よく定住し、そして様々な地域の環境に適応した結果が現在の多様な人種につながった。肌の色などの明らかな特徴は、日照量の違いに応じて生まれたにすぎないと長らく考えられていた。ところが最近の研究によると、人種に固有とみなされている特性の多くはそれぞれの環境への適応を高めるためというより、単に性選択によってもたらされたという可能性が浮上している。しかし、それ以外にも人種特有の特徴は発達していき、そのほとんどは形としては目に見えないものだった。

アフリカは大型哺乳類の宝庫として崇められている。これほど多様な大型の植物食動物や肉食動物はほかの地域では見られない。だが、この動物の楽園は特別な例ではなく、かつてはありふれた光景だった。世界中の温帯や熱帯の牧草地帯は、つい最近までアフリカのようだったのである。だが、数々の圧力がカルー地方のゾウを絶滅に追いやったように、ある異常な出来事によって大型哺乳類の生物多様性は五万年前から急速に減少してきた。

大型動物の消滅は、絶滅を研究する者たちに大きな難問を突きつける。しかし、過去から学んだ重要な教訓に照らせば、大型動物が絶滅するほうが小型動物の場合よりも生態系の構造に深刻な影響が及ぶことは間違いない。白亜紀末の絶滅が重大な意味をもつのは、小型哺乳類の多くが死滅したからではなく、非常に大きな恐竜が絶滅したからだ。

陸生の超大型恐竜が一掃された結果、陸上の環境は一変した。同様に、過去五万年のあいだに世界各地で大型哺乳類の大半が絶滅したことは、その影響の大きさがようやく明らかになりつつある。しかも、今後数百万年にわたってその余波が続くことが避けられない見通しでもある。

とくに、更新世後期の約一万五〇〇〇年前～一万二〇〇〇年前の時期には、北米にすむ大型哺乳類のかなりの割合が絶滅し、少なくとも三五の属（したがって最低でも三五種）が失われた。このうちの六種は、アメリカ以外の場所では生息を続けたものの（南北アメリカでは死に絶えたが旧世界では生きていたウマのように）、圧倒的多数が死滅した。実際、絶滅は様々な分類群に及び、二一の「科」と七の「目」が影響を受けている。これだけ多岐にわたるなかで唯一の共通点は、消滅したほとんど（もちろんすべてではない）が大型動物だったということだ。

なかでも最も有名で象徴的なのが長鼻類（ちょうび）である。長鼻類にはマストドンやゴンフォセレ、マンモスなどが含まれ、マンモスは現存する旧世界のゾウ二種類の近縁にあたる。これらのうち、北米に最も広く分布していたのはアメリカマストドンであり、東海岸から西海岸まで、氷河作用を受けていない地域に生息していた。とくに大陸東部の山林や森林地帯に数多く暮らし、そこで樹木や低木の葉を食べ、とりわけトウヒの葉を好んだ。ゴンフォセレは不思議な姿の動物で、真贋は疑わしいもののフロリダの堆積物に化石記録が残っている。それ以外は北米よりむしろ南米に広く分布していた。長鼻類のもう一つのグループであるマンモスには、コロンビアマンモスとケナガマンモスの二種類がいた。

氷河時代の北米を代表するもう一つの大型植物食動物のグループは、地上性のオオナマケモノと近縁種のアルマジロで構成されていた。北米では、このグループ（異節上目）のうち七つの属が絶滅し、アメリカ南西部にアルマジロ類を残すのみとなっている。グループ最大の動物は地上性のオオナマケモノで、アメリカクロクマかマンモス並みの巨体を誇った。そこまではいかない中型のものは、現在のロサンゼルスのタール坑でよく化石が見つかる。さらに、同じく有名なシャスタナマケモノは、大型のクマか小型のゾウほどの大きさであった。やはり特異な姿をしていたのがグリプトドンである。全長三メートルにも及び、カメの甲羅のようなもので重装備をしていた。アルマジロ類もほとんどが絶滅し、北米で今も生き残っているのは一般的なココノオビアルマジロ属だけである。

偶数か奇数の蹄（ひづめ）をもつ有蹄類も絶滅の憂き目を見た。奇数の蹄をもつものの中では、一〇種のウマと二種のバクが死滅している。偶数の蹄をもつ有蹄類はさらに大きな被害を被った。更新世には北米だけでも五科一三属が絶滅している。その中には、二種類のペッカリー（野生のブタ）、ラクダ、リャマ二種類、アメリカンマウンテンディアー、ヘラジカ、三種類のプロングホーン、サイガ、シュラブオックス、ブーテリウムなどが含まれていた。

これだけの植物食動物が死に絶えたのだから、多くの肉食動物が絶滅に追いやられたのも不思議ではない。たとえばアメリカンチーター、シミターキャットという大型のネコ、サーベルタイガー、ジャイアントショートフェイスベア、フロリダホラアナグマ、スカンク二種類、イヌ一種類などである。それより小型の動物も絶滅リストに加わっており、齧歯類の三つの属とジャイアントビーバーがそこに含まれる。だがこれらは例外であり、死滅したほとんどの動物は大型だった。

北米での絶滅と時を同じくして、植生にも劇的な変化が生じていた。栄養価の高いヤナギ、アスペン、カバノキが中心だった植物群落が、はるかに栄養価の低いトウヒやハンノキの林へと北半球の広い範囲で姿を変えたのだ。もともとトウヒ（比較的栄養に乏しい木）が優勢だった地域でさえ、かつてはもっと栄養のある植物が種類豊富に集まっていた。ところが、栄養価の高い植物の数が気候変動によって減少するにしたがって、植物食性哺乳類はまだ残っている滋養の多い植物をあさるようになった。それが植生の崩壊に拍車をかけ、食糧を植物に頼っていた哺乳類の種がいくつも減少するに至った可能性がある。更新世が終わりに近づくにつれて、多様性のある開けたトウヒの森と、栄養価の高いイネ科植物の群落は、多様性も栄養価も低い密林へと急速に取って代わられた。北米東部のトウヒの群生は、オーク、ヒッコリー、サザンパインといった成長の遅い硬木の森へと変わり、一方、太平洋岸北西部ではベイマツの大森林が一帯を覆い始めた。こうした種類の森は、それに先立つ更新世の植生に比べ、大型哺乳類にとっての環境収容力〔訳註　ある環境条件下で恒常的に維持し得る特定の生物の最大の平衡個体数〕がはるかに低かった。

このように深刻な種の消失に見舞われたのは北米だけではない。[10] かつての北米と南米は離れていたため、二五〇〇万年ほど前にパナマ地峡ができるまではそれぞれの動物相が独自の進化の歴史を歩んでいた。南米では独特の大型哺乳類が数多く出現した。たとえば、巨大なアルマジロのようなグリプトドンや、オオナマケモノ（どちらものちに北へ移動し、北米でも広く見られるようになった）、巨大なブタ、リャマ、大型齧歯類、奇妙な有袋類などだ。南北の大陸がつながると、二つの大陸間で動物たちは自由に行き来するようになった。

北米と同じように、南米でも氷河期の終わった直後に大型哺乳類の絶滅が起きている。一万五〇〇〇万年前〜一万年前にかけて四六の属が失われ、影響を受けた動物相の割合からいえば、南米における大型動物の大量絶滅のほうが北米よりさらに壊滅的だった。

オーストラリアではなおいっそう多くの種が、しかも南北アメリカより早い時期に消失している。恐竜の時代以来、オーストラリア大陸はまわりを海で囲まれて孤立していた。つまり、新生代の哺乳類進化の主流からは切り離されていたことになる。オーストラリアの哺乳類は独自の進化をたどり、結果として多種多様な有袋類が生まれ、大型のものも多かった。

過去五万年のあいだにオーストラリアの動物を襲った大量絶滅によって、一三属四五種の有袋類が死に絶えた。もともと四九種あった大型（約九キロ以上の）有袋類のうち、一〇万年前から生きていて今も生存しているのは四種のみである。ほかの大陸からの流入がなかったことが、オーストラリアの動物相の消滅に拍車をかけた。犠牲となったのは大型のコアラ、ディプロトドンと呼ばれるカバほどの大きさの植物食動物数種、ジャイアントカンガルー数種、ジャイアントウォンバット数種、そしてシカに似た有袋類のグループだ。また、ライオンのような姿の大型生物や、イヌのような外見の肉食獣など、肉食動物（これもすべて有袋類）も死滅した。もっとあとの時代にも、沖合の島で発見されたネコに似た捕食動物が絶滅している。ほかにも、巨大なオオトカゲ、巨大なリクガメ、巨大なヘビなどの大型爬虫類や、大型の飛べない鳥数種などが滅びた。大型でも生き延びた生物は、速力があるか夜行性かのどちらかだったと、著者らの親友であるオーストラリアの哺乳動物学者ティモシー・フラナリーは指摘している。

オーストラリア、北米、南米の動物相に絶滅の波が押し寄せたのは、それぞれの地域で人類が最初に現われた時期と、大幅な気候変動が起きた時期の両方と一致する。信頼性の高い証拠により、人類がオーストラリアに到達したのは五万年前～三万五〇〇〇年前の時期であることが今ではわかっている。オーストラリアの大型哺乳類の大部分が絶滅したのは、およそ三万年前～二万年前までである。

アフリカ、アジア、ヨーロッパなどのように、人類が長い歴史をもつ地域では異なるパターンが見えてくる。アフリカでは中型哺乳類の絶滅が二五〇万年前に起きているが、それ以降の種の喪失は他地域ほど深刻ではなかった。とはいえ、サハラ砂漠の誕生につながった気候変動によって、北アフリカの哺乳類はひときわ大きな打撃を受けている。東アフリカではほとんど絶滅が起きなかったものの、アフリカ南部では約一万二〇〇〇年前〜九〇〇〇年前、大規模な気候変動と時期を同じくして六種の大型哺乳類が絶滅した。ヨーロッパやアジアでも、絶滅の規模は南北アメリカやオーストラリアより小さかった。おもな犠牲者は巨大なマンモス、マストドン、ケブカサイである。

以上をまとめると、更新世の絶滅は次のような特徴をもつといえる。

絶滅したのはおもに大型の陸上動物である。比較的小型の陸上動物と、ほぼすべての海洋動物は絶滅を免れた。

大型哺乳類が最も多く生き残ったのはアフリカである。北米では大型哺乳類の七三パーセントが失われ、南米では七九パーセント、オーストラリアでは八六パーセントだったにもかかわらず、アフリカで過去一〇万年のあいだに絶滅したのは一四パーセントにすぎない。

絶滅は主要な陸域で急激に起きたが、その時期は大陸によって異なった。高精度の放射性炭素年代測定技術で調べたところ、数種の大型哺乳類については三〇〇年足らずのあいだに完全に絶滅した可能性が指摘されている。

この絶滅は（ヒト以外の）新たな動物群の侵入によってもたらされたのではない。従来の定説では、進化が進んで適応度の高い新種の生物が、新しい環境に突如として現われたときに絶滅が起こりやすいとしていた。だが、氷河時代の絶滅にこれは当てはまらない。新たな動物相の到着が、既存の種の絶滅と結びつけられる事例が一つもないからである。

こうした様々な方面からの証拠を見て、大型哺乳類の大量絶滅の引き金を引いたのは人類だったと考える研究者は多い。かと思えば、氷河期末に起きた激しい気候変動によって、食糧として利用できる植生が変化したからだと声高に主張する者もいる。このように、絶滅をめぐる議論はその原因に集中しがちであり、大きく二派に分かれている。過剰殺戮（さつりく）（人間による狩り）のせいだと説く陣営と、気候変動によるものとする陣営だ。

理由がどうあれ、陸上生態系の大規模な再編がアフリカ以外の全大陸で起きたことは間違いない。今日ではそのアフリカが大型哺乳類を失いつつある。狩猟の対象となる動物の大群が自然保護区のみで暮らすようになるにつれ、生息地が限られることでかえって密漁の標的になりやすいのだ。

大型動物相の終焉がいつくるのかは定かではない。だがそれは、現在から未来を見ようとするからそう感じるのであって、じつはすぐそこに迫っている。数千万年後、数億年後の未来から振り返れば、過去の一万年など取るに足りず、たぶん高度な技術をもってしてもその間に起きたことを正確には割り出せないだろう。現時点では、大型哺乳類の時代が終わるのはまだかなり先であるような気がしても、それが過去の出来事となってしまえば、時がたつにつれて一瞬のうちに起きたことのように思えるものだ。時間のもつ奇妙な側面である。

地球にまだ残る大型哺乳類は今や絶滅危惧種の大半を占めており、そこまでのサイズではない大きな哺乳類も、絶滅の危機に瀕しているものの数がさらに多い。第四紀〔訳註　約一八〇万年前から現在に至る地質時代最後の紀〕の大量絶滅の第一段階が大型哺乳類の消滅だったとすれば、現時点は植物や鳥類、そして昆虫が失われる段階にあるようだ。地球上の太古の森が、畑や都市に姿を変えているためである。

第20章　地球生命の把握可能な未来

未来にはけっして手が届かない。ドッグレースでグレイハウンドを走らせるために高速で動いていく餌のようなものである。生命の歴史から学ぶべき教訓があるとすれば、それは生命というゲームが二つの大きな要素に左右されることだ。一つは偶然であり、もう一つは進化である。偶然というものがあるために、未来の生命史における出来事や傾向を予想しようにも不確かなものにしかならない。ところが、惑星科学者にして才気溢れる書き手でもあるワシントン大学のドナルド・ブラウンリーは、一見すると不可避に思えるこの不確かさに異議を唱える。「把握可能」な未来は存在するというのだ。しかも、矛盾しているように聞こえるが、起きるべき出来事は未来になればなるほど把握しやすくなると主張する。ブラウンリーがいいたいのは、地球と太陽の特性が物理的にどう変化するかだ。この先太陽がたどる道筋も把握可能な未来の一つであり、かなり正確に予測されている。七五億年後（二億五〇〇〇万年ほどの誤差はあるにせよ）には太陽が赤色巨星となり、その直径は地球だけでなくおそらくは火星の軌道より遠くにまで達するはずだ。当然ながら地球も、そしてたぶん火星も呑み込まれるだろう。

地球上で生命がどう進化してきたかを研究することにより、遠い過去に対する科学者の理解は深まった。そしてこれは未来を知るうえでの手がかりにもなる。一つ確実にいえるのは、進化の歴史は生物同士の相互作用（競争や捕食など）だけでなく、地球自体や、その大気や海の物理的進化によっても影響されてきたということだ。偶然に左右される出来事（地球にどれくらい小惑星が衝突するかなど）がこの先も多々あることは間違いない。しかし、地球の気温や、大気と海洋の化学的性質の変化、さらには地球の寿命が尽きるまでに必然的に起こる大規模な地球物理学的イベントについては、かなり正確に予測できる。

居住可能な惑星という概念の根底には、惑星が「生命を育む場所」だという考え方がある。つまり生命の誕生こそが、惑星の形成と変化の最終的な帰結だというわけだ。すでに見てきたように、地球には元素を再生するきわめて重要なシステムがあり、そのシステムを通じて大事な栄養素を再利用したり、地球の気温をほぼ一定の状態に維持したりしている。そのシステムがどう変わっていくか（あるいは完全に停止するかどうか）は、太陽が膨張する速度と同様、把握することが可能だ。なかでも生命にとってとりわけ大切なのが、炭素、窒素、硫黄、リン、その他様々な微量元素がどう移動し、どう変化するかである。地球を動かす様々なメカニズムにエネルギーを与えるものは、大きく二つある。一つは太陽であり、もう一つは地表下で放射性物質が崩壊するときに発生する熱だ。とくに重要なのが太陽である。光合成を行なううえでのエネルギー源として、生命にとって欠くことができない。

太陽は強力な原子炉だが、どれくらい安定しているかについては様々な意見がある。太陽が進化するにつれ、水素原子が融合してヘリウム原子に変わるために核内の粒子数は減る。ところが、直観的には不思議に思えるものの、原子の数が少なくなったほうがエネルギーの産出量（光および熱として）はゆっくりながらも確実に増えていく。

太陽のような恒星はすべてこうした性質をもっている。過去四五億年のあいだに太陽は明るさを三〇パーセント増した。太陽が明るくなれば、惑星を照らす太陽光の強度も高まる。この変化が続けば海が失われて、金星を彷彿とする地獄のような環境が生まれるだろう（ちなみに、地球の未来を大げさに描いたものには海が「沸騰」するとしているものもあるが、実際には海の水分子が一つ一つ水素を剝ぎ取られ、それが大気中を高く昇っていき、酸素が取り残されるというのが正しい）。

誕生以来、地球は太陽系の「温帯」に位置してきた。太陽からの距離が「ちょうどいい」おかげで液体の海が存在し、動物が凍ることも焦げることもなく暮らすことができる。太陽系のハビタブルゾーン（居住可能領域）が地球の軌道のすぐ内側から始まっていることはよく知られている。外縁がどこまでかはあまりはっきりしておらず、火星付近かもしれないし、もっと遠いかもしれない。太陽が明るくなっていけばハビタブルゾーンは外側に向けて移動し、いずれ地球を通り過ぎるだろう。地球は今日の金星とほぼ変わらなくなるわけだ。現状のハビタブルゾーンの内縁は地球から一五〇〇万キロほどしか離れていないので、今から五億～一〇億年後（もしかしたらもっと早く）には地球に達する。以後は太陽光が強すぎて、地球で生命が生きていくのは不可能になる。

過去四五億六七〇〇万年のあいだ、太陽から地球に届くエネルギー量は着実に増加してきたわけだから、金星でそうだったようにすでに地球上の生命が滅んでいてもおかしくはなかった（金星にも生命がいたならの話だが）。なぜそうなっていないかといえば、第2章で説明した「惑星サーモスタット」が地球の生命を支えてきたからである。このシステムはきわめて重要であり、三〇億年以上（ことによると四〇億年）にもわたって地球の平均気温を調節し、それを水の氷点から沸点のあいだに保ってきた（ときおり起きるスノーボールアースを除いては）。このおかげで、生命にとって何より大事な液体の水が、地表に存在する状態が長きにわたって続いてきたのだ。もう一つ注目すべきは、生命が非常に狭い温度の範囲内で進化してきたために、ほぼ同じ体内の生理機能や化学反応を維持してこられたという点である。どちらも気温に依存している。太陽の膨張のせいで気温が上昇し、さらに大気中の二酸化炭素濃度が減少すれば、未来の生物の進化にこの上なく大きな影響が及ぶだろう。

動物が誕生してから五億年のあいだに二酸化炭素がどう変動してきたかは、今やかなりの裏づけのもとに明らかになっている。すべての動物が必要とする酸素も当然ながら重要だ。この二種類の気体については、濃度の変遷をすでに本書でも説明してきた。だが、太陽がこの先大きさとエネルギーを増していくことがわかっているように、二酸化炭素と酸素の濃度がこれからどう変化していくかも把握可能であり、予測ができる。

二酸化炭素の濃度を長期的に見ると、少なくとも過去一〇億年と同じ傾向を続けると見られる。つまり容赦なく減っていくということだ。この濃度の低下は、生物とプレートテクトニクスの両方によるものである。生物の骨格をつくるためにますます多量の二酸化炭素が消費されていく。それがとくに顕著なのが海中だ。その骨格が海中に留まっているなら、骨に閉じ込められた二酸化炭素（炭酸カルシウムとして）は再利用される。ところが、プレートテクトニクスによって大陸が大きくなり続けるので、大気中の二酸化炭素の墓場ともいうべき石灰岩が堆積物として大陸に固定される量が増えていく。

二酸化炭素濃度の減少傾向が長期にわたって続けば、スノーボールアースの状態に陥るのは避けられないと思うかもしれない。しかし、老いゆく地球を特徴づけるものは寒冷化ではない。過熱化だ。太陽熱の増大に比べれば、二酸化炭素減少による寒冷化作用も温室効果も遠く足元にも及ばない。地球の平均気温が五〇～六〇℃くらいになると、海水が失われ始めて宇宙空間へ逃げていく。

これが今から二〇億～三〇億年後の話だ。だが、そのはるか以前に地表の生命は死に絶える。光合成生物は微生物であれ高等植物であれ、低二酸化炭素の状態では生きていけないからだ。炭素源がしだいに減少することにより、地球はますますすみにくい惑星となる。大気中の二酸化炭素濃度の低下が酸素濃度の低下も招き、動物の生命を維持できなくなるのである。

このプロセスはすでに始まっている。四億七五〇〇万年ほど前に維管束植物が初めて地表に定着したのは、二酸化炭素濃度の高い時代であり、生理プロセスを通じて炭素を保存しなくてもよかった。今日でさえ植物の多くは最低でも一五〇ｐｐｍの二酸化炭素を必要とする。しかし、ペンシルベニア州立大学の大気化学者ジェームズ・Ｆ・カスティングが一九九七年の論文で指摘したように、通常とはまったく異なる形態の光合成を行ない、もっと低い二酸化炭素濃度でも（場合によってはわずか一〇ｐｐｍでも）生きていける大きな植物群が存在する。中緯度地方でよく見られるイネ科植物の多くがそうで、本書でも説明した通りC_4植物と呼ばれる。C_4植物は、二酸化炭素への依存度が高いいとこたちと比べて格段に長く生き残り、二酸化炭素濃度が現状より圧倒的に低い数値になっても生物圏の寿命を大幅に延ばすだろう。

したがって未来の植物が、祖先のC_3植物より少ない二酸化炭素で生きられる方向に進化していくのはまず間違いない。また、地球の気温が上昇するため、植物の体内に水を保持することがしだいに難しくなる。植物は二つのニーズの板挟みになる。表面の孔を大きくし、光合成のために少しでも多くの二酸化炭素を取り込みたい反面、その同じ孔から水分が逃げていくのはできるだけ避けたい。少なくとも未来の植物は丈夫で蠟質となり、光合成に必要な日光がない場合は外界と通じる出入り口をすべて完全に閉じられるようになると考えてよさそうだ。

植物の外側が丈夫になると、葉は（少なくとも現在のような形態の葉は）なくなるかもしれない。樹木の葉だけでなく、草の葉にも同じことが起きる。葉があると、体積に比して表面積が大きくなり、水分が失われやすいからだ。葉の消失は、動物の生活にももちろん大きな変化を引き起こさずにおかない。

早ければ今から五億年後、遅くとも一〇億年ほどたてば、大気中の二酸化炭素濃度が下がりすぎて、なじみ深い植物はもはや存在できなくなる。この変化は初めはあまり目立たない。世界中で植物がゆっくりと枯れていくのだ。だからといって、地球がにわかに緑を失うわけではない。一群の植物が死滅しても、よく似た別の植物群がすぐに取って代わるからだ。この二つのグループは外見こそ大きな違いがないが、内部を覗き込むと光合成のやり方が根本的に異なるのがわかる。この移行のあとも、地球上の暮らしは以前とさほど変わりなく続いていく。少なくともしばらくのあいだは。

二酸化炭素濃度の低下に対応するために、植物がこの先も進化を続けて別の新しい光合成法を発達させる可能性はある。その場合、ある種の植物はごくわずかな二酸化炭素のもとでも生きていけるようになるかもしれない。しかし、どれだけ粘っても最終的にはそうした植物も死に絶える。どんなモデルを使って予測してみても二酸化炭素は減少を続け、ついには一〇ｐｐｍという決定的なラインに達するという答えが出るのだ。

未来の進化を考えるうえで最も重要な問題は、生物多様性がどうなるかだ。つまり地球上に生息する種の数である。二つの疑問が浮かぶ。今より種の数は増えるのか。もしそうなら、その状態はどれくらい長く続くのか。だが、ほかの様々な問題の例に漏れず、この問いに答えようとするならまず過去に目を向ける必要がある。

二酸化炭素濃度が低下して苦しむのは陸上植物だけではない。大型の海洋植物や、おそらくはプランクトンも同じように影響を被る。植物プランクトンは海の食物連鎖を底辺で支える存在であるだけに、海洋生物群集は大きな打撃を受けるだろう。しかも、二酸化炭素を勘定に入れなくても、陸上植物が消えるだけで海洋プランクトンのバイオマスは大幅に減少するのである。

海洋プランクトンはほとんどどんな環境の海であっても、ごく限られた栄養素に頼って生きている。硝酸塩、鉄、およびリン酸塩だ。これらが周期的に海に流れ込むことにより、植物プランクトンは増殖する。ところが、この硝酸塩とリン酸塩の元をたどると、腐敗した陸上植物に行き着く。川を通じて陸から海へと運ばれたのだ。陸上植物の量が減れば、栄養素の量も減る。海は栄養が欠乏した状態になり、プランクトンは壊滅的に減少する。これを元に戻すことはできない。たとえ前述のように植物の数が若干もち直したとしても、二酸化炭素が足りていたとき（たとえば現代）のような膨大な物質量に再び達することは絶対にないからだ。

こうして、陸でも海でも食物連鎖の底辺をなす生物が消滅する。植物がなくなると、地球全体の生産性（地球上の生物の量を表わす尺度）は急激に低下する。それでも生物が存在しないわけではなく、シアノバクテリアのような細菌は大量に生き続ける。細菌は頑丈な単細胞であり、多細胞植物なら生きられないような低い二酸化炭素濃度でも死なない。しかも多細胞植物のように酸素を必要とすることもない。

植物が消えれば、地表の性質と地形は大きく影響を受ける。根が張らないので表層土は不安定になり、川の流れ方そのものも変化する。今日見るように大河が曲がりくねって流れるのは、植物が初めて上陸した四億年前のシルル紀以降に始まったことだ。根がしっかりと土を摑んでいなければ、蛇行する川の土手を維持することはできない。傾斜や土壌などの環境条件のせいで植物が枯れたり、生えることができない場合、そこを流れる川の種類は変わる。砂漠の扇状地や氷河の前面域に見られるような網状河川となるのだ。どちらの環境にも、根を張るような植物は育たない。陸上植物が登場するまで、それが川の流れ方だった。そして植物が死滅する閾値まで二酸化炭素濃度が落ち込めば、川はそういう姿へと戻るのである。

同じくらい劇的なのが土の消失だ。土が風で吹き飛ばされ、剝き出しの岩石があとに残る。地表でこの変化が起き始めると、地球のアルベド（太陽光の反射能）が変わる。以前より多量の光が宇宙空間へ跳ね返されるために、地球の気温のバランスは崩れる。大気の熱伝導や降雨のパターンは一変する。高温と低温、そして剝き出しの岩石を流れる川によって砂粒がつくられ、それが風で飛ばされる。土が存在しないために化学的風化作用は弱まるものの、こうした物理的風化作用によって膨大な量の砂が生み出され、風に舞う。地表は巨大な砂丘が連なる場所となる。

こういった状態は、陸上の（おそらくは海中でも）植物がついに絶滅したしるしだと思うかもしれない。だが、実際には二酸化炭素濃度が壊滅的なレベル付近で長いあいだ（たぶん数億年）推移を続ける見込みが大きい。致死的なレベルにまで下がれば植物は死滅し、風化作用が減少して二酸化炭素は再び大気中に蓄積する。そうすると、わずかに生き残った種子や根株から発芽し、個体数は少ないにしても数千年は繁栄できるだろう。植物が地表に広がり始めれば、風化はまたも加速され、大気中から除去される二酸化炭素の量も増えていく。

動物はといえば、大気に酸素が含まれていないと生きていけない。無酸素はもちろん低酸素の環境であっても、ほとんどの動物は死んでしまう（ただし二〇一〇年に地中海の深海域で無酸素状態でも生きられる微小な無脊椎動物が発見されている）。ワシントン大学のデイヴィッド・C・カトリングの推定によれば、植物の絶滅から約一五〇〇万年後には大気中の酸素濃度が一パーセントに満たなくなる。現代の二一パーセントと比べると劇的な低下だ。

ヒトの進化の未来

進化と絶滅の両方をもたらす大きな要因の一つが生命自身だ。著者らの一人ウォードの「メデア仮説」〔訳註　「ガイア仮説」に対抗し、「生命は自滅的な性質を内包している」とする仮説。メデアとは、ギリシャ神話に登場する子殺しの女性〕は、二つの結論に基づいている。

一つは、生命は自らの友であるより敵であることが多かったということ。もう一つは、様々な生態系とそこで暮らす生物は、長く続いたからといって適応度が高まって繁栄するわけではないということである。すでに見たように、大規模な大量絶滅において実際に動物の息の根を止めるのは、微生物がつくり出す様々な有毒物質であることが多かった。したがって、地球に誕生したすべての種の中でメデア的性質がとりわけ強い生物、つまり私たち自身の進化の未来を考えることは、本書の締め括りにふさわしいように思う。ヒトはこの先どのように進化していくのだろうか。

ＳＦ小説が人類の未来を描くときには、頭が今以上に膨れ上がった姿であることが多い。脳もはるかに大きく、額が広く、知能が高い。しかし、人間の脳が実際に拡大することはたぶんないだろう。確かに、少なくとも頭蓋骨のサイズで判断する限り、化石記録からは過去数千世代のあいだに脳が急激に増大してきたことがわかる。だが、どうやらその時代は終わったようであり、脳を大きくする原因となった環境条件（おもに気候が関係していたとされている）がこの先繰り返される見込みは低い。では、脳の巨大化がないのだとすると、どんな未来がホモ・サピエンスを待ち受けているのだろうか。じつに興味深い問題がもう一つある。約二〇万年前に誕生して以来、ヒトは多少なりとも重大な進化を遂げてきたのか、というものだ。

遺伝子研究からは驚くべき事実が明らかになっている。ヒトが生まれて以来、そのゲノムは大規模な再編成を経ているだけでなく、進化の速度が三万年前から加速しているようなのだ。人類学者のヘンリー・C・ハーペンディングとジョン・ホークスの研究によれば、過去五〇〇〇年だけをとってみても、人間の進化の速度はそれ以前（約六〇〇万年前に現生チンパンジーの祖先から初期のヒト科生物が枝分かれして以来）の一〇〇倍にも達している。しかも、人種を特徴づけている様々な性質は、つい最近になるまで世界各地でより違いが際立つ傾向にあった。ここ一〇〇年のあいだに人の移動方法に革命が起きるとともに、ほかの人種への態度がおおむね寛容になって、ようやくこのパターンは鈍化した。理由は大きく分けて二つある。農業と都市化だ。食糧と混雑ともいえる。

このように、少なくとも最近になるまで、人類は進化の名人だったようである。この点を踏まえれば、これからどう進化していくのかも予測がつく（哺乳動物の種としての平均寿命はどれも数百万年と見られるので、ヒトにもそれが当てはまると仮定する）。過去五〇〇〇年のあいだに起きた進化上の変化は、特定の環境に適応するための構造や機能にかかわるものが多かった。未来の世界では今より人口が増え、技術の進歩に伴って都市は大きく、農地も広くなることが予想される。それが人類の進化に何らかの影響を与えると考えてもおかしくはない。いや、それともまったく影響は及ぼさないのだろうか。知りたいことは山ほどある。ヒトの体は今より大きくなるのか、小さくなるのか。知能（頭脳の面でも心の面でも）は良くなるのか悪くなるのか。来るべき真水の欠乏、紫外線の増加、地球温暖化といった様々な環境問題に対して、人類がもつ耐性は高くなるのか低くなるのか。ヒトは新たな種を生むのか、あるいはもはやその能力をもたないのか。ヒトの進化はすでに遺伝子の中には存在せず、シリコンチップを埋め込んだり、無機質な装置と脳を神経接続して記憶力を増強したりすることによってしか未来の進化は見込めないのか。人類に残された役割は、次に地球を支配する知性――つまり知性をもった装置――をつくり出すことだけなのか。

歴史の終焉

「終わりは近い！」と憂う者や、地球上の生命が絶滅の危機にあると思う者、あるいはすでにそのさなかにいると考える人たちに、ここで慰めを提供したい。生命が誕生してから（少なくとも）三四億年の歴史の中で、現在は種の数が非常に多い時期にあたるようだ。この先生物の何パーセントが死に絶えるかを証明し、大量絶滅が大規模なもの（種全体の五〇パーセント以上が死滅）か小規模なもの（一〇～五〇パーセントが死滅）か、あるいはそもそも絶滅などしないのかを判断するには、分母を知る必要があるというのが著者らの見方だ。現在、地球上に少なくとも一六〇万種の生物が存在するのは間違いない。仮に新たな大量絶滅が起きると決まっても、多少の救いはある。過去の大量絶滅を振り返ると、生物多様性はむしろ絶滅前以上の水準にまで回復しているのだ。

その点を指摘したのは、かの偉大なるフランク・ドレイクである。もう何年も前に、地球型惑星が珍しいのかどうかを著者らの一人と議論したときのことだ。その名を冠した「ドレイクの方程式」は、この銀河系にどれくらいの知的生命体が存在するかを推定するために彼が考案したものだ。ドレイクの考えによれば、ペルム紀末のように非常に大規模な大量絶滅はどんな惑星にとっても良いものである。ただし代償を伴う。ペルム紀末の絶滅の場合、生物多様性がようやく絶滅前のレベルを回復するには五〇〇万～一〇〇〇万年を要した。その間、生物多様性の面でも生物の種類の面でも、世界は原生代に逆戻りしたわけである。本書の第6章で、少しユーモラスに「帝国の逆襲」とのみ触れたのがこの状況だ。先カンブリア時代に生きた、嫌気性で有毒な微生物が支配する帝国である。

ウォードのメデア仮説が導く最後の予言は、生命を宿す惑星にはすべてこの仮説が当てはまるということだ。そして、この自滅の箱は生命が存在するだけで生まれるものであり、そこから抜け出すにはたった一つの道しかないということである。知性だ。未来を見通す知性を働かせるのである。人類がその居住域を火星にまで広げ、さらには小惑星帯へ、ついにはほかの恒星系へと進出するのも一つの未来だ。別の未来もある。私たちが大気中に二酸化炭素を送り続けた結果、地球上の氷がすべて融け、海水面が上昇し、熱塩循環の速度を鈍らせ、海水を淀ませて海底を無酸素状態にし、それが浅い海域にも広がり、同時に有毒な濃度の硫化水素が解き放たれて、海という海から立ち昇るというものだ。そういう未来が訪れたなら、高性能のガスマスクをもつ動物だけが生き残れるだろう。

過去を振り返ることで、来るべき危機を知る。歴史は早期警戒システムなのだ。

最後に

永遠に続くものなどない。これは惑星にも、生物にも、科学者のキャリアにも当てはまる。葬儀ほど悲しい出来事はそうないが、少なくとも変化を示す決定的な瞬間ではある。生者から死者への変化だ。だがもっと悲しいのは、終わりの近づいた生命ではないだろうか。たとえば不治の病にかかって、確実な死刑宣告を受けている人間のように。それと同じ状況なのがオウムガイである。本書では、絶滅したアンモナイトとよく似た動物として紹介した。また、現存するものとは分類や姿が異なっていたとはいえ、これまでに大量絶滅を何度もくぐり抜けてきた生物でもある。オウムガイが初めて現われるのは五億年前のカンブリア爆発のときだ。現在も生きているが数はしだいに少なくなっており、今ではその貝殻に対する需要から、太平洋の様々な国で絶滅が危惧されている。過去の大量絶滅では、見た目が美しいからという理由で生物が殺されることはなかった。人間が引き起こす大量絶滅はそうではない。

オウムガイの殻は、二〇〇五年〜二〇一〇年の五年間でアメリカ向けだけでも五〇万個もが出荷されている。しかし、そうした商取引の対象になる前から、すでにオウムガイは自らの死刑宣告を受け取っていた。オウムガイの体制は、温かい浅海でうまく機能するように進化した。殻の中はいくつもの部屋に分かれていて、それぞれの部屋は最初は内側が完全に液体で満たされている。部屋から液体を抜くときには、浸透圧を利用する。ともあれ、カルシウムの豊富な浅い海で殻を成長させるように進化してきた生物だ。ところが本書でも見た通り、中生代海洋大変革が起きる。かつてのオウムガイは、硬い殻で体を覆う難攻不落の存在だったのが、白亜紀に新種の魚が登場してオウムガイの殻をいとも簡単に割るようになった。浅瀬ではもはや暮らせなくなる。浅瀬自体が死の宣告となったのだ。

生きるとは変化することである。オウムガイはこの新しいストレスに対処するため、数百万年をかけて徐々に海の深い領域へと移動していった。著者らの最近の研究によれば、過去五〇〇万年についてはオウムガイは平均して水深二〇〇〜三〇〇メートルの海域で暮らしている。だが、オウムガイのデザインは深海には向かない。結果的に成長の速度は遅くなった。昔は一年で成体のサイズになることができたのに、今では一〇〜一五年もかかる。深海動物として生き、数もきわめて少なく、資源に乏しい暗い環境はどうひいき目に見ても困難としかいいようがない。しかも捕食者に追い回されている。これ以上深くには行きたくても行けない。殻の構造には限界があって、一定の水深を超えると内側に向かって破裂し、即死してしまう。もはや隠れる場所はないのだ。

オウムガイの運命はすべての動物の行く末を暗示している。遅かれ早かれ進化と競争と、地球や太陽の加齢に伴う変化によって、どんな体制も過去のものとなる。私たち陸上動物の息の根を止めるのは捕食者ではない。膨れ上がる太陽と、少なすぎる二酸化炭素だ。生き延びられる場所は地球上にはない。人類がオウムガイのしたことに倣いたいなら、あるいはもっといいのは、シアノバクテリアが過去二〇億〜三〇億年のあいだ行なってきたことに倣うなら、唯一の望みはこの場を去ることだ。この最終章は生命の歴史がテーマだった。つまり地球上の生命についてである。だが、まったく新しい本も書ける。図書館を埋め尽くすほどの本が。

　地球の生命は本当に火星で誕生したのかもしれない。そして火星を去るか滅びるかの選択に直面した。生き延びることが、紛れもなく私たちの遺伝子に刻まれている。

訳者あとがき

本書はピーター・ウォード／ジョゼフ・カーシュヴィンク共著、*A New History of Life: The Radical New Discoveries about the Origins and Evolution of Life on Earth*（Bloomsbury, 2015）の全訳である。著者の一人ウォードは地球科学および宇宙科学の研究のかたわら、これまで多数の著作を発表し、日本でも六作が紹介されている。とくに、酸素濃度の変遷が進化や絶滅の原因になったという説や、生命は自滅的な性質を内包しているという「メデア仮説」、そして地球生命は宇宙で唯一ではないものの非常に稀な存在だという「レアアース仮説」で知られる。本書は、ウォードの研究の現時点での集大成というべき位置づけのものだ。今までの自説をすべて織り込みながら、様々な研究者からの最新の知見を交え、地球の誕生から予測可能な未来まで、地球と生命の全史を綴った壮大なスケールの一冊である。

それだけではない。特筆すべきは地球生物学者のカーシュヴィンクを共著者に迎え、その研究成果も組み込んだことだ（カーシュヴィンクはこれが初めての著書）。生命や地球の歴史について読んできた読者なら、カーシュヴィンクの名は「スノーボールアース（全球凍結）」仮説の提唱者としておなじみだろう。だが彼が唱える革新的な説はほかにもある。生命火星起源説や、「真の極移動」が生命進化にもたらした影響に関する説などがそうで、その新説が詳細に解説される点も本書の大きな魅力となっている。

カーシュヴィンクの見解に代表されるように、新しい発見、新しい解釈をベースに生命全史を「語り直す」というのがこの本の大命題であり、その姿勢はすべての章に貫かれている。その分、一から生命史を勉強しようという人には難しい箇所もあるかもしれないが、定説とされる流れを把握したうえで本書を読めば、新しい視点に胸躍るようなスリルを覚えるはずだ。

私たちのなかには、ダーウィン以来の「静的な」捉え方で生命進化をイメージする人がまだ多いのではないだろうか。つまり、生物は長い年月をかけて徐々に、いわば一直線に順調に進化してきたというものである。しかし本書が描き出すのは、それとは対照的なじつに荒々しい世界だ。私たちが地球について考えるときには、どうしても現在の姿しか思い浮かべられない。しかし、およそ四六億年前に誕生して以来、地球は数々の天変地異や激しい変化に見舞われてきた（大気中の酸素濃度一つとってみても、約一〇～三五パーセントのあいだで変動してきたと見られている）。そこに生きる生命も、当然ながらたびたび恐ろしい事象に直面し、それをくぐり抜け、最終的に今日見られる生物相へとたどり着いたわけである。試練はときに進化を大幅に加速させ、ときに生物を絶滅の淵へと叩き込んだ。私たちはすべて、その嵐をかいくぐってきた生き残りである。本書「はじめに」では、この点を次のようにまとめている。

火、氷、宇宙からの強烈な一撃、毒ガス、捕食者の牙、苛酷な生存競争、死を運ぶ放射線、飢餓、生息環境の激変。そして地球上のいたるところにすみつこうと、飽くことなく繰り広げられた数々の闘いと征服。その一つ一つが、今この世に存在するすべてのＤＮＡに爪痕を残している。あらゆる危機が、あらゆる勝利が、様々な遺伝子を足したり引いたりすることでゲノムを変化させてきた。まるで鉄の塊が鍛えられるように、私たちはみな壊滅的な大厄災によって灼かれ、時間によって冷やされてきたのである。

海も含めて地球全体が凍りついたというスノーボールアースも、そうした大厄災の一つだ。当初、この現象には懐疑の目が向けられたが、今では過去に二度起きたことがほぼ間違いないとされるまでになっている。同じように、本書が示す新しい歴史もいずれ「正史」となる日が来るのだろうか。この本にどれだけの説得力を認めるかは、読者の判断に委ねよう。だが少なくとも、革新的な研究者二人が説き明かす革新的な生命全史が、刺激に満ちた研究の最前線を垣間見せてくれることは確かだといっていい。

最後になるが謝辞を。翻訳の一部は、安部恵子さん、市川美佐子さん、工藤奈月さん、林美佐子さんにお手伝いいただいた。記してお礼を申し上げる。また、本書を訳す機会を与えてくださり、いつものように的確なご助言をいただいたうえ、数々のご配慮でサポートしてくださった河出書房新社の九法崇さんに、この場を借りて心より感謝申し上げる。

二〇一五年一一月

梶山あゆみ

文庫版訳者あとがき

　本書が単行本として世に出たのは四年あまり前である。そのとき、ノンフィクション書のレビューサイト「HONZ」の評者である仲野徹氏は、次のように書いて下さった。「爆発的な知的興奮が全編を通じて持続するほど面白い話が目白押しだ。そして、この本を読むと、よほどの大発見がない限り、向こう10年ほどは、同じような内容の本を読む必要はないはずだ。決してやさしい本ではないが、読む価値は十分にある、というよりも読まなきゃ損だ」(https://honz.jp/articles/-/42401/)。そして本書は、実際に読者からも大きな反響をもって迎えられた。

　それもそのはずである。なんといっても、つねに革新的な説を唱えてきた二人の現役の研究者ががっちりとタッグを組み、科学ジャーナリストなどを介さず自らの言葉で、しかもそれまでの通説とは違った「新しい生命全史」を語り直したのだ。その知的な刺激と熱量には、今読み直してみても圧倒されるものがある。そこが本書の真骨頂であり、それが文庫版というかたちで読者の手に取りやすいものになったことは(熱いだけでなくかなり厚いのは恐縮だが）、訳者として嬉しい限りだ。

本書以降も、ここまで本格的に生命の過去と未来を語り通した全史は刊行されていない。そういう意味では、この本は今なお唯一無二の輝きを放っている。もっとも、おそらく著者たちは本書のことなど忘れたかのように、さらなる発見に向かって邁進しているに違いない。それぞれの所属大学のウェブサイトによれば、ウォードは今もフィールドワークをしながらK－T境界（白亜紀と新生代第三紀の境目）の大量絶滅などについて研究している。また、カーシュヴィンクは、本書にも登場する古地磁気の問題に加えて、ヒトを含む様々な生物がもつ「磁気を感知する生体メカニズム」というテーマにも取り組んでいる。二人ともいずれ、本書の情報を自ら書き換えるような、あるいは新たな分野でまた私たちを驚かせるような、そんな爆弾を落としてくれることだろう。

歯応えがあるのはあくまで内容であって、著者たちの文章自体はシンプルでじつに読みやすい。この機に、今なお色褪せない本書の「知的興奮」をより多くの方々に味わっていただければ幸いだ。なお文庫化にあたっては、誤訳と誤記を修正したほか、より理解しやすくなるように訳註やルビを追加し、言い回しを一部改めたことをお断りしておく。

二〇二〇年三月

梶山あゆみ

第19章 人類と一〇度目の絶滅

1. P. Ward, *Rivers in Time* (New York: Columbia University Press, 2000).
2. R. Leakey and R. Lewin, *The Sixth Extinction* (Norwell, MA: Anchor Press, 1996).
3. "Lucy's Legacy: The Hidden Treasures of Ethiopia," *Houston Museum of Natural Science*, 2009.
4. D. Johanson and M. Edey, *Lucy, the Beginnings of Humankind* (Granada: St Albans, 1981)（『ルーシー――謎の女性と人類の進化』ドナルド・C・ジョハンソン／マイトランド・A・エディ著、渡辺毅訳、どうぶつ社、1986年）; W. L. Jungers, "Lucy's Length: Stature Reconstruction in *Australopithecus afarensis* (A.L.288-1) with Implications for Other Small-Bodied Hominids," *American Journal of Physical Anthropology* 76, no. 2 (1988): 227–31.
5. B. Yirka, "Anthropologist Finds Large Differences in Gait of Early Human Ancestors," Phys.org, November 12, 2012; P. A. Kramer, "Brief Communication: Could Kadanuumuu and Lucy Have Walked Together Comfortably?" *American Journal of Physical Anthropology* 149 (2012): 616–21; P. A. Kramer and D. Sylvester, "The Energetic Cost of Walking: A Comparison of Predictive Methods," *PLoS One* (2011).
6. D. J. Green and Z. Alemseged, "Australopithecus afarensis Scapular Ontogeny, Function, and the Role of Climbing in Human Evolution," *Science* 338, no. 6106 (2012): 514–17.
7. J. P. Noonan, "Neanderthal Genomics and the Evolution of Modern Humans," *Genome Res.* 20, no. 5 (2010): 547–53.
8. K. Prufer et al., "The Complete Genome Sequence of a Neanderthal from the Althai Mountains," *Nature* 505, no. 7481 (2014): 43–49.
9. P. Mellars, "Why Did Modern Human Populations Disperse from Africa ca. 60,000 Years Ago?" *Proceedings of the National Academy of Sciences* 103, no. 25 (2006): 9381–86.
10. P. Ward, *The Call of Distant Mammoths: What Killed the Ice Age Mammals* (Copernicus, Springer-Verlag, 1997).（『マンモス絶滅の謎』ピーター・D・ウォード著、犬塚則久訳、ニュートンプレス、2000年）

Clarke et al., "Definitive Fossil Evidence for the Extant Avian Radiation in the Cretaceous," *Nature* 433 (2005) : 305–8.

14. L. Witmer, "The Debate on Avian Ancestry : Phylogeny, Function and Fossils," in L. Chiappe et al., eds., *Mesozoic Birds : Above the Heads of Dinosaurs* (Berkeley, California : University of California Press, 2002), 3–30 ; L. M. Chiappe and G. J. Dyke, "The Mesozoic Radiation of Birds," *Annual Review of Ecology and Systematics* 33 (2002) : 91–124 ; J. W. Brown et al., "Strong Mitochondrial DNA Support for a Cretaceous Origin of Modern Avian Lineages," *BMC Biology* 6 (2008) : 1–18 ; J. Cracraft, "Avian Evolution, Gondwana Biogeography and the Cretaceous-Tertiary Mass Extinction Event," *Proceedings of the Royal Society B-Biological Sciences* 268 (2001) : 459–69 ; S. Hope, "The Mesozoic Radiation of Neornithes," in L. M. Chiappe et al., eds., *Mesozoic Birds : Above the Heads of Dinosaurs* (Berkeley : University of California Press, 2002), 339–88 ; Z. Zhang et al., "A Primitive Confuciusornithid Bird from China and Its Implications for Early Avian Flight," *Science in China Series D* 51, no. 5 (2008) : 625–39.
15. N. R. Longrich et al., "Mass Extinction of Birds at the Cretaceous-Paleogene (K-Pg) Boundary," *Proceedings of the National Academy of Sciences* 108 (2011) : 15253–57 ; G. Mayr, *Paleogene Fossil Birds* (Berlin : Springer, 2009), 262 ; J. A. Clarke et al., "Definitive Fossil Evidence for the Extant Avian Radiation in the Cretaceous," *Nature* 433 (2005) : 305–8 ; T. Fountaine, et al., "The Quality of the Fossil Record of Mesozoic Birds," *Proceedings of the Royal Academy of Sciences B-Biological Science* 272 (2005) : 289–94.
16. P. Ericson et al. "Diversification of Neoaves : Integration of Molecular Sequence Data and Fossils," *Biology Letters* 2, no. 4 (2006) : 543–47 ; J. W. Brown et al., "Nuclear DNA Does Not Reconcile 'Rocks' and 'Clocks' in Neoaves : A Comment on Ericson et al.," *Biology Letters* 3, no. 3 (2007) : 257–9 ; A. Suh et al., "Mesozoic Retroposons Reveal Parrots as the Closest Living Relatives of Passerine Birds," *Nature Communications* 2, no. 8 (2011) も参照のこと。
17. K. J. Mitchell et al., "Ancient DNA Reveals Elephant Birds and Kiwi Are Sister Taxa and Clarifies Ratite Bird Evolution," *Science* 344, no. 6186 (2014) : 898–900.

178–81; M. A. Norell et al., "Flight from Reason. Review of: *The Origin and Evolution of Birds* by Alan Feduccia (Yale University Press, 1996)," *Nature* 384, no. 6606 (1997): 230; L. M. Witmer, "The Debate on Avian Ancestry: Phylogeny, Function, and Fossils," in L. M. Chiappe and L. M. Witmer, eds., *Mesozoic Birds: Above the Heads of Dinosaurs* (Berkeley: University of California Press, 2002), 3–30.

8. C. Pei-ji et al., "An Exceptionally Preserved Theropod Dinosaur from the Yixian Formation of China," *Nature* 391, no. 6663 (1998): 147–52; G. S. Paul, *Dinosaurs of the Air: The Evolution and Loss of Flight in Dinosaurs and Birds* (Baltimore: Johns Hopkins University Press, 2002), 472; X. Xu et al., "An *Archaeopteryx*-like Theropod from China and the Origin of Avialae," *Nature* 475 (2011): 465–70.
9. D. Hu et al., "A Pre-*Archaeopteryx* Troodontid Theropod from China with Long Feathers on the Metatarsus," *Nature* 461, no. 7264 (2009): 640–43; A. H. Turner et al., "A Basal Dromaeosaurid and Size Evolution Preceding Avian Flight," *Science* 317, no. 5843 (2007): 1378–81; X. Xu et al., "Basal Tyrannosauroids from China and Evidence for Protofeathers in Tyrannosauroids," *Nature* 431, 7009 (2004): 680–84; C. Foth, "On the Identification of Feather Structures in Stem-Line Representatives of Birds: Evidence from Fossils and Actuopalaeontology," *Paläontologische Zeitschrift* 86, no. 1 (2012): 91–102; R. Prum and A. H. Brush, "The Evolutionary Origin and Diversification of Feathers," *Quarterly Review of Biology* 77, no. 3 (2002): 261–95.
10. M. H. Schweitzer et al., "Soft-Tissue Vessels and Cellular Preservation in *Tyrannosaurus rex*," *Science* 307, no. 5717 (2005); C. Dal Sasso and M. Signore, "Exceptional Soft-Tissue Preservation in a Theropod Dinosaur from Italy," *Nature* 392, no. 6674 (1998): 383–87; M. H. Schweitzer et al., "Heme Compounds in Dinosaur Trabecular Bone," *Proceedings of the National Academy of Sciences of the United States of America* 94, no. 12 (1997): 6291–96.
11. Dr. Paul Willis, "Dinosaurs and Birds: The Story," The Slab, http://www.abc.net.au/science/slab/dinobird/story.htm
12. J. A. Clarke et al., "Insight into the Evolution of Avian Flight from a New Clade of Early Cretaceous Ornithurines from China and the Morphology of *Yixianornis grabaui*," *Journal of Anatomy* 208 (3 (2006): 287–308.
13. N. Brocklehurst et al., "The Completeness of the Fossil Record of Mesozoic Birds: Implications for Early Avian Evolution," *PLOS One* (2012); J. A.

文章でしゃべることも、計算をすることも、複雑な行動を取ることもできるのだ。私たちは、毎日食べているニワトリを愚かな存在と思いたがるが、もしかしたらそれは間違っているかもしれない。

2. K. Padian and L. M. Chiappe, "Bird Origins," in P. J. Currie and K. Padian, eds., *Encyclopedia of Dinosaurs* (San Diego: Academic Press, 1997), 41–96; J. Gauthier, "Saurischian Monophyly and the Origin of Birds," in K. Padian, *Memoirs of the California Academy of Sciences* 8 (1986): 1–55; L. M. Chiappe, "Downsized Dinosaurs: The Evolutionary Transition to Modern Birds," *Evolution: Education and Outreach* 2, no. 2 (2009): 248–56.
3. J. H. Ostrom, "The Ancestry of Birds," *Nature* 242, no. 5393 (1973): 136; J. Gauthier, "Saurischian Monophyly and the Origin of Birds," in K. Padian, *Memoirs of the California Academy of Sciences* 8 (1986): 1–55; J. Cracraft, "The Major Clades of Birds," in M. J. Benton, ed., *The Phylogeny and Classification of the Tetrapods, Volume I: Amphibians, Reptiles, Birds* (Oxford: Clarendon Press, 1988), 339–61.
4. A. Feduccia, "On Why the Dinosaur Lacked Feathers," in M. K. Hecht et al., eds. *The Beginnings of Birds: Proceedings of the International Archaeopteryx Conference Eichstatt 1984* (Eichstatt: Freunde des Jura-Museums Eichstatt, 1985), 75–79; A. Feduccia et al., "Do Feathered Dinosaurs Exist? Testing the Hypothesis on Neontological and Paleontological Evidence," *Journal of Morphology* 266, no. 2 (2005): 125–66.
5. J. O'Connor, "A Revised Look at Liaoningornis Longidigitris (Aves)." *Vertebrata PalAsiatica* 50 (2012): 25–37.
6. A. Feduccia, "Explosive Evolution in Tertiary Birds and Mammals," *Science* 267, no. 5198 (1995): 637–38; A. Feduccia, "Big Bang for Tertiary Birds?" *Trends in Ecology and Evolution* 18, no. 4 (2003): 172–76.
7. M. Norell and M. Ellison, *Unearthing the Dragon: The Great Feathered Dinosaur Discovery* (New York: Pi Press, 2005); R. Prum, "Are Current Critiques of the Theropod Origin of Birds Science? Rebuttal to Feduccia 2002," *Auk* 120, no. 2 (2003): 550–61; S. Hope, "The Mesozoic Radiation of Neornithes," in L. M. Chiappe et al., *Mesozoic Birds: Above the Heads of Dinosaurs* (Oakland: University of California Press, 2002), 339–88; P. Ericson et al., "Diversification of Neoaves: Integration of Molecular Sequence Data and Fossils," *Biology Letters* 2, no. 4 (2006): 543–47; K. Padian, "*The Origin and Evolution of Birds* by Alan Feduccia (Yale University Press, 1996)," *American Scientist* 85:

5. Z.-X. Luo et al., "A Jurassic Eutherian Mammal and Divergence of Marsupials and Placentals," *Nature* 476, no.7361 (2011): 442–45.
6. 化石によれば、毛の生えたリス大の生物は哺乳類らしからぬ特徴ももっていたようだ。詳しくは http://news.uchicago.edu/article/2013/08/07/fossil-indicates-hairy-squirrel-sized-creature-was-not-quite-mammal で。
7. Z.-X. Luo, "Transformation and Diversification in Early Mammal Evolution," *Nature* 450, no.7172 (2007): 1011–19.
8. J. P. Kennett and L. D. Stott, "Abrupt Deep-Sea Warming, Palaeoceanographic Changes and Benthic Extinctions at the End of the Paleocene," *Nature* 353 (1991): 225–29.
9. U. Röhl et al., "New Chronology for the Late Paleocene Thermal Maximum and Its Environmental Implications," *Geology* 28, no. 10 (2000): 927–30; T. Westerhold et al., "Astronomical calibration of the Paleocene time," *Palaeogeography, Paleoclimatology, Palaeoecology* 257 (2008): 377–403.
10. P. L. Koch et al., "Correlation Between Isotope Records in Marine and Continental Carbon Reservoirs Near the Palaeocene-Eocene Boundary," *Nature* 358 (1992): 319–22.
11. M. D. Hatch, "C_4 Photosynthesis: Discovery and Resolution," *Photosynthesis Research* 73, nos. 1–3 (2002): 251–56.
12. E. J. Edwards and S. A. Smith, "Phylogenetic Analyses Reveal the Shady History of C_4 Grasses," *Proceedings of the National Academy of Sciences* 107, nos. 6 (2010): 2532–37; C. P. Osborne and R. P. Freckleton, "Ecological Selection Pressures for C_4 Photosynthesis in the Grasses," *Proceedings of the Royal Society B-Biological Sciences* 276, no. 1663 (2009): 1753–60.

第 18 章　鳥類の時代

1. 本章に関する個人的な註を。著者らの一人（ウォード）は2羽のオウムを「ペット」として飼ったことがある。ただし、鳥と人間の関係においてどちらがペットなのかは定かではない。一つはっきりしているのは知性のレベルだ。これはオウムに限ることではなく、カラスにしろほかの鳥にしろ、眺めていれば高い知性が働いているのがすぐにわかるし、その知性はさらなる進化の途上にあるようにも思える。私たちは「鳥並みの頭」などといって人を馬鹿にするのに引き合いに出すが、ヨウムの脳と人間の脳の大きさを比べてみればいい。それなのにヨウムは完全な

Press, 2008); P. Ward et al., "Ammonite and Inoceramid Bivalve Extinction Patterns in Cretaceous-Tertiary Boundary Sections of the Biscay Region (Southwestern France, Northern Spain)," *Geology* 19, no. 12 (1991): 1181-84; 反対意見として、N. MacLeod et al., "The Cretaceous-Tertiary Biotic Transition," *Journal of the Geological Society* 154, no. 2 (1997): 265-92. P. Shulte et al., "The Chicxulub Asteroid Impact and Mass Extinction at the Cretaceous-Paleogene Boundary," *Science* 327, no. 5970 (2010): 1214-18 も参照のこと。

7. V. Courtillot et al., "Deccan Flood Basalts at the Cretaceous-Tertiary Boundary?" *Earth and Planetary Science Letters* 80, nos. 3-4 (1986): 361-74; C. Moskowitz, "New Dino-Destroying Theory Fuels Hot Debate," space.com, October 18, 2009.
8. T. S. Tobin et al., "Extinction Patterns, $\delta^{18}O$ Trends, and Magnetostratigraphy from a Southern High-Latitude Cretaceous-Paleogene Section: Links with Deccan Volcanism," *Palaeogeography, Palaeoclimatology, Palaeoecology* 350-52 (2012): 180-88.

第17章　ようやく訪れた第三の哺乳類時代

1. 脊椎動物の古生物学については、Robert L. Carroll, *Vertebrate Paleontology and Evolution* (New York: W. H. Freeman and Company, 1988) が長らく決定版とされている。本書でいう「第三の哺乳類時代」に関する新しい研究は、O. R. P. Bininda-Emonds et al. "The Delayed Rise of Present-Day Mammals," *Nature* 446, no. 7135 (2007): 507-11; Z.-X. Luo et al., "A New Mammaliaform from the Early Jurassic and Evolution of Mammalian Characteristics," *Science* 292, 5521 (2001): 1535-40 参照。
2. J. R. Wible et al., "Cretaceous Eutherians and Laurasian Origin for Placental Mammals Near the K-T Boundary," *Nature* 447, no. 7147 (2007): 1003-6; M. S. Springer et al., "Placental Mammal Diversification and the Cretaceous-Tertiary Boundary," *Proceedings of the National Academy of Sciences* 100, no. 3 (2002): 1056-61.
3. K. Helgen, "The Mammal Family Tree," *Science* 334, no. 6055 (2011): 458-59.
4. Q. Ji et al., "The Earliest Known Eutherian Mammal," *Nature* 416, no. 6883 (2002): 816-22.

tional Academy of Sciences of the United States of America 107, no. 13 (2010): 5893-96.

10. T. Oji, "Is Predation Intensity Reduced with Increasing Depth? Evidence from the West Atlantic Stalked Crinoid Endoxocrinus parrae (Gervais) and Implications for the Mesozoic Marine Revolution," *Palaeobiology* 22 (1996): 339-51.

第16章　恐竜の死

1. L. W. Alvarez et al., "Extraterrestrial Cause for the Cretaceous-Tertiary Extinction," *Science* 208, no. 4448 (1980): 1095. のちにクレーター自体も発見された。A. R. Hildebrand et al., "Chicxulub Crater: A Possible Cretaceous-Tertiary Boundary Impact Crater on the Yucatán Peninsula, Mexico," *Geology* 19 (1991): 867-71.
2. P. Schulte et al. "The Chicxulub Asteroid Impact and Mass Extinction at the Cretaceous-Paleogene Boundary," *Science* 327, no. 5970 (2005): 1214-18.
3. J. Vellekoop et al., "Rapid Short-Term Cooling Following the Chicxulub Impact at the Cretaceous-Paleogene Boundary," *Proceedings of the National Academy of Sciences* 111, no 21 (2014): 7537-41.
4. この化石産地と、そこに記録された絶滅のパターンについては、数多くの文献で取り上げられているが、ここではいささか僭越ながら次の参考文献を勧めたい。P. Ward, *Under a Green Sky: Global Warming, the Mass Extinctions of the Past, and What They Can Tell Us About Our Future* (Washington, D.C.: Smithsonian, 2007).
5. 著者らの研究仲間である David Jablonski の素晴らしいまとめも参照のこと。David Jablonski: D. Jablonski, "Extinctions in the Fossil Record (and Discussion)," *Philosophical Transactions of the Royal Society of London, Series B* 344, 1307 (1994): 11-17.
6. D. M. Raup and D. Jablonski, "Geography of End-Cretaceous Marine Bivalve Extinctions," *Science* 260, 5110 (1993): 971-73. P. M. Sheehan and D. E. Fastovsky, "Major Extinctions of Land-Dwelling Vertebrates at the Cretaceous-Tertiary Boundary, Eastern Montana," *Geology* 20 (1992): 556-60; R. K. Bambach et al., "Origination, Extinction, and Mass Depletions of Marine Diversity," *Paleobiology* 30, no. 4 (2004): 522-42. D. J. Nichols and K. R. Johnson, *Plants and the K-T Boundary* (Cambridge: Cambridge University

19, no. 4 (2006): 82–92.

2. A. S. Gale, "The Cretaceous World," in S. J. Culver and P. F. Raqson, eds., *Biotic Response to Global Change: The Last 145 Million Years* (Cambridge: Cambridge University Press, 2006), 4–19.
3. T. J. Bralower et al., "Dysoxic-Anoxic Episodes in the Aptian-Albian (Early Cretaceous)," in *The Mesozoic Pacific: Geology, Tectonics and Volcanism*, M. S. Pringle et al., eds. (Washington, D.C.: American Geophysical Union, 1993), 5–37.
4. B. T. Huber et al., "Deep-Sea Paleotemperature Record of Extreme Warmth During the Cretaceous," *Geology* 30 (2002): 123–26; A. H. Jahren, "The Biogeochemical Consequences of the Mid-Cretaceous Superplume," *Journal of Geodynamics* 34 (2002): 177–91; I. Jarvis et al., "Microfossil Assemblages and the Cenomanian-Turonian (Late Cretaceous) Oceanic Anoxic Event," *Cretaceous Research* 9 (1988): 3–103. 浮力を含む異常巻きアンモナイトの研究には、ウォードをはじめ世界中の大勢の研究仲間が取り組んできた。このテーマに関する入門書としては、*Ammonoid Paleobiology*, Neil Landman et al., eds. (Springer, 1996) が優れている。ウォードは自身の博士論文（McMaster University, Ontario Canada, 1976）の中で、蠟製の縮尺模型を使ってバキュリテス・アンモナイトの向きを検証している。
5. ニール・ランドマンと共同研究者による素晴らしい研究（もちろんこれだけではない）は、N. H. Landman et al., "Methane Seeps as Ammonite Habitats in the U.S. Western Interior Seaway Revealed by Isotopic Analyses of Well-preserved Shell Material," *Geology* 40, no. 6 (2012): 507 で解説されている。この研究グループによるその他の新発見については、N. H. Landman et al., "The Role of Ammonites in the Mesozoic Marine Food Web Revealed by Jaw Preservation," *Science* 331, no. 6013 (2011): 70–72 で報告されている。この中では、バキュリテスの摂食メカニズムが初めて示されるとともに、その食糧源についても考察されている。
6. 同上。
7. G. J. Vermeij, "The Mesozoic Marine Revolution: Evidence from Snails, Predators and Grazers," *Palaeobiology* 3 (1977): 245–58.
8. S. M. Stanley, "Predation Defeats Competition on the Seafloor," *Paleobiology* 34, no. 1 (2008): 1–21.
9. T. Baumiller et al., "Post-Paleozoic Crinoid Radiation in Response to Benthic Predation Preceded the Mesozoic Marine Revolution," *Proceedings of the Na-*

第14章　低酸素世界における恐竜の覇権

1. 著者らがロバート・バッカーに敬意を表するのと同じように、恐竜を学ぶならD・B・ワイシャンペルほかによる名著 *The Dinosauria* (Oakland: University of California Press, 2004) を読まないわけにはいかない。重くて分厚くて高価な本だが、2014年の時点でも決定版としての地位は揺るぎない。
2. 今では、恐竜の気嚢に関する論文が多数発表されている。この点についてはロバート・バッカーが最初に指摘し、その仮説をグレゴリー・ポールがさらに詳しく肉づけした。
3. D. Fastovsky and D. Weishampel, *The Evolution and Extinction of the Dinosaurs* (Cambridge: Cambridge University Press: 2005).（『恐竜学——進化と絶滅の謎』David E. Fastovsky／David B. Weishampel 著、John Sibbick イラスト、真鍋真監訳、丸善、2006年）
4. P. O'Connor and L. Claessens, "Basic Avian Pulmonary Design and Flow-Through Ventilation in Non-Avian Theropod Dinosaurs," *Nature* 436, no. 7048 (2005): 253–56. 反対意見として、J. A. Ruben et al., "Pulmonary Function and Metabolic Physiology of Theropod Dinosaurs," *Science* 283, no. 5401 (1999): 514–16 も参照のこと。
5. W. J. Hillenius and J. A. Ruben, "The Evolution of Endothermy in Terrestrial Vertebrates: Who? When? Why?" *Physiological and Biochemical Zoology* 77, no. 6 (2004): 1019–42. Greg Erickson の研究もきわめて重要である。G. M. Erickson et al., "Tyrannosaur Life Tables: An Example of Nonavian Dinosaur Population Biology," *Science* 313, no. 5784 (2006): 213–17; de Ricqlès による注目すべき研究は、A. de Ricqlès et al., "On the Origin of High Growth Rates in Archosaurs and their Ancient Relatives: Complementary Histological Studies on Triassic Archosauriforms and the Problem of a 'Phylogenetic Signal' in Bone Histology," *Annales de Paléontologie* 94, no. 2 (2008): 57 にまとめられている。
6. K. Carpenter, *Eggs, Nests, and Baby Dinosaurs: A Look at Dinosaur Reproduction* (Bloomington: Indiana University Press, 2000).

第15章　温室化した海

1. R. Takashima, "Greenhouse World and the Mesozoic Ocean," *Oceanography*

367–70.

7. A. F. Bennett, "Exercise Performance of Reptiles," in J. H. Jones et al., eds., *Comparative Vertebrate Exercise Physiology: Phyletic Adaptations*, Advances in Veterinary Science and Comparative Medicine, vol. 3 (New York: Academic Press, 1994), 113–38.

8. N. Bardet, "Stratigraphic Evidence for the Extinction of the Ichthyosaurs," *Terra Nova* 4 (1992): 649–56. See also C. W. A. Andrews, *A Descriptive Catalogue of the Marine Reptiles of the Oxford Clay. Based on the Leeds Collection in the British Museum (Natural History), London*. Part II (London: 1910): 1–205, もっと最近の素晴らしいまとめは、R. Motani, "The Evolution of Marine Reptiles," *Evolution: Education and Outreach* 2, no. 2 (2009): 224–35 を参照のこと。

9. P. Ward et al., "Sudden Productivity Collapse Associated with the Triassic-Jurassic Boundary Mass Extinction," *Science* 292 (2001): 115–19; P. Ward et al., "Isotopic Evidence Bearing on Late Triassic Extinction Events, Queen Charlotte Islands, British Columbia, and Implications for the Duration and Cause of the Triassic-Jurassic Mass Extinction," *Earth and Planetary Science Letters* 224, nos. 3–4: 589–600. のちにネバダ州とクイーンシャーロット諸島で行なったウォードらの研究では、この同位体比の異常をさらに詳しく考察している。K. H. Williford et al., "An Extended Stable Organic Carbon Isotope Record Across the Triassic-Jurassic Boundary in the Queen Charlotte Islands, British Columbia, Canada," *Palaeogeography, Palaeoclimatology, Palaeoecology* 244, nos. 1–4 (2006): 290–96.

10. P. E. Olsen et al., "Ascent of Dinosaurs Linked to an Iridium Anomaly at the Triassic-Jurassic Boundary," *Science* 296, no. 5571 (2002): 1305–07.

11. J. P. Hodych and G. R. Dunning, "Did the Manicougan Impact Trigger End-of-Triassic Mass Extinction?" *Geology* 20, no. 1 (1992): 51–54; L. H. Tanner et al., "Assessing the Record and Causes of Late Triassic Extinctions," *Earth-Science Reviews* 65, nos. 1–2 (2004): 103–39; J. H. Whiteside et al., "Compound-Specific Carbon Isotopes from Earth's Largest Flood Basalt Eruptions Directly Linked to the End-Triassic Mass Extinction," *Proceedings of the National Academy of Sciences* 107, no. 15 (2010): 6721–25; M. H. L. Deenen et al., "A New Chronology for the End-Triassic Mass Extinction," *Earth and Planetary Science Letters* 291, no. 1–4 (2010): 113–25.

2. S. Schoepfer et al., "Cessation of a Productive Coastal Upwelling System in the Panthalassic Ocean at the Permian-Triassic Boundary," *Palaeogeography, Palaeoclimatology, Palaeoecology* 313-14 (2012): 181-88.
3. 礁の歴史については、本書のオルドビス紀に関する章の中でも取り上げている。このテーマに関する第一人者はやはり George Stanley だ。G. D. Stanley Jr., ed., *Paleobiology and Biology of Corals*, Paleontological Society Papers, vol. 1 (Boulder, CO: The Paleontological Society, 1996). 彼が太古と現代の礁を様々な角度からわかりやすく考察した文献に、G. Stanley Jr., "Corals and Reefs: Crises, Collapse and Change," presented as a Paleontological Society short course at the annual meeting of the Geological Society of America, Minneapolis, MN, October 8, 2011 がある。
4. P. C. Sereno, "The Origin and Evolution of Dinosaurs," *Annual Review of Earth and Planetary Sciences* 25 (1997): 435-89; P. C. Sereno et al., "Primitive Dinosaur Skeleton from Argentina and the Early Evolution of Dinosauria," *Nature* 361 (1993): 64-66; P. C. Sereno and A. B. Arcucci, "Dinosaurian Precursors from the Middle Triassic of Argentina: Lagerpeton chanarensis," *Journal of Vertebrate Paleontology* 13 (1994): 385-99. 初期の恐竜とその他の脊椎動物の進化については、ほかにも以下の通り重要な論文がある。M. J. Benton, "Dinosaur Success in the Triassic: A Noncompetitive Ecological Model," *Quarterly Review of Biology* 58 (1983): 29-55; M. J. Benton, "The Origin of the Dinosaurs," in C. A.-P. Salense, ed., *III Jornadas Internacionales sobre Paleontología de Dinosaurios y su Entorno* (Burgos, Spain: Salas de los Infantes, 2006), 11-19; A. P. Hunt et al., "Late Triassic Dinosaurs from the Western United States," *Geobios* 31 (1998): 511-31; R. B. Irmis et al., "A Late Triassic Dinosauromorph Assemblage from New Mexico and the Rise of Dinosaurs," *Science* 317 (2007): 358-61; R. B. Irmis et al., "Early Ornithischian Dinosaurs: The Triassic Record," *Historical Biology* 19 (2007):, 3-22; S. J. Nesbitt et al., "A Critical Re-evaluation of the Late Triassic Dinosaur Taxa of North America," *Journal of Systematic Palaeontology* 5 (2007): 209-43; S. J. Nesbitt et al., "Ecologically Distinct Dinosaurian Sister Group Shows Early Diversification of Ornithodira," *Nature* 464 (2010): 95-98.
5. D. R. Carrier, "The Evolution of Locomotor Stamina in Tetrapods: Circumventing a Mechanical Constraint," *Paleobiology* 13 (1987): 326-41.
6. E. Schachner, R. Cieri, J. Butler, G. Farmer, "Unidirectional Pulmonary Airflow Patterns in the Savannah Monitor Lizard," *Nature* 506, no. 7488 (2013):

Disturbance Presaging the End-Permian Mass Extinction Event," *Earth and Planetary Science Letters* 281 (2009): 188–201.

9. L. R. Kump and M. A. Arthur, "Interpreting Carbon-Isotope Excursions: Carbonates and Organic Matter," *Chemical Geology* 161 (1999): 181–98.
10. K. M. Meyer and L. R. Kump, "Oceanic Euxinia in Earth History: Causes and Consequences," *Annual Review of Earth and Planetary Sciences* 36 (2008): 251–88.
11. T. J. Algeo and E. D. Ingall, "Sedimentary C_{org}:P Ratios, Paleoceanography, Ventilation, and Phanerozoic Atmospheric pO_2," *Palaeogeography, Palaeoclimatology, Palaeoecology* 256 (2007): 130–55; C. Winguth and A. M. E. Winguth, "Simulating Permian-Triassic Oceanic Anoxia Distribution: Implications for Species Extinction and Recovery," *Geology* 40 (2012): 127–30; S. Xie et al., "Changes in the Global Carbon Cycle Occurred as Two Episodes during the Permian-Triassic Crisis," *Geology* 35 (2007): 1083–86; S. Xie et al., "Two Episodes of Microbial Change Coupled with Permo-Triassic Faunal Mass Extinction," *Nature* 434 (2005): 494–97; G. Luo et al., "Stepwise and Large-Magnitude Negative Shift in $d^{13}C_{carb}$ Preceded the Main Marine Mass Extinction of the Permian-Triassic Crisis Interval," *Palaeogeography, Palaeoclimatology, Palaeoecology* 299 (2011): 70–82; G. A. Brennecka et al., "Rapid Expansion of Oceanic Anoxia Immediately before the End-Permian Mass Extinction," *Proceedings of the National Academy of Sciences* 108 (2011): 17631–34.
12. P. Ward et al., "Abrupt and Gradual Extinction Among Late Permian Land Vertebrates in the Karoo Basin, South Africa," *Science* 307 (2005): 709–14; C. Sidor et al., "Permian Tetrapods from the Sahara Show Climate-Controlled Endemism in Pangaea"; S. Sahney and M. J. Benton, "Recovery from the Most Profound Mass Extinction of All Time."
13. R. B. Huey and P. D. Ward, "Hypoxia, Global Warming, and Terrestrial Late Permian Extinctions," *Science*, 308, no. 5720 (2005): 398–401.
14. P. Ward et al., "Abrupt and Gradual Extinction Among Late Permian Land Vertebrates in the Karoo Basin, South Africa," Science 307 (2005): 709–14.

第13章　三畳紀爆発

1. 三畳紀最初期の地層に高温の痕跡が認められることが、温室効果絶滅モデルの重要な裏づけの一つとなっている。

10. M. Laurin and R. R. Reisz, "A Reevaluation of Early Amniote Phylogeny," *Zoological Journal of the Linnean Society* 113, no. 2 (1995): 165–223.
11. P. Ward, *Out of Thin Air*.（『恐竜はなぜ鳥に進化したのか――絶滅も進化も酸素濃度が決めた』ピーター・D・ウォード著、垂水雄二訳、文春文庫、2010 年）

第 12 章　大絶滅――酸素欠乏と硫化水素

1. C. Sidor et al., "Permian Tetrapods from the Sahara Show Climate-Controlled Endemism in Pangaea," *Nature* 434 (2012): 886–89; S. Sahney and M. J. Benton, "Recovery from the Most Profound Mass Extinction of All Time," *Proceedings of the Royal Society, Series B* 275 (2008): 759–65.
2. 中国のメイシャンで発掘された無脊椎動物の化石群は、この大絶滅の痕跡を留める海洋生物の化石としては最も詳しい研究がなされつつある。これに関する論文も多数発表されている。S.-Z. Shen et al., "Calibrating the End-Permian Mass Extinction," *Science* 334, no. 6061 (2011): 1367–72; Y. G. Jin et al., "Pattern of Marine Mass Extinction Near the Permian-Triassic Boundary in South China," *Science* 289, no. 5478 (2000): 432–36.
3. C. R. Marshall, "Confidence Limits in Stratigraphy," in D. E. G. Briggs and P. R. Crowther, eds., *Paleobiology II* (Oxford: Blackwell Scientific, 2001), 542–45; アデレード大学の同僚によるもっと最近の研究、C. J. A. Bradshaw et al., "Robust Estimates of Extinction Time in the Geological Record," *Quaternary Science Reviews* 33 (2011): 14–19 も参照のこと。
4. "End-Permian Extinction Happened in 60,000 Years—Much Faster than Earlier Estimates, Study Says," Phys.org, February 10, 2014. S. D. Burgess et al., "High-Precision Timeline for Earth's Most Severe Extinction," *Proceedings of the National Academy of Sciences* 111, no. 9 (2014): 3316–21.
5. L. Becker et al., "Impact Event at the Permian-Triassic Boundary: Evidence from Extraterrestrial Noble Gases in Fullerenes," *Science* 291 (2001): 1530–33.
6. L. Becker et al., "Bedout: A Possible End-Permian Impact Crater Offshore of Northwestern Australia," *Science* 304 (2004): 1469–76.
7. K. Grice et al., "Photic Zone Euxinia During the Permian-Triassic Superanoxic Event," *Science* 307 (2005): 706–09.
8. C. Cao et al., "Biogeochemical Evidence for Euxinic Oceans and Ecological

199–219]; J. Graham et al., "Implications of the Late Palaeozoic Oxygen Pulse for Physiology and Evolution," *Nature* 375 (1995): 117–20; J. F. Harrison et al., "Atmospheric Oxygen Level and the Evolution of Insect Body Size," *Proceedings of the Royal Society B-Biological Sciences* 277 (2010): 1937–46.

3. D. Flouday et al., "The Paleozoic Origin of Enzymatic Lignin Decomposition Reconstructed from 31 Fungal Genomes," *Science* 336, no. 6089 (2012): 1715–19.
4. 同上。
5. J. A. Raven, "Plant Responses to High O_2 Concentrations: Relevance to Previous High O_2 Episodes," *Global and Planetary Change* 97 (1991): 19–38; and J. A. Raven et al., "The Influence of Natural and Experimental High O_2 Concentrations on O_2-Evolving Phototrophs," *Biological Reviews* 69 (1994): 61–94.
6. J. S. Clark et al., *Sediment Records of Biomass Burning and Global Change* (Berlin: Springer-Verlag, 1997); M. J. Cope et al., "Fossil Charcoals as Evidence of Past Atmospheric Composition," *Nature* 283 (1980): 647–49; C. M. Belcher et al., "Baseline Intrinsic Flammability of Earth's Ecosystems Estimated from Paleoatmospheric Oxygen over the Past 350 Million Years," *Proceedings of the National Academy of Sciences* 107, no. 52 (2010): 22448–53. これらの実験は、もっと高い発火温度を検証しなかった点で欠陥があると著者らは考えている。低酸素の環境であっても、落雷による発火温度はこの研究で用いられたものよりはるかに高くなる。
7. D. Beerling, *The Emerald Planet: How Plants Changed Earth's History* (New York: Oxford University Press, 2007).
8. Q. Cai et al., "The Genome Sequence of the Ground Tit *Pseudopodoces humilis* Provides Insights into Its Adaptation to High Altitude," *Genome Biology* 14, no. 3 (2013); www.geo.umass.edu/climate/quelccaya/diuca.html および P. Ward, *Out of Thin Air: Dinosaurs, Birds, and Earth's Ancient Atmosphere* (Washington, D.C.: Joseph Henry Press, 2006)（『恐竜はなぜ鳥に進化したのか――絶滅も進化も酸素濃度が決めた』ピーター・D・ウォード著、垂水雄二訳、文春文庫、2010 年）。高所での巣づくりに関する参考文献も収録されている。
9. P. Ward, Out of Thin Air.（『恐竜はなぜ鳥に進化したのか――絶滅も進化も酸素濃度が決めた』ピーター・D・ウォード著、垂水雄二訳、文春文庫、2010 年）

ール・シュービン著、垂水雄二訳、ハヤカワ文庫、2013年）; B. Holmes, "Meet Your Ancestor, the Fish That Crawled," *New Scientist*, September 9, 2006.

5. A. K. Behrensmeyer et al., eds., *Terrestrial Ecosystems Through Time: Evolutionary Paleoecology of Terrestrial Plants and Animals* (Chicago and London: University of Chicago Press, 1992); P. Kenrick and P. R. Crane, *The Origin and Early Diversification of Land Plants. A Cladistic Study* (Washington: Smithsonian Institution Press, 1997).
6. S. B. Hedges, "Molecular Evidence for Early Colonization of Land by Fungi and Plants," *Science* 293 (2001): 1129–33.
7. C. V. Rubenstein et al., "Early Middle Ordovician Evidence for Land Plants in Argentina (Eastern Gondwana)," *New Phytologist* 188, no. 2 (2010): 365–69. これに関する新聞記事はwww.dailymail.co.uk/sciencetech/article-1319904/Fossils-worlds-oldest-plants-unearthed-Argentina.htmlで読める。
8. J. T. Clarke et al., "Establishing a Time-Scale for Plant Evolution," *New Phytologist* 192, no. 1 (2011): 266–301; M. E. Kotyk et al., "Morphologically Complex Plant Macrofossils from the Late Silurian of Arctic Canada," *American Journal of Botany* 89 (2002): 1004–13.
9. 昆虫と脊椎動物の上陸については、著者ら自身の研究もある。P. Ward et al., "Confirmation of Romer's Gap as a Low Oxygen Interval Constraining the Timing of Initial Arthropod and Vertebrate Terrestrialization," *Proceedings of the National Academy of Sciences* 10, no. 45 (2006): 16818–22 参照。

第11章　節足動物の時代

1. N. Lane, Oxygen : The Molecule That Made the World (Oxford : Oxford University Press, 2002)（『生と死の自然史――進化を統べる酸素』ニック・レーン著、西田睦監訳、遠藤圭子訳、東海大学出版会、2006年）
2. R. Dudley, "Atmospheric Oxygen, Giant Paleozoic Insects and the Evolution of Aerial Locomotor Performance," *The Journal of Experimental Biology* 201 (1988): 1043–50; R. Dudley, *The Biomechanics of Insect Flight: Form, Function, Evolution* (Princeton: Princeton University Press, 2000); R. Dudley and P. Chai, "Animal Flight Mechanics in Physically Variable Gas Mixtures," *The Journal of Experimental Biology* 199 (1996): 1881–85; also C. Gans et al., "Late Paleozoic Atmospheres and Biotic Evolution," *Historical Biology* 13 (1991):

Ordovician Geographic Patterns of Extinction Compared with Simulations of Astrophysical Ionizing Radiation Damage," *Paleobiology* 35 (2009): 311-20 参照。www.nasa.gov/vision/universe/starsgalaxies/gammaray_extinction.html も参照のこと。

16. R. K. Bambach et al., "Origination, Extinction, and Mass Depletions of Marine Diversity," *Paleobiology* 30, no. 4 (2004): 522-42.
17. S. A. Young et al., "A Major Drop in Seawater 87Sr-86Sr during the Middle Ordovician (Darriwilian): Links to Volcanism and Climate?" *Geology* 37, 10 (2009): 951-54.
18. S. Finnegan et al., "The Magnitude and Duration of Late Ordovician-Early Silurian Glaciation," *Science* 331, no. 6019 (2011): 903-906.
19. S. Finnegan et al., "Climate Change and the Selective Signature of the Late Ordovician Mass Extinction," *Proceedings of the National Academy of Sciences* 109, no. 18 (2012): 6829-34.

第 10 章　生物の陸上進出

1. これら初期の四肢動物と、進化の歴史におけるその位置づけをうまくまとめたものとして、www.devoniantimes.org/opportunity/tetrapodsAnswer.html および S. E. Pierce et al., "Three-Dimensional Limb Joint Mobility in the Early Tetrapod *Ichthyostega*," *Nature* 486 (2012): 524-27, and P. E. Ahlberg et al., "The Axial Skeleton of the Devonian Tetrapod *Ichthyostega*," *Nature* 437, no. 1 (2005): 137-40 参照。
2. J. A. Clack, *Gaining Ground: The Origin and Early Evolution of Tetrapods*, 2nd ed. (Bloomington: Indiana University Press, 2012). (『手足を持った魚たち——脊椎動物の上陸戦略』ジェニファ・クラック著、池田比佐子訳、松井孝典監修、講談社現代新書、2000 年)
3. E. B. Daeschler et al., "A Devonian Tetrapod-Like Fish and the Evolution of the Tetrapod Body Plan," *Nature* 440, no. 7085 (2006): 757-63; J. P. Downs et al., "The Cranial Endoskeleton of *Tiktaalik roseae*," *Nature* 455 (2008): 925-29; 概要は P. E. Ahlberg and J. A. Clack, "A Firm Step from Water to Land," *Nature* 440 (2006): 747-49 参照。
4. N. Shubin, *Your Inner Fish: A Journey into the 3.5-Billion-Year History of the Human Body* (Chicago: University of Chicago Press, 2008) (『ヒトのなかの魚、魚のなかのヒト——最新科学が明らかにする人体進化 35 億年の旅』ニ

nerozoic Marine Diversification," *Proceedings of the National Academy of Sciences* 98 (2001): 6261–66.

10. J. Sepkoski, "Alpha, Beta, or Gamma; Where Does All the Diversity Go?" *Paleobiology* 14 (1988): 221–34.
11. J. Alroy et al., "Phanerozoic Diversity Trends," *Science* 321 (2008): 97.
12. A. B. Smith, "Large-Scale Heterogeneity of the Fossil Record: Implications for Phanerozoic Biodiversity Studies," *Philosophical Transactions of the Royal Society of London* 356, no. 1407 (2001): 351–67; A. B. Smith, "Phanerozoic Marine Diversity: Problems and Prospects," *Journal of the Geological Society, London* 164 (2007): 731–45; A. B. Smith and A. J. McGowan, "Cyclicity in the Fossil Record Mirrors Rock Outcrop Area," *Biology Letters* 1, no. 4 (2005): 443–45; A. B. Smith, "The Shape of the Marine Palaeodiversity Curve Using the Phanerozoic Sedimentary Rock Record of Western Europe," *Paleontology* 50 (2007): 765–74; A. McGowan and A. Smith. "Are Global Phanerozoic Marine Diversity Curves Truly Global? A Study of the Relationship between Regional Rock Records and Global Phanerozoic Marine Diversity," *Paleobiology*, 34, no. 1 (2008): 80–103.
13. M. J. Benton and B. C. Emerson, "How Did Life Become So Diverse? The Dynamics of Diversification According to the Fossil Record and Molecular Phylogenetics," *Palaeontology* 50 (2007): 23–40.
14. S. E. Peters, "Geological Constraints on the Macroevolutionary History of Marine Animals," *Proceedings of the National Academy of Sciences* 102 (2005): 12326–31.
15. これは古生物学界において「王様が裸だった」ことが暴かれた、著者らお気に入りの事例である。カンザス大学の研究チームが、オルドビス紀大量絶滅の原因は深宇宙からの強力なガンマ線バースト（GRB）だったとの仮説を発表した。これは、パルサーかマグネターのように小型ながら活動的な恒星から大量のエネルギーが放たれるというもので、実際に起きてもまったくおかしくない現象だ。しかし、その種の GRB が一回起きただけで地球を焦がし、オルドビス紀の大量絶滅を引き起こしたというのは荒唐無稽にもほどがある。GRB とオルドビス紀大量絶滅を結びつける証拠は何一つないのだ。それをいうなら、バルカン〔訳註 19 世紀に水星の内側にあるとされた惑星〕のせいでもダース・ベイダーのせいでもいいことになる（もっとも、気の毒なダース・ベイダーには別の役回りをあげたいところだ）。A. L. Melott and B. C. Thomas, "Late

タナ大学の George Stanley の著作の右に出るものはない。手始めに、素晴らしい著書 G. Stanley, *The History and Sedimentology of Ancient Reef Systems* (Springer Publishing, 2001) をお勧めする。E. Flügel in W. Kiessling, E. Flügel, and J. Golonka, eds., *Phanerozoic Reef Patterns* 72 (SEPM Special Publications, 2002), 391-463 も優れた参考文献である。

2. 古杯類ほど好奇心をそそられる化石はそうないといっていい。20 世紀には、既知の門に属していないとみなされていたが、現在では海綿動物門に括られている。とりわけ不思議なのは、「三角錐の中に三角錐が入った」ような構造になっていることだ。まるで、空のアイスクリームコーンが二つ重なっているかのようなのである。古杯類は、波に耐える三次元構造（これが著者らによる「礁」の定義）を築いたことから、既知の造礁生物としては最古のものとして知られている。F. Debrenne and J. Vacelet, "Archaeocyatha: Is the Sponge Model Consistent with Their Structural Organization?" *Palaeontographica Americana* 54 (1984): 358-69.
3. T. Servais et al., "The Ordovician Biodiversification: Revolution in the Oceanic Trophic Chain," *Lethaia* 41, no. 2 (2008): 99.
4. P. Ward, *Out of Thin Air: Dinosaurs, Birds, and Earth's Ancient Atmosphere* (Washington, D.C.: Joseph Henry Press, 2006).（『恐竜はなぜ鳥に進化したのか――絶滅も進化も酸素濃度が決めた』ピーター・D・ウォード著、垂水雄二訳、文春文庫、2010 年）
5. 同上。著者らの研究仲間で、絶滅に関する論文を共同執筆したこともあるチャールズ・R・マーシャルによる素晴らしいまとめ、C. R. Marshall, "Explaining the Cambrian 'Explosion' of Animals," *Annual Review of Earth and Planetary Sciences* 34 (2006): 355-84 も参照のこと。
6. J. Valentine, "How Many Marine Invertebrate Fossils?" *Journal of Paleontology* 44 (1970): 410-15; N. Newell, "Adequacy of the Fossil Record," *Journal of Paleontology* 33 (1959): 488-99.
7. D. M. Raup, "Taxonomic Diversity During the Phanerozoic," *Science* 177 (1972): 1065-71; D. Raup, "Species Diversity in the Phanerozoic: An Interpretation," *Paleobiology* 2 (1976): 289-97.
8. J. J. Sepkoski, Jr., "Ten Years in the Library: New Data Confirm Paleontological Patterns," *Paleobiology* 19 (1993): 246-57; J. J. Sepkoski, Jr., "A Compendium of Fossil Marine Animal Genera," *Bulletins of American Paleontology* 363: 1-560.
9. J. Alroy et al., "Effects of Sampling Standardization on Estimates of Pha-

alewski and P. H. Kelley, *The Fossil Record of Predation. The Paleontological Society Papers* 8 (Paleontological Society, 2002): 289-317 も参照のこと。

13. P. Ward, *Out of Thin Air* (Joseph Henry Press, 2006).（『恐竜はなぜ鳥に進化したのか――絶滅も進化も酸素濃度が決めた』ピーター・D・ウォード著、垂水雄二訳、文春文庫、2010 年）
14. S. Carroll, *Endless Forms Most Beautiful: The New Science of Evo Devo and the Making of the Animal Kingdom* (New York: W. W. Norton & Company, 2005).（『シマウマの縞　蝶の模様――エボデボ革命が解き明かす生物デザインの起源』ショーン・B・キャロル著、渡辺政隆／経塚淳子訳、光文社、2007 年）
15. H. X. Guang et al., *The Cambrian Fossils of Chengjiang, China: The Flowering of Early Animal Life*. (Oxford: Blackwell Publishing, 2004).（『澄江生物群化石図譜――カンブリア紀の爆発的進化』X・ホウ／R・J・アルドリッジ／J・ベルグストレーム／デイヴィッド・J・シヴェター／デレク・J・シヴェター／X・フェン著、大野照文監訳、鈴木寿志／伊勢戸徹訳、朝倉書店、2008 年）
16. 非常に教養ある二人の書き手のあいだで繰り広げられた醜い争いは、19 世紀であれば決闘で決着をつけて、どちらか（もしくは両方）が死ななければ収まらなかったかもしれない。グールドはモリスに対して礼儀正しく、その見解にも理解を示していた。一方、モリスのほうはそうではなかった。この論争をうまく説明した文章が www.stephenjaygould.org/library/naturalhistory_cambrian.html で読める。
17. M. Brasier et al., "Decision on the Precambrian-Cambrian Boundary Stratotype," *Episodes* 17, nos. 1-2 (1994): 95-100.
18. W. Compston et al., "Zircon U-Pb Ages for the Early Cambrian Time Scale," *Journal of the Geological Society of London* 149 (1992): 171-84.
19. A. C. Maloof et al., "Constraints on Early Cambrian Carbon Cycling from the Duration of the Nemakit-Daldynian-Tommotian Boundary Delta C-13 Shift, Morocco," *Geology* 38, no. 7 (2010): 623-26.
20. M. Magaritz et al., "Carbon-Isotope Events Across the Precambrian-Cambrian Boundary on the Siberian Platform," *Nature* 320 (1986): 258-59.

第 9 章　オルドビス紀とデボン紀における動物の発展

1. 太古のサンゴ礁に関する参考文献であれば、著者らの友人であるモン

Kingdom Animalia (Baltimore: Johns Hopkins University Press, 2007), 213-16.

7. カンブリア爆発が古生物学における傑出したイベントであったことは、ほとんど議論の余地がない。しかし、生命の起源を研究する者にとって、動物は生命史における新参者であり、さしたる重要性はない。生命にたどり着くまでが大変なのであって、それがひとたび誕生してしまえば、動物の出現は必然の流れだったというわけだ。この点について著者らの見解は分かれている。どちらが重要かという問題を扱った文献には優れたものが多数ある。代表的なものに G. E Budd and J. Jensen, "A Critical Reappraisal of the Fossil Record of the Bilaterian Phyla," *Biological Reviews* 75, no. 2 (2000): 253-95; および S. J. Gould, *Wonderful Life*.（『ワンダフル・ライフ――バージェス頁岩と生物進化の物語』スティーヴン・ジェイ・グールド著、渡辺政隆訳、ハヤカワ文庫、2000 年）がある。
8. カンブリア紀の酸素濃度については依然として様々な見解がある。著者らは、ジオカーブサルフ・モデルを使ったロバート・バーナーの研究を引き続き支持している：R. A. Berner, "GEOCARBSULF: A Combined Model for Phanerozoic Atmospheric Oxygen and Carbon Dioxide," *Geochimica et Cosmochimica Acta* 70 (2006): 5653-64.
9. N. J. Butterfield, "Exceptional Fossil Preservation and the Cambrian Explosion," *Integrative and Comparative Biology* 43, no. 1 (2003): 166-77; S. C. Morris, "The Burgess Shale (Middle Cambrian) Fauna," *Annual Review of Ecology and Systematics* 10, no. 1 (1979): 327-49.
10. D. Briggs et al., *The Fossils of the Burgess Shale* (Washington, D.C.: Smithsonian Institution Press, 1994).（『バージェス頁岩化石図譜』Derek E. G. Briggs ／ Douglas H. Erwin ／ Frederick J. Collier 著、Chip Clark 写真、大野照文監訳、鈴木寿志／瀬戸口美恵子／山口啓子訳、朝倉書店、2003 年）
11. H. B. Whittington, Geological Survey of Canada, *The Burgess Shale* (New Haven: Yale University Press, 1985), 306-8.
12. J. W. Valentine, *On the Origin of Phyla* (Chicago: University of Chicago Press, 2004). J. W. Valentine and D. Erwin, *The Cambrian Explosion: The Construction of Animal Biodiversity* (Roberts and Co. Publishing, 2013): 413; J. W. Valentine, "Why No New Phyla after the Cambrian? Genome and Ecospace Hypotheses Revisited," abstract, *Palaios* 10, no. 2 (1995): 190-91. S. Bengtson, "Origins and Early Evolution of Predation" (free full text), in M. Kow-

Paleomagnetic Records of the Bitter Springs Formation, Amadeus Basin, Central Australia," *American Journal of Science* 312, no. 8 (2012): 817–84 より。

20. J. Kirschvink, R. Ripperdan, D. Evans, "Evidence for Large Scale Reorganization of Early Cambrian Continental Masses by Inertial Interchange True Polar Wander," *Science* 277, no. 5325 (1997): 541–45.

第8章　カンブリア爆発と真の極移動

1. 悲しいかな、この偉大な本はもはや大学生の必修図書ではなくなっている。私たちはワシントン大学でそれを元に戻すことを目指し、「新・生命史」講座を受講する学生にかならず C. Darwin, *On the Origin of Species by Natural Selection* (London: 1859).（『種の起源』ダーウィン著、渡辺政隆訳、光文社古典新訳文庫、2009 年）を読ませている。
2. S. J. Gould, *Wonderful Life: The Burgess Shale and the Nature of History* (New York: W. W. Norton & Company, 1989)（『ワンダフル・ライフ――バージェス頁岩と生物進化の物語』スティーヴン・ジェイ・グールド著、渡辺政隆訳、ハヤカワ文庫、2000 年）は、カンブリア爆発をはじめ、ダーウィンやバージェス頁岩に関する素晴らしい入門書である。スティーヴンは著者ら二人の友人であり、私たちが聞いた中で最も素晴らしい講演をする人物だった。彼の声はじかに聞くに限る。講演者としての彼の魅力の源は、その並外れた知性と、進化やダーウィンについて熟知していることに加えて、言葉の達人でもあることだった。あれだけの理性に溢れ、雄弁に科学を語る人物がもういないというのは、何とも残念である。トマス・ハクスリーがダーウィンの番犬（ブルドッグ）だったとすれば、グールドはダーウィンの闘犬（ピットブル）だった。
3. K. J. McNamara, "Dating the Origin of Animals," *Science* 274, no. 5295 (1996): 1993–97.
4. A. H. Knoll and S. B. Carroll, "Early Animal Evolution: Emerging Views from Comparative Biology and Geology," *Science* 284, no. 5423 (1999): 2129–37.
5. K. J. Peterson and N. J. Butterfield, "Origin of the Eumetazoa: Testing Ecological Predictions of Molecular Clocks Against the Proterozoic Fossil Record," *Proceedings of the National Academy of Sciences* 102, no. 27 (2005): 9547–52.
6. M. A. Fedonkin et al., *The Rise of Animals: Evolution and Diversification of the*

Learn?" *Integrative and Comparative Biology* 38, no. 6 (1998): 975–82; D. E. Canfield et al., "Late-Neoproterozoic Deep-Ocean Oxygenation and the Rise of Animal Life," *Science* 315, no. 5808 (2007): 92–95; B. Shen et al., "The Avalon Explosion: Evolution of Ediacara Morphospace," *Science* 319, no. 5859 (2008): 81–84.

13. B. MacGabhann, "There Is No Such Thing as the 'Ediacaran Biota,'" *Geoscience Frontiers* 5, no. 1 (2014): 53–62.
14. N. J. Butterfield, "*Bangiomorpha pubescens* n. gen., n. sp.: Implications for the Evolution of Sex, Multicellularity, and the Mesoproterozoic-Neoproterozoic Radiation of Eukaryotes," *Paleobiology* 26, no. 3 (2000): 386–404.
15. M. Brasier et al., "Ediacaran Sponge Spicule Clusters from Mongolia and the Origins of the Cambrian Fauna," *Geology* 25 (1997): 303–06.
16. J. Y. Chen et al., "Small Bilaterian Fossils from 40 to 55 Million Years before the Cambrian," *Science* 305, no. 5681 (2004): 218–22; A. H. Knoll et al. "Eukaryotic Organisms in Proterozoic Oceans," *Philosophical Transactions of the Royal Society* 361, no. 1470 (2006): 1023–38; B. Waggoner, "Interpreting the Earliest Metazoan Fossils: What Can We Learn?" *Integrative and Comparative Biology* 38, no. 6 (1998): 975–82.
17. A. Seilacher and F. Pflüger, "From Biomats to Benthic Agriculture: A Biohistoric Revolution," in W. E. Krumbein et al., eds., *Biostabilization of Sediments.* (Bibliotheks- und Informationssystem der Carl von Ossietzky Universität Odenburg, 1994), 97–105; A. Ivantsov, "Feeding Traces of the Ediacaran Animals," Abstract, 33rd International Geological Congress August 6–14, 2008, Oslo, Norway; S. Dornbos et al., "Evidence for Seafloor Microbial Mats and Associated Metazoan Lifestyles in Lower Cambrian Phosphorites of Southwest China," *Lethaia* 37, no. 2 (2004): 127–37.
18. R. N. Mitchell, "True Polar Wander and Supercontinent Cycles: Implications for Lithospheric Elasticity and the Triaxial Earth," *American Journal of Science* 314, no. 5 (2014): 966–78.
19. スバールバルに関するデータはA. C. Maloof et al., "Combined Paleomagnetic, Isotopic, and Stratigraphic Evidence for True Polar Wander from the Neoproterozoic Akademikerbreen Group, Svalbard, Norway," *Geological Society of America Bulletin*, 118, nos. 9–10 (2006): 1099–1124より。中央オーストラリアに関する同様のデータはN. L. Swanson-Hysell et al., "Constraints on Neoproterozoic Paleogeography and Paleozoic Orogenesis from

J. G. Gehling et al., "The First Named Ediacaran Body Fossil, Aspidella terranovica," *Palaeontology* 43, no. 3 (2000): 429; J. G. Gehling, "Microbial Mats in Terminal Proterozoic Siliciclastics; Ediacaran Death Masks," *Palaios* 14, no. 1 (1999): 40-57 参照。

4. P. F. Hoffman et al., "A Neoproterozoic Snowball Earth," *Science* 281, no. 5381 (1998): 1342-46; F. A. Macdonald et al., "Calibrating the Cryogenian," *Science*, 327, no. 5970 (2010): 1241-43.
5. F. A. Macdonald et al., "Calibrating the Cryogenian," *Science* 327, no. 5970 (2010): 1241-43.
6. B. Shen et al., "The Avalon Explosion: Evolution of Ediacara Morphospace," *Science* 319 no. 5859 (2008): 81-84; G. M. Narbonne, "The Ediacara Biota: A Terminal Neoproterozoic Experiment in the Evolution of Life," *Geological Society of America* 8, no. 2 (1998): 1-6 ; S. Xiao and M. Laflamme, "On the Eve of Animal Radiation: Phylogeny, Ecology and Evolution of the Ediacara Biota," *Trends in Ecology and Evolution* 24, no. 1 (2009): 31-40.
7. R. Sprigg, "On the 1946 Discovery of the Precambrian Ediacaran Fossil Fauna in South Australia," *Earth Sciences History* 7 (1988): 46-51.
8. S. Turner and P. Vickers-Rich, "Sprigg, Martin F. Glaessner, Mary Wade and the Ediacaran Fauna," Abstract for IGCP 493 conference, Prato Workshop, Monash University Centre, August 30-31, 2004.
9. A. Seilacher, "Vendobionta and Psammocorallia: Lost Constructions of Precambrian Evolution," *Journal of the Geological Society*, London 149, no. 4 (1992): 607-13; A. Seilacher et al., "Ediacaran Biota: The Dawn of Animal Life in the Shadow of Giant Protists," *Paleontological Research* 7, no. 1 (2003): 43-54. アドルフ・ザイラッハーは稀有な存在だった。彼は妻のエディスとともに世界中を旅した。科学を擁護し、私たちが知る中でもとびきり心の温かい科学者だった。ザイラッハーの全業績リストは、Derek Briggs, ed., *Evolving Form and Function: A Special Publication of the Peabody Museum of Natural History* (New Haven, CT: Yale University 2005) 参照。
10. マーティン・グレースナーは長年アデレード大学で教壇に立っており、構内に住んでいる。モーソンホールにある「グレースナー・ルーム」では、彼が収集した様々な化石と膨大なメモを見ることができる。
11. 南オーストラリア博物館のエディアカラ化石群は www.samuseum.sa.gov.au/explore/museum-galleries/ediacaran-fossils 参照。
12. B. Waggoner, "Interpreting the Earliest Metazoan Fossils: What Can We

plications for the Kaapvaal Apparent Polar Wander Path and a Confirmation of Atmospheric Oxygen Enrichment," *Journal of Geophysical Research* 107, no. 2326.

第 6 章　動物出現までの退屈な一〇億年

1. H. D. Holland "Early Proterozoic Atmospheric Change," in S. Bengtson, ed., *Early Life on Earth* (New York Columbia University Press, 1994), 237-44.
2. D. T. Johnston et al., "Anoxygenic Photosynthesis Modulated Proterozoic Oxygen and Sustained Earth's Middle Age," *Proceedings of the National Academy of Sciences* 106, no. 40 (2009), 16925-29.
3. A. El Albani et al., "Large Colonial Organisms with Coordinated Growth in Oxygenated Environments 2.1 Gyr Ago," *Nature* 466, no. 7302 (2002): 100-104.2; www.sciencedaily.com/releases/2010/06/100630171711.htm
4. D. E. Canfield et al., "Oxygen Dynamics in the Aftermath of the Great Oxidation of Earth's Atmosphere," *Proceedings of the National Academy of Sciences* 110, no. 422 (2013).
5. A. H. Knoll, *Life on a Young Planet: The First Three Billion Years of Evolution on Earth* (Princeton: Princeton University Press, 2003).（『生命最初の 30 億年——地球に刻まれた進化の足跡』アンドルー・H・ノール著、斉藤隆央訳、紀伊國屋書店、2005 年）

第 7 章　凍りついた地球と動物の進化

1. R. C. Sprigg, "Early Cambrian 'Jellyfishes' of Ediacara, South Australia and Mount John, Kimberly District, Western Australia," *Transactions of the Royal Society of South Australia* 73 (1947): 72-99.
2. M. F. Glaessner, "Precambrian Animals," *Scientific American* 204, no. 3 (1961): 72-78.
3. ジェームズ・ゲーリングはオーストラリア科学界における巨人の一人であるが、それ以上に素晴らしいのは、これまでのキャリアの中でエディアカラ生物群を研究しながら世界中の錚々たる著名な研究者と手を携えてきたことだ。彼が企画する新しい展示を見るだけでもアデレードに行く価値がある。J. G. Gehling et al., in D. E. G. Briggs, ed., *Evolving Form and Function: Fossils and Development* (Yale Peabody Museum, 2005), 45-56;

sophical Transactions of the Royal Society B-Biological Sciences 361 (2006): 917–29.

3. P. Cloud, "Paleoecological Significance of Banded-Iron Formation," *Economic Geology* 68 (1973): 1135–43.
4. M. C. Liang et al., "Production of Hydrogen Peroxide in the Atmosphere of a Snowball Earth and the Origin of Oxygenic Photosynthesis," *Proceedings of the National Academy of Sciences* 103 (2006): 18896–99.
5. J. E. Johnson et al., "Manganese-Oxidizing Photosynthesis Before the Rise of Cyanobacteria," *Proceedings of the National Academy of Sciences* 110, no. 28 (2013): 11238–43; J. E. Johnson et al., "O_2 Constraints from Paleoproterozoic Detrital Pyrite and Uraninite," *Geological Society of America Bulletin* (2014), doi: 10.1130-B30949.1.
6. J. E. Johnson et al., "O_2 Constraints from Paleoproterozoic Detrital Pyrite and Uraninite," *Geological Society of America Bulletin*, published online ahead of print on February 27, 2014, doi: 10.1130/B30949.1.
7. R. E. Kopp et al., "Was the Paleoproterozoic Snowball Earth a Biologically Triggered Climate Disaster?" *Proceedings of the National Academy of Sciences* 102 (2005): 11131–36.
8. J. E. Johnson et al., "Manganese-Oxidizing Photosynthesis Before the Rise of Cyanobacteria."
9. 同上。
10. R. E. Kopp and J. L. Kirschvink, "The Identification and Biogeochemical Interpretation of Fossil Magnetotactic Bacteria," *Earth-Science Reviews* 86 (2008): 42–61.
11. 同上。
12. D. A. Evans et al., "Low-Latitude Glaciation in the Paleoproterozoic," *Nature* 386 (1997): 262–66.
13. J. L. Kirschvink et al., "Paleoproterozoic Snowball Earth: Extreme Climatic and Geochemical Global Change and Its Biological Consequences," *Proceedings of the National Academy of Sciences* 97 (2000): 1400–05.
14. J. L. Kirschvink and R. E. Kopp, "Paleoproterozic Ice Houses and the Evolution of Oxygen-Mediating Enzymes: The Case for a Late Origin of Photosystem-II," *Philosophical Transactions of the Royal Society of London, Series B* 363, no. 1504 (2008): 2755–65.
15. D. A. D. Evans et al., "Paleomagnetism of a Lateritic Paleoweathering Horizon and Overlying Paleoproterozoic Red Beds from South Africa: Im-

21. W. Martin and M. J. Russell, "On the Origin of Biochemistry at an Alkaline Hydrothermal Vent," *Philosophical Transactions of the Royal Society B-Biological Sciences* 362, no. 1486 (2007): 1887–925.
22. C. R. Woese, "Bacterial Evolution," *Microbiological Reviews* 51, no. 2 (1987): 221–71; C. R. Woese, "Interpreting the Universal Phylogenetic Tree," *Proceedings of the National Academy of Sciences* 97 (2000): 8392–96.
23. S. A. Benner and D. Hutter, "Phosphates, DNA, and the Search for Nonterrean Life: A Second Generation Model for Genetic Molecules," *Bioorganic Chemistry* 30 (2002): 62–80; S. Benner et al., "Is There a Common Chemical Model for Life in the Universe?" *Current Opinion in Chemical Biology* 8, no. 6 (2004): 672–89.
24. A. Lazcano, "What Is Life? A Brief Historical Overview," *Chemistry and Biodiversity* 5, no. 4 (2007): 1–15.
25. B. P. Weiss et al., "A Low Temperature Transfer of ALH84001 from Mars to Earth," *Science* 290, no. 5492, (2000): 791–95. J. L. Kirschvink and B. P. Weiss, "Mars, Panspermia, and the Origin of Life: Where Did It All Begin?" *Palaeontologia Electronica* 4, no. 2 (2001): 8–15. J. L. Kirschvink et al., "Boron, Ribose, and a Martian Origin for Terrestrial Life," *Geochimica et Cosmochimica Acta* 70, no. 18 (2006): A320.
26. C. McKay, "An Origin of Life on Mars," *Cold Spring Harbor Perspectives in Biology* 2, no. 4 (2010). J. Kirschvink et al., "Mars, Panspermia, and the Origin of Life: Where Did It All begin?" *Palaeolontogia Electronica* 4, no. 2 (2002): 8–15.
27. D. Deamer, *First Life: Discovering the Connections Between Stars, Cells, and How Life Began* (Oakland: University of California Press, 2012), 286. 友人であるニック・レーンの最近の素晴らしい研究として、N. Lane and W. F. Martin, "The Origin of Membrane Bioenergetics," *Cell* 151, no. 7 (2012): 1406–16も参照のこと。
28. www.nobelprize.org/mediaplayer/index.php?id=1218

第5章　酸素の登場

1. J. Raymond and D. Segre, "The Effect of Oxygen on Biochemical Networks and the Evolution of Complex Life," *Science* 311 (2006): 1764–67.
2. J. F. Kasting and S. Ono "Palaeoclimates: The first Two Billion Years," *Philo-*

Year-Old Rocks of Western Australia," *Nature Geoscience* 4 (2011): 698–702.

10. M. D. Brasier, *Secret Chambers: The Inside Story of Cells and Complex Life* (New York: Oxford University Press, 2012), 298.
11. "Ancient Earth May Have Smelled Like Rotten Eggs," *Talk of the Nation*, National Public Radio, May 3, 2013.
12. www.nasa.gov/mission_pages/msl/#.U4Izyxa9yxo
13. www.abc.net.au/science/articles/2011/08/22/3299027.htm
14. J. Haldane, *What Is Life?* (New York: Boni and Gaer, 1947), 53.（『人間とはなにか』J・B・S・ホールデン著、八杉竜一訳、岩波新書、1952 年）
15. L. Orgel, *The Origins of Life: Molecules and Natural Selection* (Hoboken, NJ: John Wiley and Sons, 1973).（『生命の起源』S・L・ミラー／L・E・オーゲル著、野田春彦訳、培風館、1975 年）
16. J. A. Baross and J. W. Deming, "Growth at High Temperatures: Isolation and Taxonomy, Physiology, and Ecology," in *The Microbiology of Deep-sea Hydrothermal Vents*, D. M. Karl, ed. (Boca Raton: CRC Press, 1995), 169–217, and E. Stueken et al., "Did Life Originate in a Global Chemical Reactor?" *Geobiology* 11, no. 2 (2013); K. O. Stetter, "Extremophiles and Their Adaptation to Hot Environments," *FEBS Letters* 452, nos. 1–2 (1999): 22–25. K. O. Stetter, "Hyperthermophilic Microorganisms," in *Astrobiology: The Quest for the Conditions of Life*, G. Horneck and C. Baumstark-Khan, eds. (Berlin: Springer, 2002), 169–84.
17. Y. Shen and R. Buick, "The Antiquity of Microbial Sulfate Reduction," *Earth Science Reviews* 64 (2004): 243–72.
18. S. A. Benner, "Understanding Nucleic Acids Using Synthetic Chemistry," *Accounts of Chemical Research* 37, no. 10 (2004): 784–97; S. A. Benner, "Phosphates, DNA, and the Search for Nonterrean life: A Second Generation Model for Genetic Molecules," *Bioorganic Chemistry* 30, no. 1 (2002): 62–80.
19. G. Wächtershäuser, "Origin of Life: Life as We Don't Know It," *Science*, 289, no. 5483 (2000): 1307–08; G. Wächtershäuser, "Evolution of the First Metabolic Cycles," *Proceedings of the National Academy of Sciences* 87, no. 1 (1990): 200–204; G. Wächtershäuser, "On the Chemistry and Evolution of the Pioneer Organism," *Chemistry & Biodiversity* 4, no. 4 (2007): 584–602.
20. N. Lane, *Life Ascending: The Ten Great Inventions of Evolution* (New York: W. W. Norton & Company, 2009).（『生命の跳躍――進化の 10 大発明』ニック・レーン著、斉藤隆央訳、みすず書房、2010 年）

Spring Harbor Perspectives in Biology (2013) 参照。

12. J. Banavar and A. Maritan. "Life on Earth: The Role of Proteins," J. Barrow and S. Conway Morris, *Fitness of the Cosmos for Life* (Cambridge: Cambridge University Press, 2007), 225–55.
13. E. Schneider and D. Sagan, *Into the Cool: Energy Flow, Thermodynamics, and Life* (Chicago, IL: University of Chicago Press, 2005).

第4章　生命はどこでどのように生まれたのか

1. Dr. D. R. Williams, Viking Mission to Mars, NASA, December 18, 2006.
2. www.space.com/18803-viking-2.html
3. ntrs.nasa.gov/archive/nasa/casi.ntrs.nasa.gov/19740026174.pdf. R. Navarro-Gonzáles et al., "Reanalysis of the Viking Results Suggests Perchlorate and Organics at Midlatitudes on Mars," *Journal of Geophysical Research* 115 (2010) も参照のこと。
4. P. Rincon, "Oldest Evidence of Photosynthesis," BBC.com, December 17, 2003 and S. J. Mojzsis et al., "Evidence for Life on Earth Before 3,800 Million Years Ago," *Nature* 384 (1996): 55–59; M. Schidlowski, "A 3,800-Million-Year-Old Record of Life from Carbon in Sedimentary Rocks," *Nature* 333 (1988): 313–18; M. Schidlowski et al., "Carbon Isotope Geochemistry of the 3.7 $\times$ 10^9 Yr Old Isua Sediments, West Greenland: Implications for the Archaean Carbon and Oxygen Cycles," *Geochimica et Cosmochimica Acta* 43 (1979): 189–99.
5. K. Maher and D. Stevenson. "Impact Frustration of the Origin of Life," *Nature* 331 (1988): 612–14.
6. R. Dalton. "Fresh Study Questions Oldest Traces of Life in Akilia Rock," *Nature* 429 (2004): 688. この研究は現在も継続している。Papineau et al., "Ancient Graphite in the Eoarchean Quartz-Pyroxene Rocks from Akilia in Southern West Greenland I: Petrographic and Spectroscopic Characterization," *Geochimica et Cosmochimica Acta* 74, no. 20 (2010): 5862–83 参照。
7. J. W. Schopf, "Microfossils of the Early Archean Apex Chert: New Evidence of the Antiquity of Life," *Science* 260, no. 5108 (1993): 640–46.
8. M. D. Brasier et al., "Questioning the Evidence for Earth's Oldest Fossils," *Nature* 416 (2002): 76–81.
9. D. Wacey et al., "Microfossils of Sulphur-Metabolizing Cells in 3.4-Billion-

3. E. Blackstone et al., "H_2S Induces a Suspended Animation—Like State in Mice," *Science* 308, no. 5721 (2005): 518.
4. D. Smith et al., "Intercontinental Dispersal of Bacteria and Archaea by Transpacific Winds," *Applied and Environmental Microbiology* 79, no. 4 (2013): 1134-39.
5. K. Maher and D. Stevenson, "Impact Frustration of the Origin of Life," *Nature* 331 (1988): 612-14.
6. E. Schrödinger, *What Is Life?* (Cambridge: Cambridge University Press, 1944), 90.（『生命とは何か——物理的にみた生細胞』シュレーディンガー著、岡小天／鎮目恭夫訳、岩波文庫、2008年）
7. P. Davies, *The Fifth Miracle: The Search for the Origin and Meaning of Life.* (New York: Penguin Press, 1998), 260.（『生命の起源——地球と宇宙をめぐる最大の謎に迫る』ポール・デイヴィス著、木山英明訳、明石書店、2014年）
8. P. Ward, *Life as We Do Not Know It* (New York: Viking Books, 2005).（『生命と非生命のあいだ——NASAの地球外生命研究』ピーター・D・ウォード著、長野敬／野村尚子訳、青土社、2008年）
9. W. Bains, "The Parts List of Life," *Nature Biotechnology* 19 (2001): 401-2; W. Bains, "Many Chemistries Could Be Used to Build Living Systems," *Astrobiology*, 4, no. 2 (2004): 137-67; and N. R. Pace, "The Universal Nature of Biochemistry," *Proceedings of the National Academy of Sciences of the Unites States of America* 98, no. 3 (2001): 805-8; S. A. Benner et al., "Setting the Stage: The History, Chemistry, and Geobiology Behind RNA," *Cold Spring Harbor Perspectives in Biology* 4, no. 1 (2012): 7-19; M. P. Robertson and G. F. Joyce, "The Origins of the RNA World," *Cold Spring Harbor Perspectives in Biology* 4, no. 5 (2012); C. Anastasi et al., "RNA: Prebiotic Product, or Biotic Invention?" *Chemistry and Biodiversity* 4, no. 4 (2007): 721-39; T. S. Young and P. G. Schultz, "Beyond the Canonical 20 Amino Acids: Expanding the Genetic Lexicon," *The Journal of Biological Chemistry* 285, no. 15 (2010): 11039-44.
10. F. Dyson, *Origins of Life*, 2nd ed. (Cambridge: Cambridge University Press, 1999), 100.（『ダイソン　生命の起原』フリーマン・ダイソン著、大島泰郎／木原拡訳、共立出版、1989年）
11. ニック・レーンはなかなか的確な判断力をもった偶像破壊者である。N. Lane, "Bioenergetic Constraints on the Evolution of Complex Life," in P. J. Keeling and E. V. Koonin, eds., *The Origin and Evolution of Eukaryotes. Cold*

cation to Paleozoic Geologic History," *American Journal of Science* 287, no. 3 (1987): 177–90. をお勧めする。また、このテーマと関係が深いものに、L. R. Kump, "Terrestrial Feedback in Atmospheric Oxygen Regulation by Fire and Phosphorus," *Nature* 335 (1988): 152–54; L. R. Kump, "Alternative Modeling Approaches to the Geochemical Cycles of Carbon, Sulfur, and Strontium Isotopes," *American Journal of Science* 289 (1989): 390–410; L. R. Kump, "Chemical Stability of the Atmosphere and Ocean," *Global and Planetary Change* 75, no. 1–2 (1989): 123–36; L. R. Kump and R. M. Garrels, "Modeling Atmospheric O_2 in the Global Sedimentary Redox Cycle," *American Journal of Science* 286 (1986): 336–60 がある。

15. W. F. Ruddiman and J. E. Kutzbach, "Plateau Uplift and Climate Change," *Scientific American* 264, no. 3 (1991): 66–74, and M. Kuhle, "The Pleistocene Glaciation of Tibet and the Onset of Ice Ages—An Autocycle Hypothesis," *GeoJournal* 17 (4) (1998): 581–95; M. Kuhle, "Tibet and High Asia: Results of the Sino-German Joint Expeditions (I)," *GeoJournal* 17, no. 4 (1988).
16. ロバート・バーナーの生涯と研究を知るには下記資料をお勧めする。R. A. Berner, "A New Look at the Long-Term Carbon Cycle," *GSA Today* 9, no. 11 (1999): 1–6; R. A. Berner, "Modeling Atmospheric Oxygen over Phanerozoic Time," *Geochimica et Cosmochimica Acta* 65 (2001): 685–94; R. A. Berner, *The Phanerozoic Carbon Cycle* (Oxford: Oxford University Press, 2004), 150.; R. A. Berner, "The Carbon and Sulfur Cycles and Atmospheric Oxygen from Middle Permian to Middle Triassic," *Geochimica et Cosmochimica Acta* 69, no. 13 (2005): 3211–17; R. A. Berner, "GEOCARBSULF: A Combined Model for Phanerozoic Atmospheric Oxygen and Carbon Dioxide," *Geochimica et Cosmochimica Acta* 70 (2006): 5653–64; R. A. Berner and Z. Kothavala, "GEOCARB III: A Revised Model of Atmospheric Carbon Dioxide over Phanerozoic Time," *American Journal of Science* 301, no. 2 (2001): 182–204.

第3章　生と死、そしてその中間に位置するもの

1. マーク・ロスの研究を理解するには、彼の TED 講演を聞くのが一番良さそうだ。：www.ted.com/talks/mark_roth_suspended_animation
2. T. Junod, "The Mad Scientist Bringing Back the Dead. . . . Really," Esquire.com, December 2, 2008.

Ga: The Search for Petrographic and Geochemical Evidence," in *Origin of the Earth and Moon*, R. M. Canup and K. Righter, eds. (Tucson: University of Arizona Press, 2000): 475-92.

11. 地球の大気がどのように誕生したかについては数々の文章が書かれてきた。下記のウェブサイトは、大気形成プロセスにおける生命の役割をうまくまとめている。www.amnh.org/learn/pd/earth/pdf/evolution_earth_atmosphere.pdf
参考となる論文には K. Zahnle et al., "Earth's Earliest Atmospheres," *Cold Spring Harbor Perspectives in Biology* 2, no. 10 (2010) がある。
12. 以前は、「テキサス大の小惑星」が落ちて初期の海が蒸発したという話を学部生のクラスですると、学生たちは苦笑したものだ。ジョージ・W・ブッシュ政権の時代だったからである。今ではこの概念は少し変化しており、しかも100パーセント科学的な見地から語られている。このプロセスの物理学的メカニズムをわかりやすく解説したPDFがwww.breadandbutterscience.com/CATIS.pdf で読める。
13. 初期の地球の大気にどれくらい二酸化炭素が含まれていたのかを割り出すのは難しい。直接的に測る方法などないからだ。参考文献には J. Walker, "Carbon Dioxide on the Early Earth," *Origins of Life and Evolution of the Biosphere* 16, no. 2 (1985): 117-27 などがある。顕生代（「目に見える生命」の時代）については重要な論文が2点ある。D. H. Rothman, "Atmospheric Carbon Dioxide Levels for the Last 500 Million Years," *Proceedings of the National Academy of Sciences* 99, no. 7 (2001): 4167-71, および D. Royer et al., "CO_2 as a Primary Driver of Phanerozoic Climate," *GSA Today* 14, no. 3 (2004): 4-15 だ。本章の残りの部分については、大学生向けの素晴らしい教科書 L. Kump et al., *The Earth System*, 3rd ed. (Upper Saddle River, NJ: Prentice Hall, 2009) が入門書として大いに参考になるはずだ。高価な本ではあるが、地球システム科学と呼ばれる分野を知るには絶好の一冊である。炭素循環についてや、居住可能性につながるその他の元素システムについての議論は、この本を踏まえたものである。
14. このテーマについてはウォードが、著書の丸々一冊を割いて解説している (P. Ward, *Out of Thin Air*. Washington, D.C.: Joseph Henry Press, 2006).（『恐竜はなぜ鳥に進化したのか――絶滅も進化も酸素濃度が決めた』ピーター・D・ウォード著、垂水雄二訳、文春文庫、2010年）。ロバート・バーナーによる参考文献は数々あるが、なかでも R. A. Berner, "Models for Carbon and Sulfur Cycles and Atmospheric Oxygen: Appli-

社、2008 年); P. Ward and S. Benner, "Alternative Chemistry of Life," in W. Sullivan and J. Baross, eds. *Planets and Life: The Emerging Science of Astrobiology* (Cambridge: Cambridge University Press, 2008): 537–44.

6. W. K. Hartmann and D. R. Davis, "Satellite-Sized Planetesimals and Lunar Origin," *Icarus* 24, no. 4 (1975): 504–14; R. Canup and E. Asphaug, "Origin of the Moon in a Giant Impact Near the End of the Earth's Formation," *Nature* 412, no. 6848 (2001): 708–12; A. N. Halliday, "Terrestrial Accretion Rates and the Origin of the Moon," *Earth and Planetary Science Letters* 176, no. 1 (2000): 17–30; D. Stöffler and G. Ryder, "Stratigraphy and Isotope Ages of Lunar Geological Units: Chronological Standards for the Inner Solar System," *Space Science Reviews* 96 (2001): 9–54.
7. A. T. Basilevsky and J. W. Head, "The Surface of Venus," *Reports on Progress in Physics* 66, no. 10 (2003): 1699–1734; J. F. Kasting, "Runaway and Moist Greenhouse Atmospheres and the Evolution of Earth and Venus," *Icarus* 74, no. 3 (1988): 472–94.
8. D. H. Grinspoon and M. A. Bullock, "Searching for Evidence of Past Oceans on Venus," *Bulletin of the American Astronomical Society* 39 (2007): 540.
9. この時代全般に関する参考文献としては G. B. Dalrymple, *The Age of the Earth* (Redwood City: Stanford University Press, 1994) が優れている。同じ著者によるもっと専門的な考察は "The Age of the Earth in the Twentieth Century: A Problem (Mostly) Solved," *Special Publications, Geological Society of London* 190 (2001): 205–21 参照。
10. 隕石の重爆撃が、生命とその初期の歴史に悪影響を及ぼしたという問題が指摘されたのは、1988 年にカルテックの Kevin Maher と David Stevenson が *Nature* に宛てたショートレターが最初である。"Impact Frustration of the Origin of Life," *Nature* 331, no. 6157 (1988): 612–14. その後、Kevin Zahnle や Norm Sleep など、大勢の研究者がこれに続いた。初期の参考文献に、K. Zahnle et al., "Cratering Rates in the Outer Solar System," *Icarus* 163 (2003): 263–89; F. Tera et al., "Isotopic Evidence for a Terminal Lunar Cataclysm," *Earth and Planetary Science Letters* 22, no. 1 (1974): 1-21 がある。近年、重爆撃の隕石がどこから来たかを再検討する研究が発表され、惑星形成の主要段階の数億年後に外惑星が移動した可能性が指摘されている。W. F. Bottke et al., "An Archaean Heavy Bombardment from a Destabilized Extension of the Asteroid Belt," *Nature* 485 (2012): 78–81; G. Ryder et al., "Heavy Bombardment on the Earth at ~3.85

になっていた。そうやって栄誉を摑んだ一人がラップワースだった。例によって読みやすい M. Rudwick, *The Great Devonian Controversy: The Shaping of Scientific Knowledge Among Gentlemanly Specialists* (Chicago: University of Chicago Press, 1985) 参照。

7. K. A. Plumb, "New Precambrian Time Scale," *Episode* 14, no. 2 (1991): 134–40.
8. A. H. Knoll, et al., "A New Period for the Geologic Time Scale," *Science* 305, no. 5684 (2004): 621–22.

第 2 章　地球の誕生

1. 地球型惑星とその数の推定について。「地球型とは何か」という定義はいくつもあり、しかも中身は千差万別だ。地球型惑星の数（少なくともその推定）についても差は大きい。科学的な参考文献として優れているのは次の通り。E. A. Petigura, A. W. Howard, G. W. Marcy, "Prevalence of Earth-Size Planets Orbiting Sun-Like Stars," *Proceedings of the National Academy of Sciences of the United States of America* 110, no. 48 (2013). doi:10.1073-pnas.1319909110. NASA による一般向け資料は www.nasa.gov/mission_pages/kepler/news/kepler20130103.html で見ることができる。
2. これに関する NASA の見解は science.nasa.gov/science-news/science-at-nasa/2003/02oct_goldilocks/ でも見ることができる。S. Dick, "Extraterrestrials and Objective Knowledge," in A. Tough, *When SETI Succeeds: The Impact of High-Information Contact* (Foundation for the Future, 2000): 47–48 も興味深く、最新の情報が反映されている。
3. 革命のきっかけとなった科学論文ではないが、のちに発表されたジェフリー・マーシーの論文はこのテーマについて学ぶうえでの絶好の手引きである。G. Marcy et al. "Observed Properties of Exoplanets: Masses, Orbits and Metallicities," *Progress of Theoretical Physics Supplement* no. 158 (2005): 24–42.
4. D. McKay et al., "Search for Past Life on Mars: Possible Relic Biogenic Activity in Martian Meteorite AL84001," *Science* 273, no. 5277 (1996): 924–30.
5. P. Ward, *Life as We Do Not Know It: The NASA Search for and Synthesis of Alien Life* (New York: Viking, 2005)（『生命と非生命のあいだ―― NASA の地球外生命研究』ピーター・D・ウォード著、長野敬／野村尚子訳、青土

ニック・レーン著、西田睦監訳、遠藤圭子訳、東海大学出版会、2006年）

第1章　時を読む

1. 層序の利用法については、国際層序委員会が優れた手引きを作成している。この委員会は規則にこだわる人たちの集まりで、細かい用語や名称に頭を悩ませている。委員会のウェブサイトがあり、www.stratigraphy.org/upload/bak/defs.htm の説明は役に立つ。
2. ウラン法、カリウム－アルゴン法、ウラン－鉛法、ストロンチウム同位体法、古地磁気層序法といった様々な年代測定法が利用されている。これらすべてについて把握したいなら、マーティン・ラドウィックの著作をお勧めする。いずれも図書館やネット書店で入手可能だ。最新の著書は M. Rudwick, *Earth's Deep History: How It Was Discovered and Why It Matters* (Chicago: University of Chicago Press, 2014).
3. 最初につくられた体系は岩石の種類に基づくものだった。火成岩や変成岩、とくに堆積岩の様々な種類（砂岩、白亜、頁岩など）が、それぞれ特定の時代に固有のものと考えられていたのだ。白亜紀という名前がついたのも、ヨーロッパで広く見られる白亜がその時代に形成されたとみなされたためである。のちに、同じ種類の岩石が色々な時代につくられ得ることが明らかになった。M. Rudwick, *The Meaning of Fossils: Episodes in the History of Paleontology* (London: Science History Publications, 1972).（『化石の意味――古生物学史挿話』マーティン・J・S・ラドウィック著、菅谷暁／風間敏共訳、みすず書房、2013年）参照。
4. 時を読むうえで化石が用いられるようになったことと、「地層男」の異名をとったウィリアム・スミスが地質年代の理解と定義に革命を起こしたことは数々の本で語られている。なかでも非常に有益な一冊を、著者らの友人でカリフォルニア大学バークレー校の古生物学者、故 Bill Berry が書いている。亡くなったのはじつに残念である。W. B. N. Berry, *Growth of a Prehistoric Time Scale* (Boston: Blackwell Scientific Publications, 1987): 202.
5. J. Burchfield, "The Age of the Earth and the Invention of Geological Time," D. J. Blundell and A. C. Scott, eds., *Lyell: the Past is the Key to the Present* (London, Geological Society of London, 1998), 137–43.
6. 19世紀後半には、新しい地質年代を定めた者が大きな名声を得るよう当時の学者たちがどういう理念のもとに築き上げたのかについては、M. J. Rudwick, *The Meaning of Fossils: Episodes in the History of Palaeontology* (London: Science History Publications, 1972).（『化石の意味——古生物学史挿話』マーティン・J・S・ラドウィック著、菅谷暁／風間敏共訳、みすず書房、2013 年）という素晴らしい著書の中であますところなく描かれている。この本は当初は入手しにくかったが、のちに再版されて手に入りやすくなった。18 世紀後半から 19 世紀前半にかけては、地質年代や地質学的プロセスをめぐる議論と、化石の層序学的分布や進化に関する初期の見解が入り乱れた時代であり、それをラドウィックは見事に描き出している。きわめて重要な本であり、時間や自然史に興味のある読者には必読の書である。

8. 私たちは学部生向けの授業で、チャールズ・ダーウィンは何よりもまず地質学者だったと教えている。彼が化石記録を理解していたことと、小さな「ビーグル号」を降りるたびに（船酔いで参っていなければの話だが）多種多様な化石を目にしたことが、のちにかの有名な進化論につながる考えを育むうえでなくてはならないものだった。この準備段階ともいうべき時代については、A. Desmond, *Darwin* (New York: Warner Books, 1992).（『ダーウィン——世界を変えたナチュラリストの生涯』エイドリアン・デズモンド／ジェイムズ・ムーア著、渡辺政隆訳、工作舎、1999 年）にうまくまとめられている。

9. M. Rudwick, *Georges Cuvier, Fossil Bones, and Geological Catastrophes: New Translations and Interpretations of the Primary Texts* (University of Chicago Press, 1997).

10. 種の数の変遷については様々な研究がなされており、本書でもこの先詳しく見ていく。最も新しい研究の一つに、ジョン・アルロイほか多数の研究者が名を連ねる "Phanerozoic Trends in the Global Diversity of Marine Invertebrates," *Science* 321 (2008): 97 がある。

11. N. Lane, *The Vital Question: Why Is Life the Way It Is?* (London: Profile Books, 2015); *Life Ascending: The Ten Great Inventions of Evolution* (London: Profile Books, 2009)（『生命の跳躍——進化の 10 大発明』ニック・レーン著、斉藤隆央訳、みすず書房、2010 年）; *Power, Sex, Suicide: Mitochondria and the Meaning of Life* (Oxford: Oxford University Press, 2005)（『ミトコンドリアが進化を決めた』ニック・レーン著、斉藤隆央訳、田中雅嗣解説、みすず書房、2007 年）; *Oxygen: The Molecule That Made the World* (Oxford: Oxford University Press, 2002).（『生と死の自然史——進化を統べる酸素』

原　註

はじめに

1. J. Loewen, *Lies My Teacher Told Me: Everything Your American History Textbook Got Wrong* (New York: Touchstone Press, 2008).（『アメリカの歴史教科書問題――先生が教えた嘘』ジェームズ・W・ローウェン著、富田虎男監訳、明石書店、2003 年）
2. J. Baldwin, *Notes of a Native Son* (Boston: Beacon Press, 1955).（『アメリカの息子のノート』ジェームズ・ボールドウィン著、佐藤秀樹訳、せりか書房、1969 年）
3. N. Cousins, *Saturday Review*, April 15, 1978.
4. P. Ward, "Impact from the Deep," *Scientific American* (October 2006).「温室効果絶滅」という言葉を実際に誰が初めて使ったのかを突き止めるのは難しいが、ウォードは 1990 年代の『ディスカバー』誌の記事でこの言葉をはっきりと使っている。
5. G. Santayana, *The Life of Reason, Five Volumes in One* (1905).
6. フォーティの本は当時も今も傑作といえる。それは、書かれている「事実」だけのせいではなく、二流の書き手であれば無味乾燥な歴史で終わりがちなものを科学の物語として提示したからだ。それでもやはり時代遅れであることは間違いない（なにしろフォーティ自身が新しい著作を多数発表しているのだから）。私たちはいささかこの本を「出し」に使った感があるが、許してもらえることと思う。そもそも本のタイトルに異議がある。生命が 40 億年前に誕生していたという仮定は、この本が書かれた 1990 年代半ばであればさもありなんと思えたかもしれない。だが、今はそうとはいいがたいのだ。もしかしたらやはりフォーティが正しいという可能性もあるが、著者ら自身がどう考えているかは本書を読んでいけばわかる。R. Fortey, *Life: A Natural History of the First Four Billion Years of Life on Earth* (New York: Random House, 1997).（『生命 40 億年全史』リチャード・フォーティ著、渡辺政隆訳、草思社文庫、2013 年）
7. 地質学（およびその下位分野である古生物学）という新興の学問を、

本書は二〇一六年、小社より単行本として刊行された。

Peter Ward, Ph.D. and Joe Kirschvink, Ph.D.:
A NEW HISTORY OF LIFE

This translation of A NEW HISTORY OF LIFE is
published by Kawade Shobo Shinsha Ltd. Publishers
by arrangement with Bloomsbury Publishing Inc.
through The English Agency (Japan) Ltd.

生物はなぜ誕生したのか

生命の起源と進化の最新科学

二〇二〇年 四 月一〇日 初版印刷
二〇二〇年 四 月二〇日 初版発行

著 者 P・ウォード
J・カーシュヴィンク
訳 者 梶山あゆみ

発行者 小野寺優
発行所 株式会社河出書房新社
〒一五一−〇〇五一
東京都渋谷区千駄ヶ谷二−三二−二
電話〇三−三四〇四−八六一一（編集）
〇三−三四〇四−一二〇一（営業）
http://www.kawade.co.jp/

ロゴ・表紙デザイン 粟津潔
本文フォーマット 佐々木暁
本文組版 株式会社キャップス
印刷・製本 中央精版印刷株式会社

Printed in Japan ISBN978-4-309-46717-7

人間はどこまで耐えられるのか

フランセス・アッシュクロフト　矢羽野薫〔訳〕　46303-2

死ぬか生きるかの極限状況を科学する！　どのくらい高く登れるか、どのくらい深く潜れるか、暑さと寒さ、速さなど、肉体的な「人間の限界」を著者自身も体を張って果敢に調べ抜いた驚異の生理学。

犬の愛に嘘はない　犬たちの豊かな感情世界

ジェフリー・M・マッソン　古草秀子〔訳〕　46319-3

犬は人間の想像以上に高度な感情――喜びや悲しみ、思いやりなどを持っている。それまでの常識を覆し、多くの実話や文献をもとに、犬にも感情があることを解明し、その心の謎に迫った全米大ベストセラー。

犬はあなたをこう見ている

ジョン・ブラッドショー　西田美緒子〔訳〕　46426-8

どうすれば人と犬の関係はより良いものとなるのだろうか？　犬の世界には序列があるとする常識を覆し、動物行動学の第一人者が科学的な視点から犬の感情や思考、知能、行動を解き明かす全米ベストセラー！

植物はそこまで知っている

ダニエル・チャモヴィッツ　矢野真千子〔訳〕　46438-1

見てもいるし、覚えてもいる！　科学の最前線が解き明かす驚異の能力！　視覚、聴覚、嗅覚、位置感覚、そして記憶――多くの感覚を駆使して高度に生きる植物たちの「知られざる世界」。

脳はいいかげんにできている

デイヴィッド・J・リンデン　夏目大〔訳〕　46443-5

脳はその場しのぎの、場当たり的な進化によってもたらされた！　性格や知能は氏か育ちか、男女の脳の違いとは何か、などの身近な疑問を説明し、脳にまつわる常識を覆す！　東京大学教授池谷裕二さん推薦！

感染地図

スティーヴン・ジョンソン　矢野真千子〔訳〕　46458-9

150年前のロンドンを「見えない敵」が襲った！　大疫病禍の感染源究明に挑む壮大で壮絶な実験は、やがて独創的な「地図」に結実する。スリルあふれる医学＝歴史ノンフィクション。

著訳者名の後の数字はISBNコードです。頭に「978-4-309」を付け、お近くの書店にてご注文下さい。